考研数一、数二、数三，大学伴学通用

超形象考研数学讲义
（2023 版）

小元老师　心一学长　郭　伟　梁　辰　编

中国石化出版社

内 容 提 要

本书内容是围绕考试大纲和历年真题编写的，分为高等数学、线性代数、概率论与数理统计三部分，其中每个章节都由知识讲解部分和题型总结部分构成，包含考研数学数一、数二、数三所有知识点、题型。本书尽量多用图像、顺口溜、趣味性比喻等超形象的方法讲解知识点，易于理解掌握，夯实基础；书中例题含金量高，解题思路与方法完整，总结细致，实用性强。通过本书学习可以帮助读者建立完善的理论体系和方法体系，缩短学习时间，让数学不再可怕和晦涩难懂。

本书文中重要知识点附有二维码，可以微信扫描进入视频课程，帮助读者学懂、弄透。

本书既适合考研数学考生应试备考，也适合有数学课的本科生、数学爱好者学习参考。

图书在版编目（CIP）数据

超形象考研数学讲义：考研数一、数二、数三，大学伴学通用 / 小元老师等编 . —2 版 . —北京：中国石化出版社，2021. 3（2022. 3 重印）
ISBN 978-7-5114-6163-6

Ⅰ．①超… Ⅱ．①小… Ⅲ．①高等数学–研究生–入学考试–自学参考资料 Ⅳ．①O13

中国版本图书馆 CIP 数据核字（2021）第 039347 号

中国石化出版社出版发行

地址：北京市东城区安定门外大街 58 号
邮编：100011 电话：(010)57512500
发行部电话：(010)57512575
http://www.sinopec-press.com
E-mail：press@sinopec.com
北京富泰印刷有限责任公司印刷
全国各地新华书店经销
*
787×1092 毫米 16 开本 35. 75 印张 885 千字
2022 年 3 月第 2 版第 2 次印刷
定价：88. 00 元(共两册)

前　言

一、内容介绍

本书内容是围绕考试大纲和真题题型总结编写的。总结了数一、数二、数三的所有知识点，并有知识点详解。对考研真题题型有完善的归纳。考纲的特点是划定的范围偏大，很多内容并不考。很多大学数学课的内容就是围绕考研数学大纲规划的，就是为了方便学生考研。如果考研大纲范围随意缩小，大学的教学内容和质量就会降低，所以大纲一般都是多年不变的。

那么考研真题就成为大家复习考研最珍贵的参考资料了，因为那里的题型、知识点是重复率最高的。本书内容紧扣近20年真题的同时，所举的例子都避开2004—2021真题原题。这是因为这些真题是留给大家暑假后自己模拟、测试、练习用的。如果在平时将这些比较新的真题讲了，大家学完就很难了解自己数学的真实水平。

考研数学目前出题的特点是：难度中等，计算量大。同学们容易出现的学习误区是：认为自己知识都学会了，但计算能力、熟练程度没达到要求。自我感觉考试能考 130^+，但是一上考场，才不到100分。很多题目看着会，但在规定时间算不出来、算不对。因此真题的原题一定要留着让大家自己测试，按照标准考试时间，看看能做到多少分。

这样也形成一个辅导书使用的原则：如果这个辅导书使用了很多最新真题的例子，那就容易打破大家全盘的复习规划，造成什么都学会了的错觉；真题练习每套都是 140^+，那是因为在这样的辅导书里这些题平时都研究了，浪费掉了。这样去考试很可能成绩大失所望。

用2003之前的真题的好处是：题目的质量高，综合性强，答案是官方公布的肯定准确。那么从中挑取一部分举例解析某知识点最好用了。但是2003之前的真题对大家了解最近的考试并没多大帮助，里面有很多最近不考的题型、考点，这些题就不会选进强化班的例子，大家也不用看了。

本讲义避开2004—2021真题原题，但同时又对这些真题的题型、知识点做了总结，找了很多类似的题目讲解，并且覆盖考纲。这样大家学完后，再结合真题，就能完美地掌握考研数学了。

二、本书特点

本书特点是：尽量多用图像、顺口溜、趣味性比输等超形象的方法讲解知

I

识点；尽量用更细致的、更全面的总结归纳考点、题型。

　　本书比较有特点的章节有：泰勒公式、定积分、反常积分、多元函数微分、多元函数积分、曲线曲面积分、无穷级数、线性代数的几何解释、概率中的卷积公式、点估计、假设检验；总结的比较好的有：极限存在准则、极限的题型、微分中值定理、行列式的求解、概率论中的事件之间的关系、函数的分布。

　　文中附有二维码的地方，可以微信扫描进入视频课程，但仍然是基础班视频，后续更新录播强化视频。视频中的素材皆为彩色，有的是动画，更生动，更形象，供大家参考。

　　本书如有增补、勘误，可在微信公众号"小元老师"，回复"全书勘误"获取。对本书有任何建议或发现错误，欢迎在勘误文章处提出。

　　希望大家在学习数学中找到乐趣，真正掌握所有的基本考点！

心一学长

小元老师

打开微信学数学

形象、趣味、透彻，不信你来看看呀

微信公众号：
小元老师

微信公众号：
心一学长

目　　录
CONTENTS

高等数学

I

概率论与数理统计（数一、数三）

高 等 数 学

第一讲 函数、极限、连续

 大纲要求

1. 理解函数的概念，掌握函数的表示法，会建立应用问题的函数关系．
2. 了解函数的有界性、单调性、周期性和奇偶性．
3. 理解复合函数及分段函数的概念，了解反函数及隐函数的概念．
4. 掌握基本初等函数的性质及其图形，了解初等函数的概念．
5. 理解极限的概念，理解函数左极限与右极限的概念以及函数极限存在与左、右极限之间的关系．
6. 掌握极限的性质及四则运算法则．
7. 掌握极限存在的两个准则，并会利用它们求极限，掌握利用两个重要极限求极限的方法．
8. 理解无穷小量、无穷大量的概念，掌握无穷小量的比较方法，会用等价无穷小量求极限．
9. 理解函数连续性的概念(含左连续与右连续)，会判别函数间断点的类型．
10. 了解连续函数的性质和初等函数的连续性，理解闭区间上连续函数的性质(有界性、最大值和最小值定理、介值定理)，并会应用这些性质．

 知识讲解

一、函数

1. 函数的概念

设 x 与 y 是两个变量，I 是实数集的某个子集，若对于 I 中的每个值 x，变量 y 按照法则 f 有一个确定的值 y 与之对应，称变量 y 为变量 x 的函数，记作 $y=f(x)$，这里的 I 称为函数的定义域，而相应的函数值的全体称为函数的值域．

2. 函数的几何特性

(1)奇偶性．设函数 $y=f(x)$ 的定义域为 $(-a,\ a)(a>0)$，若对于任一 $x \in (-a,\ a)$，都有 $f(-x)=f(x)$，称 $f(x)$ 为偶函数；若对于任一 $x \in (-a,\ a)$，都有 $f(-x)=-f(x)$，称 $f(x)$ 为奇函数．奇函数和偶函数具有自然界的对称美，就好比水上的风景和水下的倒影一样，相互映照着．

常见的奇函数：$\sin x$，$\arcsin x$，$\tan x$，$\arctan x$，$\ln \dfrac{1-x}{1+x}$，$\ln(x+\sqrt{1+x^2})$，其中最后两个不常见，大家可以演算一下，要多加记忆．

复合函数的奇偶性：若函数 $y=f(t)$、$t=g(x)$ 的奇偶性不同，则其复合函数 $y=f[g(x)]$ 必为偶函数；若奇偶性相同，则其复合函数 $y=f[g(x)]$ 与 $f(x)$ 具有相同的奇偶性．

（2）周期性．对函数 $y=f(x)$，若存在常数 $T>0$，使得对定义域内的每一个 x，$x+T$ 仍在定义域内，且有 $f(x+T)=f(x)$ 称函数 $y=f(x)$ 为周期函数，T 称为 $f(x)$ 的周期．

（3）有界性．设函数 $y=f(x)$ 在一个数集 X 上有定义，若存在正数 M，使得对于每个 $x\in X$，都有 $|f(x)|<M$ 成立，则称函数 $f(x)$ 在 X 上有界；如果这样的 M 不存在，就称函数 $f(x)$ 在 X 上无界．比如 $\sin x$ 就是有界函数，$x\sin x$ 就是无界函数．

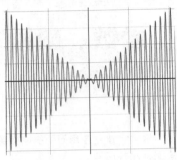

$y=x\sin x$ 图像

（4）单调性．设函数 $y=f(x)$ 在区间 I 上有定义，若对于 I 上任意两点 x_1 与 x_2 且 $x_1<x_2$ 时，均有 $f(x_1)<f(x_2)$［或 $f(x_1)>f(x_2)$］，则称函数 $f(x)$ 在区间 I 上单调增加（或单调减少）．如果把上述定义中的"$<$"换成"$\leq$"称为单调不减，"$>$"换成"$\geq$"称为单调不增．

题型一　函数的概念与性质

【例1】求函数 $f(x)=\arccos\sqrt{x/(2x-1)}$ 的定义域．

【例2】判断下列函数的奇偶性：

（1）$\dfrac{a^x+a^{-x}}{2}$；（2）$\lg\dfrac{1-x}{1+x}$．

【例3】设在 $(-\infty,+\infty)$ 内 $f(x)$ 为奇函数，$g(x)$ 为偶函数，试讨论 $f[g(x)]$ 与 $g[f(x)]$ 的奇偶性．

3. 函数的构成方法与常见函数类

（1）基本初等函数

高等数学将基本初等函数归为五类：幂函数、指数函数、对数函数、三角函数、反三角函数，可以简称：反对幂三指．

（2）复合函数

$y=f(u)$，$u=\phi(x)\xrightarrow{\text{多合一}}y=f[\phi(x)]$ 在有意义的情况下．

（3）初等函数

由常数和基本初等函数经过有限次的四则运算和有限次的复合运算构成的，并可以用一个式子表示的函数，称为初等函数．

（4）分段函数

①若一个函数在其定义域的不同部分要用不同的式子表示，如

$$y=f(x)=\begin{cases}f_1(x),\ x\in I_1\\ f_2(x),\ x\in I_2\\ \cdots\\ f_n(x),\ x\in I_n\end{cases}$$

称其为分段函数.

②熟悉隐含的分段函数

a. $y=|f(x)|$.

b. $y=[f(x)]$.

c. $y=\max\{f(x),g(x)\}$.

d. $y=\min\{f(x),g(x)\}$.

（5）反函数

$$y=f(x)\xrightarrow{\text{若可反解出 }x}x=f^{-1}(y)$$

注意：在我们高等数学中 x 与 y 不能随意改变，中学习惯把自变量都改写为 x，但高数中由于后续涉及反函数求导，变量改变后容易混乱，所以不改写.

【必会经典题】

①求 $y=\sin x,\ x\in\left(\dfrac{3}{2}\pi,2\pi\right)$ 的反函数

解：由于 $x\in\left(\dfrac{3}{2}\pi,2\pi\right)$，所以 $2\pi-x\in\left(0,\dfrac{1}{2}\pi\right)$，根据诱导公式 $-y=\sin(2\pi-x)$，取反函数为：

$2\pi-x=\arcsin(-y)$，即 $x=2\pi-\arcsin(-y)=2\pi+\arcsin(y)$

因此 $x=2\pi+\arcsin(y)$

注意：$y=\sin(x)$ 的定义域是 $x\in\left(-\dfrac{\pi}{2},\dfrac{\pi}{2}\right)$ 才能取反函数为 $x=\arcsin(y)$，因此需要像上面这样折算到能取反函数的区域.

（6）隐函数

设有方程 $F(x,y)=0$，若对于 $\forall x\in I$ 都由方程唯一的确定了一个 y 的值，由此所确定的一个函数关系式 $y=y(x)$ 称为由方程 $F(x,y)=0$ 在 I 上确定的隐函数.函数关系是隐藏的，就像隐身一样.

（7）由参数方程定义的函数（数一、数二）

若由参数方程 $\begin{cases}x=\varphi(t)\\y=\psi(t)\end{cases}$ 确定了 y 与 x 间的函数关系，则称此时的函数关系式为由参数方程确定的函数.这时候函数关系是以参数 t 为桥梁的.

二、极限

1. 极限的定义

（1）当 $x\to x_0$ 时的函数极限（ε-δ 语言）

我们先看函数在某一点附近的性态，以 $y=2^x(x\neq2)$ 为例，其函数图像如右：

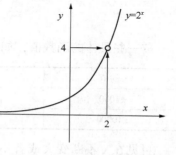

取一些具体的函数值，如下表格：

x 的值	y 的值	x 的值	y 的值
1.9	3.732	2.1	4.287
1.99	3.972	2.01	4.02782
1.999	3.9972	2.001	4.00278
1.999999	3.9999972	2.000001	4.000003

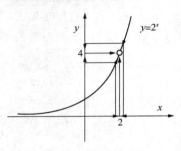

可见虽然 x 在 2 这一点没有定义，但是在 x 不断逼近 2 时，y 不断逼近 4，我们就把这种动态逼近过程称为：$\lim\limits_{x \to 2} f(x) = 4$，其动态过程可以展示为如左图：

那么根据上面这个例子，我们可以形成极限的直观定义：设 $f(x)$ 除了可能在点 x_0 没有定义外，在 x_0 的一个开区间上均有定义。如果 x 充分靠近 x_0，$f(x)$ 能任意靠近 A，那么我们说当 x 趋于 x_0 时，$f(x)$ 的极限为 A，并记作 $\lim\limits_{x \to x_0} f(x) = A$．

将这个直白的直观定义数学化，就形成了标准定义：

当 $x \to x_0$ 时的函数极限（$\varepsilon - \delta$ 语言）

$\lim\limits_{x \to x_0} f(x) = A \Leftrightarrow \forall \varepsilon > 0$，$\exists \delta > 0$，使得当 $0 < |x - x_0| < \delta$ 时，有 $|f(x) - A| < \varepsilon$．

这个定义展示了一个动态逼近的过程，如下图。当 ε 和 δ 这两个互相约束的变量都变小时，函数就会被逼着趋近一点。

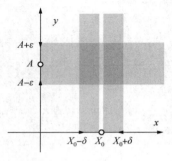

（2）当 $x \to \infty$ 时的函数极限（$\varepsilon - X$ 语言）

我们先看函数在无穷处的性态，以 $y = \dfrac{1}{x^2}$ 为例，函数图像如下图：

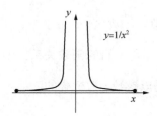

取一些具体的函数值，如下表格：

x 的值	y 的值	x 的值	y 的值
± 1000	1/100 万	± 1000000	1/1 万亿
± 10000	1/1 亿		

可见在 x 不断变大或者不断变小时，y 不断逼近 0．我们就把这种动态逼近过程称为：$\lim\limits_{x \to \infty} \dfrac{1}{x^2} = 0$．那么根据上面这个例子，我们可以形成 $x \to \pm\infty$ 时的极限直观定义：

如果当 x 沿着正向离开原点越来越远时，$f(x)$ 可以任意地靠近 A，我们说 $x \to +\infty$ 时极限为 A，并记作 $\lim\limits_{x \to +\infty} f(x) = A$．

如果当 x 沿着负向离开原点越来越远时，$f(x)$ 可以任意地靠近 A，我们说 $x \to -\infty$ 时极限

为 A，并记作 $\lim\limits_{x \to -\infty} f(x) = A$.

将这个直白的直观定义数学化，就形成了标准定义：

当 $x \to \infty$ 时的函数极限（ε-X 语言）

$\lim\limits_{x \to \infty} f(x) = A \Leftrightarrow \forall \varepsilon > 0$，$\exists X > 0$，使得当 $|x| > X$ 时，有 $|f(x) - A| < \varepsilon$.

这个定义展示了一个动态逼近的过程，如下图。当 ε 和 X 这两个互相约束的变量，ε 不断变小，X 不断变大时，函数就会被逼着趋近一点。

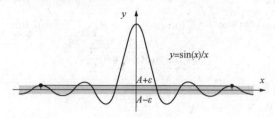

（3）数列极限（ε-N 语言）

数列：数的无穷序列，它是一个函数，它的定义域是大于或等于某个整数的整数集．以数列 $a_n = (-1)^n \dfrac{1}{n}$ 为例，它的定义域 1、2、3、……，它的值域：-1、0.5、-0.3333、……其函数图像如下：

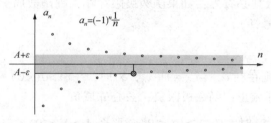

可见当 n 不断变大时，a_n 不断逼近 0．我们就把这种动态逼近过程称为：$\lim\limits_{n \to \infty} a_n = 0$. 那么根据上面这个例子，我们可以形成 $n \to \infty$ 时数列极限的直观定义：

如果当 n 增加地越来越大时，a_n 趋向唯一的数值 A，我们说 $n \to \infty$ 时极限为 A，并记作 $\lim\limits_{n \to \infty} a_n = A$.

将这个直白的直观定义数学化，就形成了标准定义：

数列极限（ε-N 语言）

$\lim\limits_{x \to \infty} f(x) = A \Leftrightarrow \forall \varepsilon > 0$，$\exists N$（自然数），使得当 $n > N$ 时，有 $|x_n - A| < \varepsilon$.

注：极限存在时称数列是收敛的，极限不存在时称数列是发散的．

你给我收敛点, lim(you)=?

（4）单侧极限

在 x_0 点的左极限：

$\lim\limits_{x\to x_0^-}f(x)=A\Leftrightarrow\forall\,\varepsilon>0$，$\exists\,\delta>0$，使得当 $x\in(x_0-\delta,\ x_0)$ 时，有 $|f(x)-A|<\varepsilon$.

在 x_0 点的右极限：

$\lim\limits_{x\to x_0^+}f(x)=A\Leftrightarrow\forall\,\varepsilon>0$，$\exists\,\delta>0$，使得当 $x\in(x_0,\ x_0+\delta)$ 时，有 $|f(x)-A|<\varepsilon$.

需要熟记常用的极限：

① $\lim\limits_{n\to\infty}\dfrac{1}{n}=0$　② $\lim\limits_{x\to\infty}\dfrac{1}{x}=0$　③ $\lim\limits_{n\to\infty}q^n=0$，$|q|<1$　④ $\lim\limits_{n\to\infty}q^n=\infty$，$|q|>1$

⑤ $\lim\limits_{x\to-\infty}e^x=0$　⑥ $\lim\limits_{x\to+\infty}e^x=+\infty$　⑦ $\lim\limits_{n\to\infty}\sqrt[n]{a}=1$，$a>0$　⑧ $\lim\limits_{x\to0^+}x^x=1$

⑨ $\lim\limits_{x\to+\infty}\arctan x=\dfrac{\pi}{2}$　　⑩ $\lim\limits_{x\to-\infty}\arctan x=-\dfrac{\pi}{2}$

（5）极限存在的充要条件

$\lim\limits_{x\to x_0}f(x)=A\Leftrightarrow\lim\limits_{x\to x_0^+}f(x)=\lim\limits_{x\to x_0^-}f(x)=A$

2. 极限的性质

（1）唯一性

在自变量的一个变化过程中，若数列（函数）的极限存在，则此极限唯一.

（2）有界性（局部有界性）

如果数列收敛，则数列必有界；如果函数极限存在，则函数局部有界.

（3）保号性（局部保号性）

设 $\lim\limits_{x\to x_0}f(x)=A$

① 如果 $A>0(<0)$，则存在 δ，当 $x\in\overset{\circ}{U}(x_0,\ \delta)$ 时，$f(x)>0(<0)$.

函数极限正，去心邻域正；函数极限负，去心邻域负.

② 如果当 $x\in\overset{\circ}{U}(x_0,\ \delta)$ 时，$f(x)\geq0(\leq0)$，那么 $A\geq0(\leq0)$.

函数不负，极限不负，函数不正，极限不正.

没有等于号不一定正确，$f(x)=\dfrac{1}{1+x^2}>0$，但 $\lim\limits_{x\to\infty}f(x)=0$

【必会经典题】

① 设 $f(x)$ 连续，且 $\lim\limits_{x\to0}\dfrac{f(x)-2}{|x|}=1$，问 $x=0$ 是否是极值点？

解：因为 $f(x)$ 连续，所以由 $\lim\limits_{x\to0}\dfrac{f(x)-2}{|x|}=1$ 得 $f(0)=2$.

由极限保号性，存在 $\delta>0$，当 $0<|x|<\delta$ 时，有 $\dfrac{f(x)-2}{|x|}>0$，从而有 $f(x)>f(0)=2$，

故 $x=0$ 为 $f(x)$ 的极小点，$f(0)=2$ 为极小值.

如果右图是你的体重变化曲线，思考一下，极限的三个性质是如何体现的.

注：$\lim\limits_{x\to0}\sin\dfrac{1}{x}$，$\lim\limits_{x\to0}\cos\dfrac{1}{x}$，$\lim\limits_{x\to\infty}\sin x$，$\lim\limits_{x\to\infty}\cos x$ 不存在.

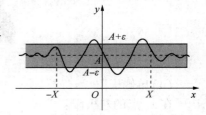

3. 极限的运算法则

（1）极限的四则运算法则

定理（以函数极限为例）：设 $\lim f(x) = A$，$\lim g(x) = B$ 则

①$\lim[f(x)+g(x)] = A+B$ ②$\lim[f(x)-g(x)] = A-B$

③$\lim[f(x)g(x)] = AB$ ④$\lim \dfrac{f(x)}{g(x)} = \dfrac{A}{B}(B \neq 0)$

（2）幂指函数极限运算法则

定理（以函数极限为例）：设 $\lim\limits_{x \to x_0} f(x) = A > 0$，$\lim\limits_{x \to x_0} g(x) = B$，则 $\lim\limits_{x \to x_0} f(x)^{g(x)} = A^B$.

（3）复合函数极限运算法则

已知 $\lim\limits_{u \to u_0} f(u) = A$，$\lim\limits_{x \to x_0} \phi(x) = u_0 \Rightarrow$ 在有意义的情况下，$\lim\limits_{x \to x_0} f[\phi(x)] = A$.

4. 极限存在的判别法则

（1）夹逼定理

若 $g(x) \leqslant f(x) \leqslant h(x)$，（等号可以不带，可改为大于、小于）

且 $\lim\limits_{x \to x_0} g(x) = \lim\limits_{x \to x_0} h(x) = A \Rightarrow \lim\limits_{x \to x_0} f(x) = A$.

夹逼定理，也称作汉堡包法则，就像两个面片夹住一块肉.

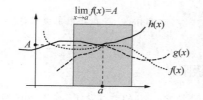

（2）单调有界数列必有极限

可分为：单调递增并有上界必有极限，单调递减并有下界必有极限.

题 型 二 夹 逼 定 理

类型一（无穷项相加，缩放分母）：

【例4】证明：$\lim\limits_{n \to \infty} n\left(\dfrac{1}{n^2+\pi} + \dfrac{1}{n^2+2\pi} + \cdots + \dfrac{1}{n^2+n\pi}\right) = 1$

【例5】求 $\lim\limits_{n \to \infty}\left(\dfrac{1}{n^2+n+1} + \dfrac{2}{n^2+n+2} + \cdots + \dfrac{n}{n^2+n+n}\right)$.

【例6】求 $\lim\limits_{n \to \infty}\left(\dfrac{\sin\dfrac{\pi}{n}}{n+1} + \dfrac{\sin\dfrac{2\pi}{n}}{n+\dfrac{1}{2}} + \cdots + \dfrac{\sin\dfrac{n\pi}{n}}{n+\dfrac{1}{n}}\right)$.

【例7】求 $\lim\limits_{n \to \infty}\left[\dfrac{1}{n+1} + \dfrac{1}{(n^2+1)^{\frac{1}{2}}} + \cdots + \dfrac{1}{(n^n+1)^{\frac{1}{n}}}\right]$.

类型二（有限项相加）：

【例8】求极限 $\lim\limits_{n \to \infty}(1^n+2^n+3^n+4^n+5^n)^{\frac{1}{n}}$.

【例9】求 $\lim\limits_{n\to\infty}\sqrt[n]{1+x^n+\left(\dfrac{x^2}{2}\right)^n}$ $(x\geqslant 0)$.

类型三（常见的特殊缩放）：

【例10】求 $\lim\limits_{n\to\infty}\displaystyle\int_0^1\dfrac{\sin^n x}{1+x}\mathrm{d}x$.

【例11】求 $\lim\limits_{n\to\infty}\sqrt[n]{n\arctan n}$.

题型三　单调有界准则

我们把该种题的解题过程称作"穿越"求解。该类型的解题思路通常是：先写出、找出通项，假设极限存在，这就好比先"穿越"到结果，确定了极限存在。然后对通项两边取极限，得到数列的上确界、下确界．这个确界就是最准确的界限，而不是普通的宽泛的界限．有了它之后，可以构造思路证明有界性．再对比首项，就可以知道是递增还是递减了，然后按照这个方向去证明．证明递增、递减的思路也是比较固定的就那么几种：后项减前项、后项除前项、不等式放缩、归纳法等．

【例12】 $x_1=\sqrt{2}$ ， $x_2=\sqrt{2+\sqrt{2}}$ ， $\cdots$ ， $x_{n+1}=\sqrt{2+x_n}$ ， $\cdots$ ，求 $\lim\limits_{n\to\infty}x_n$

【例13】　利用单调有界收敛准则证明下列数列存在极限，并求出极限值：

$x_1=1/2$ ， $x_{n+1}=(1+x_n^2)/2$ $(n=1,2,\cdots)$.

【例14】已知数列的通项为 $x_n=\dfrac{1+2x_{n-1}}{1+x_{n-1}}$ ， $x_1=1$ ，证明 $\lim\limits_{n\to\infty}x_n$ 存在并求出极限值．

【例15】设 $x_1=2$ ， $x_n+(x_n-4)x_{n-1}=3$ $(n=2,3,\cdots)$ ，试求 $\lim\limits_{n\to\infty}x_n$ ．

5. 两个重要极限

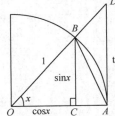

① $\lim\limits_{x\to 0}\dfrac{\sin x}{x}=1$ ，下图中， AB 的长度是 x ，介于 $\sin x$ 与 $\tan x$ 之间，也就是 $\sin x<x<\tan x$ ，对该不等式同时除以 $\sin x$ 取极限，根据夹逼定理，就得到这个结论．

② $\lim\limits_{x\to\infty}\left(1+\dfrac{1}{x}\right)^x=e$ 或 $\lim\limits_{x\to 0}(1+x)^{\frac{1}{x}}=e$

【引申阅读】自然常数 e 为什么自然？

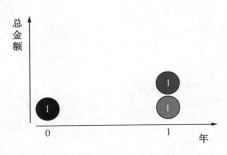

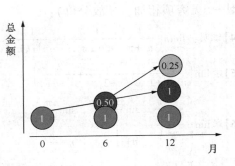

假设你去某银行存钱，银行的年利率我们粗略的设为 100%（真实的比这个小很多），如果存入 1 元，那一年后你获得 $1\times(1+1)=2$ 元，一年翻一倍．你感觉很爽，然后跟银行商量，能否一年算两次利息，这样对客户的服务好些，银行说可以，但是利率也变为一半，也就是 $1\times\left(1+\dfrac{1}{2}\right)^2=2.25$ ，如上图．哎哟，不错哦！利息多一些了，于是你进一步要

求，能否一年算三次利息呢？银行也答应了，但还是老规矩，利率为 $\dfrac{1}{3}$，于是一年后就是 $1\times\left(1+\dfrac{1}{3}\right)^3=2.37$，利息又高了点呢，但是增加的变缓了．银行说：孩子，其实就算按天给你算利息，利率同样规则，也不会发财的，$1\times\left(1+\dfrac{1}{365}\right)^{365}\approx2.71456748202$，那么按秒算呢？$1\times\left(1+\dfrac{1}{3153600}\right)^{3153600}\approx2.7182814564$，这就接近自然常数 e 了，并且曲线也接近 e^x．

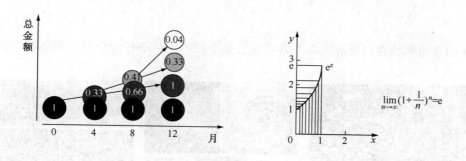

如果在 $n\to\infty$ 时，将 $\left(\dfrac{i}{n},\ \left(1+\dfrac{1}{n}\right)^i\right)$ 描点 $(i=1,\ 2,\ \cdots,\ n)$，如上图，这些点就逼近 e^x 曲线，比如我们关注 $\left(\dfrac{i}{n},\ \left(1+\dfrac{1}{n}\right)^i\right)$，$\left(\dfrac{i+1}{n},\ \left(1+\dfrac{1}{n}\right)^{i+1}\right)$ 两个点，大家可以按照 $\dfrac{\Delta y}{\Delta x}$ 简单计算一下，发现斜率就是 $\left(1+\dfrac{1}{n}\right)^i$，这样是 e^x 最大的特点，某点斜率等于该点函数值，即 $(e^x)'=e^x$．

动植物的繁殖，在营养充分、环境适宜时，繁殖的速度就取决于种群的个数多少，也就是变化率等于当时的函数值．

如果 $y=e^x$ 放到极坐标，就变成 $r=e^\theta$，称作等角螺线，如下图，特点是 $\dfrac{dr}{d\theta}=(e^\theta)'=e^\theta=r$，即 $dr=rd\theta$，这样使得曲线与极半径的夹角是固定的 $45°$，因此称作"等角"螺线．

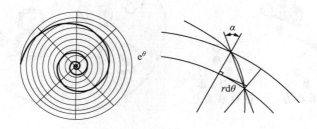

这种夹角固定的螺线有个有趣的例子，蛾子的飞行方式是与光线成固定角度，如下面左图，这样能平行地面飞行，然后如果遇到点光源，如下面右图，飞行路线就成了等角螺线，就变成了"飞蛾扑火"．

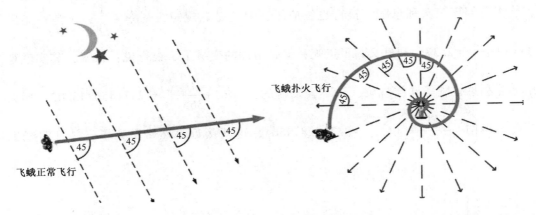

这样的等角螺线在自然界分布非常广泛，如下图的向日葵籽的分布、鹦鹉螺、星云等.

之所以分布如此广泛，大概跟他们的形成原理有关，如果以某一点为中心，一边旋转、一边向四周发散，就很容易形成这种等角螺线，比如上面右图的甩水拍照，甩出的水轨迹就大概是个等角螺线.

另外等角螺线还和斐波那契数列（也称作兔子数列）有关，如果考虑兔子的成熟期，其种群繁殖可以看作这样的数列变化：1，1，2，3，5，8，13，21，34，55…，前两项相加等于下一个数.

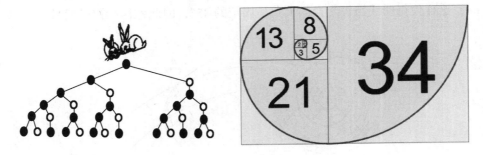

将兔子数列的每项数为半径做四分之一圆，连接在一起就非常接近等角螺线. 由于该数列的后一项除以前一项逐渐逼近黄金分割比例，因此等角螺线也与黄金分割有关，很多讲美、对称等都会引入等角螺线.

6. 特殊类型的极限

（1）无穷小/无穷大的定义

无穷小：若 $\lim\limits_{\substack{x\to x_0 \\ (x\to\infty)}} f(x)=0$，则 $f(x)$ 为 $x\to x_0(x\to\infty)$ 时的无穷小.

无穷大：若 $\lim\limits_{\substack{x\to x_0 \\ (x\to\infty)}} f(x)=\infty$，则 $f(x)$ 为 $x\to x_0(x\to\infty)$ 时的无穷大.

无穷小和无穷大都是不断趋近的过程，真实的世界里只有非常大的数和非常小的数，没有无限趋近的无穷，所以它只是抽象出的数学概念.

常见无穷大量：$n\to\infty$ 时，$\ln^\alpha n\ll n^\beta\ll a^n\ll n!\ll n^n$（$\forall \alpha$，$\beta>0$，$a>1$）

（2）无穷小与无穷大的关系

在自变量的同一变化过程中，若 $f(x)$ 为无穷大，则其倒数 $[f(x)]^{-1}$ 必为无穷小；反之若 $f(x)$ 为无穷小，且 $f(x)\neq0$，则其倒数 $[f(x)]^{-1}$ 必为无穷大.

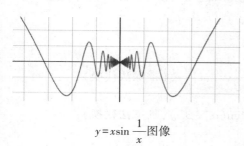

$$y=x\sin\frac{1}{x}\text{图像}$$

$x\to0$，$x\sin\dfrac{1}{x}$ 是无穷小，其图像如左图，趋近过程中经过无数次 0 点，因此极限：$\lim\limits_{x\to0}$

$\dfrac{\sin\left(x\sin\dfrac{1}{x}\right)}{x\sin\dfrac{1}{x}}$ 不存在，因为趋近过程有太多没定义的

点，不符合极限定义.

（3）无穷大与无界的关系

无穷大量是无界量，无界量未必是无穷大. $x\to\infty$，$x\sin x$ 是无界量，不是无穷大，图像如右图.

（4）无穷小的运算

①有限个无穷小的和仍为无穷小.

②有限个无穷小的积仍为无穷小.

③有界函数与无穷小的积仍为无穷小.

$$y=x\sin x\text{图像}$$

7. 无穷小的比较

设 α，β 是在同一自变量变化过程中的无穷小，且 $\lim\dfrac{\alpha}{\beta}$

（$\beta\neq0$）也是在此变化过程中的极限.

若 $\lim\dfrac{\alpha}{\beta}=0$，则称 α 是 β 的高阶无穷小，记作 $\alpha=o(\beta)$；

若 $\lim\dfrac{\alpha}{\beta}=\infty$，则称 α 是 β 的低阶无穷小，记作 $\beta=o(\alpha)$；

若 $\lim\dfrac{\alpha}{\beta}=c\neq0$，则称 α 和 β 是同阶无穷小，记作 $\alpha=O(\beta)$；

特别地，若 $\lim\dfrac{\alpha}{\beta}=1$，则称 α 和 β 是等价无穷小，记作 $\alpha\sim\beta$；

若 $\lim\dfrac{\alpha}{\beta^k}=l\neq0$ 存在，则称 α 是 β 的 k 阶无穷小.

高阶和低阶无穷小本质是比较趋近速度的快慢，就像金字塔的不同等级一样，快的高阶，慢的低阶．如果相除极限不存在也不为无穷呢？那就无法比阶．

注：考研常用的等价无穷小如下：

当 $x \to 0$ 时，$\sin x \sim x$，$\tan x \sim x$，$\arcsin x \sim x$，$\arctan x \sim x$，$e^x - 1 \sim x$，$\ln(1+x) \sim x$，$1 - \cos x \sim \dfrac{1}{2} x^2$，$(1+x)^a - 1 \sim ax$．这组无穷小是基础要求．其中与 x 等价的无穷小，还需掌握在趋近 0 时，他们与 x 的大小比较，比如 $\ln(1+x) \leqslant x$，这组不等式关系可通过画函数图像看出，经常用于证明题。

$$x - \sin x \sim \frac{1}{6} x^3 \qquad \arcsin x - x \sim \frac{1}{6} x^3$$

$$x - \tan x \sim -\frac{1}{3} x^3 \qquad \arctan x - x \sim -\frac{1}{3} x^3$$

$x - \ln(1+x) \sim \dfrac{1}{2} x^2$，这组在学泰勒公式后会更理解．

利用等价无穷小求极限（等价代换）原理：

自变量在同一变化过程中，若 $\alpha \sim \alpha'$，$\beta \sim \beta' \Rightarrow \lim\limits_{x \to \square} \dfrac{\alpha}{\beta} = \lim\limits_{x \to \square} \dfrac{\alpha'}{\beta'}$．（乘除法代换）

若 $\alpha \sim \alpha^*$，$\beta \sim \beta^*$，且 $\lim \dfrac{\alpha^*}{\beta^*} \neq 1$．则 $\lim(\alpha - \beta) = \lim(\alpha^* - \beta^*)$（加减法代换）

题型四　无穷小的比较

【例16】设 $f(x) = \sqrt[3]{1+x+x^2} - 1$，$g(x) = \sin 2x$，当 $x \to 0$ 时试比较 $f(x)$ 与 $g(x)$ 的阶．

【例17】指出当 $x \to 0$ 时，下列函数分别是 x 的几阶无穷小：

(1) $\sqrt[3]{1 + \sqrt[3]{x}} - 1$；(2) $\sqrt{1 + \tan x} - \sqrt{1 - \sin x}$；

(3) $\arcsin(\sqrt{4+x^2} - 2)$；(4) $e^{x^2} - \cos x$．

8. 七种未定式

求极限的步骤：

(1) 先化简（提出非 0 常数因子、有理化、通分、倒代换、等价代换、四则运算、洛必达、泰勒）；

(2) 再计算．

七种未定式与常见解法：

Ⅰ．"$\dfrac{0}{0}$" 型，等价代换、洛必达、泰勒

① $\lim\limits_{x \to 0} \dfrac{\tan x - x}{x^2 \ln(1+2x)} = \dfrac{1}{2} \lim\limits_{x \to 0} \dfrac{\tan x - x}{x^3} = \dfrac{1}{2} \lim\limits_{x \to 0} \dfrac{\sec^2 x - 1}{3x^2} = \dfrac{1}{6} \lim\limits_{x \to 0} \dfrac{\tan^2 x}{x^2} = \dfrac{1}{6}$．

② $\lim\limits_{x \to 0} \dfrac{\sqrt{1+\tan x} - \sqrt{1+\sin x}}{x^3} = \lim\limits_{x \to 0} \dfrac{\tan x - \sin x}{x^3 (\sqrt{1+\tan x} + \sqrt{1+\sin x})}$

$= \dfrac{1}{2} \lim\limits_{x \to 0} \dfrac{\tan x - \sin x}{x^3} = \dfrac{1}{2} \lim\limits_{x \to 0} \dfrac{\tan x}{x} \cdot \dfrac{1 - \cos x}{x^2} = \dfrac{1}{4}$．

③ $\lim\limits_{x\to 0}\dfrac{[\sin x-\sin(\sin x)]\sin x}{x^4}\xlongequal{\sin x=t}\lim\limits_{t\to 0}\dfrac{(t-\sin t)t}{\arcsin^4 t}=\lim\limits_{t\to 0}\dfrac{t-\sin t}{t^3}$

$=\lim\limits_{t\to 0}\dfrac{1-\cos t}{3t^2}=\dfrac{1}{6}.$

Ⅱ．"$\dfrac{\infty}{\infty}$"型，洛必达、分子分母同除最高阶无穷大

① $\lim\limits_{x\to -\infty}\dfrac{x+2+\sqrt{4x^2+2x-1}}{\sqrt{x^2-2x+4}}=\lim\limits_{x\to -\infty}\dfrac{1+\dfrac{2}{x}-\sqrt{4+\dfrac{2}{x}-\dfrac{1}{x^2}}}{-\sqrt{1-\dfrac{2}{x}+\dfrac{4}{x^2}}}$

$\xlongequal{\frac{1}{x}=t}\lim\limits_{t\to 0}\dfrac{1+2t-\sqrt{4+2t-t^2}}{-\sqrt{1-2t+4t^2}}=1.$

Ⅲ．"$0\cdot\infty$"型，化为"$\dfrac{0}{0}$"或"$\dfrac{\infty}{\infty}$"

① $\lim\limits_{x\to 0^+}\ln x\cdot\ln(1-x)=\lim\limits_{x\to 0^+}x\ln x\cdot\dfrac{\ln(1-x)}{x}=-\lim\limits_{x\to 0^+}x\ln x\cdot\lim\limits_{x\to 0^+}\dfrac{\ln(1-x)}{-x}$

$=-\lim\limits_{x\to 0^+}x\ln x=-\lim\limits_{x\to 0^+}\dfrac{\ln x}{\dfrac{1}{x}}=\lim\limits_{x\to 0^+}\dfrac{\dfrac{1}{x}}{\dfrac{1}{x^2}}=\lim\limits_{x\to 0^+}x=0.$

由此得到：$\lim\limits_{x\to 0}x^\alpha\ln^\beta x=0,\ \forall\alpha,\ \beta>0$

Ⅳ．"$\infty-\infty$"型，通分、有理化、变量代换如倒代换

① $\lim\limits_{x\to 0}\left(\dfrac{1}{x^2}-\dfrac{1}{\tan^2 x}\right)=\lim\limits_{x\to 0}\dfrac{\tan^2 x-x^2}{x^2\tan^2 x}=\lim\limits_{x\to 0}\dfrac{\tan^2 x-x^2}{x^4}$

$=\lim\limits_{x\to 0}\dfrac{\tan x+x}{x}\cdot\dfrac{\tan x-x}{x^3}=2\lim\limits_{x\to 0}\dfrac{\sec^2 x-1}{3x^2}=\dfrac{2}{3}.$

② $\lim\limits_{x\to +\infty}(2x-\sqrt{4x^2+4x+2})\xlongequal{\text{方法一}}\lim\limits_{x\to +\infty}\dfrac{-4x-2}{2x+\sqrt{4x^2+4x+2}}=-1.$

$\xlongequal{\text{方法二}}-2\lim\limits_{x\to +\infty}x\left(\sqrt{1+\dfrac{1}{x}+\dfrac{1}{2x^2}}-1\right)$

$\xlongequal{\frac{1}{x}=t}-2\lim\limits_{t\to 0+}\dfrac{\left(1+t+\dfrac{t^2}{2}\right)^{\frac{1}{2}}-1}{t}\xlongequal{\text{等价无穷小}}-2\lim\limits_{t\to 0+}\dfrac{\dfrac{1}{2}\left(t+\dfrac{t^2}{2}\right)}{t}=-1.$

Ⅴ．"∞^0"型，Ⅵ．"0^0"型，改写 $u^v=e^{v\ln u}$

① $\lim\limits_{x\to +\infty}(x+\sqrt{1+x^2})^{\frac{1}{x}}=e^{\lim\limits_{x\to +\infty}\frac{\ln(x+\sqrt{1+x^2})}{x}}=e^A$

$A=\lim\limits_{x\to +\infty}\dfrac{\ln(x+\sqrt{1+x^2})}{x}=\lim\limits_{x\to +\infty}\dfrac{1}{x+\sqrt{1+x^2}}\left(1+\dfrac{x}{\sqrt{1+x^2}}\right)=\lim\limits_{x\to +\infty}\dfrac{1}{\sqrt{1+x^2}}=0$

上式 $=e^0=1$

总结下，$y=\ln(x+\sqrt{1+x^2})$ 的性质：

①奇函数；②导数为 $\dfrac{1}{\sqrt{1+x^2}}$；③与 x 等价无穷小.

这个函数叫：反双曲正弦函数. 后面不定积分还会用到.

Ⅶ. "1^∞" 型，改写 $u^v=e^{v\ln u}=e^{v(u-1)}$、凑 $(1+\Delta)^{\frac{1}{\Delta}}$

① $\displaystyle\lim_{x\to 0}\left(\frac{\tan x}{x}\right)^{\frac{1}{x^2}}=e^{\lim\limits_{x\to 0}\frac{1}{x^2}(\frac{\tan x}{x}-1)}=e^{\lim\limits_{x\to 0}\frac{1}{x^2}(\frac{\tan x-x}{x})}=e^{\lim\limits_{x\to 0}\frac{\tan x-x}{x^3}}=e^{\lim\limits_{x\to 0}\frac{\sec^2 x-1}{3x^2}}=e^{\frac{1}{3}}$

题型五　普通未定式求极限

【例18】求 $\displaystyle\lim_{x\to 0}\frac{e^{\tan x}-e^{\sin x}}{\sqrt{4+x^3}-2}$.

【例19】[2000年2] 若 $\displaystyle\lim_{x\to 0}\left(\frac{\sin 6x+xf(x)}{x^3}\right)=0$，则 $\displaystyle\lim_{x\to 0}\frac{6+f(x)}{x^2}$ 为（　　　）.

(A) 0　　　　　　(B)　6　　　　　　(C) 36　　　　　　(D) ∞

【例20】求 $\displaystyle\lim_{x\to 1}\frac{1+\cos\pi x}{(x-1)^2}$.

【例21】[1997年1] $\displaystyle\lim_{x\to 0}\frac{3\sin x+x^2\cos(1/x)}{(1+\cos x)\ln(1+x)}=\underline{\qquad}$.

【例22】$\displaystyle\lim_{x\to 1}\frac{\arcsin(1-x)}{\ln x}$.

【例23】求 $\displaystyle\lim_{x\to 0}\frac{(1+x)^a-(1+x)^b}{x}$ $(a,\ b\neq 0)$.

【例24】　[1994年2] 计算 $\displaystyle\lim_{n\to\infty}\tan^n(\pi/4+2/n)$.

【例25】求 $\displaystyle\lim_{x\to\infty}\left(\frac{a_1^{1/x}+a_2^{1/x}+\cdots+a_n^{1/x}}{n}\right)^{nx}$ （其中 $a_1,\ a_2,\ \cdots,\ a_n>0$）.

【例26】若 $f(1)=0$，$f'(1)$ 存在，求极限 $I=\displaystyle\lim_{x\to 0}\frac{f(\sin^2 x+\cos x)\tan 3x}{\ln^2(1+x)-x^2}$.

题型六　必须考察左、右极限的几种函数

1. 求含 a^x 的函数 x 趋向无穷的极限，或求含 $a^{\frac{1}{x}}$ 的函数 x 趋于零的极限.

2. 求含取整函数的函数极限.

由 $[x]\leqslant x<[x]+1$，或 $x-1<[x]\leqslant x$ 易知，一般先考察其左、右极限，如他们存在，且相等，则极限存在，否则其极限不存在.

3. 求分段函数在分段点处的极限.

4. 求含 $\arctan x$ 或 $arc\cot x$ 的函数，x 趋向无穷的极限.

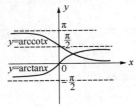

5. 含偶次方根的函数，由于算术根式前只能取正号，求其 $x \to x_0$（常数）（或 $x \to \infty$）时的极限，应分 $x \to x_0 + 0$（或 $x \to +\infty$）和 $x \to x_0 - 0$（或 $x \to -\infty$）两种情况讨论．

【例 27】［2000 年 1］求 $\lim\limits_{x \to 0}\left(\dfrac{2+e^{\frac{1}{x}}}{1+e^{\frac{4}{x}}}+\dfrac{\sin x}{|x|}\right)$．

【例 28】求 $\lim\limits_{x \to \infty}x(\sqrt{x^2+1}-x)$．

【例 29】求 $\lim\limits_{x \to 0}\dfrac{x}{\sqrt{1-\cos ax}}\,(0<|a|<\pi)$．

题型七 已知极限值，极限中待求常数的求法

除普通求极限方法外，还可用变量消去法求之：

① 设法消去一个待求常数前的变量，由给定的极限等式即可求出该常数．代入原极限式，又可求出另一个常数．

② 为消去待求常数前的变量，常将给出的极限等式两端分别与另一个极限等式两端相乘．

【例 30】已知 $\lim\limits_{x \to \infty}\left(\dfrac{x^2}{1+x}-ax+b\right)=1$，求 a 与 b．

【例 31】已知 $\lim\limits_{x \to 0}\left(\dfrac{\sin 3x}{x^3}+\dfrac{a}{x^2}+b\right)=0$，试求 a 和 b．

【例 32】［1994 年 2］已知 $\lim\limits_{x \to 0}\dfrac{\ln(1+x)-(ax+bx^2)}{x^2}=2$，求常数 a 和 b．

【例 33】 ［1994 年 1］$\lim\limits_{x \to 0}\dfrac{a\tan x+b(1-\cos x)}{c\ln(1-2x)+d(1-e^{x^2})}=2$，其中 $a^2+c^2 \neq 0$，则必有 _____．

（A）$b=4d$ （B）$b=-4d$ （C）$a=4c$ （D）$a=-4c$

【例 34】试求常数 a 和 b 的值，使得 $\lim\limits_{x \to +\infty}(\sqrt{x^2-x+1}-ax-b)=0$．

题型八 无限项之积的极限的求法

该题型主要采用恒等变形化简．

【例 35】设 $|x|<1$. 求 $\lim\limits_{n \to \infty}(1+x)(1+x^2)(1+x^4)\cdots(1+x^{2^n})$．

【例 36】求 $\lim\limits_{x \to 0}\left\{\lim\limits_{n \to \infty}\cos(x/2)\cos(x/2^2)\cdots\cos(x/2^n)\right\}$．

【例 37】求 $\lim\limits_{n \to \infty}(\sqrt{2}\cdot\sqrt[4]{2}\cdot\sqrt[8]{2}\cdot\cdots\cdot\sqrt[2^n]{2})$．

【例 38】试求 $\lim\limits_{n \to \infty}\left(1+\dfrac{1}{1\cdot 3}\right)\left(1+\dfrac{1}{2\cdot 4}\right)\cdots\left(1+\dfrac{1}{n(n+2)}\right)$．

【例 39】求 $\lim\limits_{x \to 0}\dfrac{1-\cos x\sqrt{\cos 2x}\cdots\sqrt[n]{\cos nx}}{x^2}$．

三、连续

1. 定义

连续的定义：设 $f(x)$ 在点 x_0 的某邻域内有定义，如果 $\lim\limits_{\Delta x \to 0}\Delta y=\lim\limits_{x \to x_0}$
$[f(x)-f(x_0)]=\lim\limits_{\Delta x \to 0}[f(x_0+\Delta x)-f(x_0)]=0$ 或 $\lim\limits_{x \to x_0}f(x)=f(x_0)$，则称函数 $f(x)$

在点 x_0 处连续.

连续的三个条件：有定义，有极限，极限值等于函数值.

"连续"这个词能让我们想到连绵不断的河流，植物的生长是连续的，身高、体重的变化是连续的，但是数学上的连续却要非常严格定义才行，因为在数学上有各种奇葩的连续和不连续的例子.

右连续/左连续：若 $\lim\limits_{x \to a^+} f(x) = f(a)$，称为函数在 a 点右连续；

若 $\lim\limits_{x \to b^-} f(x) = f(b)$ 称为函数在 b 点左连续.

* 魏尔斯特拉斯函数(Weierstrass function)：

$$f(x) = \sum_{n=0}^{\infty} a^n \cos(b^n \pi x)$$

其中，$0 < a < 1$，b 为正的奇数，使得：

$$ab > 1 + \frac{2}{3}\pi$$

魏尔斯特拉斯函数处处连续而处处不可导，如上图，每个点都是转折点，这个看起来比较难以理解，大家可以网上搜索"分形"，很多曲线都是有无限的细节的，比如左图的雪花，实际是由非常多的三角形无限细分形成的，那么这个雪花的边缘也都是尖锐的转折点，不可导.

2. 间断点及其分类

（1）间断点的定义

由函数 $f(x)$ 在 x_0 连续的定义易知：$f(x)$ 在 $x = x_0$ 点连续 $\Leftrightarrow \lim\limits_{x \to x_0} f(x) = f(x_0)$

$$\Leftrightarrow \begin{cases} ① f(x) \text{ 在 } x_0 \text{ 点有定义} \\ ② \lim\limits_{x \to x_0} f(x) \text{ 存在} \Leftrightarrow \lim\limits_{x \to x_0^+} f(x) = \lim\limits_{x \to x_0^-} f(x) \\ ③ \lim\limits_{x \to x_0} f(x) = f(x_0) \end{cases}$$

按上面的分析知上述三条中至少有一条不满足的点即为间断点.

（2）间断点的分类

① x_0 是 $f(x)$ 的间断点，如果 $\lim\limits_{x \to x_0^+} f(x) = f(x_0+0)$，$\lim\limits_{x \to x_0^-} f(x) = f(x_0-0)$ 存在，则称 x_0 是 $f(x)$ 的第一类间断点.

a. 若 $f(x_0+0) = f(x_0-0) \neq f(x_0)$ 则称 x_0 是 $f(x)$ 的可去间断点；

b. 若 $f(x_0+0) \neq f(x_0-0)$ 则称 x_0 是 $f(x)$ 的跳跃间断点.

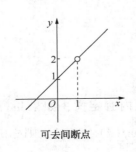

可去间断点

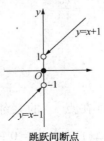

跳跃间断点

注意：第一类间断点只有这两种情况．

②若$f(x_0+0)$，$f(x_0-0)$至少有一个不存在，则称x_0是$f(x)$的第二类间断点．
典型的是：极限为无穷的无穷间断点，极限为振荡的振荡间断点．

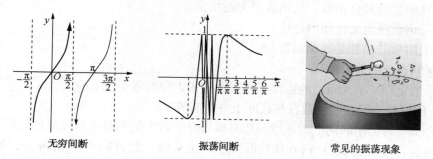

无穷间断　　　　　　振荡间断　　　　　常见的振荡现象

此外还有些非典型的第二类间断点：

* Dirichlet 函数 $D(x)=\begin{cases}1, & x\text{ 为有理数},\\0, & x\text{ 为无理数}.\end{cases}$ 每一点都是第二类间断点．

要理解这个函数，涉及数轴上有理数和无理数的分布，大家看如下两条：

a. 任意两个有理数之间有无数个无理数．

b. 任意两个无理数之间有无数个有理数．有理数，无理数分布是离散的

狄利克雷函数的特点是：无法画出函数图像，但是它的函数图像客观存在，以任意正有理数为其周期，无最小正周期，粗略的狄利克雷函数图像如下图：

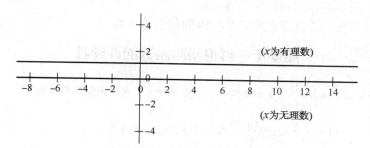

Riemann 函数 $R(x)=\begin{cases}\dfrac{1}{q}, & x=\dfrac{p}{q}\text{ 为有理数},\\0, & x\text{ 为无理数}.\end{cases}$ 所有有理点为可去间断点，无理点为连续

点．

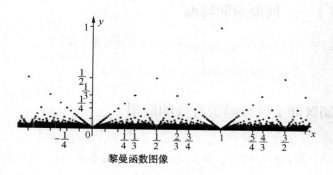

黎曼函数图像

奇怪的分形，可以帮助理解无限的世界

3. 有关连续的方法和结论

（1）基本初等函数在定义域内连续.

（2）连续函数的和、差、积、商（分母不为 0）仍为连续函数.

（3）连续函数的复合函数、反函数仍为连续函数.

（4）初等函数在定义区间内连续.

（5）变上限积分函数是连续函数.

4. 闭区间连续函数的性质

（1）（最值定理）闭区间上的连续函数必取得最大值与最小值.

推论：闭区间上的连续函数在该区间上一定有界.

（2）（介值定理）闭区间上的连续函数必取得介于最大值和最小值之间的任何值.

（3）（零点定理）设函数 $f(x)$ 在闭区间 $[a, b]$ 上连续，且 $f(a)$ 与 $f(b)$ 异号，那么至少存在一点 $\xi \in (a, b)$，使得 $f(\xi) = 0$.

该系列定理也常用于证明题.

题型九　讨论分段函数在分段点处的连续性

一般先求出 $f(x)$ 在 x_0 处的左、右极限，然后根据函数在点 x_0 处连续的充要条件判别 $f(x)$ 在点 x_0 处是否连续.

【例 40】设 $f(x) = \begin{cases} \sin ax / \sqrt{1-\cos x}, & \text{当 } x<0, \ x \neq -2k\pi (k \in N^*); \\ b, & \text{当 } x=0; \\ [\ln x - \ln(x^2+x)]/x, & \text{当 } x>0. \end{cases}$

问 a，b 为何值时，$f(x)$ 在它的定义域内的每点处连续.

题型十　讨论极限函数的连续性

【例 41】研究函数 $f(x) = \lim\limits_{n \to \infty} \dfrac{1-x^{2n}}{1+x^{2n}} x$ 的连续性，如有间断点，说明间断点的类型.

【例 42】讨论函数 $f(x) = \lim\limits_{n \to \infty} \dfrac{x^2 e^{n(x-1)} + ax + b}{e^{n(x-1)} + 1}$ 的连续性，a，b 为常数.

【例 43】已知 $f(x) = \lim\limits_{n \to \infty} [\ln(e^n + x^n)]/n (x>0)$.

（1）求 $f(x)$；（2）$f(x)$ 在定义域内是否连续？

【例 44】设 n 是正整数，$f(x) = \lim\limits_{n \to \infty} \dfrac{(1+\sin \pi x)^n - 1}{(1+\sin \pi x)^n + 1}$. 证明函数 $f(x)$ 对于 x 的整数值不连续.

题型十一　间断点的判断

【例 45】［1998 年 2］求函数 $f(x) = (1+x)^{x/\tan(x-\frac{\pi}{4})}$ 在区间 $(0, 2\pi)$ 内的间断点并判断其类型.

【例 46】试确定 a、b 的值，使 $f(x) = \dfrac{e^x - b}{(x-a)(x-1)}$ 有无穷间断点 $x=0$ 和可去间断点 $x=1$.

题型十二　闭区间上连续函数性质的应用

【例 47】证明方程 $\sin x + x + 1 = 0$ 存在实根.

【例 48】设 $f(x)$ 在闭区间 $[0, 2a]$ 上连续，且 $f(0) = f(2a)$，则在 $[0, a]$ 上至少存在一点 ξ，使 $f(\xi) = f(\xi+a)$.

【**例49**】设 $f(x)$ 在 $(a,\ b)$ 内连续，且 $x_i \in (a,\ b)$，$i=1,\ 2,\ \cdots,\ n$. 证明至少存在一点 $\xi \in (a,\ b)$，使

$$f(\xi) = \frac{2[f(x_1)+2f(x_2)+\cdots+nf(x_n)]}{n(n+1)}.$$

【**例50**】[2001 年 2]设 $f(x)$ 在区间 $[-a,\ a]$ $(a>0)$ 上具有二阶连续导数，$f(0)=0$.

(1)写出 $f(x)$ 的带拉格朗日余项的一阶麦克劳林公式；

(2)证明在 $[-a,\ a]$ 上至少存在一点 η，使 $a^3 f''(\eta) = 3\displaystyle\int_{-a}^{a} f(x)dx$.

【**例51**】设函数 $f(x)$ 在 $[0,\ 1]$ 上具有一阶连续导数，且 $\displaystyle\int_0^1 f(x)dx = 0$，证明对于任意的 $x \in [0,\ 1]$，有

$$\left|\int_0^x f(t)dt\right| \leqslant \frac{1}{2}x(1-x) \cdot \max_{0 \leqslant x \leqslant 1}|f'(x)|.$$

第二讲　导数与微分

 大纲要求

1. 理解导数和微分的概念，理解导数与微分的关系，理解导数的几何意义，会求平面曲线的切线方程和法线方程；了解导数的物理意义（数一、数二），会用导数描述一些物理量（数一、数二），理解函数的可导性与连续性之间的关系．

2. 掌握导数的四则运算法则和复合函数的求导法则，掌握基本初等函数的导数公式．了解微分四则运算法则和一阶微分形式的不变性，会求函数的微分．

3. 了解高阶导数的概念，会求简单函数的高阶导数．

4. 会求分段函数的导数，会求隐函数，以及由参数方程所确定的函数（数一、二）以及反函数的导数．

 知识讲解

一、导数

1. 定义

（1）导数的定义

设函数 $y=f(x)$ 在点 x_0 的某个邻域内有定义，当自变量 x 在 x_0 处取得增量 Δx（点 $x_0+\Delta x$ 仍在该邻域内）时，相应地函数取得增量 $\Delta y=f(x_0+\Delta x)-f(x_0)$ 如果 Δy 与 Δx 之比当 $\Delta x \to 0$ 时的极限存在，则称函数 $y=f(x)$ 在点 x_0 处可导，并称这个极限为函数 $y=f(x)$ 在点 x_0 处的导数，记为 $f'(x_0)$，即

$$f'(x_0)=\lim_{\Delta x \to 0}\frac{\Delta y}{\Delta x}=\lim_{\Delta x \to 0}\frac{f(x_0+\Delta x)-f(x_0)}{\Delta x},$$

$$\text{或者} \quad f'(x_0)=\lim_{x \to x_0}\frac{f(x)-f(x_0)}{x-x_0}$$

也可记作 $y'\Big|_{x=x_0}$，$\dfrac{dy}{dx}\Big|_{x=x_0}$ 或 $\dfrac{df(x)}{dx}\Big|_{x=x_0}$．

（2）单侧导数

如果 $y=f(x)$ 在点 x_0 及其左侧邻域内有定义，当 $\lim\limits_{\Delta x \to 0^-}\dfrac{f(x_0+\Delta x)-f(x_0)}{\Delta x}$ 存在时，则称该极

限值为 $f(x)$ 在点 x_0 处的左导数，记为 $f_-'(x_0)$．当 $\lim\limits_{\Delta x \to 0^+}\dfrac{f(x_0+\Delta x)-f(x_0)}{\Delta x}$ 存在时，则称该极限

值为 $f(x)$ 在点 x_0 处的右导数，记为 $f_+'(x_0)$．

（3）可导的充要条件

$f'(x_0)$ 存在 $\Leftrightarrow$ 左右导数存在且 $f_-'(x_0)=f_+'(x_0)$．

（4）对于导数的定义，要注意三点：

①保双侧，即取极限时，趋近的方向是双向的.

若 $\lim\limits_{h \to 0} \dfrac{f(1-\cos h) - f(0)}{h^2}$ 极限存在，

$$\lim\limits_{h \to 0} \frac{f(1-\cos h) - f(0)}{h^2} = \lim\limits_{h \to 0} \frac{f(0+1-\cos h) - f(0)}{1-\cos h} \cdot \frac{1-\cos h}{h^2}$$

$$= \lim\limits_{1-\cos h \to 0^+} \frac{f(0+1-\cos h) - f(0)}{1-\cos h} \cdot \frac{1}{2} = f_+'(0) \cdot \frac{1}{2}.$$

只能保证在 0 点右导数存在.

②不可跨，分子上一定有一个是定点，这个定点不可跨越，不能是两个动点.

若 $\lim\limits_{h \to 0} \dfrac{f(a+3h) - f(a-2h)}{h}$ 极限存在，不能保证在 a 点可导.

比如对于 $f(x) = \begin{cases} x+1, & x \neq 0 \\ 0, & x = 0 \end{cases}$，其极限 $\lim\limits_{h \to 0} \dfrac{f(0+3h) - f(0-2h)}{h} = 5$，而 $f(x)$ 在 0 点是可去间断，不可导.

③阶相同，因变量的变化量必须是自变量的变化量的同阶无穷小.

若 $\lim\limits_{h \to 0} \dfrac{f(a+3h) - f(a)}{\sqrt{h}}$ 极限存在，$\lim\limits_{h \to 0} \dfrac{f(a+3h) - f(a)}{3h}$ 不一定存在.

(5)区间可导与导函数的概念

如果 $y = f(x)$ 在 (a, b) 的每一点都可导，称 $y = f(x)$ 在 (a, b) 内可导，其中 $f'(x)$ 为导函数. 如果 $y = f(x)$ 在 (a, b) 内可导且在 a 点右可导，在 b 点左可导，则称 $y = f(x)$ 在 $[a, b]$ 可导，其中 $f'(x)$ 为导函数.

2. 导数的几何意义

函数 $y = f(x)$ 在 $x = x_0$ 可导时，曲线在点 $(x_0, f(x))$ 切线的斜率为 $f'(x_0)$. 这时由直线的点斜式方程易得，曲线 $y = f(x)$ 过 $(x_0, f(x_0))$ 点的切线方程为：

$$y - f(x_0) = f'(x_0)(x - x_0).$$

法线方程为：$y - f(x_0) = -\dfrac{1}{f'(x_0)}(x - x_0)\ (f'(x_0) \neq 0)$ 或 $x = x_0\ (f'(x_0) = 0)$.

3. 可导与连续的关系

函数可导 $\Rightarrow$ 函数必连续；函数连续，未必可导.

题型一　导数的概念与定义

【例1】设 $f(x) = \dfrac{(x-1)(x-2)\cdots(x-n)}{(x+1)(x+2)\cdots(x+m)}$，求 $f'(1)$.

【例2】设对非零 x、y，有 $f(xy) = f(x) + f(y)$，且 $f'(1) = a$，试证：当 $x \neq 0$ 时，$f'(x) = a/x$.

二、导数的计算

1. 基本求导公式，要牢记

$(1)\ (C)' = 0.$

$(2)\ (x^a)' = ax^{a-1}$

特别的，$(\sqrt{x})' = \dfrac{1}{2\sqrt{x}}$，$\left(\dfrac{1}{x}\right)' = -\dfrac{1}{x^2}$.

（3）$(a^x)'=a^x\ln a$，$(a>0$，$a\neq 1)$

特别的，$(e^x)'=e^x$.

（4）$(\log_a x)'=\dfrac{1}{x\ln a}$，$(a>0$，$a\neq 1)$

特别的，$(\ln x)'=\dfrac{1}{x}$.

（5）①$(\sin x)'=\cos x$，

②$(\cos x)'=-\sin x$，

③$(\tan x)'=\sec^2 x$，

④$(\cot x)'=-\csc^2 x$，

⑤$(\sec x)'=\sec x\tan x$，

⑥$(\csc x)'=-\csc x\cot x$.

（6）①$(\arcsin x)'=\dfrac{1}{\sqrt{1-x^2}}$，

②$(\arccos x)'=-\dfrac{1}{\sqrt{1-x^2}}$，

③$(\arctan x)'=\dfrac{1}{1+x^2}$，

④$(\operatorname{arccot} x)'=-\dfrac{1}{1+x^2}$.

2. 熟练掌握求导运算法则

（1）四则运算求导法则

①$[f(x)+g(x)]'=f'(x)+g'(x)$.

②$[f(x)g(x)]'=f'(x)g(x)+f(x)g'(x)$.

③$\left[\dfrac{f(x)}{g(x)}\right]'=\dfrac{f'(x)g(x)-f(x)g'(x)}{g^2(x)}$.

（2）复合函数求导法则

复合函数的导数：设函数 $u=g(x)$ 在点 x 处可导，而函数 $y=f(u)$ 在点 $u=g(x)$ 可导，则复合函数 $y=f[g(x)]$ 在点 x 处可导，且 $\dfrac{\mathrm{d}y}{\mathrm{d}x}=f'(u)g'(x)$ 或 $\dfrac{\mathrm{d}y}{\mathrm{d}x}=\dfrac{\mathrm{d}y}{\mathrm{d}u}\dfrac{\mathrm{d}u}{\mathrm{d}x}$.

假设 y 的微元是 u 的微元的 2 倍，u 的微元是 x 的微元的 5 倍，那么 y 的微元就是 x 的微元的 $2\times 5=10$ 倍，这种微元上放大或缩小的关系，就像链条传递速度一样，如图齿轮可以对速度放大或缩小，这与微元的关系类似，因此该法则也称为"链式法则".

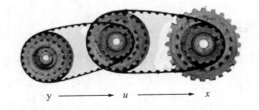

$$y \longrightarrow u \longrightarrow x$$

（3）幂指函数求导

对于一般形式的幂指函数 $y=f(x)^{g(x)}$（$f(x)>0$），在式子有意义前提下求导方法有：

法一：先在两边取对数，得：$\ln y=g\cdot\ln f$，上式两边对 x 求导，得：

$$\dfrac{y'}{y}=g'\cdot\ln f+g\cdot\dfrac{1}{f}\cdot f'$$

于是

$$y' = y\left(g' \cdot \ln f + g \cdot \frac{1}{f} \cdot f'\right) = f^g\left(g' \cdot \ln f + g \cdot \frac{1}{f} \cdot f'\right).$$

法二：一般幂指函数也可以表示为：$y = f(x)^{g(x)} = e^{g(x)\ln f(x)}$，这样便可直接求得

$$y' = e^{g\ln f}\left(g' \cdot \ln f + g \cdot \frac{1}{f} \cdot f'\right) = f^g\left(g' \cdot \ln f + g \cdot \frac{1}{f} \cdot f'\right).$$

（4）反函数求导

a. 设 $y = f(x)$ 可导且 $f'(x) \neq 0$，又 $x = \varphi(y)$ 为其反函数，则 $x = \varphi(y)$ 可导，且

$$\varphi'(y) = x' = \frac{\mathrm{d}x}{\mathrm{d}y} = \frac{1}{\frac{\mathrm{d}y}{\mathrm{d}x}} = \frac{1}{f'(x)}.$$

b. 设 $y = f(x)$ 二阶可导且 $f'(x) \neq 0$，又 $x = \varphi(y)$ 为其反函数，则 $x = \varphi(y)$ 二阶可导，且

$$\varphi''(y) = x'' = \frac{\mathrm{d}\left(\dfrac{\mathrm{d}x}{\mathrm{d}y}\right)}{\mathrm{d}y} = \frac{\dfrac{\mathrm{d}\left(\dfrac{1}{f'(x)}\right)}{\mathrm{d}x}}{\dfrac{\mathrm{d}y}{\mathrm{d}x}} = -\frac{f''(x)}{f'^3(x)}.$$

注意：这里 x 与 y 不能像高中那样随意调换位置，因为反函数与原函数是同一条曲线.

（5）隐函数求导

设 $F(x, y) = 0$，若对任意 x 的取值，由 $F(x, y) = 0$ 可以确定唯一的 y 值与 x 对应，称由 $F(x, y) = 0$ 确定 y 关于 x 的隐函数. 隐函数的函数关系隐藏在方程里.

若 $F(x, y) = 0$ 确定 y 关于 x 的隐函数，求 y 对 x 的导数时，只要将 y 看成 x 的函数，两边对 x 求导即可.

【必会经典题】

（1）设 $e^{x+y} = x^2 + y^2 + 1$，求 $\dfrac{\mathrm{d}y}{\mathrm{d}x}$.

解：$e^{x+y} = x^2 + y^2 + 1$ 两边对 x 求导得 $e^{x+y}\left(1 + \dfrac{\mathrm{d}y}{\mathrm{d}x}\right) = 2x + 2y\dfrac{\mathrm{d}y}{\mathrm{d}x}$，解得 $\dfrac{\mathrm{d}y}{\mathrm{d}x} = \dfrac{2x - e^{x+y}}{e^{x+y} - 2y}$.

（6）由参数方程定义的函数（数一、数二）

设 y 与 x 的函数关系是由参数方程 $\begin{cases} x = \varphi(t) \\ y = \psi(t) \end{cases}$ 确定的，在式子有意义的前提下，

$$\frac{\mathrm{d}y}{\mathrm{d}x} = \frac{\dfrac{\mathrm{d}y}{\mathrm{d}t}}{\dfrac{\mathrm{d}x}{\mathrm{d}t}} = \frac{\psi'(t)}{\varphi'(t)}.$$

若 $\varphi(t)$，$\psi(t)$ 二阶可导且 $\varphi'(t) \neq 0$，则

$$\frac{\mathrm{d}^2y}{\mathrm{d}x^2} = \frac{\mathrm{d}\left(\dfrac{\mathrm{d}y}{\mathrm{d}x}\right)}{\mathrm{d}x} = \frac{\dfrac{\mathrm{d}}{\mathrm{d}t}\left(\dfrac{\mathrm{d}y}{\mathrm{d}x}\right)}{\mathrm{d}x/\mathrm{d}t} = \frac{\left[\dfrac{\psi'(t)}{\varphi'(t)}\right]'}{\varphi'(t)} = \frac{\psi''(t)\varphi'(t) - \psi'(t)\varphi''(t)}{\varphi'^3(t)}$$

题型二　求导法则

【例3】用对数求导法求 $y=\sqrt{x\ln x\,\sqrt{1-\sin x}}$ 的导数

【例4】设 $y=\left(\dfrac{a}{b}\right)^x\cdot\left(\dfrac{b}{x}\right)^a\cdot\left(\dfrac{x}{a}\right)^b$ $(a>0,\ b>0)$，求 y'.

【例5】[1995年2] 设函数 $y=y(x)$ 由方程 $xe^{f(y)}=e^y$ 确定，其中 f 具有二阶导数，且 $f'\neq1$，求 $\dfrac{\mathrm{d}^2y}{\mathrm{d}x^2}$.

【例6】求由方程 $x^y=y^x$ 所确定的隐函数 y 的导数 $\dfrac{\mathrm{d}y}{\mathrm{d}x}$.

【例7】求由方程 $\arctan(y/x)=\ln\sqrt{x^2+y^2}$ 所确定的隐函数 y 的二阶导数 $\dfrac{\mathrm{d}^2y}{\mathrm{d}x^2}$.

【例8】（数一、数二）求由参数方程 $\begin{cases}x=f'(t),\\ y=tf'(t)-f(t),\end{cases}$ 其中 $f''(t)$ 存在，且 $f''(t)\neq0$，所确定的函数的二阶导数 $\dfrac{d^2y}{dx^2}$.

【例9】（数一、数二）[1997年2] 设 $y=y(x)$ 由 $\begin{cases}x=\arctan t,\\ 2y-ty^2+e^t=5,\end{cases}$ 所确定，求 $\dfrac{\mathrm{d}y}{\mathrm{d}x}$.

【例10】（数一、数二）设曲线 $x=\varphi(t)$，$y=\psi(t)$ 由方程组 $\begin{cases}x=3t^2+2t+3,\\ e^y\sin t-y+1=0,\end{cases}$ 的确定，试求：（1）$\dfrac{dy}{dx}\Big|_{t=0}$，$\dfrac{d^2y}{dx^2}\Big|_{t=0}$；（2）该曲线在 $t=0$ 处的曲率为 K.

题型三　分段函数可导性的判别及其导数的求法

【例11】讨论函数 $y=\begin{cases}|x|^a\sin(1/x),&\text{当 }x\neq0,\\ 0,&\text{当 }x=0;\end{cases}$ 在 $x=0$ 处的连续性与可导性及 y' 在 $x=0$ 处的连续性.

题型四　绝对值函数的可导性判断及导数求法

结论1：设 $f(x)=(x-a)^k|x-a|$，则

当 $k=0$ 时，$f(x)=|x-a|$ 在 $x=a$ 处不可导；

当 $k=1$ 时，$f(x)=(x-a)|x-a|$ 在 $x=a$ 处一阶可导，但二阶导数不存在；

当 $k=2$ 时，$f(x)=(x-a)^2|x-a|$ 在 $x=a$ 处二阶可导，但三阶导数不存在；

一般当 k 为正整数时，$f(x)=(x-a)^k|x-a|$ 在 $x=a$ 处 k 阶可导，但 $k+1$ 阶导数不存在.

结论2：设 $f(x)=|x-a|g(x)$，$g(x)$ 在 $x=a$ 处连续.

若 $g(a)=0$，则 $f(x)$ 在 $x=a$ 处可导，且 $f'(a)=g(a)=0$；

若 $g(a)\neq0$，则 $f(x)$ 在 $x=a$ 处不可导.

注意：$g(a)=0$ 可理解为 $g(x)$ 有 $x-a$ 的因子，即 $g(x)=(x-a)g_1(x)$，这时 $f(x)=|x-a|(x-a)g_1(x)$，上述结论知，$|x-a|(x-a)$ 在 $x=a$ 处可导.

结论3：设 $g(x)$ 在 $x=x_0$ 处可导，$h(x)$ 在 $x=x_0$ 处连续但不可导，

则 $y=g(x)h(x)$ 在 $x=x_0$ 处可导的充要条件是 $g(x_0)=0$.

上述结论可总结为顺口溜："重合连续，不重合可导"。即函数值为0的点与不可导点重合时，该函数值为0的点连续，相乘就可导。若不重合，函数值为0的点可导时，相乘才

可导。

【**例 12**】［1998 年 2］函数 $f(x)=(x^2-x-2)\,|\,x^3-x\,|$ 不可导点的个数是_____．

（A）3   （B）2   （C）1   （D）0

【**例 13**】求函数 $f(x)=|\,1-2x\,|\sin x$ 的导数．

三、高阶导数

把可导（导数）的定义应用在导函数上就得到二阶可导（导数）的定义，依此类推就得到高阶可导（导数）的定义．

高阶导数的表示为：$y''=f''(x)$，$y'''=f'''(x)$，$y^{(4)}=f^{(4)}(x)$，$\cdots$，$y^{(n)}=f^{(n)}(x)$．

（1）求解高阶导数的通用表达式

求 n 阶导数（高阶导数通用表达式）常用的方法有两种：

①归纳法

第一步先求出一阶、二阶、三阶等导数．

第二步从中归纳出 n 阶导数的表达式．

第三步用数学归纳法证明归纳出的表达式是正确的．

②公式法

（a）$[u\pm v]^{(n)}=u^{(n)}\pm v^{(n)}$

（b）Leibniz（莱布尼兹）公式

$$(uv)^{(n)}=u^{(n)}v^{(0)}+C_n^1 u^{(n-1)}v^{(1)}+\cdots+C_n^k u^{(n-k)}v^{(k)}+\cdots+C_n^{n-1}u^{(1)}v^{(n-1)}+u^{(0)}v^{(n)}$$

$$=\sum_{k=0}^{n}C_n^k u^{(n-k)}v^{(k)}\,,\ \text{其中}\ u^{(0)}=u,\ v^{(0)}=v.$$

（2）常用高阶导数的通用表达式

①设 $y=x^m$，则 $y^{(n)}=m(m-1)\cdots(m-n+1)x^{m-n}$；

设 $y=x^n$，则 $y^{(n)}=n!$（n 是正整数）．

②设 $y=a^x$，则 $y^{(n)}=a^x(\ln a)^n$；

设 $y=e^{ax}$，则 $y^{(n)}=a^n e^{ax}$．

③设 $y=\ln(x+1)$，则 $y^{(n)}=(-1)^{n-1}\dfrac{(n-1)!}{(1+x)^n}$；

设 $y=\ln(ax+b)$，则 $y^{(n)}=(-1)^{n-1}\dfrac{a^n(n-1)!}{(ax+b)^n}$，该公式可以记住也可以自己做题时归纳．

④设 $y=\dfrac{1}{ax+b}$，则 $y^{(n)}=(-1)^n\dfrac{a^n n!}{(ax+b)^{n+1}}$，该公式可以记住也可以自己做题时归纳．

⑤设 $y=\sin x$，则 $y^{(n)}=\sin\left(x+\dfrac{n\pi}{2}\right)$；

设 $y=\sin(ax+b)$，则 $y^{(n)}=a^n\sin\left(ax+b+\dfrac{n\pi}{2}\right)$．

⑥设 $y=\cos x$，则 $y^{(n)}=\cos\left(x+\dfrac{n\pi}{2}\right)$；

设 $y=\cos(ax+b)$，则 $y^{(n)}=a^n\cos\left(ax+b+\dfrac{n\pi}{2}\right)$．

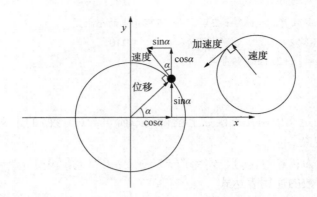

正弦、余弦函数在求导上的特点可以通过我们高中的位移、速度、加速度来解释，在匀速圆周运动中，这三个向量是依次求导的关系．而将其分解后，位移的水平分量求导对应速度的水平分量，如图，并且两个向量方向相反，因此$(\cos\alpha)' = -\sin\alpha$，同理位移的竖直分量求导等于速度的竖直分量，因此$(\sin\alpha)' = \cos\alpha$．由于位移、速度、加速度是互相垂直的，因此对这样的变量求导一次旋转 90 度，那么对加速度继续求导得到急动度还是旋转 90 度，继续求导依然是这样旋转，因此其水平、竖直分量这些三角函数也有类似的特点，求导一次，相位增加$\dfrac{\pi}{2}$．

注意：如果是求高阶导数值，可以用泰勒公式法，而如果求高阶导函数，不能用泰勒．

四、微分

1. 定义

微分的定义：设函数$y=f(x)$在某区间内有定义，x_0 及 $x_0+\Delta x$ 在这区间内，如果函数的增量$\Delta y=f(x_0+\Delta x)-f(x_0)$可表示为$\Delta y=A\Delta x+o(\Delta x)$，其中 A 是不依赖于 Δx 的常数，那么称函数$y=f(x)$在点 x_0 是可微的，而 $A\Delta x$ 叫做函数$y=f(x)$点 x_0 相应于自变量 Δx 的微分，记作 dy，即 $dy=A\Delta x$．也即 $dy=f'(x_0)\cdot\Delta x=f'(x_0)dx$

2. 微分与导数的关系

可微$\Leftarrow$可导；可微$\Rightarrow$可导

连续与可导、可微的关系如下图．连续不能推出可导的典型反例是绝对值函数．

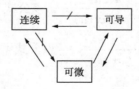

3. 微分的几何意义

如图所示，能将曲线在微观上看作直线：

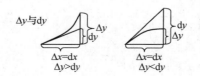

4. 基本微分公式与微分法则

（1）$\mathrm{d}[f(x)+g(x)]=\mathrm{d}f(x)+\mathrm{d}g(x)$.

（2）$\mathrm{d}[f(x)g(x)]=g(x)\mathrm{d}f(x)+f(x)\mathrm{d}g(x)$.

（3）$\mathrm{d}\left[\dfrac{f(x)}{g(x)}\right]=\dfrac{g(x)\mathrm{d}f(x)-f(x)\mathrm{d}g(x)}{g^2(x)}\ (g(x)\neq0)$.

5. 一阶微分的形式不变性

设函数 $u=g(x)$ 在点 x 处可导，而函数 $y=f(u)$ 在点 $u=g(x)$ 可导，则复合函数 $y=f[g(x)]$ 的微分为 $\mathrm{d}y=(f(g(x)))'\mathrm{d}x=f'(u)g'(x)\mathrm{d}x=f'(u)\mathrm{d}u$

题型五　高阶导数

【例 14】已知 $y=x^2\sin2x$，求 $y^{(50)}$.

【例 15】设 $y=\arctan x$，求 $y^{(n)}(0)$.

第三讲 微分学中值定理及其应用

大纲要求

1. 掌握微分学中值定理,领会其实质,为微分学的应用打好坚实的理论基础;

2. 熟练掌握洛比塔法则,会正确应用它求某些不定式的极限;

3. 掌握泰勒公式,并能应用它解决一些有关的问题;

4. 使学生掌握运用导数研究函数在区间上整体性态的理论依据和方法,能根据函数的整体性态较为准确地描绘函数的图像;

5. 会求函数的极值与最值;

6. 弄清函数极值的概念,取得极值必要条件以及第一、第二充分条件;掌握求函数极值的一般方法和步骤;能灵活运用第一、第二充分条件判定函数的极值与最值;会利用函数的极值确定函数的最值;

7. 掌握讨论函数的凹凸性和方法.

知识讲解

一、微分中值定理

1. 费马引理

若函数 $f(x)$ 在 x_0 的去心邻域 $\mathring{U}(x_0)$,对于 $\forall x \in \mathring{U}(x_0)$,有 $f(x) \leqslant f(x_0)$ $(f(x) \geqslant f(x_0))$ 且 $f(x)$ 在 x_0 可导 $\Rightarrow f'(x_0) = 0$.

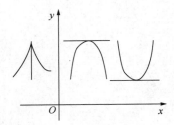

结论:若 x_0 是一个极值点且 $f(x)$ 在 x_0 可导 $\Rightarrow f'(x_0) = 0$(驻点).

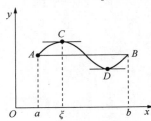

2. 罗尔中值定理

若 $f(x)$ 满足条件:

(1)在闭区间 $[a, b]$ 上连续;

(2)在开区间 (a, b) 内可导;

(3)$f(a) = f(b)$

$\Rightarrow$ 在开区间 (a, b) 内至少存在一点 ξ,使得 $f'(\xi) = 0$.

罗尔定理的思想是:以直代曲,用 AB 两点相连的直线研究曲线的特点,因为直线 AB 是平的,所以曲线上必然至少有一点切线斜率为 0,也可能有很多个这样的点,这就是光滑的曲线必然的特点.

【必会经典题】

题型一：证明 $f^{(n)}(\xi)=0$

①设 $f(x)\in C[0,3]$，在 $(0,3)$ 内可导，且 $f(0)+f(1)+f(2)=3f(3)$，证明：存在 $\xi\in(0,3)$，使得 $f'(\xi)=0$.

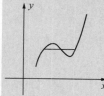

证明：因为 $f(x)$ 在 $[0,2]$ 上连续，所以 $f(x)$ 在 $[0,2]$ 上取到最小值 m 和最大值 M.

由 $m\leqslant\dfrac{f(0)+f(1)+f(2)}{3}\leqslant M$，

根据介值定理，存在 $c\in[0,2]$，

使得 $f(c)=\dfrac{f(0)+f(1)+f(2)}{3}$，即 $f(0)+f(1)+f(2)=3f(3)$

因为 $f(c)=f(3)$，所以有罗尔定理，存在 $\xi\in(c,3)\subset(0,3)$，使得 $f'(\xi)=0$.

②设 $f(x)\in C[a,b]$，在 (a,b) 内可导，$f(a)=f(b)=0$，$f'(a)f'(b)>0$，证明：存在 $\xi\in(a,b)$，使 $f''(\xi)=0$.

证明：不妨设 $f'_+(a)>0$，$f'_-(b)>0$，则存在 $x_1,x_2\in(a,b)$ 使得

$f(x_1)>f(a)=0$，$f(x_2)<f(b)=0$；

由零点定理，存在 $c\in(x_1,x_2)\subset(a,b)$，使得 $f(c)=0$，

因为 $f(a)=f(b)=f(c)=0$ 所以由罗尔定理，存在 $\xi_1\in(a,c)$，$\xi_2\in(c,b)$，使得 $f'(\xi_1)=f'(\xi_2)=0$，再由罗尔定理，存在 $\xi\in(\xi_1,\xi_2)\subset(a,b)$，使得 $f''(\xi)=0$.

③设曲线 $y=f(x)$ 在 $[a,b]$ 上二阶可导，连接点 $A(a,f(a))$，$B(b,f(b))$ 的直线交曲线于点 $C(c,f(c))$ $(a<c<b)$，证明：存在 $\xi\in(a,b)$，使得 $f''(\xi)=0$.

证明：由拉格朗日中值定理，存在 $\xi_1\in(a,c)$，$\xi_2\in(c,b)$，使得

$f'(\xi_1)=\dfrac{f(c)-f(a)}{c-a}$，$f'(\xi_2)=\dfrac{f(b)-f(c)}{b-c}$.

因为 A,B,C 三点位于同一条直线上，所以 $f'(\xi_1)=f'(\xi_2)$.

因为 $f(x)$ 二阶可导，所以由罗尔定理，存在 $\xi\in(\xi_1,\xi_2)\subset(a,b)$ 使 $f''(\xi)=0$.

题型二：待证结论中只有一个中值 ξ，不含其他字母.

该题型需要多种方法构造辅助函数，常用还原技巧：$\dfrac{f'(x)}{f(x)}=[\ln f(x)]'$

该方法的本质是解微分方程，只不过复习到这里的同学很可能还不熟悉微分方程，我们可以在题目中看下其应用.

①设 $f(x)$ 在闭区间 $[0,1]$ 上连续，在 $(0,1)$ 内可导，$f(1)=0$，证明：存在 $\xi\in(0,1)$，使得 $f'(\xi)=-\dfrac{2f(\xi)}{\xi}$.

分析：这种题大部分工作量在寻找辅助函数，一旦辅助函数找对了，证明的过程很快就完成了. 将要证明的结论改写为：$\dfrac{f'(x)}{f(x)}=-\dfrac{2}{x}$，则变形为 $[\ln f(x)]'=[-2\ln x]'$，也就是 $[\ln f(x)+2\ln x]'=0$，进而 $[\ln x^2 f(x)]'=0$，$x^2 f(x)=e^C=C_1$，某个函数等于常数，求导当然等于 0，就非常适合罗尔定理，这样就找到了辅助函数.

如果用微分方程去求呢？也是类似的. 待证结论为 $\dfrac{\mathrm{d}y}{\mathrm{d}x}=-\dfrac{2y}{x}$，求解这个简单的微分方程为 $\ln y=-\ln x^2$，也就是 $x^2 y=e^C=C_1$，和前面的结果一样. 但前面的方式在做中值定理题目时是比较好用的.

证明：令 $\varphi(x)=x^2 f(x)$，因为 $\varphi(0)=\varphi(1)=0$，所以由罗尔定理，存在 $\xi\in(0,1)$，使得 $\varphi'(\xi)=0$.

而 $\varphi'(x)=x[2f(x)+xf'(x)]$，于是 $\xi[2f(\xi)+\xi f'(\xi)]=0$，注意到 $\xi\neq0$，故 $2f(\xi)+\xi f'(\xi)=0$.

【思考】如果将题目中的 2 改为 1 或者其他数值，大家可以自己再推理一遍.

②设 $f(x)$ 在 $[0,1]$ 上二阶可导，且 $f(0)=f(1)$，证明：存在 $\xi\in(0,1)$，使得 $f''(\xi)=\dfrac{2f'(\xi)}{1-\xi}$.

证明：令 $\varphi(x)=(x-1)^2 f'(x)$，$\varphi(1)=0$.

因为 $f(0)=f(1)$，所以由罗尔定理，存在 $c\in(0,1)$，使得 $f'(c)=0$，于是 $\varphi(c)=0$.

因为 $\varphi(c)=\varphi(1)=0$，所以由罗尔定理，存在 $\xi\in(c,1)\subset(0,1)$，使得 $\varphi'(\xi)=0$，

于是 $f''(\xi)=\dfrac{2f'(\xi)}{1-\xi}$.

分组构造法：有些题目直接还原无法做到，需要先分组，再还原，看下面例子：

若结论为：$f'(\xi)-f(\xi)+2\xi=2$

$[f(x)-2x]'-[f(x)-2x]=0$，将 $f(x)-2x$ 看做一个整体 $g(x)$，

再用前面方法，还原后辅助函数为：$\varphi(x)=e^{-x}[f(x)-2x]$

若结论为：$\dfrac{f(\xi)}{g(\xi)}=\dfrac{f''(\xi)}{g''(\xi)}$

$f(x)g''(x)-f''(x)g(x)=0$

$[f(x)g''(x)+f'(x)g'(x)]-[f''(x)g(x)+f'(x)g'(x)]=0$

$\varphi(x)=f(x)g'(x)-f'(x)g(x)$

结论为：$f''(\xi)+f'(\xi)=2$

$[f'(x)-2]'+[f'(x)-2]=0$ 　　　　$\varphi(x)=e^x[f'(x)-2]$

③设 $f(x)\in C[0,1]$，在 $(0,1)$ 内可导，且 $f(0)=0$，$f\left(\dfrac{1}{2}\right)=1$，$f(1)=\dfrac{1}{2}$.

(a) 证明：存在 $c\in(0,1)$，使得 $f(c)=c$；

(b) 对任意的实数 k，存在 $\xi\in(0,1)$，使得 $f'(\xi)+k[f(\xi)-\xi]=1$.

证明：(a) 令 $\varphi(x)=f(x)-x$，$\varphi(0)=0$，$\varphi\left(\dfrac{1}{2}\right)=\dfrac{1}{2}$，$\varphi(1)=-\dfrac{1}{2}$.

因为 $\varphi\left(\dfrac{1}{2}\right)\varphi(1)<0$，所以由零点定理，存在 $c\in\left(\dfrac{1}{2},1\right)$，使得 $\varphi(c)=0$，故 $f(c)=c$；

(b) 令 $h(x)=e^{kx}[f(x)-x]$，因为 $\varphi(0)=\varphi(c)=0$，所以 $h(0)=h(c)=0$.

由罗尔定理，存在 $\xi\in(0,1)$，使得 $h'(\xi)=0$，故 $f'(\xi)+k[f(\xi)-\xi]=1$.

3. 拉格朗日中值定理

若 $f(x)$ 满足条件：（1）在闭区间 $[a,b]$ 上连续；（2）在开区间 (a,b) 内可导，则在开区间 (a,b) 内至少存在一点 ξ，使得

$$\dfrac{f(b)-f(a)}{b-a}=f'(\xi),$$

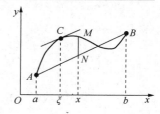

即 $f(b)-f(a)=f'(\xi)(b-a)$，

或写成 $f(b)-f(a)=f'[a+\theta(b-a)](b-a)\ (0<\theta<1)$

结论：函数是常数的充要条件：$f(x)=C\Leftrightarrow f'(x)=0$

拉格朗日的思想仍然是：以直代曲，用 AB 两点相连的直线研究曲线的特点，必然至少有一点的切线斜率和直线 AB 一样，也可能有很多个这样的点，这就是光滑的曲线必然的特点. 其实这个直线 AB 的斜率是这段曲线各点斜率的平均值，后续讲牛顿–莱布尼兹公式会解释.

拉格朗日中值定理的证明可以构造如下辅助函数：

$\varphi(x) = f(x) - L(x) = f(x) - f(a) - \dfrac{f(b) - f(a)}{b - a}(x - a)$. 也就是用曲线方程减去直线方程，由于直线与曲线在 A、B 点重合，那么就能用罗尔定理证明. 这个证明考研真题考过，然后就掀起一阵教材定理的证明热，似乎每个定理都要知道一下是怎么证明的. 但其实这只是一个常规的罗尔定理题目，教材定理很多都是较难证明的，不要矫枉过正.

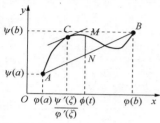

4. 柯西中值定理

若 $f(x)$，$g(x)$ 满足条件：

（1）在闭区间 $[a, b]$ 上连续；

（2）在开区间 (a, b) 内可导，$g'(x) \neq 0$

$\Rightarrow$ 在开区间 (a, b) 内至少存在一点 ξ，使得 $\dfrac{f(b) - f(a)}{g(b) - g(a)} = \dfrac{f'(\xi)}{g'(\xi)}$.

$\begin{cases} x = \varphi(t) \\ y = \psi(t) \end{cases}$，$\dfrac{\mathrm{d}y}{\mathrm{d}x} = \dfrac{\psi'(t)}{\varphi'(t)}$，$\dfrac{\psi(b) - \psi(a)}{\varphi(b) - \varphi(a)} = \dfrac{\psi'(\xi)}{\varphi'(\xi)}$.

可见柯西中值定理是拉格朗日的参数方程表示.

【必会经典题】

题型一：结论中含 ξ，含 a, b

① 设 $ab > 0 (a < b)$，证明：存在 $\xi \in (a, b)$，使 $ae^b - be^a = (a - b)(1 - \xi)e^\xi$.

证明：$ae^b - be^a = (a - b)(1 - \xi)e^\xi$. 等价于 $\dfrac{\dfrac{e^b}{b} - \dfrac{e^a}{a}}{\dfrac{1}{b} - \dfrac{1}{a}} = (1 - \xi)e^\xi$.

令 $f(x) = \dfrac{e^x}{x}$，$F(x) = \dfrac{1}{x}$，$F'(x) = -\dfrac{1}{x^2} \neq 0$.

由柯西中值定理，存在 $\xi \in (a, b)$，使得

$\dfrac{f(b) - f(a)}{F(b) - F(a)} = \dfrac{f'(\xi)}{F'(\xi)}$，即 $\dfrac{\dfrac{e^b}{b} - \dfrac{e^a}{a}}{\dfrac{1}{b} - \dfrac{1}{a}} = (1 - \xi)e^\xi$，

故 $ae^b - be^a = (a - b)(1 - \xi)e^\xi$.

② 设 $f(x) \in C[a, b]$，在 (a, b) 内可导，$f(b) = f(a)$，$f'_+(a) > 0$，证明：存在 ξ，$\eta \in (a, b)$，使得 $f'(\xi) > 0$，$f'(\eta) < 0$.

证明：因为 $f'_+(a) > 0$，所以存在 $c \in (a, b)$，使得 $f(c) > f(a) = f(b)$.

由拉格朗日中值定理，存在 $\xi \in (a, c)$，$\eta \in (c, b)$，使得

$f'(\xi) = \dfrac{f(c) - f(a)}{c - a} > 0$，$f'(\eta) = \dfrac{f(b) - f(c)}{b - c} < 0$.

【注意】 某点导数大于 0，不能推出单调，但可以有上面的结果，看下面反例：

$f(x) = \begin{cases} \dfrac{x}{2} + x^2 \sin\left(\dfrac{1}{x}\right) & x \neq 0 \\ 0 & x = 0 \end{cases}$ 可以求得，$f'(0) = \dfrac{1}{2}$，但其图像如下图，如果放大原点位置，会发现曲

线是不断波动的，没有一个单调区间，但这一点导数却是大于 0 的.

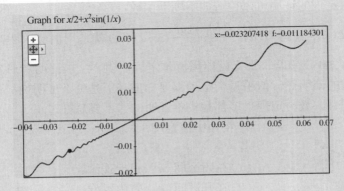

Graph for $x/2+x^2\sin(1/x)$

x:-0.023207418 f:-0.011184301

题型二：结论中含有两个或两个以上中值的问题

①设 $f(x)$ 在 $[0,1]$ 上连续，在 $(0,1)$ 内可导，且 $f(0)=0$，$f(1)=1$.

(a)证明：存在 $0<c<1$，使得 $f(c)=\dfrac{1}{2}$；

(b)证明：存在 $\xi\in(0,c)$，$\eta\in(c,1)$，使得 $\dfrac{1}{f'(\xi)}+\dfrac{1}{f'(\eta)}=2$.

证明：(a)令 $\varphi(x)=f(x)-\dfrac{1}{2}$，$\varphi(0)=-\dfrac{1}{2}$，$\varphi(1)=\dfrac{1}{2}$.

因为 $\varphi(0)\varphi(1)<0$，所以由零点定理，存在 $c\in(0,1)$，使得 $\varphi(c)=0$，即 $f(c)=\dfrac{1}{2}$.

(b)由拉格朗日中值定理，存在 $\xi\in(0,c)$，$\eta\in(c,1)$，使得
$f(c)-f(0)=f'(\xi)c$ 以及 $f(1)-f(c)=f'(\eta)(1-c)$，

即 $\dfrac{1}{f'(\xi)}=2c$，$\dfrac{1}{f'(\eta)}=2(1-c)$，两式相加得 $\dfrac{1}{f'(\xi)}+\dfrac{1}{f'(\eta)}=2$.

证明题算是考研中较难的题，因为比较灵活，通常想要做出来比较消耗时间，然而考试最缺时间．大家平时可以多积累多总结，考试时灵活运用，无招胜有招．

题型一　出现一个中值的中值等式命题的证法

（Ⅰ）存在 ξ 使 $f'(\xi)=0$ 的中值等式命题的证法．

验证满足罗尔定理的条件[关键条件 $f(a)=f(b)$]，直接用该定理证之．

【例1】不用求出函数 $f(x)=(x-1)(x-2)(x-3)(x-4)$ 的导数，说明方程 $f'(x)=0$ 有几个实根，并指出他们所在的区间．

（Ⅱ）存在 ξ，使 $f^{(k)}(\xi)=0(k\geqslant2$，正整数）的中值等式命题的证法．

先对 $f(x)$ 试用中值定理（如罗尔定理、拉格朗日中值定理等），证其一阶导数在不同的两点上，其值相等，再对一阶导数 $f(x)$ 使用一次罗尔定理，即可证明存在 ξ，使 $f''(\xi)=0$.

【例2】若函数 $f(x)$ 在 (a,b) 内具有二阶导数，且 $f(x_1)=f(x_2)=f(x_3)$，其中 $a<x_1<x_2<x_3<b$，证明：在 (x_1,x_3) 内至少有一点 ξ，使 $f''(\xi)=0$.

（Ⅲ）存在 ξ，使 $G(\xi)=0$ 的中值等式命题的证法（ $G(x)$ 为某函数）．

证法一：作辅助函数（还原法和分组还原法构造），利用罗尔定理等中值定理证之．

中值等式 $G(\xi)=0$	凑成导函数等式 $F'(x)=0$	辅助函数 $F(x)$
$f'(\xi)+A\xi^k+B=0$ (A，B 为常数)	$\left[f(x)+\dfrac{Ax^{k+1}}{k+1}+Bx\right]'=0$	$f(x)+\dfrac{Ax^{k+1}}{k+1}+Bx$
$f(a)g'(\xi)-f'(\xi)g(a)-k=0$	$[f(a)g(x)-f(x)g(a)-kx]'=0$	$f(a)g(x)-f(x)g(a)-kx$
$\sum\limits_{i=0}^{n-1}a_i(n-i)\xi^{n-1-i}=0$	$\left[\sum\limits_{i=0}^{n-1}a_ix^{n-i}\right]'=0$	$\sum\limits_{i=0}^{n-1}a_ix^{n-i}$
$f'(\xi)g(\xi)+f(\xi)g'(\xi)=0$	$[f(x)g(x)]'=0$	$f(x)g(x)$
$f(\xi)g''(\xi)-f''(\xi)g(\xi)=0$	$[f(x)g'(x)-f'(x)g(x)]'=0$	$f(x)g'(x)-f'(x)g(x)$
$\xi f'(\xi)+kf(\xi)=0$	$[x^kf(x)]'=0$	$x^kf(x)$
$(\xi-1)f'(\xi)+kf(\xi)=0$	$[(x-1)^kf(x)]'=0$	$(x-1)^kf(x)$
$f'(\xi)g(1-\xi)-kf(\xi)g'(1-\xi)=0$	$[g^k(1-x)f(x)]'=0$	$g^k(1-x)f(x)$
$f'(\xi)+\lambda f(\xi)=0$	$[e^{\lambda x}f(x)]'=0$	$e^{\lambda x}f(x)$
$f'(\xi)+g'(\xi)f(\xi)=0$	$[e^{g(x)}f(x)]'=0$	$e^{g(x)}f(x)$
$\xi f'(\xi)-kf(\xi)=0$	$[f(x)/x^k]'=0$	$f(x)/x^k$
$f'(\xi)-kf(\xi)=0$	$[f(x)/e^{kx}]'=0$	$f(x)/e^{kx}$
$f(\xi)+\dfrac{x-b}{a}f'(\xi)=0$	$[(x-b)^af(x)]'=0$	$(x-b)^af(x)$
$f'(\xi)g(\xi)-f(\xi)g'(\xi)=0$	$[f(x)/g(x)]'=0$	$\dfrac{f(x)}{g(x)}$
$(1-\xi^2)/(1+\xi^2)^2=0$	$[x/(1+x^2)]'=0$	$x/(1+x^2)$
$f'(\xi)-f(\xi)+k\xi-k=0$	$\{e^{-x}[f(x)-kx]\}'=0$	$e^{-x}[f(x)-kx]$
$f''(\xi)+f'(\xi)-k=0$	$\{e^x[f'(x)-k]\}'=0$	$e^x[f'(x)-k]$
$f'(\xi)+k[f(\xi)-\xi]-1=0$	$\{e^{kx}[f(x)-x]\}'=0$	$e^{kx}[f(x)-x]$
$f''(\xi)-f(\xi)=0$	$\{e^x[f(x)-f'(x)]\}'=0$	$e^x[f(x)-f'(x)]$

【例3】设 $f(x)$ 在区间 $[0，1]$ 上连续，在 $(0，1)$ 内可导，且 $f(0)=f(1)=0$，$f(1/2)=1$，试证

(1) 存在 $\eta\in(1/2，1)$，使 $f(\eta)=\eta$；

(2) 对任意实数 λ，必存在 $\xi\in(0，\eta)$，使 $f'(\xi)-\lambda[f(\xi)-\xi]=1$.

【例4】设函数 $f(x)$ 在 $[0，1]$ 上可导，$f(0)=0$，$\int_0^1 f(x)\,\mathrm{d}x=0$.

(1) 证明存在 $\xi\in(0，1)$，使得 $f(\xi)=\int_0^{\xi}f(x)\,\mathrm{d}x$；

(2) 证明存在 $\eta\in(0，1)$，使得 $f'(\eta)=\int_0^{\eta}f(x)\,\mathrm{d}x$.

证法二：常数 K 值法.

使用条件：

(1) 等式一端仅是与区间端点 a，b 及其函数值、导数值有关的常数；另一端是只含导数函数和函数在区间内某点（中值点）的值，即 ξ 与 a，b 是分离的.

(2) 如果把式中 b 换作 a 时，原式呈 $0=0$ 形式，则称它是对称式.

K 值法步骤：

(1) 把原式化成分离形式，a，b 放等号一边，令等式一端常数等于 K

(2) 把等于 K 的式子化成乘法与加减法关系，避免 a，b 作分母，把 b 换为 x，再将右端移至左端，把所得的式子记作 $F(x)$，这就是作出的辅助函数.

(3) 由 $F(a)=F(b)$，根据罗尔定理，得到 $\exists\xi\in(a，b)$，$F'(\xi)=0$

(4) 若待证结论含有二阶导数，需多次使用中值定理.

【例5】证明：若 $f(x)$ 在 $[a, b]$ 上连续，在 (a, b) 内二次可微，则必存在 $\xi \in (a, b)$，使 $f(b) -$ $2f(\dfrac{a+b}{2}) + f(a) = \dfrac{(b-a)^2}{4}f''(\xi)$.

更多类似的例题可以关注公众号"小元老师"，回复关键词"常数 K 值法".

证法三：使用拉格朗日中值定理证之.

【例6】[2001 年 1] 设 $y = f(x)$ 在 $(-1, 1)$ 内具有二阶连续导数，且 $f''(x) \neq 0$，试证：

(1) 对于 $(-1, 1)$ 内的任一 $x \neq 0$，存在唯一的 $\theta(x) \in (0, 1)$，使 $f(x) = f(0) + xf'(\theta(x)x)$ 成立；

(2) $\lim\limits_{x \to 0} \theta(x) = \dfrac{1}{2}$.

【例7】设 $f(x)$、$g(x)$ 在 $[a, b]$ 上连续，在 (a, b) 内可导，证明在 (a, b) 内有一点 ξ，使得

$$\begin{vmatrix} f(a) & f(b) \\ g(a) & g(b) \end{vmatrix} = (b-a) \begin{vmatrix} f(a) & f'(\xi) \\ g(a) & g'(\xi) \end{vmatrix}.$$

证法四：使用柯西中值定理证之.

【例8】设函数 $f(x)$ 在 $[a, b]$ 上连续，在 (a, b) 内可导 $(0 < a < b)$. 证明在 (a, b) 内存在 ξ 使 $f(b) - f(a) = \xi f'(\xi) \ln(b/a)$.

【例9】设 $f(x)$ 在 $[a, b]$ 上连续，在 (a, b) 内可导，且 $ab > 0$，证明在 (a, b) 内至少存在一点 ξ，使

$$\dfrac{ab}{b-a} \begin{vmatrix} b & a \\ f(a) & f(b) \end{vmatrix} = \xi^2 [f(\xi) + \xi f'(\xi)].$$

证法五：使用泰勒公式(泰勒中值定理)证之.

【例10】[1999 年 2] 设函数 $f(x)$ 在闭区间 $[-1, 1]$ 上具有三阶连续导数，且 $f(-1) = 0$，$f(1) = 1$，$f'(0) = 0$. 证明：在开区间 $(-1, 1)$ 内至少存在一点 ξ，使 $f'''(\xi) = 3$.

【例11】设函数 $f(x)$ 在 $[0, 1]$ 上可导，$f(0) = 0$.

(1) 设 $\varphi(x) = \displaystyle\int_0^x tf(x-t)\,dt$，$x \in [0, 1]$，求 $\varphi'''(x)$；

(2) 证明至少存在一点 $\xi \in (0, 1)$，使得 $\displaystyle\int_0^1 tf(1-t)\,dt = \dfrac{1}{6}f'(\xi)$.

证法六：利用积分中值定理证之(详见后面章节).

题型二　两个或两个以上中值的中值等式证法

一般一个中值需要使用一个(一次)中值定理，两个不同的中值需使用两个(或两次同一)中值定理.

【例12】设函数 $f(x)$ 在闭区间 $[a, b]$ 上连续，在开区间 (a, b) 内可导 $(0 \leqslant a < b)$，试证在 (a, b) 内存在 ξ 和 η，使 $f'(\xi) = \dfrac{a+b}{2\eta}f'(\eta)$.

【例13】[1998 年 4] 设 $f(x)$ 在 $[a, b]$ 上连续，在 (a, b) 内可导，且 $f(a) = f(b) = 1$，试证存在 $\xi, \eta \in (a, b)$，使 $e^{\eta - \xi}[f(\eta) + f'(\eta)] = 1$.

【例14】设函数 $f(x)$ 在 $[0, 1]$ 上连续，且 $I = \displaystyle\int_0^1 f(x)\,dx \neq 0$. 证明在 $(0, 1)$ 内存在不同的两点 x_1，x_2，使得 $\dfrac{1}{f(x_1)} + \dfrac{1}{f(x_2)} = \dfrac{2}{I}$.

题型三　中值不等式命题的证法

证法一：使用拉格朗日中值定理证之.

【例15】[1990 年 1] 设函数 $f(x)$ 在 $[a, b]$ 上连续，在 (a, b) 内可导，$f(x)$ 不为常数，且 $f(a) = f(b)$. 求

证：存在 $\xi \in (a, b)$，使 $f'(\xi) > 0$.

【例 16】证明下述命题.

设函数 $f(x)$ 在 $[a, b]$ 上连续，在 (a, b) 内有二阶导数，且 $f(a) = f(b)$，若有 $c \in (a, b)$，使得 $f(c) > f(a)$ [或 $f(c) < f(a)$]．证明必有 $\xi \in (a, b)$，使得 $f''(\xi) < 0$ [或 $f''(\xi) > 0$].

【例 17】设在 $[0, +\infty)$ 上 $f'(x)$ 单调增加．（Ⅰ）证明对任意的 x，$h(0 < h \leqslant x)$，有

$$\frac{f(x) - f(x-h)}{h} < f'(x) < \frac{f(x+h) - f(x)}{h};$$ （Ⅱ）若 $\lim\limits_{x \to +\infty} \dfrac{f(x)}{x} = 1$，求 $\lim\limits_{x \to +\infty} f'(x)$.

证法二：使用柯西中值定理证之.

【例 18】证明当 $x > 0$ 时，

$$\frac{\sqrt{1+x^2}}{x^2}(x - \arctan x) < \ln(x + \sqrt{1+x^2}) < \sqrt{1+x^2}\arctan x.$$

证法三：使用泰勒公式证之.

【例 19】设函数 $f(x)$ 在区间 $[a, b]$ 上具有二阶导数，且 $f'(a) = f'(b) = 0$，则在 (a, b) 内至少存在一点 ξ，使 $|f''(\xi)| \geqslant 4\dfrac{f(b) - f(a)}{(b-a)^2}$.

【例 20】设 $f(x)$ 具有二阶连续导数，且对于任意的 x，$h(h > 0)$，$f(x+h) + f(x-h) - 2f(x) \geqslant 0$，
证明：$f''(x) \geqslant 0$.

证法四：作辅助函数证之.

【例 21】设 $f(x)$ 在 $[0, 1]$ 上连续，在 $(0, 1)$ 内可导，$f(0) = 0$，
证明：如果 $f(x)$ 在 $[0, 1]$ 上不恒等于零，则必有 $\xi \in (0, 1)$，使 $f(\xi)f'(\xi) > 0$.

题型四　区间上成立的函数不等式的证法

证法一：用中值定理证明.

【例 22】证明不等式：$(a-b)/a < \ln(a/b) < (a-b)/b(a > b > 0)$.

【例 23】证明不等式：当 $0 < x_1 < x_2 < \dfrac{\pi}{2}$ 时，$\dfrac{\tan x_2}{\tan x_1} > \dfrac{x_2}{x_1}$.

证法二：利用函数的单调增减性证之.

【例 24】证明不等式：当 $x > 0$ 时，$\ln(1 + 1/x) < 1/\sqrt{x^2+x}$.

题型五　利用函数的性态讨论方程根的个数

如果连续函数 $f(x)$ 的单调区间为开区间或无穷区间，且在该区间的左端点的右极限与右端点的左极限异号（包括极限为 $+\infty$，$-\infty$），则在该区间内 $f(x)$ 有且仅有一个零点，或方程 $f(x) = 0$ 有且仅有一个实根．如不异号，则没有实根.

【例 25】证明：方程 $x^5 + x - 1 = 0$ 只有一个正根.

【例 26】[1996 年 2] 在区间 $(-\infty, +\infty)$ 内，方程 $|x|^{\frac{1}{4}} + |x|^{\frac{1}{2}} - \cos x = 0$.

(A) 无实根.　　　　　　　　　(B) 有且仅有一个实根.

(C) 有且仅有二个实根.　　　　(D) 有无穷多个实根.

【例 27】设 $f(x) = 1 - x + \dfrac{x^2}{2!} - \dfrac{x^3}{3!} + \dfrac{x^4}{4!}$.

(1) 证明方程 $f'(x) = 0$ 只有一个实根；

(2) 证明 $f(x)$ 有正的最小值；

(3) 证明方程 $f(x) = 0$ 没有实根.

【例 28】[1994 年 2] 设当 $x > 0$ 时，方程 $kx + 1/x^2 = 1$ 有且仅有一个解，求 k 的取值范围.

5. 洛必达法则

定理：

（1）当 $x\to a$（或 $x\to\infty$ ）时，$f(x)$ 及 $F(x)$ 都趋于零或无穷；

（2）在点 a 的某去心邻域内，$f'(x)$ 及 $F'(x)$ 都存在且 $F'(x)\neq 0$；

（3）$\lim\limits_{x\to a}\dfrac{f'(x)}{F'(x)}$ 存在（或为无穷大），那么 $\lim\limits_{x\to a}\dfrac{f(x)}{F(x)}=\lim\limits_{x\to a}\dfrac{f'(x)}{F'(x)}$.

洛必达法则，即 $\lim\limits_{x\to a}\dfrac{f(x)}{g(x)}=\lim\limits_{x\to a}\dfrac{f'(x)}{g'(x)}$ 的使用条件：

① $\dfrac{f(x)}{g(x)}$ 满足 0/0 型或者 ∞/∞ 型.（未定式）

② $f(x)$ 和 $g(x)$ 在 a 点的去心领域可导.（可导）

③ $\lim\limits_{x\to a}\dfrac{f'(x)}{g'(x)}=L$，$L\in\mathbb{R}\cup\pm\infty$.（有极限）

洛必达失效的三种情况

洛必达失效一：不是未定式

① 求 $\lim\limits_{x\to 0}\dfrac{x+1}{x+2}$

解析：显然 $\lim\limits_{x\to 0}\dfrac{x+1}{x+2}=\dfrac{1}{2}$，但如果使用洛必达法则计算则得 $\lim\limits_{x\to 0}\dfrac{x+1}{x+2}=\lim\limits_{x\to 0}\dfrac{1}{1}=1$，

错误原因是 $\lim\limits_{x\to 0}\dfrac{x+1}{x+2}$ 不是 $\dfrac{0}{0}$ 和 $\dfrac{\infty}{\infty}$ 型不定式极限，不能使用洛必达法则.

洛必达失效二：不能化简

① 求 $\lim\limits_{x\to+\infty}\dfrac{x}{\sqrt{x^2+1}}$

$\dfrac{\infty}{\infty}$ 型，$\lim\limits_{x\to+\infty}\dfrac{x}{\sqrt{x^2+1}}$ 的分子分母同时求导：$\lim\limits_{x\to+\infty}\dfrac{x}{\sqrt{x^2+1}}=\lim\limits_{x\to+\infty}\dfrac{1}{\dfrac{x}{\sqrt{x^2+1}}}=\lim\limits_{x\to+\infty}\dfrac{\sqrt{x^2+1}}{x}$

仍然是 $\dfrac{\infty}{\infty}$ 型，$\lim\limits_{x\to+\infty}\dfrac{\sqrt{x^2+1}}{x}$ 分子分母继续求导：$\lim\limits_{x\to+\infty}\dfrac{\sqrt{x^2+1}}{x}=\lim\limits_{x\to+\infty}\dfrac{\dfrac{x}{\sqrt{x^2+1}}}{1}=\lim\limits_{x\to+\infty}\dfrac{x}{\sqrt{x^2+1}}$

$\lim\limits_{x\to+\infty}\dfrac{x}{\sqrt{x^2+1}}\xrightarrow{洛必达}\lim\limits_{x\to+\infty}\dfrac{\sqrt{x^2+1}}{x}\xrightarrow{洛必达}\lim\limits_{x\to+\infty}\dfrac{x}{\sqrt{x^2+1}}\xrightarrow{洛必达}\lim\limits_{x\to+\infty}\dfrac{\sqrt{x^2+1}}{x}\xrightarrow{洛必达}\cdots\cdots$

② 求 $\lim\limits_{x\to 0^+}\dfrac{e^{\frac{1}{x}}}{x^{10}}$

$\dfrac{0}{0}$ 型，$\lim\limits_{x\to 0^+}\dfrac{e^{\frac{1}{x}}}{x^{10}}$ 的分子分母同时求导：$\lim\limits_{x\to 0^+}\dfrac{e^{\frac{1}{x}}}{x^{10}}=\lim\limits_{x\to 0^+}\dfrac{x^{-2}e^{\frac{1}{x}}}{10x^9}=\lim\limits_{x\to 0^+}\dfrac{e^{\frac{1}{x}}}{10x^{11}}$

仍然是 $\dfrac{0}{0}$ 型，分子分母继续求导：$\lim\limits_{x\to 0^+}\dfrac{e^{\frac{1}{x}}}{10x^{11}}=\lim\limits_{x\to 0^+}\dfrac{x^{-2}e^{\frac{1}{x}}}{110x^{10}}=\lim\limits_{x\to 0^+}\dfrac{e^{\frac{1}{x}}}{110x^{12}}$

令 $\dfrac{1}{x}=t$ 可解决.

洛必达失效三：极限不存在

当 $\lim\dfrac{f'(x)}{F'(x)}$ 不存在时（等于无穷大的情况除外），$\lim\dfrac{f(x)}{F(x)}$ 仍可能存在.

洛必达是后验逻辑，是试验的方法，需要算出结果后极限存在就是试对了.

① 求 $\lim\limits_{x\to\infty}\dfrac{x+\sin x}{x}$

解析：容易求得 $\lim\limits_{x\to\infty}\dfrac{x+\sin x}{x}=\lim\limits_{x\to\infty}\left(1+\dfrac{\sin x}{x}\right)=1+0=1$，但如果用洛必达法则：

则是 $\lim\limits_{x\to\infty}\dfrac{x+\sin x}{x}=\lim\limits_{x\to\infty}\dfrac{1+\cos x}{1}=1+\lim\limits_{x\to\infty}\cos x$，该极限不存在.

② 求 $\lim\limits_{x\to+\infty}\dfrac{1}{x}\int_0^x|\sin x|\,dx$

解：$\lim\limits_{x\to+\infty}\dfrac{1}{x}\int_0^x|\sin x|\,dx=\lim\limits_{x\to+\infty}\dfrac{\int_0^x|\sin x|\,dx}{x}$

$\dfrac{\infty}{\infty}$ 型，使用洛必达法则，分子分母同时求导得到：$\lim\limits_{x\to+\infty}|\sin x|$

得出结论该极限不存在.

但我们知道，$|\sin x|$ 图像如下图，周期为 π，如果假设 0 到 x 有 n 个周期再加上一个小于 π 的数 r，那么一个周期面积为 2，最后的不到一周期假设面积为 R，根据积分的定义，就可以如下方式求解：

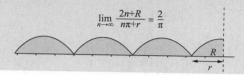

$$\lim\limits_{n\to\infty}\dfrac{2n+R}{n\pi+r}=\dfrac{2}{\pi}$$

题型六　利用洛必达法则求极限

【例 29】求 $\lim\limits_{x\to\pi/2+0}\dfrac{\tan x}{\tan 3x}$.

【例 30】求 $\lim\limits_{n\to\infty}n^2\left[\arctan(a/n)-\arctan(a/(n+1))\right]$ $(a\neq0)$.

【例 31】求极限 $\lim\limits_{x\to1}\dfrac{x-x^x}{1-x+\ln x}$.

【例 32】[1993 年 1] 求 $\lim\limits_{x\to\infty}\left[\sin(2/x)+\cos(1/x)\right]^x$.

【例 33】用洛必达法则求下列极限：

(1) $\lim\limits_{x\to0}\dfrac{\tan^3(2x)}{x^4}\left(1-\dfrac{x}{e^x-1}\right)$；

(2) $\lim\limits_{x\to0}\dfrac{(1+x)^{1/x}-e}{x}$.

【例 34】讨论下列函数在点 $x=0$ 处的连续性：

$$f(x)=\begin{cases}\left[\dfrac{(1+x)^{\frac{1}{x}}}{e}\right]^{\frac{1}{x}}, & \text{当 } x>0; \\ e^{-1/2}, & \text{当 } x\leq0.\end{cases}$$

6. 泰勒公式

泰勒公式是高数中比较难以理解的一个理论，我们用个比喻讲解一下：假设你生活在未来高科技的时代，作为一个男生，拥有着美好的生活，漂亮的妻子，突然有一天，像韩剧一样，你的妻子遇难去世了，你很悲伤，过段时间有个高科技公司联系你，说他们有一项服务，可以克隆一个你的妻子，和她去世前一模一样，肉体、记忆、性格、习惯等等都一样，这时，你开始了你的思考……

这个克隆人的例子就和我们泰勒的原理很类似，如何在某一点出发，逼近一个函数曲线呢？我们要让逼近的曲线和原曲线函数值一样，一阶导数一样，二阶导数一样，一直到 n 阶导数都一样，这样斜率、凹凸性等很多曲线的细节就都一样了．就好比如何复制去世前那一刻的妻子？我们需要同时做到以下条件：

设 $f(x)$ 在 x_0 处具有 n 阶导数

$p_n(x_0) = f(x_0)$ 肉体一样，

$p_n'(x_0) = f'(x_0)$,   记忆一样，

$p_n''(x_0) = f''(x_0)$,   性格一样，

…

$p_n^{(n)}(x_0) = f^{(n)}(x_0)$.   习惯一样．

要做到以上几点，我们令：

$p_n(x) = a_0 + a_1(x-x_0) + a_2(x-x_0)^2 + \cdots + a_n(x-x_0)^n$

为啥一定是幂函数呢？因为幂函数有非常美好的性质：

$y = x^3$,	$y = x^n$, $(n>3)$	$y = (x-x_0)^n$, $(n>3)$
$y\big|_0 = 0$,	$y\big|_0 = 0$,	$y\big|_{x_0} = 0$,
$y'\big|_0 = 0$,	$y'\big|_0 = 0$,	$y'\big|_{x_0} = 0$,
$y''\big|_0 = 0$,	$y''\big|_0 = 0$,	$y''\big|_{x_0} = 0$,
$y'''\big|_0 = 3!$,	……,	……
$y^{(4)}\big|_0 = 0$,	$y^{(n)}\big|_0 = n!$,	$y^{(n)}\big|_{x_0} = n!$,
$y^{(5)}\big|_0 = 0$,	$y^{(n+1)}\big|_0 = 0$,	$y^{(n+1)}\big|_{x_0} = 0$,
……	……	……

也就是某阶幂函数能使得在这一点的某阶导数值和原函数一样，因此我们求出这些待定系数 a 就是在这一点逼近还原了原函数．求解后得到如下泰勒公式：

若 $f(x)$ 在 x_0 及其附近有直到 $n+1$ 阶的导数，则

$$f(x) = f(x_0) + f'(x_0)(x-x_0) + \cdots + \frac{f^{(n)}(x_0)}{n!}(x-x_0)^n + R_n(x),$$

其中，$R_n(x) = \frac{f^{(n+1)}(\xi)}{(n+1)!}(x-x_0)^{n+1}$，$\xi$ 在 x 与 x_0 之间，这是带有拉格朗日余项的泰勒公式．

称 $R_n(x) = o(x-x_0)^n$ 为皮亚诺型余项．如果取 $x_0 = 0$，即麦克劳林公式：

$$f(x) = f(0) + f'(0)x + \cdots + \frac{f^{(n)}(0)}{n!}x^n + o(x^n)$$

我们用函数某一点的函数值及各阶导数就能逼近还原原函数，可见函数这一点的信息就像生物的 DNA 一样，可以囊括整个函数曲线的特性．物理学上有四大神兽，其中之一是"薛定谔的猫"，同学们应该听过，还有一个是"拉普拉斯妖"，说的是：一个妖怪它知道宇宙中每个原子的确切位置和动量，并且知道所有的科学原理，那么它就能知道整个宇宙的过去和未来．这个理论现在已经证明是不正确的了，因为很多复杂系统是混沌的，不可长期预测．但是这个原理和泰勒很类似，我们知道函数某一点的所有信息，包括函数值及各阶导数，那么就能还原它，这得益于幂函数的美好性质．

从上面 $\sin x$ 曲线泰勒展开我们能明显注意到，泰勒公式在展开项数不多的时候，和原函数是有明显误差的，距离展开点越远，误差越大，所以我们要注意：我们做题通常只展开

一天，sin出门看相声

傍晚有人按门铃，cos开门看见一个多项式。

"你是谁啊？"

"我是sin啊"

"你咋变成这样了？"

"哈哈哈，泰勒了"

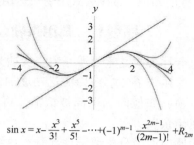

$$\sin x = x - \frac{x^3}{3!} + \frac{x^5}{5!} - \cdots + (-1)^{m-1}\frac{x^{2m-1}}{(2m-1)!} + R_{2m}$$

有限项，因此泰勒只能研究原函数在展开点附近的性质，需要研究哪一点就在哪里展开，要求整个函数曲线的性质，不能用泰勒．

理解之后，泰勒公式最大的工作量就是要熟记各种展开公式了．

常用的泰勒展开公式：

$$e^x = \sum_{n=0}^{\infty}\frac{1}{n!}x^n \quad (-\infty < x < +\infty) \qquad a^x = e^{x\ln a} = \sum_{n=0}^{\infty}\frac{(\ln a)^n}{n!}x^n \quad (-\infty < x < +\infty)$$

$$\sin x = \sum_{k=0}^{\infty}\frac{(-1)^k}{(2k+1)!}x^{2k+1} \quad (-\infty < x < +\infty) \qquad \cos x = \sum_{k=0}^{\infty}\frac{(-1)^k}{(2k)!}x^{2k} \quad (-\infty < x < +\infty)$$

$$\frac{1}{1+x} = \sum_{n=0}^{\infty}(-1)^n x^n \quad (-1 < x < 1) \qquad \ln(1+x) = \sum_{n=0}^{\infty}\frac{(-1)^n}{n+1}x^{n+1} \quad (-1 < x \leqslant 1)$$

$$\frac{1}{1+x^2} = \sum_{n=0}^{\infty}(-1)^n x^{2n} \quad (-1 < x < 1) \qquad \arctan x = \sum_{n=0}^{\infty}\frac{(-1)^n}{2n+1}x^{2n+1} \quad (-1 \leqslant x \leqslant 1)$$

还有一种写出前几项的形式(标背景色的和前面通项形式不重复)，常用于求极限：

$$\sin x = x - \frac{x^3}{6} + o(x^3) \qquad\qquad \cos x = 1 - \frac{x^2}{2!} + \frac{x^4}{4!} + o(x^4)$$

$$\arcsin x = x + \frac{x^3}{6} + o(x^3) \qquad\qquad \tan x = x + \frac{x^3}{3} + o(x^3)$$

$$\arctan x = x - \frac{x^3}{3} + o(x^3) \qquad\qquad \ln(1+x) = x - \frac{x^2}{2} + \frac{x^3}{3} + o(x^3)$$

$$e^x = 1 + x + \frac{x^2}{2!} + \frac{x^3}{3!} + o(x^3) \qquad (1+x)^a = 1 + ax + \frac{a(a-1)}{2!}x^2 + \frac{a(a-1)(a-2)}{3!}x^3 + o(x^3)$$

有个简单的口诀，方便大家初学泰勒记忆：

指对连，三角断，三角对数隔一换，三角指数有感叹．

指对连：指数函数和对数函数的展开式中1、2、3…是连续的．

三角断：三角函数的展开式1、3、5或2、4、6这样不连续的．

三角对数隔一换：三角函数和对数函数的符号隔一个换一次．

三角指数有感叹：三角函数和指数函数中分母有阶乘(感叹号)．

反三角函数和三角函数的第一项相同，第二项相反数．

而前一两项主要是等价无穷小，写出前几项后后面的规律就可以背上面的口诀写下去．

$(1+x)^\alpha$ 和高中的二项式展开很类似，$\dfrac{1}{1+x}$，$\dfrac{1}{1+x^2}$ 是等比数列求和公式，这两个没在口诀里，但可以结合已掌握的知识．泰勒公式书写、运用几遍后就会熟练了，慢慢就摆脱口诀了．

题型七　利用泰勒公式求极限

将函数展为麦克劳林公式究竟要展开为多少项为止？有的可由分母中 x 的次数看出，一般可用尝试法确定．即在分子(或分母)中逐项增加，先写出第 1 项，看其第 1 项是否全被抵消，若是，再写第二项，如他们仍全部被抵消，再加写第 3 项，…，直到不被全部抵消为止，最后再添上佩亚诺余项．

关于泰勒的证明题前面微分中值定理部分有总结，请参考前面题型．

【例 35】求 $\lim\limits_{x\to 0}\dfrac{\cos x - e^{-x^2/2}}{x^4}$．

二、微分学的应用

1. 单调性的判断

定理：设函数 $y=f(x)$ 在 $[a, b]$ 上连续，在 (a, b) 内可导．

（1）如果在 (a, b) 内 $f'(x)>0$，那么函数 $y=f(x)$ 在 $[a, b]$ 上单调增加；

（2）如果在 (a, b) 内 $f'(x)<0$，那么函数 $y=f(x)$ 在 $[a, b]$ 上单调减少．

2. 函数极值及求法

（1）极值的定义：设函数 $f(x)$ 在点 x_0 的某邻域 $U(x_0)$ 内有

定义，如果对于去心邻域 $\mathring{U}(x_0)$ 内的任一 x，有 $f(x)<f(x_0)$（或 $f(x)>f(x_0)$），那么就称 $f(x_0)$ 是函数 $f(x)$ 的一个极大值(或极小值)．

看右图美女的脸，下巴处取得极限值．

（2）取得极值的必要条件：x_0 是极值点 $\Rightarrow$ 函数 $f(x)$ 在 x_0 不可导或者 $f'(x_0)=0$（驻点）．

（3）判定极值点的充分条件：

第一充分条件：设函数 $f(x)$ 在 x_0 处连续，且在 x_0 的某去心邻域 $U(x_0, \delta)$ 内可导．

①若 $x\in(x_0-\delta, x_0)$ 时，$f'(x)>0$，而 $x\in(x_0, x_0+\delta)$ 时，$f'(x)<0$，则 $f(x)$ 在 x_0 处取得极大值；

②若 $x\in(x_0-\delta, x_0)$ 时，$f'(x)<0$，而 $x\in(x_0, x_0+\delta)$ 时，$f'(x)>0$，则 $f(x)$ 在 x_0 处取得极小值；

③若 $x\in U(x_0, \delta)$ 时，$f'(x)$ 的符号保持不变，则 $f(x)$ 在 x_0 处没有极值．

第二充分条件：若函数 $f(x)$ 在 x_0 点有 $f'(x_0)=0$，$f''(x_0)\neq 0$，则函数在 x_0 处取得极值．

①当 $f''(x_0)<0$ 时，$f(x)$ 在 x_0 处取得极大值；

②当 $f''(x_0)>0$ 时，$f(x)$ 在 x_0 处取得极小值．

第三充分条件：设 $y=f(x)$ 在 $x=x_0$ 处 n 阶可导，$f'(x_0)=f''(x_0)=f'''(x_0)=\cdots=f^{(n-1)}(x_0)=0$，且 $f^{(n)}(x_0)\neq 0$，则当 n 为偶数时，$(x_0, f(x_0))$ 是曲线的极值点．

①$f^{(n)}(x_0)>0$ 时，是极小值点；

②$f^{(n)}(x_0)<0$ 时，是极大值点．

3. 函数的最值

(1)函数 $f(x)$ 在闭区间 $[a, b]$ 上确定最值的求解过程

①求出 $[a, b]$ 内可能的极值点(驻点和不可导点),按顺序排列如下:

$a<x_1<x_2<\cdots<x_n<b$;

②求出上述 $n+2$ 个点的函数值,$f(a)$,$f(x_1)$,$\cdots$,$f(x_n)$,$f(b)$;

③挑最值 $M=\max\limits_{1\leqslant i\leqslant n}\{f(a), f(x_i), f(b)\}$,$m=\min\limits_{1\leqslant i\leqslant n}\{f(a), f(x_i), f(b)\}$.

注意:极大值未必比极小值大,如下图:

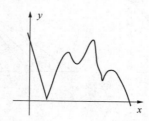

(2)常见的实际问题最值求解过程

①建立实际问题的函数表达式 $f(x)$;

②求 $f(x)$ 的驻点,往往是唯一的;

③根据实际情况判断驻点是极大点还是极小点⇒最大值、最小值.

4. 曲线的凹凸性

(1)定义:区间 I 上的连续函数 $f(x)$ 是凸(凹)⇔对任意不同的两点 x_1,x_2,恒有

$$f\left(\frac{x_1+x_2}{2}\right)>\frac{1}{2}[f(x_1)+f(x_2)]\left(f\left(\frac{x_1+x_2}{2}\right)<\frac{1}{2}[f(x_1)+f(x_2)]\right).$$

如下图,一个大眼睛怪兽,它的上眼球曲线是凸的,下眼球曲线是凹的.

凹凸性的曲线可以出现不可导点吗?可以的,看下图:

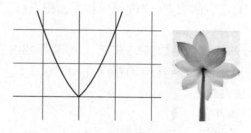

$f(x)=|x|+x^2$,曲线像荷花的花瓣一样

(2)凹凸性的判定

凹凸性判断的充分条件：设函数 $f(x)$ 在 $(a，b)$ 内具有二阶导数 $f''(x)$，

如果在 $(a，b)$ 内的每一点 x，恒有 $f''(x)>0$，则曲线 $y=f(x)$ 在 $(a，b)$ 内是凹的；

如果在 $(a，b)$ 内的每一点 x，恒有 $f''(x)<0$，则曲线 $y=f(x)$ 在 $(a，b)$ 内是凸的.

对上面的结论反着说：曲线 $y=f(x)$ 在 $(a，b)$ 内是凹（凸）的，只能推出在该区间内 $f''(x)\geq 0(\leq 0)$（个别点可能 $f''(x)=0$，比如 $y=x^4$）

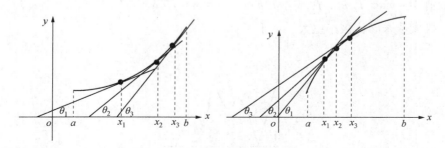

（3）拐点的判定

①拐点的定义：设 $y=f(x)$ 在区间 I 上连续，x_0 是 I 的内点，如果曲线 $y=f(x)$ 在经过点 $(x_0，f(x_0))$ 时，曲线的凹凸性改变了，那么就称点 $(x_0，f(x_0))$ 为该曲线的拐点.

拐点可能是下列 3 类点：

a. 一阶导数不存在的点，如下图最左边的桃子形状，顶部是拐点也是不可导点. 中间的图也是，在 0 点导数为无穷大，考研官方认为导数无穷大就是导数不存在.

b. 一阶导数存在，而二阶导数不存在的点，如下图最右边，求导后变为绝对值函数，二阶不可导，但在 0 点是拐点.

c. 二阶导数存在时，二阶导数为 0 的点. 正常的拐点都这样.

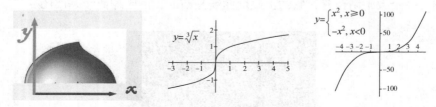

②拐点存在的必要条件：点 $(x_0，f(x_0))$ 是曲线 $y=f(x)$ 的拐点的必要条件是 $f''(x_0)=0$ 或 $f''(x_0)$ 不存在.

③拐点存在的第一充分条件：设函数 $f(x)$ 在点 x_0 的某邻域内连续且二阶可导（$f'(x_0)$ 或 $f''(x_0)$ 可以不存在），在 x_0 的左右两边 $f''(x)$ 的符号相反，则点 $(x_0，f(x_0))$ 是曲线 $y=f(x)$ 的拐点.

④拐点存在的第二充分条件：设函数 $f(x)$ 在点 x_0 的某邻域内三阶可导，$f''(x_0)=0$，而 $f'''(x_0)\neq 0$，则点 $(x_0，f(x_0))$ 是曲线 $y=f(x)$ 的拐点.

若 $f'''(x_0)=0$，则判别法失效.

⑤拐点存在的第三充分条件：

设 $y=f(x)$ 在 $x=x_0$ 处 n 阶可导，$f''(x_0)=f'''(x_0)=\cdots=f^{(n-1)}(x_0)=0$ 且 $f^{(n)}(x_0)\neq 0$，则当 n 为奇数时，$(x_0，f(x_0))$ 是曲线的拐点.

对比极值的三个充分条件，可见拐点的条件只是求导阶数增加了一阶.

5. 曲率

我们直觉地认识到:直线不弯曲,半径较小的圆弯曲得比半径较大的圆厉害些,而其他曲线的不同部分由不同的弯曲程度,例如抛物线 $y=x^2$ 在顶点附近弯曲得比远离顶点的部分厉害些.

或者如下图的两个脸型,左图尖下巴,右图圆下巴,这用数学语言描述,仅仅凹凸性就不够了,还要用到曲率.

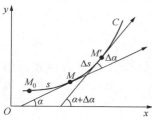

设曲线 C 是光滑的,在曲线 C 上选定一点 M_0 作为度量弧 s 的基点.设曲线上点 M 对应于弧 s,在点 M 处切线的倾角为 α(这里假定曲线 C 所在的平面上已设立了 xOy 坐标系),曲线上另外一点 M' 对应于弧 $s+\Delta s$,在点 M' 处切线的倾角为 $\alpha+\Delta\alpha$(如右图),则弧段 MM' 的长度为 $|\Delta s|$,当动点从 M 移动到 M' 时切线转过的角度为 $|\Delta\alpha|$.

我们用比值 $\dfrac{|\Delta\alpha|}{|\Delta s|}$,即单位弧段上切线转过的角度的大小来表达弧段 MM' 的平均弯曲程度,把这比值叫做弧段 MM' 的平均曲率,并记作 $\overline{K}$,即

$$\overline{K}=\left|\frac{\Delta\alpha}{\Delta s}\right|.$$

类似于从平均速度引进瞬时速度的方法,当 $\Delta s\to0$ 时(即 $M'\to M$ 时),上述平均曲率的极限叫做曲线 C 在点 M 处的曲率,记作 K,即

$$K=\lim_{\Delta s\to0}\left|\frac{\Delta\alpha}{\Delta s}\right|.$$

设曲线的直角坐标方程是 $y=f(x)$,且 $f(x)$ 具有二阶导数(这时 $f'(x)$ 连续,从而曲线是光滑的).因为 $\tan\alpha=y'$,所以

$$\sec^2\alpha\,\frac{\mathrm{d}\alpha}{\mathrm{d}x}=y'',$$

$$\frac{\mathrm{d}\alpha}{\mathrm{d}x}=\frac{y''}{1+\tan^2\alpha}=\frac{y''}{1+y'^2},$$

于是

$$\mathrm{d}\alpha=\frac{y''}{1+y'^2}\mathrm{d}x.$$

又 $\mathrm{d}s=\sqrt{1+y'^2}\,\mathrm{d}x.$

从而,根据曲率 K 的表达式有 $K=\dfrac{|y''|}{(1+y'^2)^{3/2}}.$

如果根据曲率的定义，计算圆上任意取定的一点的曲率，结果会发现圆上各点处的曲率都等于半径 a 的倒数 $\frac{1}{a}$，这就是说，圆的弯曲程度到处一样，且半径越小曲率越大，即圆弯曲得越厉害．

设曲线 $y=f(x)$ 在点 $M(x,y)$ 处的曲率为 $K(K\neq0)$．在点 M 处的曲线的法线上，在凹的一侧取一点 D，使 $|DM|=\frac{1}{K}=\rho$．以 D 为圆心，ρ 为半径作圆（如下图），这个圆叫做曲线在点 M 处的曲率圆，曲率圆的圆心 D 叫做曲线在点 M 处的曲率中心，曲率圆的半径 ρ 叫做曲线在点 M 处的曲率半径．

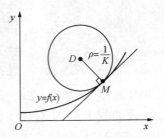

按上述规定可知，曲率圆与曲线在点 M 有相同的切线和曲率，且在点 M 邻近有相同的凹向．因此，在实际问题中，常常用曲率圆在点 M 邻近的一段圆弧来近似代替曲线弧，以使问题简化．

按上述规定．曲线在点 M 处的曲率 $K(K\neq0)$ 与曲线在点 M 处的曲率半径 ρ 有如下关系：

$$\rho=\frac{1}{K}, \quad K=\frac{1}{\rho}.$$

这就是说：曲线上一点处的曲率半径与曲线在该点处的曲率互为倒数．

题型八　求最值

【例36】 函数 $y=x/(x^2+1)$ 在区间 $(0,+\infty)$ 上是否存在最大值和最小值？如有，求出其值，并说明是最大值还是最小值．

【例37】 对数曲线 $y=\ln x$ 上哪一点处的曲率半径最小？求出该点的曲率半径．

题型九　凹凸性与拐点

【例38】［2001年2］曲线 $y=(x-1)^2(x-3)^2$ 的拐点个数为_____．

（A）0　　　（B）1　　　（C）2　　　（D）3

【例39】 证明曲线 $y=\dfrac{x-1}{x^2+1}$ 有三个拐点位于同一直线上．

【例40】（数一、数二）求曲线 $x=t^2$，$y=3t+t^3$ 的拐点．

6. 渐近线

（1）渐近线的概念

当曲线上的动点沿着曲线无限远离原点时，若动点与某一定直线的距离趋于零，则称该直线为曲线的渐近线．

（2）曲线 $y=f(x)$ 渐近线的分类与求法

①水平渐近线：若 $\lim\limits_{x\to-\infty}f(x)=b_1$ 与 $\lim\limits_{x\to+\infty}f(x)=b_2$，其中 b_i 为常数，则称 $y=b_i$ 为 $y=f(x)$ 的水平渐近线．

②铅垂渐近线：$\lim\limits_{x\to c^-}f(x)$ 与 $\lim\limits_{x\to c^+}f(x)$ 中至少有一个是无穷大，则称 $x=c$ 为 $y=f(x)$ 的铅垂渐近线．

③斜渐近线：求斜渐近线有两种方法，一种是使用渐近线定义直接求出．为此常从给定的函数表示式中分离出一个线性函数，将它改写成

$$y=(ax+b)+h(x),$$

其中 $\lim\limits_{x\to\pm\infty}h(x)=0$．这表示曲线 y 与直线 $y=ax+b$ 在同一横坐标 x 处的纵坐标之差为 $h(x)$，由 $\lim\limits_{x\to\pm\infty}h(x)=0$ 说明动点到此直线的距离趋向于零，从而直线 $y=ax+b$ 就是所求的斜渐近线．

求斜渐近线的另一常用方法．按下式

$$\lim\limits_{x\to+\infty}[f(x)/x]=a_1,\quad \lim\limits_{x\to+\infty}[f(x)-a_1x]=b_1;$$

和（或）$\lim\limits_{x\to-\infty}[f(x)/x]=a_2,\quad \lim\limits_{x\to-\infty}[f(x)-a_2x]=b_2$

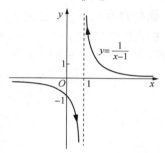

分别求出 a_i 和 b_i（常数），则直线 $y=a_ix+b_i$ 就是曲线 $f(x)$ 的一条斜渐近线（$i=1,2$）．

渐近线的存在是有规律的：

● 铅直渐近线可以无数条；

● 水平渐近线，斜渐近线最多两条；

● 在一个方向，水平渐近线和斜渐近线只能存在一条．

关于渐近线的题目最近几年考试出现频率比较高，大家要熟悉计算，比如以数一为例：2005 填空、2007 选择、2012 选择、2014 选择都是渐近线的题目

【必会经典题】

①曲线 $y=\dfrac{1}{x}+\ln(1+e^x)$，渐近线的条数为（　　）．

(A)0　　　　　(B)1　　　　　(C)2　　　　　(D)3

【解析】因为 $\lim\limits_{x\to0}\left[\dfrac{1}{x}+\ln(1+e^x)\right]=\infty$，所以 $x=0$ 为垂直渐近线；

又 $\lim\limits_{x\to-\infty}\left[\dfrac{1}{x}+\ln(1+e^x)\right]=0$，所以 $y=0$ 为水平渐近线；

进一步，$\lim\limits_{x\to+\infty}\dfrac{y}{x}=\lim\limits_{x\to+\infty}\left[\dfrac{1}{x^2}+\dfrac{\ln(1+e^x)}{x}\right]=\lim\limits_{x\to+\infty}\dfrac{\ln(1+e^x)}{x}=\lim\limits_{x\to+\infty}\dfrac{e^x}{1+e^x}=1,$

$\lim\limits_{x\to+\infty}[y-1\cdot x]=\lim\limits_{x\to+\infty}\left[\dfrac{1}{x}+\ln(1+e^x)-x\right]=\lim\limits_{x\to+\infty}[\ln(1+e^x)-x]$

$=\lim\limits_{x\to+\infty}[\ln e^x(1+e^{-x})-x]=\lim\limits_{x\to+\infty}\ln(1+e^{-x})=0,$

于是有斜渐近线：$y=x$．故应选 D．

②曲线 $y=\dfrac{x^2+x}{x^2-1}$ 渐近线的条数为（　　）．

(A)0 　　　　(B)1 　　　　(C)2 　　　　(D)3

【解析】$\lim\limits_{x\to 1}\dfrac{x^2+x}{x^2-1}=\infty$，所以 $x=1$ 为垂直的渐近线．

$\lim\limits_{x\to\infty}\dfrac{x^2+x}{x^2-1}=1$，所以 $y=1$ 为水平的渐近线．

是否存在斜渐近线，验证一下 $\lim\limits_{x\to\infty}\dfrac{y}{x}$，等于 0，而有斜渐近线

时要求 $\lim\limits_{x\to\infty}\dfrac{y}{x}=k\neq 0$ 且 $\lim\limits_{x\to\infty}f(x)-kx=b$

所以没有斜渐近线，故只有 2 条，选 C.

它的函数图像如右图，比较明显的有两条渐近线，注意这种图像在考试时难以做出，只是小元老师为了解析而做，真正的做题方法就是上面计算求解的样子．

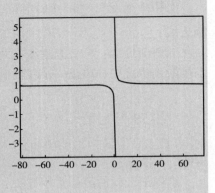

题型十　渐近线

注意：（1）一般情况下，如果 y 为偶函数，则其曲线的渐近线（如果存在的话）必定关于 y 轴对称；如果是奇函数，则其曲线的渐近线（如果存在的话）必定关于原点对称．

（2）如果 $y=f(x)$ 为有（无）理分式函数，且分子的次数较分母高一，当 $x\to\pm\infty$ 时，y 是与 x 同阶无穷大，曲线可能有斜渐近线．

【例 41】求下列曲线的渐近线：

（1）$y=x+e^{-x}$；（2）$y=\dfrac{x^3}{1+x^2}$．

【例 42】[1994 年 2] 曲线 $y=e^{1/x^2}\arctan\dfrac{x^2+x+1}{(x-1)(x+2)}$ 的渐近线有（　　）．

(A)1 条 　　　　(B)2 条 　　　　(C)3 条 　　　　(D)4 条

【例 43】求曲线 $y=\ln(e+1/x)$ 的渐近线．

【例 44】求曲线 $y=x^2/\sqrt{x^2-1}$ 的渐近线．

【例 45】[2000 年 2] 曲线 $y=(2x-1)e^{\frac{1}{x}}$ 的渐近线方程为_____．

【例 46】求下列曲线的渐近线：

$$y=\begin{cases}\ln x^2/(x+2), & x\leq -1;\\ e^{-1/x}, & -1<x<0;\\ x\sin x, & 0\leq x\end{cases}$$

【例 47】曲线 $y=\begin{cases}\dfrac{x^{1+x}}{(1+x)^x}, & x>0\\ e^{\frac{1}{x}}, & x<0\end{cases}$（　　）．

(A)有一条渐近线 　　(B)有两条渐近线 　　(C)有三条渐近线 　　(D)没有渐近线

第四讲　不定积分

大纲要求

1. 理解原函数和不定积分的概念.
2. 掌握不定积分的性质和基本公式, 会用换元积分法计算不定积分.
3. 会用分部积分法计算不定积分.
4. 会求有理函数积分、三角函数有理式积分和简单无理函数的积分.

知识讲解

一、原函数

（1）定义：$x \in I$，$F'(x)=f(x)$，则称 $F(x)$ 为 $f(x)$ 在 I 上的一个原函数.

若 $f(x)$ 为奇函数，则 $F(x)$ 及 $f'(x)$ 都是偶函数；

若 $f(x)$ 为偶函数，则 $F(x)$ 不一定为奇函数，但原函数 $\displaystyle\int_{0}^{x} f(t)\,\mathrm{d}t$ 一定是奇函数，$f'(x)$ 为奇函数；

若 $f(x)$ 为周期函数，则 $F(x)$ 不一定是周期函数，但 $f'(x)$ 一定是周期函数.

（2）原函数存在定理：如果函数 $f(x)$ 在区间 I 上连续，那么在区间 I 上存在可导函数 $F(x)$，使对任一 $x \in I$ 都有

$$F'(x)=f(x).$$

简单地说就是：连续函数一定有原函数.

不过，虽然有些函数存在原函数，但是其原函数不是初等函数，可以认为无法表达，只能勉强起个名字，命名某某为其原函数. 典型的例子如下：

$$e^{\pm x^2}, \quad \frac{\cos x}{x}, \quad \frac{\sin x}{x}, \quad \sin x^k\,(k \geq 2), \quad \cos x^k\,(k \geq 2), \quad \frac{1}{\ln x}, \quad \frac{1}{\sqrt{1+x^4}}$$

有第一类间断点的函数一定不存在原函数（可用反证法证明）.

有第二类间断点的函数可能有原函数.

看如下典型例子：

$$f(x)=\begin{cases} x^2 \sin \dfrac{1}{x^2}, & x \neq 0 \\[2mm] 0, & x=0 \end{cases}$$

$\displaystyle\lim_{x \to 0} f(x)=\lim_{x \to 0} x^2 \sin \dfrac{1}{x^2}$，$\left| \sin \dfrac{1}{x^2} \right| \leq 1$，$\therefore \displaystyle\lim_{x \to 0} f(x)=0$，$f(x)$ 连续

$x \neq 0$，$f'(x)=2x\sin \dfrac{1}{x^2}+x^2 \dfrac{-2}{x^3}\cos \dfrac{1}{x^2}=2x\sin \dfrac{1}{x^2}-\dfrac{2}{x}\cos \dfrac{1}{x^2}$

$$x=0, \quad f'(0)=\lim_{\Delta x \to 0}\frac{f(0+\Delta x)-f(0)}{\Delta x}=\frac{\Delta x^2 \sin\dfrac{1}{\Delta x^2}}{\Delta x}=\Delta x \sin\frac{1}{\Delta x^2}=0$$

$$\therefore f'(x)=\begin{cases} 2x\sin\dfrac{1}{x^2}-\dfrac{2}{x}\cos\dfrac{1}{x^2}, & x\neq 0 \\ 0, & x=0 \end{cases}, \quad f'(x)\text{不连续}$$

$f(x)$ 连续，可导，可微，但导函数不连续.

值得注意的是，虽然导函数可能不连续，但却有介值定理成立，如下：

设函数 $f(x)$ 在 $[a, b]$ 上连续，在 $[a, b]$ 上可导，则 $f'(x)$ 可取到介于 $f'(a)$ 与 $f'(b)$ 之间的一切值.（达布定理）

上面的例子里，$f'(x)$ 的原函数就是 $f(x)+C$，而 $f'(x)$ 存在振荡间断，所以有振荡间断的函数可能存在原函数. 这种振荡的例子本科大部分是不研究的，考研要懂.

再看无穷间断：
$$f(x)=\frac{1}{3x^{2/3}}, \quad F(x)=\sqrt[3]{x}+C$$

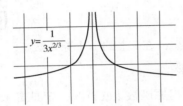
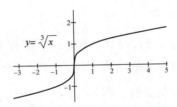

在 $F(x)=\sqrt[3]{x}+C$ 的函数里，$x=0$ 时斜率为无穷大，所以 $f(x)$ 在 $x=0$ 点为无穷间断，在狭义的可导定义里，导数为无穷就是不可导，这也是我们采用的，既然在这一点 $F(x)$ 不可导，也就不符合原函数的定义，所以虽然在 $x=0$ 点 $F(x)$ 有定义，但不能算 $f(x)$ 的原函数存在. 其他更简单的无穷间断比如反比例函数大家可以自行研究，结论就是：无穷间断不存在原函数.

第二类间断点有很多种，振荡间断和无穷间断只是两种典型的，其他的这里不讨论.

题型一　原函数问题

【例1】函数 $F(x)=\begin{cases} x^3+x+1, & x>0; \\ x^2, & x\leq 0, \end{cases}$ 是否为函数 $f(x)=\begin{cases} 3x^2+1, & x>0; \\ 2x, & x\leq 0, \end{cases}$ 在 $(-\infty, +\infty)$ 上的原函数？为什么？

【例2】函数 $F(x)=\begin{cases} x^2\sin(1/x), & x\neq 0, \\ 0, & x=0, \end{cases}$ 是否是不连续函数 $f(x)=\begin{cases} 2x\sin(1/x)-\cos(1/x), & x\neq 0; \\ 0, & x=0, \end{cases}$ 的原函数？为什么？

【例3】设 $F(x)$ 是 $f(x)$ 的一个原函数，$F(1)=\sqrt{2}\pi/4$. 若当 $x>0$ 时有 $f(x)F(x)=\dfrac{\arctan\sqrt{x}}{\sqrt{x}(1+x)}$，试求 $f(x)$.

二、不定积分

1. 定义

在区间 I 上，函数 $f(x)$ 的带有任意常数项的原函数称为 $f(x)$ 在区间 I 上的不定积分，记作 $\int f(x)\mathrm{d}x$. 若 $F(x)$ 是 $f(x)$ 在 I 上的一个原函数，那么 $F(x)+C$ 就是 $f(x)$ 的不定积分，即

$$\int f(x)\mathrm{d}x = F(x) + C.$$

积分与求导是逆运算．所以求导公式反过来就是积分公式．左图是 86 版《西游记》人参果部分截图，在那个年代是怎样拍出人参果树死而复生的过程的？就是正着拍，反着播放：先拍摄由生到死的过程，再倒叙，这就和我们的逆运算类似．只不过求导更容易，积分要困难些．

2. 不定积分的基本性质

（1）线性性质

$$\int (f(x) \pm g(x))\mathrm{d}x = \int f(x)\mathrm{d}x \pm \int g(x)\mathrm{d}x \qquad \int kf(x)\mathrm{d}x = k\int f(x)\mathrm{d}x, \ (k \neq 0)$$

（2）与导数，微分运算的互逆性

$$\left(\int f(x)\mathrm{d}x\right)' = f(x) \qquad d\left(\int f(x)\mathrm{d}x\right) = f(x)\mathrm{d}x$$

$$\int f'(x)\mathrm{d}x = f(x) + C \qquad \int \mathrm{d}f(x) = f(x) + C$$

（3）基本积分公式

由微分与不定积分的关系，很容易从基本的求导公式得到基本积分公式，这些公式是同学们必须要熟记的．大家必须记住的公式归纳如下：

$$\int x^\mu \mathrm{d}x = \frac{x^{\mu+1}}{\mu+1} + C(\mu \neq -1，实常数) \qquad \int \frac{1}{x}\mathrm{d}x = \ln|x| + C$$

$$\int a^x \mathrm{d}x = \frac{1}{\ln a}a^x + C(a > 0, \ a \neq 1) \qquad \int e^x \mathrm{d}x = e^x + C$$

$$\int \cos x\mathrm{d}x = \sin x + C \qquad \int \sin x\mathrm{d}x = -\cos x + C$$

$$\int \sec^2 x\mathrm{d}x = \int \frac{1}{\cos^2 x}\mathrm{d}x = \tan x + C \qquad \int \csc^2 x\mathrm{d}x = -\cot x + C$$

$$\int \tan x\sec x\mathrm{d}x = \sec x + C \qquad \int \cot x\csc x\mathrm{d}x = -\csc x + C$$

三、积分方法

1. 借助积分公式和不定积分的性质

2. 第一换元法（凑微分法）

设 $f(u)$ 具有原函数 $F(u)$，$u = \varphi(x)$ 存在连续导数，则有换元公式：

$$\int f[\varphi(x)]\varphi'(x)\mathrm{d}x = F(u) + C = F[\varphi(x)] + C.$$

第一类换元积分法有点像打包，和左图的行李箱一样的效果，如果想把衣服带回家，先打包，把行李箱带走，到家后再把行李箱打开．这种换元法也是把一个复杂的函数部分用一个字母先代替，这就是打包的过程，然后算积分，这就是把行李箱带回家的过程，到家后要打开箱子，就是把字母反带回去的过程．

【必会经典题】

第一类换元法在三角函数积分中的规律

①求 $\int \sin^3 x dx$.

$$\int \sin^3 x dx = \int \sin^2 x \sin x dx = -\int (1 - \cos^2 x) d(\cos x)$$

$$= -\cos x + \frac{1}{3}\cos^3 + C.$$

②求 $\int \sin^2 x \cos^5 x dx$.

$$\int \sin^2 x \cos^5 x dx = \int \sin^2 x \cos^4 x d(\sin x)$$

$$= \int \sin^2 x (1 - \sin^2 x)^2 d(\sin x)$$

$$= \int (\sin^2 x - 2\sin^4 x + \sin^6 x) d(\sin x)$$

$$= \frac{1}{3}\sin^3 x - \frac{2}{5}\sin^5 x + \frac{1}{7}\sin^7 x + C$$

对于 $\sin^{2k+1} x \cos^n x$ 或 $\sin^n x \cos^{2k+1} x$（其中 $k \in N$），规律是第一步：拒绝"单身"，提出幂次为奇数的，奇数就是单身的那个．第二步：渐入"化境"，对偶数次幂可以将 sin 和 cos 来回转化，最后化为只关于 sin 或只关于 cos 的式子，$u = \cos x$ 或 $u = \sin x$，换元之后就变为幂函数的积分了．

如果没有奇数次幂呢？看下面的例子：

③求 $\int \sin^2 x \cos^4 x dx$

$$\int \sin^2 x \cos^4 x dx = \frac{1}{8}\int (1 - \cos 2x)(1 + \cos 2x)^2 dx$$

$$= \frac{1}{8}\int (1 + \cos 2x - \cos^2 2x - \cos^3 2x) dx$$

$$= \frac{1}{8}\int (\cos 2x - \cos^3 2x) dx + \frac{1}{8}\int (1 - \cos^2 2x) dx$$

$$= \frac{1}{8}\int \sin^2 2x \cdot \frac{1}{2} d(\sin 2x) + \frac{1}{8}\int \frac{1}{2}(1 - \cos 4x) dx$$

$$= \frac{1}{48}\sin^3 2x + \frac{x}{16} - \frac{1}{64}\sin 4x + C.$$

对于 $\sin^{2k} x \cos^{2l} x (k, l \in N)$ $\sin^2 x = \frac{1}{2}(1 - \cos 2x)$，$\cos^2 x = \frac{1}{2}(1 + \cos 2x)$，也就是利用倍角公式降幂，降幂后就会出现奇数次幂，如果没有出现，继续降幂．这样看来，$\sin x$ 和 $\cos x$ 相乘的模式不管幂次是怎样，都能求出积分结果了．

④求 $\int \sec^6 x \mathrm{d}x$.

$$
\begin{aligned}
\int \sec^6 x \mathrm{d}x &= \int (\sec^2 x)^2 \sec^2 x \mathrm{d}x = \int (1 + \tan^2 x)^2 \mathrm{d}(\tan x) \\
&= \int (1 + 2\tan^2 x + \tan^4 x) \mathrm{d}(\tan x) \\
&= \tan x + \frac{2}{3}\tan^3 x + \frac{1}{5}\tan^5 x + C.
\end{aligned}
$$

⑤求 $\int \tan^5 x \sec^3 x \mathrm{d}x$.

$$
\begin{aligned}
\int \tan^5 x \sec^3 x \mathrm{d}x &= \int \tan^4 x \sec^2 x \sec x \tan x \mathrm{d}x \\
&= \int (\sec^2 x - 1)^2 \sec^2 x \mathrm{d}(\sec x) \\
&= \int (\sec^6 x - 2\sec^4 x + \sec^2 x) \mathrm{d}(\sec x) \\
&= \frac{1}{7}\sec^7 x - \frac{2}{5}\sec^5 x + \frac{1}{3}\sec^3 x + C.
\end{aligned}
$$

对于 $\tan^n x \sec^{2k} x$ 或 $\tan^{2k-1} x \sec^n x (n, k \in N_+)$ $u = \tan x$ 或 $u = \sec x$.

这个和前面 $\sin$ 与 $\cos$ 相乘的题型有类似的规律, 都是先提出一个放到 $\mathrm{d}x$ 里, 留下偶数次幂变形. 对于 $\sec x$ 的奇数次幂后面分部积分可以处理.

前面的几个例子两个三角函数的周期都是一样的, 如果周期不一样呢? 看下面:

⑥求 $\int \cos 3x \cos 2x \mathrm{d}x$.

$$
\begin{aligned}
\int \cos 3x \cos 2x \mathrm{d}x &= \frac{1}{2} \int (\cos x + \cos 5x) \mathrm{d}x \\
&= \frac{1}{2} \left(\int \cos x \mathrm{d}x + \frac{1}{5} \int \cos 5x \mathrm{d}(5x) \right) \\
&= \frac{1}{2}\sin x + \frac{1}{10}\sin 5x + C.
\end{aligned}
$$

可以利用如下公式, 转换之后即可求解.

积化和差公式:

$$\sin\alpha\cos\beta = \frac{1}{2}[\sin(\alpha+\beta) + \sin(\alpha-\beta)]$$

$$\cos\alpha\sin\beta = \frac{1}{2}[\sin(\alpha+\beta) - \sin(\alpha-\beta)]$$

$$\cos\alpha\cos\beta = \frac{1}{2}[\cos(\alpha+\beta) + \cos(\alpha-\beta)]$$

$$\sin\alpha\sin\beta = -\frac{1}{2}[\cos(\alpha+\beta) - \cos(\alpha-\beta)]$$

题型二　第一换元法(凑微分法)的常见类型

(1) $\int f(ax + b) \mathrm{d}x = \frac{1}{a} \int f(ax + b) \mathrm{d}(ax + b)$

【例4】求不定积分 $\int (2x + 5)^{10} \mathrm{d}x$

51

(2) $\int f(ax^2 + b)x\,\mathrm{d}x = \dfrac{1}{2a}\int f(ax^2 + b)\,\mathrm{d}(ax^2 + b)$.

【例5】求 $\int \dfrac{x}{\sqrt{2 - 3x^2}}\,\mathrm{d}x$.

(3) $\int f(a\sqrt{x} + b)\dfrac{\mathrm{d}x}{\sqrt{x}}$

$\qquad = 2\int f(a\sqrt{x} + b)\,\mathrm{d}\sqrt{x}\ (因 \dfrac{\mathrm{d}x}{\sqrt{x}} = 2\mathrm{d}\sqrt{x})$

$\qquad = \dfrac{2}{a}\int f(a\sqrt{x} + b)\,\mathrm{d}(a\sqrt{x} + b)$.

注意三种类型的不定积分可归纳成:

$\int f(ax^{\mu} + b)x^{\mu - 1}\,\mathrm{d}x\,(a \neq 0,\ \mu = 1,\ 2,\ 1/2)$

$\qquad = \dfrac{1}{a\mu}\int f(ax^{\mu} + b)\,\mathrm{d}(ax^{\mu} + b)$

其特点是 $(ax^{\mu} + b)$ 与 $x^{\mu - 1}$ 中 x 的次数前者比后者多一.

【例6】求 $\int \dfrac{\sin\sqrt{t}}{\sqrt{t}}\,\mathrm{d}t$.

(4) $\int f(ax + b)x\,\mathrm{d}x = \int \dfrac{1}{a}(ax + b - b)f(ax + b)\,\mathrm{d}x$

$\qquad = \dfrac{1}{a}\int f(ax + b)(ax + b)\,\mathrm{d}x - \dfrac{b}{a}\int f(ax + b)\,\mathrm{d}x\,(a \neq 0)$

【例7】求不定积分 $\int x(2x - 5)^5\,\mathrm{d}x$

(5) $\int f\left[\dfrac{1}{(ax + b)^{k-1}}\right]\dfrac{1}{(ax + b)^k}\,\mathrm{d}x$

$\qquad = -\dfrac{1}{a(k - 1)}\int f\left[\dfrac{1}{(ax + b)^{k-1}}\right]\mathrm{d}\dfrac{1}{(ax + b)^{k-1}}$

事实上, $k = 2,\ \int f\left(\dfrac{1}{x}\right)\dfrac{1}{x^2}\,\mathrm{d}x = -\int f\left(\dfrac{1}{x}\right)\mathrm{d}\left(\dfrac{1}{x}\right)$,

$\qquad k = 3,\ \int f\left(\dfrac{1}{x^2}\right)\dfrac{1}{x^3}\,\mathrm{d}x = -\dfrac{1}{2}\int f\left(\dfrac{1}{x^2}\right)\mathrm{d}\left(\dfrac{1}{x^2}\right)$,

$\qquad k = 4,\ \int f\left(\dfrac{1}{x^3}\right)\dfrac{1}{x^4}\,\mathrm{d}x = -\dfrac{1}{3}\int f\left(\dfrac{1}{x^3}\right)\mathrm{d}\left(\dfrac{1}{x^3}\right)$, …

一般, 当 k 为大于 1 的实数时, 上式成立.

【例8】求 $\int \dfrac{1}{x^3}\sin\dfrac{1}{x^2}\,\mathrm{d}x$.

(6) $\int \dfrac{f'(x)}{f(x)}\,\mathrm{d}x = \int \dfrac{\mathrm{d}f(x)}{f(x)} = \ln|f(x)| + C$

【例9】求 $\int \dfrac{1 + \cos x}{x + \sin x}\,\mathrm{d}x$.

(7) $\displaystyle\int f(\ln x)\,\frac{\mathrm{d}x}{x} = \int f(\ln x)\,\mathrm{d}\ln x$

【例10】求 $\displaystyle\int \frac{\mathrm{d}x}{x\ln x\ln(\ln x)}$.

(8) $\displaystyle\int f(\mathrm{e}^x)\mathrm{e}^x\mathrm{d}x = \int f(\mathrm{e}^x)\mathrm{d}\mathrm{e}^x$; $\displaystyle\int f(\mathrm{e}^x)\mathrm{d}x = \int \frac{f(\mathrm{e}^x)}{\mathrm{e}^x}\mathrm{d}\mathrm{e}^x$

【例11】求 (1) $\displaystyle\int \frac{\mathrm{e}^x\mathrm{d}x}{1+\mathrm{e}^x}$; (2) $\displaystyle\int \frac{\mathrm{d}x}{1+\mathrm{e}^x}$; (3) $\displaystyle\int \mathrm{e}^{x-\mathrm{e}^x}\mathrm{d}x$

(9) 有关三角函数的不定积分的凑微分法:

$\displaystyle\int f(\sin x)\cos x\mathrm{d}x = \int f(\sin x)\mathrm{d}(\sin x)$;

$\displaystyle\int f(\cos x)\sin x\mathrm{d}x = -\int f(\cos x)\mathrm{d}(\cos x)$;

$\displaystyle\int f(\tan x)\,\frac{\mathrm{d}x}{\cos^2 x} = \int f(\tan x)\sec^2 x\mathrm{d}x = \int f(\tan x)\mathrm{d}(\tan x)$;

$\displaystyle\int f(\cot x)\,\frac{\mathrm{d}x}{\sin^2 x} = \int f(\cot x)\csc^2 x\mathrm{d}x = -\int f(\cot x)\mathrm{d}(\cot x)$;

$\displaystyle\int f(\sec x)\sec x\tan x\mathrm{d}x = \int f(\sec x)\mathrm{d}(\sec x)$;

$\displaystyle\int f(\csc x)\csc x\cot x\mathrm{d}x = -\int f(\csc x)\mathrm{d}\csc x$

【例12】求 $\displaystyle\int \tan^{10} x\sec^2 x\mathrm{d}x$.

(10) 先凑出复合函数的中间变量, 再继续下一步拼凑, 然后换元.

【例13】求 $\displaystyle\int \frac{\arctan\sqrt{x}}{\sqrt{x}\cdot(1+x)}\mathrm{d}x$

【例14】求 $\displaystyle\int \tan\sqrt{1+x^2}\cdot\frac{x\mathrm{d}x}{\sqrt{1+x^2}}$

【例15】求 $\displaystyle\int \frac{\arctan(1/x)}{1+x^2}\mathrm{d}x$.

3. 第二换元积分法

设 $x = \varphi(t)$ 可导, 且 $\varphi'(t) = 0$, 若 $\displaystyle\int f[\varphi(t)]\varphi'(t)\mathrm{d}t = G(t) + C$, 则

$$\int f(x)\mathrm{d}x \xlongequal{\text{令}\ x = \varphi(t)} \int f[\varphi(t)]\varphi'(t)\mathrm{d}t = G(t) + C = G[\varphi^{-1}(x)] + C$$

第二类换元法有点像右图的用机器人代替扫把, 虽然用于替换的函数比较复杂, 而替换前的变量 x 比较简单, 但替换之后完全是一番新天地, 可以极大减轻我们的工作量. 替换的函数主要是三角函数和反比例函数, 其效果可以看后面的例子.

(1) 含有二次根式的积分

被积函数含有积分变量的二次根式, 这时要用第二换元积分, 所做的换元是<u>三角代换</u>, 主要常见的三种类型如下:

根式的形式	所作替换	三角形示意图（求反函数用）
$\sqrt{a^2-x^2}$	$x=a\sin t$	直角三角形，斜边 a，对边 x，底边 $\sqrt{a^2-x^2}$，角 t
$\sqrt{a^2+x^2}$	$x=a\tan t$	直角三角形，斜边 $\sqrt{a^2+x^2}$，对边 x，底边 a，角 t
$\sqrt{x^2-a^2}$	$x=a\sec t$	直角三角形，斜边 x，对边 $\sqrt{x^2-a^2}$，底边 a，角 t

注：对于一般的二次根式 $\sqrt{Ax^2+Bx+C}\ (A\neq 0)$，不难看出，也可化成上面三种情况．

（2）被积函数含有 x 与 $\sqrt[n]{ax+b}$ 或 x 与 $\sqrt[n]{\dfrac{ax+b}{cx+d}}$ 的有理式的积分

这时要用第二换元积分法，所做的换元分别为 $t=\sqrt[n]{ax+b}$ 或者 $t=\sqrt[n]{\dfrac{ax+b}{cx+d}}$ 以去掉根号，这种换元我们称为幂代换．

（3）分式函数情形且分子的幂次低于分母的幂次的积分

这时可考虑用第二换元积分法，所做的换元为 $t=\dfrac{1}{x}$，这样我们可以消掉被积函数分母中的变量因子，我们把上面的这种代换称为倒代换．

4. 分部积分法

$$\int u(x)\,\mathrm{d}v(x)=u(x)v(x)-\int v(x)\,\mathrm{d}u(x)\ \text{或}$$

$$\int u(x)v'(x)\,\mathrm{d}x=u(x)v(x)-\int u'(x)v(x)\,\mathrm{d}x$$

使用分部积分要符合下列条件：

（1）v 要容易求的；

（2）$\int v\mathrm{d}u$ 要比 $\int u\mathrm{d}v$ 容易积出．

基本初等函数有"反对幂三指"（反三角函数、对数函数、幂函数、三角函数、指数函数）五种，它们可以产生六种常见使用分部积分的情况：

（1）$\int x^n\mathrm{e}^x\mathrm{d}x$，即被积函数为幂函数与指数函数之积，该类型要把指数函数作 $v'(x)$．

（2）$\int x^n\ln x\mathrm{d}x$，即被积函数为幂函数与对数函数之积，该类型要把幂函数作 $v'(x)$．

（3）被积函数为幂函数与三角函数之积，该类型要把三角函数作 $v'(x)$．

（4）被积函数为幂函数与反三角函数之积，该类型要把幂数函数作 $v'(x)$．

以上四种与幂函数结合的类型可以总结为：非幂函数能作 $v'(x)$ 就用非幂函数，非幂函数不方便就用幂函数作 $v'(x)$.

（5）被积函数为指数函数与三角函数之积，该类型把哪个作 $v'(x)$ 都行.

（6）被积函数为 $\sec^n x$ 或 $\csc^n x$（n 为奇数），该类型把 $\sec^2 x$ 或 $\csc^2 x$ 作 $v'(x)$.

反复重复上述分部积分的步骤，可以得到分部积分的推广：

$$\int uv^{(n+1)}\mathrm{d}x = uv^{(n)} - u'v^{(n-1)} + u''v^{(n-2)} - \cdots + (-1)^n u^{(n)}v + (-1)^{n+1}\int u^{(n+1)}v\mathrm{d}x$$

上述规律可以总结为如下表格：

u 的各阶导数	u ↘ +	u' ↘ −	u'' ↘ +	u''' ↘ −	...	$u^{(n+1)}$ ↓ $(-1)^{n+1}$
$v^{(n+1)}$ 的各阶原函数	$v^{(n+1)}$	$v^{(n)}$	$v^{(n-1)}$	$v^{(n-2)}$	...	v

比如对于 $\int x^2 e^x \mathrm{d}x$

x^2 的各阶导数	x^2 ↘ +	$2x$ ↘ −	2 ↘ +	0 ↓ −
e^x 的各阶原函数	e^x	e^x	e^x	e^x

则 $\int x^2 e^x \mathrm{d}x = x^2 e^x - 2xe^x + 2e^x + C$

题型三　用分部积分法求不定积分的技巧

（1）直接凑微分求出 v

【例16】［2001 年 1］求 $\int \dfrac{\arctan e^x}{e^{2x}}\mathrm{d}x$.

（2）分子为两个函数的代数和，或分母为两个函数的乘积时，可先将被积函数拆分为两函数的代数和，然后再去分母.

【例17】［1996 年 2］计算不定积分 $\int \dfrac{\arctan x}{x^2(1+x^2)}\mathrm{d}x$.

【例18】求 $\int \dfrac{(1+x)\arcsin x}{\sqrt{1-x^2}}\mathrm{d}x$.

（3）先将积分变量凑成复合函数的中间变量，再继续拼凑，然后使用分部积分.

【例19】［1993 年 1］求 $\int \dfrac{xe^x}{\sqrt{e^x-1}}\mathrm{d}x$.

【例20】［2000 年 2］设 $f(\ln x)=\dfrac{\ln(1+x)}{x}$，计算 $\int f(x)\mathrm{d}x$.

【例21】求 $\int \dfrac{x\cos^4(x/2)}{\sin^3 x}\mathrm{d}x$.

【例22】求 $\int \dfrac{x^2}{(x\sin x+\cos x)^2}\mathrm{d}x$.

5. 补充积分公式

在前面的基本积分表基础上，补充几个通过简单计算得到的积分公式：

$$\int \tan x \, dx = -\ln|\cos x| + C;$$
$$\int \cot x \, dx = \ln|\sin x| + C;$$

$$\int \sec x \, dx = \ln|\sec x + \tan x| + C;$$
$$\int \csc x \, dx = \ln|\csc x - \cot x| + C;$$

$$\int \frac{dx}{\sqrt{1-x^2}} = \arcsin x + C;$$
$$\int \frac{dx}{\sqrt{a^2-x^2}} = \arcsin \frac{x}{a} + C \, (a > 0);$$

$$\int \frac{dx}{1+x^2} = \arctan x + C;$$
$$\int \frac{dx}{a^2+x^2} = \frac{1}{a}\arctan \frac{x}{a} + C;$$

$$\int \frac{dx}{x^2-a^2} = \frac{1}{2a}\ln\left|\frac{x-a}{x+a}\right| + C;$$
$$\int \frac{dx}{\sqrt{x^2+a^2}} = \ln(x + \sqrt{x^2+a^2}) + C;$$

$$\int \frac{dx}{\sqrt{x^2-a^2}} = \ln|x + \sqrt{x^2-a^2}| + C;$$

四、特殊类型函数的积分（数一、数二）

1. 有理函数的积分

这类积分的主旨想法：$\int \dfrac{P_m(x)}{Q_n(x)} dx \, (m < n)$

$$\xrightarrow[\text{部分分式}]{\text{分解为}} \begin{cases} \int \dfrac{1}{x-a} dx \\[2mm] \int \dfrac{1}{(x-a)^k} dx \, (k \neq 1) \\[2mm] \int \dfrac{mx+n}{x^2+px+q} dx \\[2mm] \int \dfrac{mx+n}{(x^2+px+q)^k} dx \end{cases}$$

对于有理函数，或者有理分式，常常需要先裂项分解，再积分．在裂项的过程中，分子的待定系数的求解，可以通分，对比同幂次，但这样做很多时候工作量很大．因此如下介绍一种更简单更高级的方法：

（1）一阶极点的系数

例：$\dfrac{3x^2+1}{(x-1)(x-2)(x-5)} = \dfrac{A}{x-1} + \dfrac{B}{x-2} + \dfrac{C}{x-5}$（注意裂项形式的假设）

若计算 $x-1$ 的分子 A，则上式两边同时乘以 $x-1$，并将 1 带入，

$$\left.\frac{3x^2+1}{(x-1)(x-2)(x-5)}(x-1)\right|_{x=1} = \left[\frac{A}{x-1}(x-1) + \frac{B}{x-2}(x-1) + \frac{C}{x-5}(x-1)\right]_{x=1}$$

得到 $A = \left[\dfrac{3x^2+1}{(x-2)(x-5)}\right]_{x=1} = \dfrac{4}{4} = 1$

同理，$B = \left[\dfrac{3x^2+1}{(x-1)(x-5)}\right]_{x=2} = -\dfrac{13}{3}$，$C = \left[\dfrac{3x^2+1}{(x-1)(x-2)}\right]_{x=5} = \dfrac{76}{12} = \dfrac{19}{3}$

再看一例：$\dfrac{1}{(x-a)(x-b)(x-c)} = \dfrac{A}{x-a} + \dfrac{B}{x-b} + \dfrac{C}{x-c}$（注意裂项形式的假设）

$$A = \left[\frac{1}{(x-b)(x-c)}\right]_{x=a} = \frac{1}{(a-b)(a-c)}, \quad B = \left[\frac{1}{(x-a)(x-c)}\right]_{x=b} = \frac{1}{(b-a)(b-c)}$$

$$C = \left[\frac{1}{(x-a)(x-b)}\right]_{x=c} = \frac{1}{(c-a)(c-b)}$$

（2）高阶极点的系数求法

$$\frac{1}{(x-1)(x-2)^3} = \frac{C_1}{x-1} + \frac{C_2}{(x-2)^3} + \frac{C_3}{(x-2)^2} + \frac{C_4}{(x-2)} \text{（注意裂项形式的假设）}$$

高阶极点是几阶的，那么裂项之后对应就有几项．注意分子形式都是常数，不含 x.

现说明各项系数的求法：

$x-1$ 项是一阶极点，求法与上文所述一致，$C_1 = \dfrac{1}{(x-2)^3}\bigg|_{x=1} = -1$

在求高阶极点系数 C_2 的时候，求法与上文所述一阶极点一致，$C_2 = \left[\dfrac{1}{x-1}\right]_{x=2} = \dfrac{1}{2-1} = 1$

求 C_3 时，上式两边同时乘以 $(x-2)^3$，得到 $\dfrac{1}{(x-1)} = \dfrac{C_1}{x-1}(x-2)^3 + C_2 + C_3(x-2) + C_4\,(x-2)^2$，

再继续对两边求导一次，得到 $-\dfrac{1}{(x-1)^2} = \left[\dfrac{C_1}{x-1}(x-2)^3\right]' + C_3 + C_4 2(x-2)$，

再代入 $x=2$，即可得到 $C_3 = \left[-\dfrac{1}{(x-1)^2}\right]_{x=2} = -1$

求 C_4 时，对 $\dfrac{1}{(x-1)} = \dfrac{C_1}{x-1}(x-2)^3 + C_2 + C_3(x-2) + C_4\,(x-2)^2$ 求导两次，

$$\frac{2}{(x-1)^3} = \left[\frac{C_1}{x-1}(x-2)^3\right]'' + C_4 2!,$$

再代入 $x=2$，即可得到 $C_4 = \left[\dfrac{2}{(x-1)^3}\right]_{x=2} \Big/ 2! = 1$

如果是更高阶，以此类推．

再看一例：$\dfrac{1}{x(x+1)^4} = \dfrac{C_1}{x} + \dfrac{C_2}{(x+1)^4} + \dfrac{C_3}{(x+1)^3} + \dfrac{C_4}{(x+1)^2} + \dfrac{C_5}{(x+1)}$

单极点系数 $C_1 = \left[\dfrac{1}{(x+1)^4}\right]_{x=0} = 1$

高阶系数 $C_2 = \left[\dfrac{1}{x}\right]_{x=-1} = -1$，$C_3 = \left[\dfrac{1}{x}\right]'\bigg|_{x=-1} = \left[-\dfrac{1}{x^2}\right]_{x=-1} = -1$

$C_4 = \left[\dfrac{1}{x}\right]''\bigg|_{x=-1} \Big/ 2! = \left[\dfrac{1}{x^3}\right]_{x=-1} = -1$，$C_5 = \left[\dfrac{1}{x}\right]'''\bigg|_{x=-1} \Big/ 3! = \left[-\dfrac{1}{x^4}\right]_{x=-1} = -1$

（3）分母有二次实数域不可约多项式

例：$\dfrac{2}{(x-1)(x^2+1)} = \dfrac{C_1}{x-1} + \dfrac{C_2 x + C_3}{x^2+1}$（注意第二项分子形式的假设，应为一次多项式）

C_1 是一阶极点系数，求法和上文相同 $C_1 = \left[\dfrac{2}{x^2+1}\right]_{x=1} = 1$

对该原式 $\dfrac{2}{(x-1)(x^2+1)}=\dfrac{1}{x-1}+\dfrac{C_2x+C_3}{x^2+1}$ 两边同乘 $(x-1)(x^2+1)$ 得到

$2=(x^2+1)+(C_2x+C_3)(x-1)$，无需展开这个式子，只需要比较两端系数

比较二次方：$0=1+C_2$，比较一次方：$0=C_3-C_2$，比较常数项：$2=1-C_3$

发现仅 1，2 两个式子就可解得 $C_2=-1$，$C_3=-1$，第三个式子可作为验证

2. 三角函数有理式的积分

这类积分的一般方法是：$\displaystyle\int R(\sin x,\cos x)\mathrm{d}x \xrightarrow{\text{万能公式}}$ 有理函数积分

万能公式为：

$$\sin x=\dfrac{2\tan\dfrac{x}{2}}{1+\tan^2\dfrac{x}{2}},\quad \cos x=\dfrac{1-\tan^2\dfrac{x}{2}}{1+\tan^2\dfrac{x}{2}}.$$

3. 简单无理函数积分

这类积分典型的是带根号的，主要的转化思路：

无理积分 —— 三角代换化为三角函数有理式积分

↓

去根号化为有理积分

题型四　有理函数积分的计算（数一、数二）

【例23】计算 $\displaystyle\int\dfrac{dx}{x^{11}+2x}$.

【例24】[1999 年 2] 求 $\displaystyle\int\dfrac{x+5}{x^2-6x+13}dx$.

题型五　无理函数的不定积分的求法

（1）被积函数含 $\sqrt[n]{ax+b}$（n 为正整数，$n>1$）的积分常作根幂代换 $t=\sqrt[n]{ax+b}$，化为 t 的有理函数的积分求之.

【例25】求 $\displaystyle\int\dfrac{\mathrm{d}x}{1+\sqrt[3]{x+1}}$

（2）被积函数为分式函数，其分母（或分子，或其分子、分母分别）为两个同次幂的根式之代数和，先将分母（或分子）有理化，分成只含一个根式的两个积分，如需要再用根幂式代换求之.

【例26】求 $\displaystyle\int\dfrac{\mathrm{d}x}{x(\sqrt{\ln x+a}-\sqrt{\ln x+b})}$ $(a\neq b)$.

（3）被积函数为分式函数，其分母为两个不同次幂的根式的代数和：$\sqrt[n]{ax+b}+\sqrt[m]{ax+b}$，常作根幂代换 $t=\sqrt[p]{ax+b}$，其中 p 为正整数 m，n 的最小公倍数，化为 t 的有理函数的积分求之.

【例27】求 $\displaystyle\int\dfrac{\mathrm{d}x}{\sqrt{x}+\sqrt[4]{x}}$

（4）被积函数含有 $\sqrt[n]{\dfrac{ax+b}{cx+b}}$ 的积分，常作根幂代换 $t=\sqrt[n]{\dfrac{ax+b}{cx+b}}$ 求之．

【例28】求 $\displaystyle\int \sqrt{\dfrac{1-x}{1+x}}\,\dfrac{dx}{x}$．

（5）被积函数若含有下述根式，常作三角代换，以消去根式或使被积表达式简化，有时也把被积函数中的根式直接设为新变量 t，将原积分转化为较易计算的积分．

（I）$\sqrt{a^2-x^2}$，可作三角代换 $x=a\sin\theta$ 或 $x=a\cos\theta$；

（II）$\sqrt{x^2-a^2}$，可作三角代换 $x=a\sec\theta$ 或 $x=a\csc\theta$；

（III）$\sqrt{a^2+x^2}$，可作三角代换 $x=a\tan\theta$ 或 $x=a\cot\theta$．

【例29】［2001 年 2］求 $\displaystyle\int \dfrac{dx}{(2x^2+1)\sqrt{1+x^2}}$

【例30】求 $\displaystyle\int \dfrac{dx}{(a^2-x^2)^{\frac{3}{2}}}$

（6）被积函数含 $\sqrt{ax^2+bx+c}$，或 $1/\sqrt{ax^2+bx+c}$ 的积分求法，常将上述积分化为可直接套用下述公式：

$$\int \dfrac{1}{\sqrt{a^2-x^2}}\mathrm{d}x = \arcsin\dfrac{x}{a} + C\,(a>0);$$

$$\int \dfrac{1}{\sqrt{x^2\pm a^2}}\mathrm{d}x = \ln\left|x+\sqrt{x^2\pm a^2}\right| + C\,(a>0);$$

$$\int \sqrt{a^2-x^2}\,\mathrm{d}x = \dfrac{x}{2}\sqrt{a^2-x^2} + \dfrac{a^2}{2}\arcsin\dfrac{x}{a} + C\,(a>0);$$

$$\int \sqrt{x^2\pm a^2}\,\mathrm{d}x = \dfrac{x}{2}\sqrt{x^2\pm a^2} \pm \dfrac{a^2}{2}\ln(x+\sqrt{x^2\pm a^2}) + C\,(a>0);$$

【例31】求 $\displaystyle\int \dfrac{dx}{\sqrt{x^2+6x+5}}$．

第五讲 定积分及应用

大纲要求

1. 理解定积分的概念、几何意义，理解可积的条件.

2. 掌握定积分的性质及定积分中值定理.

3. 理解积分上限的函数，掌握变上限积分函数的性质，掌握牛顿-莱布尼兹公式.

4. 掌握定积分的换元积分法和分部积分法.

5. 了解反常积分的概念，会计算广义积分(或反常积分).

6. (数一、数二)掌握用微元法计算平面图形的面积、平面曲线的弧长、旋转体的体积及侧面积、平行截面面积为已知的立体体积、功、引力、压力和函数的平均值.

7. (数三)掌握用微元法计算平面图形的面积、旋转体的体积和函数的平均值.

知识讲解

一、定积分

1. 定义

设函数 $f(x)$ 在 $[a, b]$ 上有界，在 $[a, b]$ 中任意插入若干个分点 $a=x_0<x_1<\cdots<x_n=b$ 把区间 $[a, b]$ 分成 n 个小区间 $[x_0, x_1]$，$[x_1, x_2]$，$\cdots$，$[x_{n-1}, x_n]$ 各个小区间的长度依次为 $\Delta x_1 = x_1-x_0$，$\Delta x_2 = x_2-x_1$，$\cdots$，$\Delta x_n = x_n-x_{n-1}$. 在每个小区间 $[x_{i-1}, x_i]$ 上任取一点 $\xi_i(x_{i-1}\leqslant\xi_i<x_i)$，作函数值 $f(\xi_i)$ 与小区间长 Δx_i 的乘积 $f(\xi_i)\Delta x_i(i=1, 2, \cdots, n)$，并作出和 $S=\sum_{i=1}^{n}f(\xi_i)\Delta x_i$.

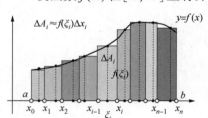

记 $\lambda=\max\{\Delta x_1, \Delta x_2, \cdots, \Delta x_n\}$，如果不论对 $[a, b]$ 怎样划分，也不论在小区间 $[x_{i-1}, x_i]$ 上点 ξ_i 怎样选取，只要当 $\lambda\to0$ 时，和 S 总趋于确定的极限 I，那么称这个极限 I 为函数 $f(x)$ 在区间 $[a, b]$ 上的定积分(简称积分)，记作 $\int_a^b f(x)\mathrm{d}x$ 即 $\int_a^b f(x)\mathrm{d}x=I=\lim_{\lambda\to0}\sum_{i=1}^{n}f(\xi_i)\Delta x_i$，其中 $f(x)$ 叫做被积函数，$f(x)\mathrm{d}x$ 叫做积分表达式，x 叫做积分变量，a 叫做积分下限，b 叫做积分上限，$[a, b]$ 叫做积分区间.

上面的定义对区间的切分是随意的，佛系刀法，可以一刀宽一刀窄，而如果是刀法娴熟的专业的厨师，可以均匀切分区间，就产生了一种特殊的数列求和的方法.

设 $f(x)$ 在 $[0, 1]$ 上可积，则可作如下的操作：

分法：等分 $[0, 1]=\left[0, \dfrac{1}{n}\right]\cup\left[\dfrac{1}{n}, \dfrac{2}{n}\right]\cup\cdots\cup\left[\dfrac{n-1}{n}, \dfrac{n}{n}\right]$，其中 $\Delta x=\dfrac{1}{n}(1\leqslant i\leqslant n)$；

取法：取 $\xi_i=\dfrac{i}{n}$ 或 $\xi_i=\dfrac{i-1}{n}(1\leqslant i\leqslant n)$，注意到 $\lambda\to0$ 与 $n\to\infty$ 等价，所以有

$$\lim_{n\to\infty}\frac{1}{n}\sum_{i=1}^{n}f\left(\frac{i}{n}\right)=\int_{0}^{1}f(x)\,\mathrm{d}x \text{ 或 } \lim_{n\to\infty}\frac{1}{n}\sum_{i=1}^{n}f\left(\frac{i-1}{n}\right)=\int_{0}^{1}f(x)\,\mathrm{d}x.$$

【必会经典题】

①计算 $\lim\limits_{n\to\infty}\left(\dfrac{1}{n+1}+\dfrac{1}{n+2}+\cdots+\dfrac{1}{n+n}\right)$.

解：$\lim\limits_{n\to\infty}\left(\dfrac{1}{n+1}+\dfrac{1}{n+2}+\cdots+\dfrac{1}{n+n}\right)=\lim\limits_{n\to\infty}\dfrac{1}{n}\sum\limits_{i=1}^{n}\dfrac{1}{1+\dfrac{i}{n}}$

$=\displaystyle\int_{0}^{1}\dfrac{\mathrm{d}x}{1+x}=\ln(1+x)\Big|_{0}^{1}=\ln2.$

题型一　利用定积分定义求极限

【例1】求极限 $\lim\limits_{n\to\infty}\dfrac{1}{n}\sqrt[n]{(n+1)(n+2)\cdots(n+n)}$.

【例2】计算 $\lim\limits_{n\to\infty}\sum\limits_{i=1}^{n}2^{\frac{i}{n}}\cdot\dfrac{1}{n+1/i}$

2. 可积条件

(1)闭区间上的连续函数必可积

(2)$f(x)$ 在 $[a,b]$ 上有有限个第一类间断点必可积，但不存在不定积分.

(3)设 $f(x)$ 在 $[a,b]$ 上除有限个第一类间断点外连续，则 $F(x)=\displaystyle\int_{a}^{x}f(t)\,\mathrm{d}t$ 连续，不一定可导，若都是可去间断就可导，都是跳跃间断，就不可导.

如果有无穷个间断点，可以参考狄利克雷函数、黎曼函数，该情况查询资料可供理解，考研不做引申研究.

二、定积分的性质

定积分与面积有关，但不是中小学的单纯面积大小，而是有正有负，看下图，这个正负取决于 $f(x)$ 和 $\mathrm{d}x$ 的正负. 如果是下图的函数从 a 到 b 积分，那么 $\mathrm{d}x$ 为正，因此表示的面积是 $A_1-A_2+A_3-A_4+A_5$，而如果是从 b 到 a 积分，$\mathrm{d}x$ 为负，表示的面积是 $-A_1+A_2-A_3+A_4-A_5$，就好像拉窗帘一样，从左向右和从右向左不一样.

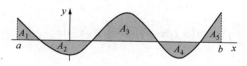

(1) $\displaystyle\int_{b}^{a}f(x)\,\mathrm{d}x=-\int_{a}^{b}f(x)\,\mathrm{d}x$

(2) $\displaystyle\int_{a}^{a}f(x)\,\mathrm{d}x=0$

(3) $\displaystyle\int_{a}^{b}[k_1f_1(x)+k_2f_2(x)]\,\mathrm{d}x=k_1\int_{a}^{b}f_1(x)\,\mathrm{d}x+k_2\int_{a}^{b}f_2(x)\,\mathrm{d}x$

(4) $\int_a^b f(x)\,\mathrm{d}x = \int_a^c f(x)\,\mathrm{d}x + \int_c^b f(x)\,\mathrm{d}x$（$c$ 也可以在 $[a, b]$ 之外）

(5) 设 $a \leqslant b$，$f(x) \leqslant g(x)(a \leqslant x \leqslant b)$，则 $\int_a^b f(x)\,\mathrm{d}x \leqslant \int_a^b g(x)\,\mathrm{d}x$

(6) 设 $a < b$，$m \leqslant f(x) \leqslant M(a \leqslant x \leqslant b)$，则 $m(b-a) \leqslant \int_a^b f(x)\,\mathrm{d}x \leqslant M(b-a)$

(7) 设 $a < b$，则 $\left| \int_a^b f(x)\,\mathrm{d}x \right| \leqslant \int_a^b |f(x)|\,\mathrm{d}x$

(8) 定积分中值定理：设 $f(x)$ 在 $[a, b]$ 上连续，则存在 $\xi \in [a, b]$，使 $\int_a^b f(x)\,\mathrm{d}x = f(\xi)(b-a)$

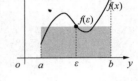

定义：我们称 $\dfrac{1}{b-a} \int_a^b f(x)\,\mathrm{d}x$ 为 $f(x)$ 在 $[a, b]$ 上的积分平均值．

如右图，这和离散情况的平均身高、平均体重的概念类似，是连续情况的平均值．

积分中值定理的推广：设 $f(x)$ 在 $[a, b]$ 上连续，则存在 $\xi \in (a, b)$，使得

$$\int_a^b f(x)\,\mathrm{d}x = f(\xi)(b-a).$$

证明，令 $F(x) = \int_a^x f(t)\,\mathrm{d}t$，因为 $f(x)$ 连续，所以 $F(x)$ 可导且 $F'(x) = f(x)$．

由牛顿－莱布尼茨公式得 $\int_a^b f(x)\,\mathrm{d}x = F(b) - F(a)$，由拉格朗日中值定理，存在 $\xi \in (a, b)$，使得 $F(b) - F(a) = F'(\xi)(b-a) = f(\xi)(b-a)$，于是 $\int_a^b f(x)\,\mathrm{d}x = f(\xi)(b-a)$．

积分第一中值定理：设 $f(x)$，$g(x) \in C[a, b]$ 且 $g(x) \geqslant 0$，则存在 $\xi \in [a, b]$，使得 $\int_a^b f(x)g(x)\,\mathrm{d}x = f(\xi)\int_a^b g(x)\,\mathrm{d}x$．

证明，因为 $f(x)$ 在 $[a, b]$ 上连续，所以 $f(x)$ 在 $[a, b]$ 上取到最小值 m 和最大值 M，由 $mg(x) \leqslant f(x)g(x) \leqslant Mg(x)$，得 $m\int_a^b g(x)\,\mathrm{d}x \leqslant \int_a^b f(x)g(x)\,\mathrm{d}x \leqslant M\int_a^b g(x)\,\mathrm{d}x$．

①若 $\int_a^b g(x)\,\mathrm{d}x = 0$，则对任意的 $\xi \in [a, b]$，有 $\int_a^b f(x)g(x)\,\mathrm{d}x = f(\xi)\int_a^b g(x)\,\mathrm{d}x$；

②若 $\int_a^b g(x)\,\mathrm{d}x > 0$，则 $m \leqslant \dfrac{\int_a^b f(x)g(x)\,\mathrm{d}x}{\int_a^b g(x)\,\mathrm{d}x} \leqslant M$，由介值定理，存在 $\xi \in [a, b]$，使得

$f(\xi) = \dfrac{\int_a^b f(x)g(x)\,\mathrm{d}x}{\int_a^b g(x)\,\mathrm{d}x}$，故 $\int_a^b f(x)g(x)\,\mathrm{d}x = f(\xi)\int_a^b g(x)\,\mathrm{d}x$．

(9) 奇偶函数的积分性质

设 $f(x)$ 在 $[-a, a]$ 上连续，则 $\int_{-a}^a f(x)\,\mathrm{d}x = \int_0^a [f(x) + f(-x)]\,\mathrm{d}x$，特别地，

(1) 若 $f(-x) = -f(x)$，则 $\int_{-a}^a f(x)\,\mathrm{d}x = 0$；

(2) 若 $f(-x) = f(x)$，则 $\int_{-a}^a f(x)\,\mathrm{d}x = 2\int_0^a f(x)\,\mathrm{d}x$．

该结论简称：奇零偶倍

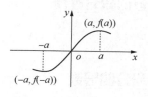 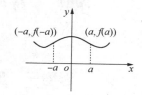

（10）周期函数的积分性质

设 $f(x)$ 以 T 为周期，a 为常数，则 $\int_a^{a+T} f(x)\,\mathrm{d}x = \int_0^T f(x)\,\mathrm{d}x$（周期函数的平移性质），

$\int_0^{nT} f(x)\,\mathrm{d}x = n\int_0^T f(x)\,\mathrm{d}x$．

三、微积分基本定理

设想有一天，小元老师被劫持了，塞进了汽车，蒙住了双眼，但是通过眼睛的夹缝余光能看到汽车表盘上的车速和时间，那么机智的小元老师就可以发挥积分大法了：通过勾勒速度曲线，将速度对时间积分，即可准确求出汽车的路程．这样不擅长打架的小元老师就可以赢得智取的宝贵信息．

1. 变上限积分的函数

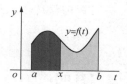

设 $f(x)$ 在 $[a,b]$ 上连续，则 $F(x) = \int_a^x f(t)\,\mathrm{d}t$，$x \in [a,b]$ 称为变上限积分的函数

2. 变上限积分的函数的性质

（1）若 $f(x)$ 在 $[a,b]$ 上可积，则 $F(x) = \int_a^x f(t)\,\mathrm{d}t$ 在 $[a,b]$ 上连续

（2）若 $f(x)$ 在 $[a,b]$ 上连续，则 $F(x) = \int_a^x f(t)\,\mathrm{d}t$ 在 $[a,b]$ 上可导，且 $F'(x) = f(x)$．

该结论可以用积分中值定理简单的证明．

$$\frac{\mathrm{d}}{\mathrm{d}x}\int_a^{\varphi(x)} f(t)\,\mathrm{d}t = f[\varphi(x)]\varphi'(x).$$

$$\frac{\mathrm{d}}{\mathrm{d}x}\int_{\varphi_1(x)}^{\varphi_2(x)} f(t)\,\mathrm{d}t = f[\varphi_2(x)]\varphi'_2(x) - f[\varphi_1(x)]\varphi'_1(x)$$

【必会经典题】

①设 $f(x)$ 连续，$F(x) = \int_0^x (x-t)f(t)\,\mathrm{d}t$，求 $F''(x)$．

解：$F(x) = x\int_0^x f(t)\,\mathrm{d}t - \int_0^x tf(t)\,\mathrm{d}t$，

则 $F'(x) = \int_0^x f(t)\,\mathrm{d}t + xf(x) - xf(x) = \int_0^x f(t)\,\mathrm{d}t$，$F''(x) = f(x)$．

题型二　奇偶函数的积分性质

【例3】$\int_{-1}^{1}(1+x)\left|\ln\dfrac{2+x}{2-x}\right|dx = $ _____.

题型三　变限积分的导数

【例4】计算函数 $y = \displaystyle\int_{x^2}^{x^3}\dfrac{1}{\sqrt{1+t^2}}dt$ 的导数.

【例5】[1998年2]确定常数 a，b，c 的值，使 $\displaystyle\lim_{x\to 0}\left[(ax-\sin x)\Big/\int_{b}^{x}\dfrac{\ln(1+t^3)}{t}dt\right] = c\,(c\neq 0)$.

【例6】[1998年1，2]设 $f(x)$ 连续，则 $\dfrac{d}{dx}\displaystyle\int_{0}^{x}tf(x^2-t^2)dt$ 等于（　　）.

(A) $xf(x^2)$　　　　　　(B) $-xf(x^2)$　　　　　　(C) $2xf(x^2)$　　　　　　(D) $-2xf(x^2)$

【例7】设函数 $f(x)$ 可导，且 $F(x) = \displaystyle\int_{0}^{x}t^{n-1}f(x^n-t^n)dt$，$f(0)=0$，求 $\displaystyle\lim_{x\to 0}\left[F(x)/x^{2n}\right]$

【例8】设函数 $F(x) = \displaystyle\int_{-1}^{x}\sqrt{|t|}\ln|t|dt$，则 $F'(0) = $ _____.

题型四　变限积分性质的讨论与证明

【例9】设 $f(x)$ 在 $(-\infty,+\infty)$ 上连续，且 $F(x) = \displaystyle\int_{0}^{x}(2t-x)f(t)dt$.

证明：(1) 若 $f(x)$ 是偶函数，则 $F(x)$ 也是偶函数；

(2) 若 $f(x)$ 单调递减，则 $F(x)$ 也单调递减.

【例10】设 $F(x) = \displaystyle\int_{x}^{x+\pi/2}|\sin t|dt$，求 $F(x)$ 的最大值、最小值.

【例11】设 $f(x)$ 满足 $f'(x)-x^2f(x) = \displaystyle\int_{0}^{x}\sin(t^2)dt$，$f(0)=1$，则下列结论中不正确的是（　　）.

(A) 在点 $x=0$ 处 $\displaystyle\int_{0}^{x^2}f(t)dt$ 取得极值　　(B) 在点 $x=0$ 处 $f(x)$ 取得极值

(C) 在点 $x=0$ 处 $f'(x)$ 取得极值　　(D) 点 $(0,1)$ 为曲线 $y=f(x)$ 的拐点

题型五　极限变量仅含在被积函数中的定积分极限的求证法

常用积分中值定理求证之，如积分算不出来或不易算，可先用积分中值定理处理或者去掉积分号，或者再积分. 这里说的积分中值定理，当然包含推广的积分中值定理.

【例12】求 $\displaystyle\lim_{n\to\infty}\int_{0}^{1}\dfrac{x^n}{1+x}dx$

【例13】求 $\displaystyle\lim_{n\to\infty}\int_{0}^{a}x^n\sin x\,dx\,(0<a<1)$.

【例14】求 $\displaystyle\lim_{n\to\infty}\int_{n}^{n+1}x^2e^{-x^2}dx$.

【例15】求 $\displaystyle\lim_{n\to\infty}\int_{n}^{n+1}\dfrac{e^x}{x^n}dx$

题型六　与定积分或变限积分有关的方程，其根存在性的证法

(1) 结合罗尔定理证明.

【例16】[2001 年 3]设 $f(x)$ 在 $[0, 1]$ 上连续，在 $(0, 1)$ 内可导，且满足

$$f(1) = k \int_0^{1/k} xe^{1-x}f(x)\mathrm{d}x(k > 1)$$

证明至少存在一点 $\xi \in (0, 1)$ 使得 $f'(\xi) = (1 - \xi^{-1})f(\xi)$

【例17】设 $f(x)$ 在 $[0, 2]$ 内二阶可导，且 $f(0) = f\left(\dfrac{1}{2}\right)$，$2\int_{\frac{1}{2}}^{1} f(x)\mathrm{d}x = f(2)$

证明存在 $\xi \in (0, 2)$，使 $f''(\xi) = 0$.

【例18】设函数 $f(x)$ 在 $[0, 1]$ 上连续，且 $\int_0^1 f(x)\mathrm{d}x = 0$，证明存在一点 ξ，使 $f(1-\xi) + f(\xi) = 0$

【例19】[2000 年 1，2，3，4]设函数 $f(x)$ 在 $[0, \pi]$ 上连续，且 $\int_0^\pi f(x)\mathrm{d}x = 0$，$\int_0^\pi f(x)\cos x\mathrm{d}x = 0$. 证明在 $(0, \pi)$ 内至少存在两个不同的点 ξ_1、ξ_2，使 $f(\xi_1) = f(\xi_2)$.

【例20】设 $f(x)$，$g(x)$ 在 $[a, b]$ 上连续，证明至少存在一 $\xi \in [a, b]$，使得

$$f(\xi)\int_\xi^b g(x)\mathrm{d}x = g(\xi)\int_a^\xi f(x)\mathrm{d}x$$

（2）将定积分等式中积分上限（或下限）a 及被积函数中的 a 一律换成 x，再移项使一端为 0，则另一端的表示式即为所求的辅助函数 $F(x)$，可试用罗尔定理证之.

【例21】设 $f(x)$ 在 $[0, 1]$ 上连续，且 $\int_0^1 f(x)\mathrm{d}x = \int_0^1 xf(x)\mathrm{d}x$，证明存在一个 $\xi \in (0, 1)$，使 $\int_0^\xi f(x)\mathrm{d}x = 0$

3. 牛顿–莱布尼兹公式

设 $f(x)$ 在 $[a, b]$ 上连续，$F(x)$ 为 $f(x)$ 在 $[a, b]$ 上任意一个原函数，$\Rightarrow \int_a^b f(x)\mathrm{d}x = F(x)\big|_a^b = F(b) - F(a)$

牛–莱公式名字的由来跟两位大数学家有关，其中又有很多相关八卦. 牛顿：英国人，莱布尼兹：德国人，两人年纪差三岁. 故事的关键节点简列如下：

◆1684：莱布尼兹发表阐述微积分的论文.

◆1687：牛爵爷发表《自然哲学的数学原理》第一版，其中使用了"流数"，其核心就是今天的微积分，并在该书中对莱布尼兹的工作表示认同，牛顿是从物理的角度研究微积分，莱布尼兹是从几何的角度研究的.

◆作为不列颠岛和欧洲大陆学术界的明星，两人各有自己庞大的粉丝群体，并且粉丝之间也和今天一样会互黑，粉牛顿的攻击莱布尼兹抄袭，粉莱布尼兹的攻击牛顿抄袭，这样在那个交通和通信都不发达的年代，两大明星也开始互相猜忌.

◆牛爵爷发表《自然哲学的数学原理》第二版时，删掉认同莱布尼兹的部分.

◆牛顿在《光学》附录中写到：曾借出过手稿，含沙射影攻击莱布尼兹. 可见两大数学

伟人确实都生气了，但这件事情的影响还更深远.

◆牛顿和他的继任者愤然与欧洲大陆学术界决裂，英国开始近150年数学自闭，从此英国的数学发展渐渐落后欧洲大陆，大家可以看到我们考研的数学定理中，除了牛顿就基本没有其他英国人了，这些定理大多是莱布尼兹及其继任者等欧洲大陆学者的贡献，当欧洲大陆开始熟练的研究复数、欧拉公式等的时候，英国数学界还不承认复数的存在.

想要直观的理解牛－莱公式，一种方法是先理解变上限积分，该积分 $F(x) = \int_a^x f(t)\mathrm{d}t$ 是 $f(x)$ 的原函数，而不同的原函数之间只差了一个任意常数 C，因此就有此公式.

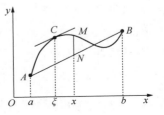

另一种直观理解牛－莱公式的方法是这样的：$\dfrac{\int_a^b f(x)\mathrm{d}x}{b-a} =$

$\dfrac{F(b)-F(a)}{b-a} = f(\xi) = F'(\xi)$，由于 $F'(x) = f(x)$，所以

$\dfrac{\int_a^b f(x)\mathrm{d}x}{b-a}$ 是 $f(x)$ 在 $[a, b]$ 的平均值（前面积分中值定理介绍

过），也就是 $F(x)$ 斜率的平均值，这个平均值就是 $\dfrac{F(b)-F(a)}{b-a}$，也就是端点相连的直线的斜率. 这样就把连续变量的平均值、积分中值定理、拉格朗日中值定理联系到了一起.

四、定积分的计算方法

1. 定积分的换元积分法

设 $f(x)$ 在 $[a, b]$ 上连续，若变量替换 $x = \varphi(t)$ 满足：

(1) $\varphi'(t)$ 在 $[\alpha, \beta]$（或 $[\beta, \alpha]$）上连续；

(2) $\varphi(\alpha) = a$，$\varphi(\beta) = b$，且当 $\alpha \leqslant t \leqslant \beta$ 时，$a \leqslant \varphi(t) \leqslant b$，则

$$\int_a^b f(x)\mathrm{d}x = \int_\alpha^\beta f[\varphi(t)]\varphi'(t)\mathrm{d}t$$

【定积分的换元法得到的小结论】

① 设 $f(x)$ 在 $[0, 1]$ 上连续，则 $\int_0^{\frac{\pi}{2}} f(\sin x)\mathrm{d}x = \int_0^{\frac{\pi}{2}} f(\cos x)\mathrm{d}x$

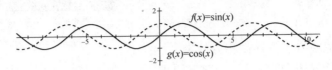

在 $\left[0, \dfrac{\pi}{2}\right]$ 上，$\sin x$ 和 $\cos x$ 如左图的斧头帮一样，交叉对称，类似的，在积分上有上面的性质.

$$I_n = \int_0^{\frac{\pi}{2}} \sin^n x\mathrm{d}x = \int_0^{\frac{\pi}{2}} \cos^n x\mathrm{d}x,$$

当 $n = 2k$ 时，$I_n = \dfrac{2k-1}{2k} \cdot \dfrac{2k-3}{2k-2} \cdot \cdots \cdot \dfrac{1}{2} \cdot \dfrac{\pi}{2} = \dfrac{(2k-1)!!}{(2k)!!} \cdot \dfrac{\pi}{2}$

当 $n=2k+1$ 时，$I_n = \dfrac{2k}{2k+1} \cdot \dfrac{2k-2}{2k-1} \cdots \dfrac{2}{3} \cdot 1 = \dfrac{(2k)!!}{(2k+1)!!}$，这个公式可以极大地简化计算.

②设 $f(x)$ 在 $[0,1]$ 上连续，则 $\displaystyle\int_0^\pi f(\sin x)\,\mathrm{d}x = 2\int_0^{\frac{\pi}{2}} f(\sin x)\,\mathrm{d}x$；

即 $\displaystyle\int_0^{\frac{\pi}{2}} f(\sin x)\,\mathrm{d}x = \int_{\frac{\pi}{2}}^\pi f(\sin x)\,\mathrm{d}x$

$\displaystyle\int_0^\pi f(|\cos x|)\,\mathrm{d}x = 2\int_0^{\frac{\pi}{2}} f(\cos x)\,\mathrm{d}x$

$\displaystyle\int_0^\pi \cos^n x\,\mathrm{d}x = \begin{cases} 2I_n, & n=2,4,6,\cdots, \\ 0, & n=1,3,5,\cdots. \end{cases}$

$\displaystyle\int_0^\pi \sin^n x\,\mathrm{d}x = 2\int_0^{\frac{\pi}{2}} \sin^n x\,\mathrm{d}x = 2I_n.$

在 $[0,\pi]$ 上，$\sin x$ 如左图的两把斧子镜像对称，因此有上面的积分性质.

③设 $f(x)$ 在 $[0,1]$ 上连续，则 $\displaystyle\int_0^\pi x f(\sin x)\,\mathrm{d}x = \frac{\pi}{2}\int_0^\pi f(\sin x)\,\mathrm{d}x = \pi\int_0^{\frac{\pi}{2}} f(\sin x)\,\mathrm{d}x.$

④设 $f(x)$ 在 $[0,1]$ 上连续，则 $\displaystyle\int_0^{2\pi} f(|\sin x|)\,\mathrm{d}x = 4\int_0^{\frac{\pi}{2}} f(\sin x)\,\mathrm{d}x$，$\displaystyle\int_0^{2\pi} f(|\cos x|)\,\mathrm{d}x = 4\int_0^{\frac{\pi}{2}} f(\cos x)\,\mathrm{d}x.$

⑤设 $f(x)$ 在 $[a,b]$ 上连续，$\displaystyle\int_a^b f(x)\,\mathrm{d}x = \int_a^b f(a+b-x)\,\mathrm{d}x.$

题型七　用定积分的换元积分法结论计算

【例22】设 $f(x)$ 在 $[a,b]$ 上连续，且 $\displaystyle\int_a^b f(x)\,\mathrm{d}x = 1$，求 $\displaystyle\int_a^b f(a+b-x)\,\mathrm{d}x$

【例23】计算 $\displaystyle\int_{-\pi/4}^{\pi/4} \frac{\mathrm{d}x}{1+\sin x}$

【例24】计算 $I = \displaystyle\int_0^{\pi/2} \frac{\cos^p x}{\sin^p x + \cos^p x}\,\mathrm{d}x\,(p\text{ 为常数})$

2. 分部积分法

设 $u'(x)$，$v'(x)$ 在 $[a,b]$ 上连续，

$\Rightarrow \displaystyle\int_a^b u(x)v'(x)\,\mathrm{d}x = u(x)v(x)\Big|_a^b - \int_a^b u'(x)v(x)\,\mathrm{d}x$

或 $\displaystyle\int_a^b u(x)\,\mathrm{d}v(x) = u(x)v(x)\Big|_a^b - \int_a^b v(x)\,\mathrm{d}u(x).$

题型八　分部积分

【例25】设函数 $f(x)$ 在 $[0,1]$ 上具有二阶连续导数，且 $f(0)=f(1)=0$.

（1）证明 $\displaystyle\int_0^1 f(x)\,\mathrm{d}x = \frac{1}{2}\int_0^1 x(x-1)f''(x)\,\mathrm{d}x$；

（2）证明 $\left|\int_0^1 f(x)\mathrm{d}x\right| \le \dfrac{1}{12}\max\limits_{0\le x\le 1}|f''(x)|$.

关于定积分不等式证明方法会综合高数上、下册众多知识，我们总结了典型的 73 题 12 大类，大家在公众号"小元老师"回复关键词"定积分不等式 73"获取.

五、反常积分

1. 无穷区间上的广义积分

（1）定义 1：$\displaystyle\int_a^{+\infty} f(x)\mathrm{d}x = \lim_{b\to +\infty}\int_a^b f(x)\mathrm{d}x$ ，（$\displaystyle\int_{-\infty}^b f(x)\mathrm{d}x = \lim_{a\to -\infty}\int_a^b f(x)\mathrm{d}x$）

若上述极限存在，则称广义积分 $\displaystyle\int_a^{+\infty} f(x)\mathrm{d}x$ 是收敛的，它的值就是极限值；若极限不存在，则称广义积分 $\displaystyle\int_a^{+\infty} f(x)\mathrm{d}x$ 是发散的.

（2）定义 2：$\displaystyle\int_{-\infty}^{+\infty} f(x)\mathrm{d}x = \int_{-\infty}^c f(x)\mathrm{d}x + \int_c^{+\infty} f(x)\mathrm{d}x = \lim_{a\to -\infty}\int_a^c f(x)\mathrm{d}x + \lim_{b\to +\infty}\int_c^b f(x)\mathrm{d}x$

若上述两个极限都存在，则称广义积分 $\displaystyle\int_{-\infty}^{+\infty} f(x)\mathrm{d}x$ 是收敛的，它的值就是两个极限值之和；反之，则称广义积分 $\displaystyle\int_{-\infty}^{+\infty} f(x)\mathrm{d}x$ 是发散的.

【必会经典题】

① 计算反常积分 $\displaystyle\int_{-\infty}^{+\infty}\dfrac{\mathrm{d}x}{1+x^2}$.

解：$\displaystyle\int_{-\infty}^{+\infty}\dfrac{\mathrm{d}x}{1+x^2} = \big[\arctan x\big]_{-\infty}^{+\infty} = \lim_{x\to +\infty}\arctan x - \lim_{x\to -\infty}\arctan x = \dfrac{\pi}{2} - \left(-\dfrac{\pi}{2}\right) = \pi$.

这个反常积分能用奇零偶倍的定积分对称性吗？

若积分结果是发散的，不能用奇偶性，若是收敛的，可以.

你收敛，你都对，你发散，再怎么对称也不行.

例如，$\displaystyle\int_{-\infty}^{+\infty}\dfrac{x}{1+x^2}\mathrm{d}x$ 发散的，不能用奇函数对称性得出积分为 0，而是积分结果不存在.

② 证明反常积分 $\displaystyle\int_a^{+\infty}\dfrac{\mathrm{d}x}{x^p}(a>0)$ 当 $p>1$ 时收敛，当 $p\le 1$ 时发散.

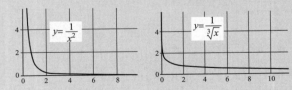

证：当 $p=1$ 时，$\displaystyle\int_a^{+\infty}\dfrac{\mathrm{d}x}{x^p} = \int_a^{+\infty}\dfrac{\mathrm{d}x}{x} = \big[\ln x\big]_a^{+\infty} = +\infty$ ，

当 $p\neq 1$ 时，$\displaystyle\int_a^{+\infty}\dfrac{\mathrm{d}x}{x^p} = \left[\dfrac{x^{1-p}}{1-p}\right]_a^{+\infty} = \begin{cases} +\infty, & p<1, \\[2mm] \dfrac{a^{1-p}}{p-1}, & p>1. \end{cases}$

可见，p 值的不同使得曲线逼近 x 轴的速度不一样，在 $p>1$ 时逼近得更快，收敛.

小元老师总结一个顺口溜叫：大的喜欢大的．积分上限是正无穷，是大的；$p>1$ 是大的，两个大的相遇时，曲线逼近渐近线更快，就像一见钟情的情侣，卿卿我我，很快腻在一起，积分是收敛的，面积是有限值．当然如果相反，$p \leq 1$ 时，大的不喜欢小的，两人保持距离，分道扬镳，结果就是积分的面积无穷大，不收敛.

这个例子非常典型，后面审敛法还要用，它反映了反常积分收敛的一个特点：如果曲线是平滑的，它趋近渐近线的速度快慢决定了是否收敛．而快慢的参考标准就可以和已知的函数，比如这个例子进行对比.

2. 无界函数的广义积分（瑕积分）

（1）瑕点：设 $f(x)$ 在 $[a, b)$ 内连续，且 $\lim\limits_{x \to b^-} f(x) = \infty$，则称 b 为 $f(x)$ 的瑕点.

同样的，设 $f(x)$ 在 $(a, b]$ 内连续，且 $\lim\limits_{x \to a^+} f(x) = \infty$，则称 a 为 $f(x)$ 的瑕点.

（2）定义 1：已知 b 为函数 $f(x)$ 的唯一瑕点 $\int_a^b f(x)\,\mathrm{d}x = \lim\limits_{\delta \to 0^+} \int_a^{b-\delta} f(x)\,\mathrm{d}x$，若上述极限存在，则称广义积分 $\int_a^b f(x)\,\mathrm{d}x$ 是收敛的，它的值就是极限值；若极限不存在，则称广义积分 $\int_a^b f(x)\,\mathrm{d}x$ 是发散的.

（3）定义 2：已知 a 为函数 $f(x)$ 的唯一瑕点，$\int_a^b f(x)\,\mathrm{d}x = \lim\limits_{\delta \to 0^+} \int_{a+\delta}^b f(x)\,\mathrm{d}x$ 若上述极限存在，则称广义积分 $\int_a^b f(x)\,\mathrm{d}x$ 是收敛的，它的值就是极限值；若极限不存在，则称广义积分 $\int_a^b f(x)\,\mathrm{d}x$ 是发散的.

（4）定义 3：已知 c 为瑕点，如果 $\int_a^c f(x)\,\mathrm{d}x = \lim\limits_{t \to c^-} \int_a^t f(x)\,\mathrm{d}x$ 与 $\int_c^b f(x)\,\mathrm{d}x = \lim\limits_{t \to c^+} \int_t^b f(x)\,\mathrm{d}x$ 都收敛时，则定义反常积分 $\int_a^b f(x)\,\mathrm{d}x = \int_a^c f(x)\,\mathrm{d}x + \int_c^b f(x)\,\mathrm{d}x$ 收敛，否则就称反常积分 $\int_a^b f(x)\,\mathrm{d}x$ 发散.

【必会经典题】

①计算反常积分 $\int_0^a \dfrac{\mathrm{d}x}{\sqrt{a^2-x^2}}\ (a > 0)$.

$\int_0^a \dfrac{\mathrm{d}x}{\sqrt{a^2-x^2}} = \left[\arcsin \dfrac{x}{a}\right]_0^a = \lim\limits_{x \to a} \arcsin \dfrac{x}{a} - 0 = \dfrac{\pi}{2}$.

②讨论反常积分 $\int_{-1}^1 \dfrac{\mathrm{d}x}{x^2}$ 的收敛性.

$\int_{-1}^0 \dfrac{dx}{x^2} = \left[-\dfrac{1}{x}\right]_{-1}^0 = \lim\limits_{x \to 0}\left(-\dfrac{1}{x}\right) - 1 = +\infty$，

即反常积分 $\int_{-1}^0 \dfrac{dx}{x^2}$ 发散，所以反常积分 $\int_{-1}^1 \dfrac{dx}{x^2}$ 发散.

该题目错误做法是：$\int_{-1}^1 \dfrac{dx}{x^2} = \left[-\dfrac{1}{x}\right]_{-1}^1 = -1 - 1 = -2$.

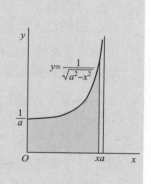

这个被积函数存在不定积分，不存在定积分，而前面的有有限个第一类间断点的函数存在定积分，不存在不定积分.

③证明反常积分 $\int_a^b \dfrac{dx}{(x-a)^q}$ 当 $0<q<1$ 时收敛，当 $q \geqslant 1$ 时发散.

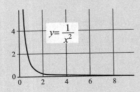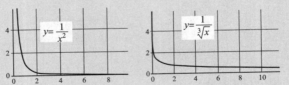

证：当 $q=1$ 时，

$$\int_a^b \frac{dx}{(x-a)^q} = \int_a^b \frac{dx}{(x-a)} = \left[\ln(x-a)\right]_a^b$$
$$= \ln(b-a) - \lim_{x \to a+}\ln(x-a) = +\infty.$$

当 $q \neq 1$ 时，$\int_a^b \dfrac{dx}{(x-a)^q} = \left[\dfrac{(x-a)^{1-q}}{1-q}\right]_a^b = \begin{cases} \dfrac{(b-a)^{1-q}}{1-q}, & 0<q<1, \\ +\infty, & q>1. \end{cases}$

因此，当 $0<q<1$ 时，这反常积分收敛，其值为 $\dfrac{(b-a)^{1-q}}{1-q}$；当 $q \geqslant 1$ 时，这反常积分发散.

可见，q 值的不同使得曲线逼近 y 轴的速度不一样(不是斜率哦)，在 $q<1$ 时逼近得更快，收敛.

小元老师也总结一个顺口溜，对应前面的 p 积分，叫：小的喜欢小的. 积分瑕点是常数 a，相比于积分限为无穷，是小的；$q<1$ 是小的，两个小的相遇时，曲线逼近渐近线更快，就像一见钟情的情侣，卿卿我我，很快腻在一起，积分是收敛的，面积是有限值. 当然如果相反，$q \geqslant 1$ 时，小的不喜欢大的，两人保持距离，分道扬镳，结果就是积分的面积无穷大，不收敛.

这个例子同样非常典型，后面审敛法还要用，它同样反映了反常积分收敛的一个特点：如果曲线是平滑的，它趋近渐近线的速度快慢决定了是否收敛. 而快慢的参考标准就可以和已知的函数，比如这个例子进行对比.

3. 反常积分审敛法

定理1：设函数 $f(x)$ 在区间 $[a, +\infty)$ 上连续，且 $f(x) \geqslant 0$. 若函数

$$F(x) = \int_a^x f(t)\,dt$$

在 $[a, +\infty)$ 上有上界，则反常积分 $\int_a^{+\infty} f(x)\,dx$ 收敛.

也就是单调增并且有上界，就收敛.

定理2(比较审敛原理)：设函数 $f(x)$，$g(x)$ 在区间 $[a, +\infty)$ 上连续. 如果 $0 \leqslant f(x) \leqslant g(x)$ $(a \leqslant x < +\infty)$，并且 $\int_a^{+\infty} g(x)\,dx$ 收敛，那么 $\int_a^{+\infty} f(x)\,dx$ 也收敛；如果 $0 \leqslant g(x) \leqslant f(x)$ $(a \leqslant x < +\infty)$，并且 $\int_a^{+\infty} g(x)\,dx$ 发散，那么 $\int_a^{+\infty} f(x)\,dx$ 也发散.

这个反常积分的比较审敛法和无穷级数里面正项级数的比较审敛是类似的，后面的几个审敛法也都和无穷级数的审敛法类似.

定理 3（比较审敛法）：设函数 $f(x)$ 在区间 $[a, +\infty)(a>0)$ 上连续．且 $f(x)\geqslant 0$．如果存在常数 $M>0$ 及 $p>1$，使得 $f(x)\leqslant\dfrac{M}{x^p}(a\leqslant x<+\infty)$，那么反常积分 $\displaystyle\int_a^{+\infty}f(x)\mathrm{d}x$ 收敛；如果存在常数 $N>0$，使得 $f(x)\geqslant\dfrac{N}{x}(a\leqslant x<+\infty)$，那么反常积分 $\displaystyle\int_a^{+\infty}f(x)\mathrm{d}x$ 发散．

　　这个就是选择与前面的 p 积分进行比较，从而在趋近速度上有所参照．

　　定理 4（极限审敛法 1）：设函数 $f(x)$ 在区间 $[a, +\infty)$ 上连续，且 $f(x)\geqslant 0$．如果存在常数 $p>1$，使得 $\displaystyle\lim_{x\to+\infty}x^p f(x)=c<+\infty$，那么，反常积分 $\displaystyle\int_a^{+\infty}f(x)\mathrm{d}x$ 收敛；如果 $\displaystyle\lim_{x\to+\infty}xf(x)=d>0$（或 $\displaystyle\lim_{x\to+\infty}xf(x)=+\infty$），那么反常积分 $\displaystyle\int_a^{+\infty}f(x)\mathrm{d}x$ 发散．

　　积分的敛散取决于函数极限的特点，比如速度快慢等，而不是有限区间内的情况，因此有极限审敛法．这个极限形式的审敛法是审敛中的大招，可以将前面的极限知识结合进来，从而判断很复杂的函数．

【必会经典题】

①判定反常积分 $\displaystyle\int_1^{+\infty}\dfrac{\mathrm{d}x}{x\sqrt{1+x^2}}$ 的收敛性．

$$\lim_{x\to\infty}x^2\cdot\dfrac{1}{x\sqrt{1+x^2}}=\lim_{x\to\infty}\dfrac{1}{\sqrt{\dfrac{1}{x^2}+1}}=1，收敛．$$

　　定理 5：设函数 $f(x)$ 在区间 $[a, +\infty)$ 上连续．如果反常积分 $\displaystyle\int_a^{+\infty}|f(x)|\mathrm{d}x$ 收敛，那么反常积分 $\displaystyle\int_a^{+\infty}f(x)\mathrm{d}x$ 也收敛．

　　通常称满足定理 5 条件的反常积分 $\displaystyle\int_a^{+\infty}f(x)\mathrm{d}x$ 绝对收敛．于是，定理 5 可简单的表达为：绝对收敛的反常积分 $\displaystyle\int_a^{+\infty}f(x)\mathrm{d}x$ 必定收敛．

　　后面无穷级数也有条件收敛、绝对收敛的概念，是类似的．

【必会经典题】

①判定反常积分 $\displaystyle\int_0^{+\infty}e^{-ax}\sin bx\,\mathrm{d}x$（$a, b$ 都是常数，且 $a>0$）的收敛性．

　　解：因为 $|e^{-ax}\sin bx|\leqslant e^{-ax}$，而 $\displaystyle\int_0^{+\infty}e^{-ax}\mathrm{d}x$ 收敛，根据比较审敛法，反常积分 $\displaystyle\int_0^{+\infty}|e^{-ax}\sin bx|\mathrm{d}x$ 收敛．由定理 5 可知所给反常积分收敛．

　　定理 6（比较审敛法 2）：设函数 $f(x)$ 在区间 $(a, b]$ 上连续．且 $f(x)\geqslant 0$，$x=a$ 为 $f(x)$ 的瑕点．如果存在常数 $M>0$ 及 $q<1$，使得

$$f(x)\leqslant\dfrac{M}{(x-a)^q}(a<x\leqslant b)，$$

那么反常积分 $\int_a^b f(x)\,dx$ 收敛；如果存在常数 $N>0$，使得

$$f(x) \geqslant \frac{N}{x-a}\,(a<x\leqslant b),$$

那么反常积分 $\int_a^b f(x)\,dx$ 发散.

这个是和前面的 q 积分进行比较，得到的结论.

定理 7(极限审敛法 2)：设函数 $f(x)$ 在区间 $(a,b]$ 上连续．且 $f(x)\geqslant0$，$x=a$ 为 $f(x)$ 的瑕点．如果存在常数 $0<q<1$，使得

$$\lim_{x\to a^+}(x-a)^q f(x)$$

存在，那么反常积分 $\int_a^b f(x)\,dx$ 收敛；如果

$$\lim_{x\to a^+}(x-a)f(x)=d>0\left(\text{或}\lim_{x\to a^+}(x-a)f(x)=+\infty\right),$$

那么反常积分 $\int_a^b f(x)\,dx$ 发散.

这个极限形式的比较审敛法同样是审敛大招，注意多加运用.

【必会经典题】

①判定下列反常积分的收敛性：$\int_1^2 \dfrac{dx}{\sqrt[3]{x^2-3x+2}}$．

被积函数有两个瑕点：$x=1$，$x=2$.

$\lim\limits_{x\to1^+}(x-1)^{\frac{1}{3}}\dfrac{1}{\sqrt[3]{x^2-3x+2}}=-1$，因此 $\int_1^{1.5}\dfrac{dx}{\sqrt[3]{x^2-3x+2}}$ 收敛；

$\lim\limits_{x\to2^-}(x-2)^{\frac{1}{3}}\dfrac{1}{\sqrt[3]{x^2-3x+2}}=1$，$\int_{1.5}^2\dfrac{dx}{\sqrt[3]{x^2-3x+2}}$ 收敛，

因此原积分收敛.（1.5 是随意设置的分界线，改为 1.8，1.3 都可以）

题型九 反常积分敛散性的判别

【例 26】判定反常积分 $\int_1^{+\infty}\dfrac{dx}{x\sqrt{1+x^2}}$ 的收敛性.

【例 27】判定反常积分 $\int_1^{+\infty}\dfrac{x^{3/2}}{1+x^2}dx$ 的收敛性.

【例 28】判定反常积分 $\int_1^{+\infty}\dfrac{\arctan x}{x}dx$ 的收敛性.

【例 29】判定反常积分 $\int_1^{+\infty}\sin\dfrac{1}{x^2}dx$ 的收敛性

【例 30】判定反常积分 $\int_0^{+\infty}\dfrac{dx}{1+x|\sin x|}$ 的收敛性.

【例 31】判定反常积分 $\int_0^{+\infty}e^{-ax}\sin bx\,dx$（$a$，$b$ 都是常数，且 $a>0$）的收敛性.

【例 32】判定反常积分 $\int_0^1\dfrac{1}{\sqrt{x}}\sin\dfrac{1}{x}dx$ 的收敛性.

【例 33】判定反常积分 $\int_1^3\dfrac{dx}{\ln x}$ 的收敛性.

【例34】判定反常积分 $\int_1^2 \dfrac{\mathrm{d}x}{\sqrt[3]{x^2-3x+2}}$ 的收敛性.

题型十　反常积分求解

【例35】$\int_0^{+\infty} \dfrac{\mathrm{d}x}{1+x+x^2}$ 是否收敛? 如收敛求出其值.

【例36】反常积分 $I_n=\int_{-\infty}^{+\infty}\dfrac{\mathrm{d}x}{(1+x^2)^n}$,n 是正整数,是否收敛? 如收敛,试求其值.

【例37】反常积分 $\int_0^2\dfrac{\mathrm{d}x}{\sqrt{x(2-x)}}$ 是否收敛,如收敛,求其值.

【例38】计算反常积分 $\int_1^{+\infty}\dfrac{1}{x\sqrt{x-1}}\mathrm{d}x$.

瑞士法郎上的欧拉

4. Γ 函数

Γ 函数也叫欧拉第二积分.

$$\Gamma(s)=\int_0^{+\infty}e^{-x}x^{s-1}\mathrm{d}x \quad (s>0).$$

(1) 递推公式 $\Gamma(s+1)=s\Gamma(s) \quad (s>0)$.

$$\Gamma(s+1)=\int_0^{+\infty}e^{-x}x^s\mathrm{d}x=-\int_0^{+\infty}x^s\mathrm{d}(e^{-x})$$

$$=\left[-x^se^{-x}\right]_0^{+\infty}+s\int_0^{+\infty}e^{-x}x^{s-1}\mathrm{d}x=s\Gamma(s)$$

$\Gamma(2)=1\cdot\Gamma(1)=1$,

$\Gamma(3)=2\cdot\Gamma(2)=2!$,

$\Gamma(4)=3\cdot\Gamma(3)=3!$,

……

$\Gamma(n+1)=n!$

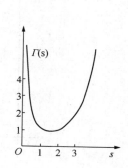

也就是 $\int_0^{+\infty}\dfrac{1}{e^x}\mathrm{d}x=\int_0^{+\infty}\dfrac{x}{e^x}\mathrm{d}x=1$, $\int_0^{+\infty}\dfrac{x^2}{e^x}\mathrm{d}x=2!$, $\int_0^{+\infty}\dfrac{x^3}{e^x}\mathrm{d}x=3!$,

可以当小结论记住.

(2) 当 $s\to0^+$ 时,$\Gamma(s)\to+\infty$.

$\Gamma(s)=\dfrac{\Gamma(s+1)}{s}$,$\Gamma(1)=1$, 所以当 $s\to0^+$ 时,$\Gamma(s)\to+\infty$.

(3) $\Gamma(s)\cdot\Gamma(1-s)=\dfrac{\pi}{\sin\pi s}(0<s<1)$.

这个公式称为余元公式.

当 $s=\dfrac{1}{2}$ 时, 由余元公式可得 $\Gamma\left(\dfrac{1}{2}\right)=\sqrt{\pi}$.

(4) $\Gamma\left(\dfrac{1}{2}\right)=\int_0^{+\infty}\dfrac{1}{\sqrt{x}}e^{-x}\mathrm{d}x\xrightarrow{x=u^2}\int_0^{+\infty}\dfrac{1}{u}e^{-u^2}2u\mathrm{d}u=2\int_0^{+\infty}e^{-u^2}\mathrm{d}u=\sqrt{\pi}$

$\int_0^{+\infty}e^{-u^2}\mathrm{d}u=\dfrac{\sqrt{\pi}}{2}$, 这个结论在后面概率论里的正态分布有应用, 要记住它, 它的不定

积分不是初等函数，但定积分可求．

【必会经典题】

①计算 $\int_0^{+\infty} \sqrt{x}\, \mathrm{e}^{-x}\mathrm{d}x$.

$$\int_0^{+\infty} \sqrt{x}\, \mathrm{e}^{-x}\mathrm{d}x = \varGamma\left(\frac{1}{2}+1\right) = \frac{1}{2}\varGamma\left(\frac{1}{2}\right) = \frac{\sqrt{\pi}}{2}.$$

六、定积分的应用

1. 定积分的几何应用

（1）平面图形的面积

①直角坐标

X 型区域：由直线 $x=a$，$x=b$，$y=f(x)$，$y=g(x)$ 所围成的图形（见图 1）的面积为

$$S = \int_a^b |f(x)-g(x)|\,\mathrm{d}x,$$

Y 型区域：由直线 $y=\alpha$，$y=\beta$，$x=\varphi(y)$，$x=\psi(y)$ 所围成的图形（见图 2）的面积为

$$S = \int_\alpha^\beta |\varphi(y)-\psi(y)|\,\mathrm{d}y.$$

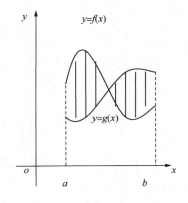

图 1

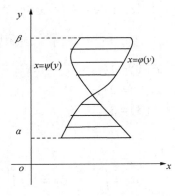

图 2

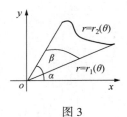

图 3

②极坐标

由曲线 $r=r_1(\theta)$，$r=r_2(\theta)$（$\alpha \leqslant \theta \leqslant \beta$）所围成平面图形（见图 3）的面积为

$$S = \frac{1}{2}\int_\alpha^\beta [r_2^2(\theta)-r_1^2(\theta)]\,\mathrm{d}\theta.$$

常见的极坐标曲线：

a. 心形线

$\rho = a(1+\cos\theta)$（$a>0$）（其中的'+'换成'-'，余弦换正弦都仍然是心形线，只是开口方向不同），也称作圆外旋轮线，如右图．

大家可以研究下，如果心形的心尖换个方向，曲线方程发生哪些变化？

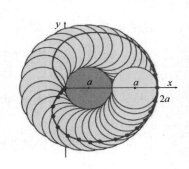

这个心形还不是很完美，弧度太单调没有拐点，如果像做出更美的心形，其方程也要复杂好多，感兴趣的同学可以去网上查询各种修正公式.

b. 摆线

$$\begin{cases} x = a(t-\sin t) \\ y = a(1-\cos t) \end{cases}$$

也称作旋轮线，因为是下面左图的轮上一点旋转产生的轨迹.

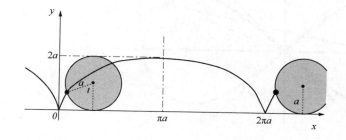 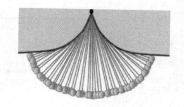

 之所以也叫摆线，是跟钟摆有关，上面右图的钟摆被夹在两个挡板之间，如果挡板的形状恰好是摆线的话，这个单摆的周期恰好能抵消空气阻力，使得在有阻力的情况下周期一直不变，这是曾经的高科技. 此外，摆线也是最速降曲线，左图中沿着摆线从 A 点到 B 点，时间最短.

c. 星形线

极坐标方程为：$\begin{cases} x = a\cos^3\theta \\ y = a\sin^3\theta \end{cases}$，$0 \leqslant \theta \leqslant 2\pi$

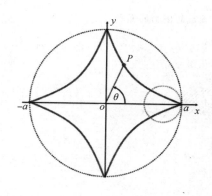 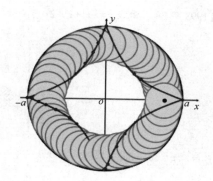

直角坐标方程为：$x^{\frac{2}{3}} + y^{\frac{2}{3}} = a^{\frac{2}{3}}$

也叫圆内旋轮线，注意当角度 $\theta = 0$ 时，起点在 x 轴正半轴.

d. 双纽线

$FF' = 2a$，到 F 与 F' 距离之积为 a^2 的点的轨迹 ($\rho\rho' = a^2$).

方程为：$r^2 = 2a^2\cos 2\theta$

由于要求 $\cos 2\theta \geqslant 0$，

$$\theta \in \left(0, \ \frac{\pi}{4}\right) \cup \left(\frac{3\pi}{4}, \ \frac{5\pi}{4}\right) \cup \left(\frac{7\pi}{4}, \ 2\pi\right)$$

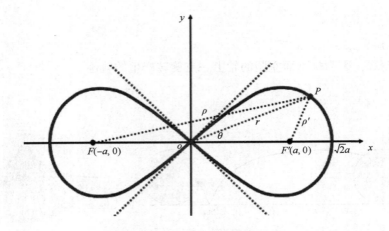

题型十一　平面图形的面积

【例 39】求曲线 $\sqrt{x}+\sqrt{y}=1$ 与两坐标轴所围成的图形的面积；

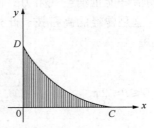

【例 40】[1998 年 2] 求曲线 $y=-x^3+x^2+2x$ 与 x 轴所围成的图形的面积.

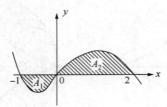

【例 41】求曲线 $\rho=8a\sin3\varphi$ 所围图形面积.

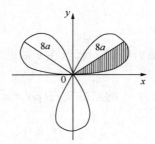

【**例 42**】求曲线 $\begin{cases} x=a\cos^3 t \\ y=a\sin^3 t \end{cases}$ 所围成的图形的面积．

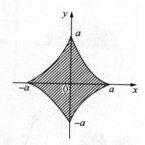

【**例 43**】求曲线 $\rho=3$ 及 $\rho=2(1+\cos\varphi)$ 所围成的图形公共部分的面积．

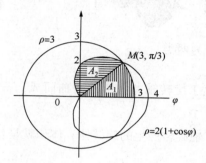

【**例 44**】试求 a，b 的值，使得由曲线 $y=\cos x(0\leqslant x\leqslant \pi/2)$ 与两坐标轴所围成的图形的面积被曲线 $y=a\sin x$ 与 $y=b\sin x$ 三等份．

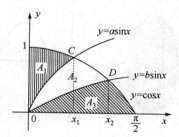

（2）体积的求解

①旋转体的体积

由连续曲线 $y=f(x)$、直线 $x=a$，$x=b$ 与 x 轴围成的平面图形绕 x 轴旋转一周而成的几何体称作旋转体（如图 4）．

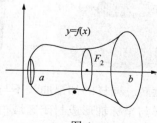

图 4

旋转体的形成过程可以细化为如下几个过程（如果曲线与 x 轴不相交，要补竖直直线使其相交，如下图的葫芦底部）：

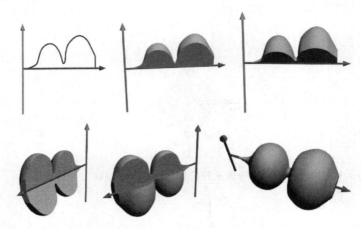

其体积的求解方法可以分为两类：

方法一：切土豆片法

将旋转体看作一系列垂直于旋转轴的薄圆片叠加而成，一般位置的薄片体积表示出来后，再积分即可.

若是图 4 等这几个绕着 x 轴旋转产生的旋转体，体积就是：$V = \int_a^b \pi [f(x)]^2 dx$

若是绕着 y 轴旋转，结果类似：$V = \pi \int_c^d [\varphi(y)]^2 dy$.

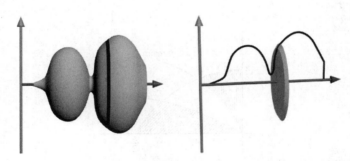

方法二：剥洋葱法，或者喜欢叫剥竹笋、剥辣条都行，就是看作一圈一圈的.

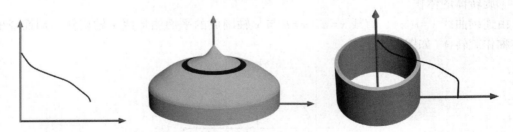

对于上图的曲线，绕着 y 轴旋转，同样的如果曲线不与 x 轴相交，虽然是绕 y 旋转，仍然先补竖直直线与 x 轴相交，这样与坐标轴形成封闭区域再旋转，产生的几何体我们可以看作圆柱形一圈一圈组成的，上图中最右侧就是它的一个微元，一般位置的薄圈体积表示出来后，再积分即可.

体积就是：$V_y = 2\pi \int_a^b |x||f(x)| dx$.

如果不是绕着普通位置的直线，非坐标轴旋转的，对公式稍加修正即可，相当于平移. 如旋转体不是上面这样的，中间有空心或者曲线没有补齐到 x 轴，那也要根据情况调整下方程，但原理都是类似的.

②平行截面面积已知的立体体积(数一、数二)

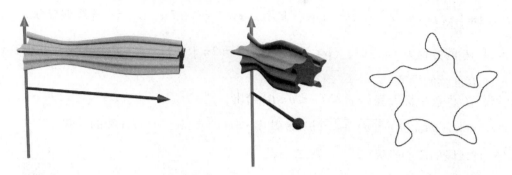

立体在过点 $x=a$，$x=b$ 且垂直于 x 轴的两平面之间. 以 $A(x)$ 表示过点 x 且垂直于 x 轴的截面面积. $A(x)$ 为连续函数. 如上图，几何体很复杂，但是截面都是相似的，为上图最右侧的样子，截面面积只是关于 x 的已知函数，则所求的立体体积公式为：$V = \int_a^b A(x) dx$.

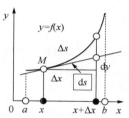

(3)平面曲线的弧长问题 (数一、数二)

①设平面曲线 AB 由方程 $y=f(x)(a \leqslant x \leqslant b)$ 给出，其中 $f(x)$ 在 $[a, b]$ 上具有一阶连续的导数，则曲线的弧长为 $s = \int_a^b \sqrt{1+f'^2(x)} dx$ (也即用切线长度代替曲线长度).

②设平面曲线 AB 由参数方程 $x=x(t)$，$y=y(t)(\alpha \leqslant t \leqslant \beta)$ 给出，其中，$x=x(t)$，$y=y(t)(\alpha \leqslant t \leqslant \beta)$，具有一阶连续的导数，则曲线的弧长为 $s = \int_\alpha^\beta \sqrt{x'^2(t)+y'^2(t)} dt$.

③设平面曲线 AB 由极坐标方程 $r=r(\theta)(\alpha \leqslant \theta \leqslant \beta)$，其中 $r=r(\theta)$ 在 $[\alpha, \beta]$ 上具有连续的导数，则曲线的弧长为 $\int_\alpha^\beta \sqrt{r^2(\theta)+r'^2(\theta)} d\theta$.

(4)旋转面的侧面积问题(数一、数二)

在 x 轴上方有一平面曲线绕 x 轴旋转一周得旋转曲面，其面积记为 s.

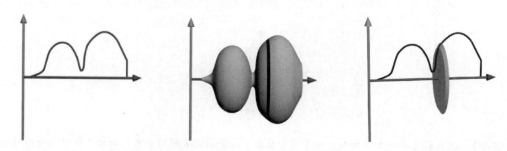

对于这个旋转体的侧面积，还是看作一个一个薄片，每个薄片的外表面积表示出来，然

后积分即可，这个微元的外表面积就是个长方形，它的长度是圆形微元的周长，宽度是圆形薄片微元的母线长度，而非厚度．

①设 AB 为直线段，则 $S=\pi l(y_A+y_B)$，其中 l 为 AB 的长度，y_A，y_B 为 A，B 的纵坐标．

②设 AB 以弧长为参数的方程为 $x=x(s)$，$y=y(s)(0\leqslant s\leqslant l)$，则 $S=2\pi\int_0^l y(s)\,\mathrm{d}s$．

③设 AB 的参数方程为 $x=x(t)$，$y=y(t)(\alpha\leqslant t\leqslant\beta)$，

$S=2\pi\int_\alpha^\beta y(t)\sqrt{x'^2(t)+y'^2(t)}\,\mathrm{d}t$，其中 $x(t)$，$y(t)$ 在 $[\alpha,\beta]$ 上有连续偏导数．

④设 AB 的方程为 $y=f(x)$，$(\alpha\leqslant x\leqslant b)$，则 $S=2\pi\int_a^b f(x)\sqrt{1+f'^2(x)}\,\mathrm{d}x$，其中 $f(x)$ 在 $[a,b]$ 上有连续的导数．

⑤设 AB 由极坐标方程 $r=r(\theta)(\alpha\leqslant\theta\leqslant\beta)$ 给出，则

$S=2\pi\int_\alpha^\beta r(\theta)\sin\theta\sqrt{r^2(\theta)+r'^2(\theta)}\,\mathrm{d}\theta$ 其中 $r=r(\theta)$ 在 $[\alpha,\beta]$ 有连续的导数．

（5）直线段的质心坐标（数一、数二）

设 L 位于 x 轴区间 $[a,b]$ 上，其线密度为 $\rho(x)$，则其质心坐标为 $\bar{x}=\dfrac{\displaystyle\int_a^b x\rho(x)\,\mathrm{d}x}{\displaystyle\int_a^b \rho(x)\,\mathrm{d}x}$

题型十二　体积求解

【例45】计算圆 $x^2+(y-5)^2\leqslant16$ 绕 x 轴旋转所得的旋转体的体积．

【例46】[1993年2]设平面图形 σ 由 $x^2+y^2\leqslant2x$ 与 $y\geqslant x$ 确定．试求平面图形 σ 绕直线 $x=2$ 旋转一周所得的旋转体的体积 V．

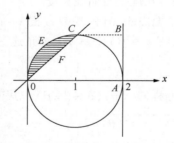

【例47】求星形线 $x=a\cos^3\theta$，$y=a\sin^3\theta$ 所围成的图形绕 x 轴旋转而成的旋转体的体积．

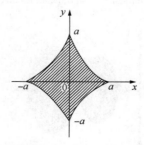

【例48】计算底面是半径为 R 的圆，而垂直于底面上一条固定直径的所有截面都是等边三角形的立体体积．

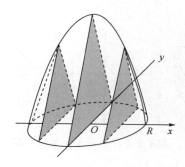 

题型十三　弧长求解(数一、数二)

【例49】(数一、数二)试证曲线 $y=\sin x\,(0\leqslant x\leqslant 2\pi)$ 的弧长等于椭圆 $x^2+2y^2=2$ 的周长.

【例50】(数一、数二)求曲线 $\rho=a\sin^3(\varphi/3)$ 的全长.

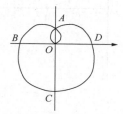

(6)定积分的物理应用(数一、数二)

①变力做功

设一物体沿 x 轴运动,在运动过程中始终有力 F 作用于物体上. 力 F 的方向或与 x 轴方向一致(此时 F 取正值)或与 x 轴方向相反(此时 F 取负值). 物体在 x 处的力为 $F(x)$,则物体从 a 移到 b 时变力 $F(x)$ 做的功为 $W=\displaystyle\int_a^b F(x)\,\mathrm{d}x$.

②水压力

设一薄板垂直放在均匀的静止液体中,则液体对薄板的侧压力 $P=\displaystyle\int_a^b \gamma gx f(x)\,\mathrm{d}x$. 其中 γ 为液体的密度,g 为引力常数,$f(x)$ 在 $[a,b]$ 连续,$f(x)$ 为薄板的函数.

③引力

质量分别为 m_1,m_2 相距为 r 的两质点间的引力的大小为 $F=k\dfrac{m_1 m_2}{r^2}$ 其中 k 为引力常数,引力的方向沿着两质点的连线方向.

题型十四　定积分的物理应用

【例51】有一电荷量为 q_1 带正电的固定质点位于原点,在距离原点 a 处有一电荷量为 q_2 带正电的活动质点,若固定质点将活动质点从距离 a 处排斥到 b 处,求排斥力所做的功.

$$
\begin{array}{ccccc}
+q & & +1 & & \\
O & a & r\ r+\mathrm{d}r & b & r
\end{array}
$$

【例52】一个横放着的圆柱形水桶,桶内称有半桶水. 设桶的底半径为 R,水的密度为 ρ,计算桶的一个端面上所受的压力.

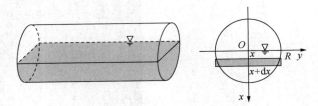

【例53】设有一长度为 l、线密度为 μ 的均匀细直棒，在其中垂线上距棒 a 单位处有一质量为 m 的质点 M. 试计算该棒对质点 M 的引力.

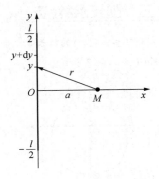

第六讲　常微分方程

大纲要求

1. 了解微分方程及其阶、解、通解、初始条件和特解等概念.
2. 掌握变量可分离的微分方程、齐次微分方程和一阶线性微分方程的求解方法.
3. 会解伯努利方程和全微分方程, 会解欧拉方程(数一).
4. 会用简单的变量代换解某些微分方程(数一、二).
5. 会用降阶法解下列形式的微分方程:
$$y^{(n)} = f(x), \quad y'' = f(x, y'), \quad y' = f(y, y') \ (数一、二).$$
6. 理解线性微分方程解的性质及解的结构.
7. 掌握二阶常系数齐次线性微分方程的解法, 并会解某些高于二阶的常系数齐次线性微分方程.
8. 了解线性微分方程解的性质及解的结构定理, 会解自由项为多项式、指数函数、正弦函数、余弦函数的二阶常系数非齐次线性微分方程(数三).
9. 会解自由项为多项式、指数函数、正弦函数、余弦函数以及它们的和与积的二阶常系数非齐次线性微分方程(数一、二).
10. 了解一阶常系数线性差分方程的求解方法(数三).
11. 会用微分方程求解简单的经济应用问题(数三).
12. 会用微分方程解决一些简单的应用问题.

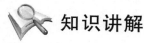

知识讲解

一、常微分方程的概念

1. 定义

含有未知一元函数及其导数和自变量的方程称为常微分方程, 简称微分方程.

2. 微分方程的阶

微分方程中含有的未知函数的导数的最高阶数称为微分方程的阶.

3. 微分方程的解

(1)解的定义: 将 $y = f(x)$ 带入微分方程, 使方程成为恒等式, 则称 $y = f(x)$ 是微分方程的解.

(2)通解: 微分方程的解中含有与方程阶数相等的独立任意常数, 则称该解为通解.

(3)特解: 不含任意常数的解称为微分方程的特解.

求特解时, 初始条件的个数要等于微分方程的阶数.

二、一阶微分方程

1. 变量可分离微分方程

(1)方程形式: $y' = f(x)g(y)$ 也就是方程中的变量 x 和变量 y 可分离.

无法分离就不行，骨肉相连的这种方法不行．

（2）解法：当 $g(y)\neq0$ 时，$y'=f(x)g(y)\Leftrightarrow\dfrac{\mathrm{d}y}{g(y)}=f(x)\mathrm{d}x$

两边求不定积分 $\displaystyle\int\dfrac{\mathrm{d}y}{g(y)}=\int f(x)\mathrm{d}x+C$ ，其中 C 为任意常数，

$\displaystyle\int\dfrac{\mathrm{d}y}{g(y)}$ 表示函数 $\dfrac{1}{g(y)}$ 的一个原函数，$\displaystyle\int f(x)\mathrm{d}x$ 表示函数 $f(x)$ 的一个原函数．

若 y_0 使 $g(y_0)=0$ ，则 $y=y_0$ 也是原方程的一个特解．

2. 齐次微分方程

（1）方程的形式 $y'=f\left(\dfrac{y}{x}\right)$

这种方程是强迫症福利，因为 x 和 y 是齐次对应的，第一步都是强迫症一样，如左图整理清楚，发现是齐次的，再进行变量替换求解．

（2）解法令 $u=\dfrac{y}{x}$ ，由于 $y'=u+xu'$ ，所以微分方

程 $y'=f\left(\dfrac{y}{x}\right)$ 变为 $u'=\dfrac{1}{x}(f(u)-u)$ ，这是关于未知函数 u 的一个变量可分离微分方程．由此方程解得未知函数 $u=u(x)$ ，进而得到函数 $y(x)=xu(x)$ ．

3. 一阶线性微分方程

（1）方程形式：$y'+p(x)y=q(x)$ ，当右端项 $q(x)$ 恒为零时称其为一阶线性齐次微分方程，否则称其为一阶线性非齐次微分方程．

（2）解法（公式解）

$y=\mathrm{e}^{-\int p(x)\mathrm{d}x}\left(\displaystyle\int q(x)\mathrm{e}^{\int p(x)\mathrm{d}x}\mathrm{d}x+C\right)$ ．（其中 $\int p(x)\mathrm{d}x$ 如果积分后含有绝对值，可以不写，因为括号内外两个绝对值正负相同，相互抵消了）

这个公式比较难记，提供一个顺口溜帮助记忆：3 个积分号，2 个 e 为底；e 负在外积，e 正乘在里；里积要求 q ，括号里加 C 。

4. 伯努利（Bernoulli）方程（数一）

（1）方程形式：形如 $y'+p(x)y=q(x)y^n$ ，（$n\neq0$，1）

（2）解法

令 $u=y^{1-n}$ ，则伯努利方程 $y'+p(x)y=q(x)y^n$ 变为 $u'+(1-n)p(x)u=(1-n)q(x)$ ，这是关于未知函数 $u=u(x)$ 的一阶线性微分方程．

5. 全微分方程（数一）

（1）方程形式：$P(x,y)\mathrm{d}x+Q(x,y)\mathrm{d}y=0$ ，若 $\dfrac{\partial P}{\partial y}=\dfrac{\partial Q}{\partial x}$ ，该方程称为全微分方程．

（2）解法 $\displaystyle\int_{(x_0,y_0)}^{(x,y)}P(x,y)\mathrm{d}x+Q(x,y)\mathrm{d}y=C$ ．后面格林公式会讲这个类型的求解．

三、可降阶微分方程（数一、数二）

1. 方程 $y^{(n)}=f(x)$

求 n 次定积分得解

2. 方程 $y''=f(x,y')$，缺 y 哦!

这类方程的特点是不显含未知函数 y，令 $u=y'(x)$，则微分方程 $y''=f(x,y')$ 变为 $u'=f(x,u)$，这是关于 $u=u(x)$ 的一个一阶微分方程.

3. 方程 $y''=f(y,y')$，缺 x 哦!

这类方程的特点是不显含自变量 x，令 $u=y'$，则 $\dfrac{\mathrm{d}^2y}{\mathrm{d}x^2}=\dfrac{\mathrm{d}u}{\mathrm{d}x}=\dfrac{\mathrm{d}u}{\mathrm{d}y}\dfrac{\mathrm{d}y}{\mathrm{d}x}=uu'$，因此微分方程 $y''=f(y,y')$ 变为 $uu'=f(y,u)$，这是一个以 y 为自变量，$u(y)$ 为未知函数的一阶微分方程.

题型一　可分离变量与齐次微分方程

（1）普通形式

【例1】求下列齐次性方程的通解：
$$xy'=y(\ln y-\ln x).$$

【例2】[1997 年 2] 求下列微分方程的通解：
$$(3x^2+2xy-y^2)\mathrm{d}x+(x^2-2xy)\mathrm{d}y=0$$

【例3】设函数 $f(x)$ 连续，当 $x>0$ 时，$f(x)>0$. 且当 $x\geqslant0$ 时，$f(x)=\sqrt{\displaystyle\int_0^x f(t)\mathrm{d}t}$，则当 $x\geqslant0$ 时，$f(x)=$ _____ .

（2）$y'=f\left(\dfrac{ax+by}{a_1x+b_1y}\right)$ 型方程 $(ab_1-a_1b\neq0)$

令 $u=\dfrac{y}{x}$，该方程可化为齐次性方程 $y'=f\left[\dfrac{a+b(y/x)}{a_1+b_1(y/x)}\right]$

【例4】求初值问题：$(x+2y)y'=y-2x$，$y\big|_{x=1}=1$ 的解

题型二　一阶线性方程的解法

（1）普通形式

【例5】求微分方程 $xy'\ln x+y=x(1+\ln x)$ 的通解.

【例6】求方程 $y'\cos^2x+y=\tan x$ 满足初值条件 $y\big|_{x=0}=0$ 的解.

（2）几类可化为一阶线性方程的方程的解法

I. 伯努利方程（数一）

【例7】求伯努利方程 $3y'+y=(1-2x)y^4$ 的通解.

【例8】求伯努利方程 $x^2y\mathrm{d}x-(x^3+y^4)\mathrm{d}y=0$ 的通解.

II. 将 y 视为自变量，可化为一阶线性方程的方程.

【例9】求微分方程 $(y^2-6x)y'+2y=0$ 的通解.

【例10】解方程 $y'=y^2/(y^2+2xy-x)$

题型三　可降阶微分方程（数一、数二）

（1）$y^{(n)}=f(x)$ 型微分方程的解法

【例11】求微分方程 $(1+x^2)y''=1$ 的通解.

（2）$y''=f(x,y')$ 型微分方程的解法（数一、数二）

【例12】求微分方程 $y''+y'=x^2$ 的通解

（3）$y''=f(y, y')$ 型微分方程的解法

【例13】求微分方程 $(1-y)y''+2y'^2=0$ 的通解.

【例14】求下列初值问题的解：

$$2y''-\sin 2y=0, \quad y\big|_{x=0}=\frac{\pi}{2}, \quad y'\big|_{x=0}=1$$

（4）$y''=f(y')$ 型微分方程的解法（数一、数二）

【例15】求微分方程 $y''=1+y'^2$ 的通解.

四、线性微分方程解的性质

（1）二阶线性微分方程解的性质

$$y''+p(x)y'+q(x)y=f(x) \qquad （1）非齐次$$
$$y''+p(x)y'+q(x)y=0 \qquad （2）齐次$$

①若 y_1，y_2 是（2）的解，则 $c_1 y_1+c_2 y_2$ 也是（2）的解，其中 c_1，c_2 为任意常数.

②若 y_1，y_2 是（2）的两个线性无关的解 $\left(\dfrac{y_1}{y_2}\neq c\right)$，则 $\bar{y}=c_1 y_1+c_2 y_2$ 是（2）的通解.

③若 y_1，y_2 是（1）的解，则 y_1-y_2 为（2）的解.

④若 $\bar{y}$ 是（2）的通解，y^* 是（1）的特解，则 $y=\bar{y}+y^*$ 是（1）的通解.

⑤若 y_1^* 是 $y''+p(x)y'+q(x)y=f_1(x)$ 的解，y_2^* 是 $y''+p(x)y'+q(x)y=f_2(x)$ 的解，则 $y_1^*+y_2^*$ 是 $y''+p(x)y'+q(x)y=f_1(x)+f_2(x)$ 的解. 这个称作叠加原理，是线性微分方程或者线性系统才有的特点，非线性系统不符合叠加原理就非常复杂难以计算预测，左图是三体问题，典型的非线性问题，小说《三体》就是延伸了其文学幻想.

（2）高于二阶的线性微分方程解的性质

$$y^{(n)}+a_1(x)y^{(n-1)}+\cdots+a_{n-1}(x)y'+a_n(x)y=0 \qquad （1）$$

$$y^{(n)}+a_1(x)y^{(n-1)}+\cdots+a_{n-1}(x)y'+a_n(x)y=f(x) \qquad （2）$$

①设 $\varphi_1(x)$，$\varphi_2(x)$，$\cdots$，$\varphi_s(x)$ 为（1）的一组解，则 $k_1\varphi_1(x)+k_2\varphi_2(x)+\cdots+k_s\varphi_s(x)$ 也为方程（1）的解.

②若 $\varphi_1(x)$，$\varphi_2(x)$ 分别为（1）（2）的两个解，则 $\varphi_1(x)+\varphi_2(x)$ 为（2）的一个解.

③若 $\varphi_1(x)$，$\varphi_2(x)$ 为（2）的两个解，则 $\varphi_1(x)-\varphi_2(x)$ 为（1）的解.

④若 $\varphi_1(x)$，$\varphi_2(x)$，$\cdots\varphi_s(x)$ 为（2）的一组解，则 $k_1\varphi_1(x)+k_2\varphi_2(x)+\cdots+k_s\varphi_s(x)$ 为（2）的解的充分必要条件是 $k_1+k_2+\cdots+k_s=1$.

⑤若 $\varphi_1(x)$，$\varphi_2(x)$，$\cdots\varphi_s(x)$ 为（2）的一组解，则 $k_1\varphi_1(x)+k_2\varphi_2(x)+\cdots+k_s\varphi_s(x)$ 为（1）的解的充分必要条件是 $k_1+k_2+\cdots+k_s=0$.

⑥设 $\varphi_1(x)$，$\varphi_2(x)$，$\cdots\varphi_n(x)$ 为（1）的 n 个线性无关解，则 $k_1\varphi_1(x)+k_2\varphi_2(x)+\cdots+k_n\varphi_n(x)$ 为（1）的通解.

⑦若 $\varphi_1(x)$，$\varphi_2(x)$，$\cdots\varphi_n(x)$ 为（1）的 n 个线性无关解，$\varphi_0(x)$ 为（2）的一个特解，则 $k_1\varphi_1(x)+k_2\varphi_2(x)+\cdots+k_n\varphi_n(x)+\varphi_0(x)$ 为（2）的通解.

【必会经典题】

①判断下列函数组是否线性无关.

（1）e^x，e^{x+1}；（2）e^x，e^{2x}

解：（1）因 $y_2/y_1 = e^{x+1}/e^x = e =$ 常数，故 e^x，e^{x+1} 线性相关.

（2）因 $y_2/y_1 = e^{2x}/e^x = e^x \neq$ 常数，故 e^x，e^{2x} 线性无关

五、高阶常系数线性微分方程

1. 二阶常系数齐次线性微分方程

（1）方程形式：$y'' + ay' + by = 0$ 其中 a，b 是常数.

（2）解法（特征方程法）

方程 $\lambda^2 + a\lambda + b = 0$ 称为它的特征方程，特征方程的根 λ_1，λ_2 称为它的特征根.

①当 $\lambda_1 \neq \lambda_2$，且都是实数时，微分方程的通解是 $y(x) = C_1 e^{\lambda_1 x} + C_2 e^{\lambda_2 x}$；

②当 $\lambda_1 = \lambda_2$ 时，微分方程的通解是 $y(x) = C_1 e^{\lambda_1 x} + C_2 x e^{\lambda_1 x}$；

③当 $\lambda_1 = \alpha + i\beta$，$\lambda_2 = \alpha - i\beta$ 时，微分方程的通解是 $y(x) = e^{\alpha x}(C_1 \cos\beta x + C_2 \sin\beta x)$.

2. 高于二阶的常系数齐次线性微分方程（数一、数二）

方法和二阶常系数齐次线性微分方程类似.

$$y^{(n)} + p_1 y^{(n-1)} + p_2 y^{(n-2)} + \cdots + p_{n-1} y' + p_n y = 0$$

特征方程为：$\lambda^n + p_1 \lambda^{n-1} + p_2 \lambda^{n-2} + \cdots + p_{n-1}\lambda + p_n = 0$

特征方程的根	微分方程通解中的对应项
单实根	给出一项：Ce^{rx}
一对单复根 $r_{1,2} = \alpha \pm \beta i$	给出两项：$e^{\alpha x}(C_1 \cos\beta x + C_2 \sin\beta x)$
k 重实根 r	给出 k 项：$e^{rx}(C_1 + C_2 x + \cdots + C_k x^{k-1})$
一对 k 重复根 $r_{1,2} = \alpha \pm \beta i$	给出 $2k$ 项：$e^{\alpha x}\left[(C_1 + C_2 x + \cdots + C_k x^{k-1})\cos\beta x + (D_1 + D_2 x + \cdots + D_k x^{k-1})\sin\beta x\right]$

3. 二阶常系数非齐次线性微分方程

$y'' + ay' + by = f(x)$ 由解的性质知，只需找到它的齐次方程的通解和它的一个特解，再找特解.

（1）右端项为 $f(x) = P_n(x)e^{\mu x}$ 的方程

设方程的一个特解形式为 $y^*(x) = x^k Q_n(x) e^{\mu x}$

其中，$Q_n(x) = a_n x^n + a_{n-1} x^{n-1} + \cdots + a_1 x + a_0$ 为 n 次多项式的一般形式，k 的取值方式为：

当 μ 不是 $y'' + ay' + by = 0$ 的特征根时，$k = 0$；

μ 是 $y'' + ay' + by = 0$ 的特征根时，$k = 1$；

μ 是 $y'' + ay' + by = 0$ 的复特征根时，$k = 2$.

将 $y^*(x) = x^k Q_n(x) e^{\mu x}$ 代入微分方程 $y'' + ay' + by = P_n(x)e^{\mu x}$，就可求出待定系数 a_k，（$k = 0, 1, 2, \cdots, n$）.

（2）右端项为 $f(x)=e^{\alpha x}[P_l(x)\cos\beta x+Q_m(x)\sin\beta x]$ 的方程

设方程的一个特解形式为 $y^*(x)=x^k e^{\alpha x}[Q_n(x)\cos\beta x+W_n(x)\sin\beta x]$，

其中，$Q_n(x)=a_n x^n+a_{n-1}x^{n-1}+\cdots+a_1 x+a_0$，

$W_n(x)=b_n x^n+b_{n-1}x^{n-1}+\cdots+b_1 x+b_0$

为 n 次多项式的一般形式，$n=\max\{l,m\}$，

①当 $\alpha\pm i\beta$ 不是 $y''+ay'+by=0$ 的特征根时，$k=0$，

②当 $\alpha\pm i\beta$ 是 $y''+ay'+by=0$ 的特征根时，$k=1$，

将 $y^*(x)=x^k e^{\alpha x}[Q_n(x)\cos\beta x+W_n(x)\sin\beta x]$，代入方程，

就可求出待定系数 a_k，$b_k(k=0,1,2,\cdots,n)$.

关于微分方程，我们还总结了一些综合方法，如：换元、微分方程组、微元互换、构造、积分因子法等，可在公众号"小元老师"回复"不会做的微分方程"获取.

六、欧拉（Euler）方程（数一）

1. 方程形式

形如 $x^2 y''+axy'+by=f(x)$ 的微分方程称为 2 阶欧拉方程，a，b 是常数.

2. 解法

当 $x>0$ 时，作变量代换 $x=e^t$，因此欧拉方程变为

$$\frac{\mathrm{d}^2 y}{\mathrm{d}t^2}+(a-1)\frac{\mathrm{d}y}{\mathrm{d}t}+by=f(e^t)$$

这是一个以 t 为自变量，y 为未知函数的 2 阶线性常系数微分方程.

当 $x<0$ 时，通过变量代换 $x=-e^t$，可类似求解.

总结起来，微分方程的求解，就是学会分类，对不同的分类熟练固定解法，套路非常成熟，看下图，学会对题目贴标签，就像好友标签一样.

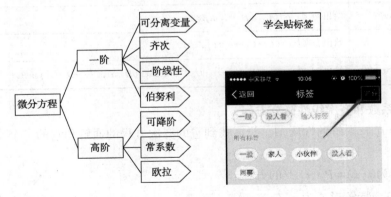

七、微分算子法（了解）

非齐次方程的一般形式：

$y^{(n)}+p_1 y^{(n-1)}+p_2 y^{(n-2)}+\cdots+p_{n-1}y'+p_n y=f(x)$，其中 $p_i(i=1,2,\cdots,n)$ 均为常数.

求非齐次方程的特解 $y^*(x)$ 有三种方法：待定系数法、常数变易法、微分算子法.

这里介绍微分算子法，为此引进记号：$\dfrac{\mathrm{d}}{\mathrm{d}x}=D$，$\dfrac{\mathrm{d}^2}{\mathrm{d}x^2}=D^2$，$\cdots$，$\dfrac{\mathrm{d}^n}{\mathrm{d}x^n}=D^n$. 于是，$y'=\dfrac{\mathrm{d}y}{\mathrm{d}x}=$

Dy，$y'' = \dfrac{\mathrm{d}^2 y}{\mathrm{d}x^2} = D^2 y$，$\cdots$，$y^{(n)} = \dfrac{\mathrm{d}^n y}{\mathrm{d}x^n} = D^n y$，方程 $\Rightarrow (D^n + p_1 D^{n-1} + p_2 D^{n-2} + \cdots + p_{n-1}D + p_n)y = f(x)$．

令 $F(D) = D^n + p_1 D^{n-1} + \cdots + p_{n-1}D + p_n$，$\Rightarrow F(D)y = f(x) \Rightarrow y^* = \dfrac{1}{F(D)}f(x)$．

性质 1：$P(D)e^{ax} = P(a)e^{ax}$

证明：$\because D^k e^{ax} = a^k e^{ax}$，$\therefore P(D)e^{ax} = \sum\limits_{k=0}^{n} a_k D^k e^{ax} = \sum\limits_{k=0}^{n} a_k a^k e^{ax} = \left(\sum\limits_{k=0}^{n} a_k a^k \right) e^{ax} = P(a)e^{ax}$．

性质 2：$\dfrac{1}{P(D)}e^{ax} = \dfrac{1}{P(a)}e^{ax}$，$(P(a) \neq 0)$

证明：$\because P(D)\left[\dfrac{1}{P(a)}e^{ax} \right] = \dfrac{1}{P(a)}P(D)e^{ax} = \dfrac{1}{p(a)}p(a)e^{ax} = e^{ax}$

$\therefore \dfrac{1}{P(D)}e^{ax} = \dfrac{1}{P(a)}e^{ax}$．

性质 3：$P(D)[e^{ax}y(x)] = e^{ax}P(D+a)y(x)$

证明：$D[e^{ax}y(x)] = De^{ax} \cdot y(x) + e^{ax} \cdot Dy(x)$

$\qquad\qquad = \alpha e^{ax}y(x) + e^{ax}Dy(x) = e^{ax}(D+a)y(x)$

$D^2[e^{ax}y(x)] = D[ae^{ax}y(x) + e^{ax}Dy(x)]$

$\qquad\qquad = a^2 e^{ax}y(x) + ae^{ax}Dy(x) + ae^{ax}Dy(x) + e^{ax}D^2 y(x) = e^{ax}(^D + a)2y(x)$

用数学归纳法可证明对任意自然数 k，有

$$D^k[e^{ax}y(x)] = e^{ax}(D+a)^k y(x)$$

$\therefore P(D)[e^{ax}y(x)] = \sum\limits_{k=0}^{n} a_k D^k[e^{ax}y(x)] = \sum\limits_{k=0}^{n} a_k e^{ax}(D+a)^k y(x) = e^{ax}P(D+a)y^k(x)$

性质 4：$\dfrac{1}{P(D)}[e^{ax}y(x)] = e^{ax}\dfrac{1}{P(D+a)}y(x)$

证明：$\because P(D)\left[e^{ax}\dfrac{1}{P(D+a)}y(x) \right] = e^{ax}P(D+a)\dfrac{1}{P(D+a)}y(x) = e^{ax}y(x)$

$\therefore \dfrac{1}{P(D)}[e^{ax}y(x)] = e^{ax}\dfrac{1}{P(D+a)}y(x)$

性质 5：若 $F(k) = 0$，不妨设 k 为 $F(k) = 0$ 的 m 重根 $(m = 1, 2)$ 则有

$\dfrac{1}{F(D)}e^{kx} = x^m \dfrac{1}{F^{(m)}(D)}e^{kx} = x^m \dfrac{e^{kx}}{F^{(m)}(k)}$，其中，$F^{(m)}(D)$ 表示对 D 求 m 阶导数。

证明：依题意可令 $F(x) = (x-k)^m \theta(x)$，其中 $\theta(k) \neq 0$，则有 $F^{(m)}(k) = m!\,\theta(k)$，故可得：

$$\dfrac{1}{F(D)}e^{kx} = \dfrac{1}{(D-k)^m \theta(D)}e^{kx} \overset{\text{(由逆算子移位原理)}}{=} e^{kx}\dfrac{1}{D^m \theta(D+k)}1 = e^{kx}\dfrac{1}{D^m \theta(k)} = \dfrac{e^{kx}x^m}{m!\,\theta(k)} = x^m \dfrac{e^{kx}}{F^{(m)}(k)}$$

性质 6：$P(D^2)\sin\beta x = P(-\beta^2)\sin\beta x$　　$P(D^2)\cos\beta x = P(-\beta^2)\cos\beta x$

证明：$D^2 \sin\beta x = D(D\sin\beta x) = D(\beta\cos\beta x) = -\beta^2 \sin\beta x$；

$D^4 \sin\beta x = D^2(-\beta^2 \sin\beta x) = (-\beta^2)^2 \sin\beta x$

用数学归纳法可证，对任意自然数 k，有 $D^{2k}(\sin\beta x) = (-\beta^2)^k \sin\beta x$．

$\therefore P(D^2)\sin\beta x = \sum\limits_{k=0}^{n} a_k D^{2k}\sin\beta x = \sum\limits_{k=0}^{n} a_k(-\beta^2)^k \sin\beta x = P(-\beta^2)\sin\beta x$．

同理可证，$P(D^2)\cos\beta x = P(-\beta^2)\cos\beta x$

欧拉公式：$e^{i\theta} = \cos\theta + i\sin\theta$，也可以将三角函数转化为指数函数，结合上面性质证明。

性质7：$\dfrac{1}{P(D^2)}\sin\beta x = \dfrac{1}{P(-\beta^2)}\sin\beta x$，$\dfrac{1}{P(D^2)}\cos\beta x = \dfrac{1}{P(-\beta^2)}\cos\beta x\,(P(-\beta^2)\neq 0)$

证明：$\because P(D^2)\left[\dfrac{1}{P(-\beta^2)}\sin\beta x\right] = \dfrac{1}{P(-\beta^2)}P(D^2)\sin\beta x = \dfrac{1}{P(-\beta^2)}P(-\beta^2)\sin\beta x = \sin\beta x$

$\therefore \dfrac{1}{P(D^2)}\sin\beta x = \dfrac{1}{P(-\beta^2)}\sin\beta x$. 同理可证，$\dfrac{1}{P(D^2)}\cos\beta x = \dfrac{1}{P(-\beta^2)}\cos\beta x$.

非齐次项 $f(x)$ 与特解 $y^*(x)$ 的关系如下：

①$f(x) = e^{kx}$，$y^*(x) = \dfrac{1}{F(D)}e^{kx} = \dfrac{1}{F(k)}e^{kx}$，其中 $F(k)\neq 0$，$F(k)$ 为 $F(D)$ 中的 D 用 k 代替所得值.

注：若 $F(k) = 0$，不妨设 k 为 $F(k)$ 的 m 重根，则 $\dfrac{1}{F(D)}e^{kx} = x^m\dfrac{1}{F^{(m)}(D)}e^{kx} = x^m\dfrac{1}{F^{(m)}(k)}e^{kx}$，其中 $F^{(m)}(D)$ 表示 $F(D)$ 对 D 的 m 阶导数.

②$f(x) = \sin ax$ 或 $\cos ax$，$y^*(x) = \dfrac{1}{F(D^2)}\sin ax = \dfrac{\sin ax}{F(-a^2)}$，或 $y^*(x) = \dfrac{1}{F(D^2)}\cos ax = \dfrac{\cos ax}{F(-a^2)}$，其中 $F(-a^2)\neq 0$.

注：若 $F(-a^2) = 0$，不妨设 $(-a^2)$ 为 $F(-a^2)$ 的 m 重根，则

$$\dfrac{1}{F(D^2)}\sin ax = x^m\cdot\dfrac{1}{F^{(m)}(D^2)}\sin ax,\quad \dfrac{1}{F(D^2)}\cos ax = x^m\cdot\dfrac{1}{F^{(m)}(D^2)}\cos ax.$$

③$f(x) = a_0 x^m + a_1 x^{m-1} + \cdots + a_{m-1}x + a_m$.

(i)若 $p_n\neq 0$，则 $y^*(x) = \dfrac{1}{F(D)}(a_0 x^m + \cdots + a_m) = Q(D)(a_0 x^m + \cdots + a_m)$，其中 $Q(D)$ 为 1 除以按升幂排列的 $F(D)$ 的商式，其最高次数取到 $f(x)$ 的次数 m.

(ii)若 $p_n = 0$，则 $y^*(x) = \dfrac{1}{F(D)}(a_0 x^m + \cdots + a_m) = \dfrac{1}{DF_1(D)}(a_0 x^m + \cdots + a_m) = \dfrac{1}{D}Q_1(D)(a_0 x^m + \cdots + a_m)$，其中 $Q_1(D)$ 为 $\dfrac{1}{F_1(D)}$ 的商式，次数为 m 次.

注：

$$
(i)\ p_n + p_{n-1}D + \cdots + D^n\,\overline{\smash{\big)}\,1}
$$

$$
\begin{array}{r}
\dfrac{1}{p_n} - \dfrac{p_{n-1}}{p_n^2}D + \cdots \\[2mm]
\hline
1 + \dfrac{p_{n-1}D}{p_n} + \dfrac{p_{n-2}D^2}{p_n} + \cdots \\[2mm]
\hline
-\dfrac{p_{n-1}}{p_n}D - \dfrac{p_{n-2}}{p_n}D^2 - \cdots
\end{array}
$$

当商式中出现 D 的最高次数为 m 时除法停止，$Q(D) = \dfrac{1}{p_n} - \dfrac{p_{n-1}}{p_n}D + \cdots$ 为 D 的 m 次多项式.

(ii) $p_{n-1}+p_{n-2}D+\cdots+D^{n-1}\overline{\smash{\big)}1}$ 上面 $\dfrac{1}{p_{n-1}}-\dfrac{p_{n-2}}{p_{n-1}^2}D$

$$1+\dfrac{p_{n-2}}{p_{n-1}}D\cdots$$

$$-\dfrac{p_{n-2}}{p_{n-1}}D-\cdots$$

$Q_1(D)=\dfrac{1}{p_{n-1}}-\dfrac{p_{n-2}}{p_{n-1}^2}D+\cdots$ 为 D 的 m 次多项式.

④$f(x)=e^{kx}v(x)$，$y^*(x)=\dfrac{1}{F(D)}e^{kx}v(x)=e^{kx}\dfrac{1}{F(D+k)}v(x)$.

示例 1：$y''+2y'-3y=3e^{-2x}$

方法一：算子法．$D^2y+2Dy-3y=3e^{-2x}$，$(D^2+2D-3)y=3e^{-2x}$

$y=\dfrac{1}{D^2+2D-3}3e^{-2x}=3\left(\dfrac{1}{D^2+2D-3}e^{-2x}\right)$

$=3\left(\dfrac{1}{(-2)^2+2(-2)-3}e^{-2x}\right)=3\dfrac{1}{-3}e^{-2x}$，$y^*=-e^{-2x}$

方法二：待定系数法．$y^*=Ae^{-2x}$．求导带入后可得同样结果．

示例 2：求微分方程 $y''+2y'-3y=e^{-3x}$ 的通解．

方法一：$D^2y+2Dy-3y=(D^2+2D-3)y=e^{-3x}$

$y^*=\dfrac{1}{D^2+2D-3}e^{-3x}=x^1\dfrac{1}{2D+2}e^{-3x}=x^1\dfrac{1}{2(-3)+2}e^{-3x}=-\dfrac{x}{4}e^{-3x}=-\dfrac{x}{4}e^{-3x}$

方法二：待定系数法．

$r^2+2r-3=(r+3)(r-1)=0$，$y^*=Axe^{-3x}$．求导带入后可得同样结果．

示例 3：$y''+2y'+y=2e^{-x}$.

方法一：算子法．

$D^2y+2Dy+y=(D^2+2D+1)y=2e^{-x}$

$y^*=\dfrac{1}{D^2+2D+1}2e^{-x}=2\left(\dfrac{1}{D^2+2D+1}e^{-x}\right)\big((-1)^2+2(-1)+1=0,\ 不能直接代入\big)$

$=2x^1\dfrac{1}{2D+2}e^{-x}=2x^2\dfrac{1}{2}e^{-x}=x^2e^{-x}$

方法二：待定系数法．

$r^2+2r+1=(r+1)^2=0$，$y^*=A\cdot x^2e^{-x}$．求导带入后，可得同样结果．

示例 4：$y''+4y=\sin x$.

方法一：算子法．

$D^2y+4y=\sin x$，$(D^2+4)y=\sin x$

$y^*=\dfrac{1}{D^2+4}\sin x\,(\sin x=\mathrm{Im}\,e^{ix})$

$=\dfrac{1}{i^2+4}\sin x=\dfrac{1}{-1+4}\sin x=\dfrac{1}{3}\sin x$

示例 5：$y'' + 9y = 6\sin 3x$

解：$D^2 y + 9y = 6\sin 3x \ (D^2 + 9) y = 6\sin 3x$

$$y^* = \frac{6}{D^2 + 9}\sin 3x = 6\left(\frac{1}{D^2 + 9}\sin 3x\right) = 6x\frac{1}{2D}\sin 3x$$

$$= 3 \cdot x\left(\frac{1}{D}\sin 3x\right) = 3x \cdot \frac{-\cos 3x}{3} = -x\cos 3x$$

示例 6：$y'' + y' + 2y = \cos x$

$D^2 y + Dy + 2y = \cos x$

$(D^2 + D + 2) y = \cos x$

$$y^* = \frac{1}{D^2 + D + 2}\cos x = \frac{1}{(i^2) + D + 2}\cos x = \frac{1}{-1 + D + 2}\cos x$$

$$= \frac{1}{D + 1}\cos x = \frac{D - 1}{D^2 - 1}\cos x = (D - 1)\left(\frac{1}{D^2 - 1}\cos x\right)$$

$$= (D - 1)\frac{1}{-1^2 - 1}\cos x = -\frac{1}{2}(D - 1)\cos x = -\frac{1}{2}(D\cos x - \cos x)$$

$$= -\frac{1}{2}(-\sin x - \cos x) = \frac{\sin x + \cos x}{2}$$

示例 7：$y'' - y' + 2y = x^2 + 1$

解：$D^2 y - Dy + 2y = x^2 + 1$，$(D^2 - D + 2) y = x^2 + 1$

$$y^* = \frac{1}{D^2 - D + 2}(x^2 + 1)$$

$$
\begin{array}{r}
\frac{1}{2} \ + \ \frac{1}{4}D \ - \ \frac{1}{8}D^2 \\
2 - D + D^2 \overline{)1} \\
1 \ - \ \frac{1}{2}D \ + \ \frac{1}{2}D^2 \\
\hline
\frac{1}{2}D \ - \ \frac{1}{2}D^2 \\
\frac{1}{2}D \ - \ \frac{1}{4}D^2 \ + \ \frac{1}{4}D^2 \\
\hline
- \ \frac{1}{4}D^2 \ - \ \frac{1}{4}D^3 \\
- \ \frac{1}{4}D^2 \ \cdots \ \cdots
\end{array}
$$

$$= \left(\frac{1}{2} + \frac{1}{4}D - \frac{1}{8}D^2\right)(x^2 + 1)$$

$$= \frac{1}{2}(x^2 + 1) + \frac{1}{4}D(x^2 + 1) - \frac{1}{8}D^2(x^2 + 1) = \frac{x^2}{2} + \frac{1}{2} + \frac{1}{4}2x - \frac{1}{8} \cdot 2 = \frac{x^2}{2} + \frac{x}{2} + \frac{1}{4}$$

示例 8：$y'' - y' = x^2 + 1$

$D^2 y - Dy = x^2 + 1$，$(D^2 - D) y = x^2 + 1$

$$y^* = \frac{1}{D^2 - D}(x^2 + 1) = \frac{1}{D(D - 1)}(x^2 + 1) = \frac{1}{D} \cdot \frac{1}{D - 1}(x^2 + 1)$$

$$\begin{array}{r} -1-D-D^2 \\ -1+D \overline{)\ 1} \\ \underline{1\ -\ D} \\ D \\ \underline{D\ -\ D^2} \\ D^2 \\ \underline{D^2\ -\ D^3} \\ \vdots \end{array}$$

$$=\frac{1}{D}(-1-D-D^2)(x^2+1)=(-1)\frac{1}{D}\big[(1+D+D^2)(x^2+1)\big]$$

$$=(-1)\frac{1}{D}\big[x^2+1+D(x^2+1)+D^2(x^2+1)\big]=(-1)\frac{1}{D}\big[x^2+1+2x+2\big]$$

$$=(-1)\frac{1}{D}[x^2+2x+3]=(-1)\left(\frac{x^3}{3}+x^2+3x\right)=-\left(\frac{x^3}{3}+x^2+3x\right)$$

示例 9：$y''+3y'+2y=3xe^{-x}$

解：$D^2y+3Dy+2y=(D^2+3D+2)y=3xe^{-x}$

$$y^*=\frac{1}{D^2+3D+2}e^{-x}(3x)$$

$$=e^{-x}\frac{1}{(D-1)^2+3(D-1)+2}(3x)=e^{-x}\cdot(3)\left(\frac{1}{D^2+D}x\right)$$

$$=3e^{-x}\frac{1}{D}\left(\frac{1}{D+1}x\right)=3e^{-x}\frac{1}{D}\left(\frac{1}{D+1}x\right)\qquad \begin{array}{r} 1-D+? \\ 1+D \overline{)\ 1} \\ \underline{1+D} \\ -D \\ \underline{-D-D^2} \end{array}$$

$$=3e^{-x}\frac{1}{D}\big[(1-D)x\big]=3e^{-x}\frac{1}{D}[x-1]=3e^{-x}\left(\frac{x^2}{2}-x\right)=e^{-x}\left(\frac{3x^2}{2}-3x\right)$$

示例 10：求微分方程 $y''+4y=x\cos x$.

解：$e^{ix}=\cos x+i\sin x$，$\cos x=Re(e^{ix})$，$y''+4y=xe^{ix}$，$D^2y+4y=(D^2+4)y=xe^{ix}$

$$y^*=\frac{1}{D^2+4}e^{ix}x=e^{ix}\frac{1}{(D+i)^2+4}x=e^{ix}\frac{1}{D^2+2iD+i^2+4}x=e^{ix}\frac{1}{D^2+2iD+3}x$$

$$\begin{array}{r} \frac{1}{3}-\frac{2i}{9}D+? \\ 3+2iD+D^2 \overline{)\ 1} \\ \underline{1+\frac{2i}{3}D+\frac{D^2}{3}} \\ -\frac{2i}{3}D-\frac{D^2}{3} \\ \underline{-\frac{2i}{3}D+?\cdots} \end{array}$$

$$=e^{ix}\left(\frac{1}{3}-\frac{2i}{9}D\right)x=e^{ix}\left(\frac{1}{3}x-\frac{2i}{9}\right)$$

$$=(\cos x+i\sin x)\left(\frac{1}{3}x-\frac{2i}{9}\right)=\left(\frac{1}{3}x\cos x+\frac{2}{9}\sin x\right)+i(?)$$

$$y^*=\frac{1}{3}x\cos x+\frac{2}{9}\sin x.$$

示例 11：$y''-2y'+5y=e^x\sin2x$.

解：$D^2y-2Dy+5y=(D^2-2D+5)y=e^x\sin2x$

$y^*=\dfrac{1}{D^2-2D+5}e^x\sin2x=e^x\dfrac{1}{(D+1)^2-2(D+1)+5}\sin2x=e^x\dfrac{1}{D^2+4}\sin2x$

方法一：$=e^x x\dfrac{1}{2D}\sin2x=\dfrac{xe^x}{2}\left(\dfrac{1}{D}\sin2x\right)=\dfrac{xe^x}{2}\cdot\dfrac{-\cos2x}{2}=-\dfrac{1}{4}xe^x\cos2x$.

方法二：$\sin2x=\mathrm{Im}e^{2i\cdot x}$

$y^*=e^x\left(\dfrac{1}{D^2+4}e^{2i\cdot x}\right)=e^x x\dfrac{1}{2D}e^{2ix}=\dfrac{xe^x}{2}\left(\dfrac{1}{D}e^{2i\cdot x}\right)$

$=\dfrac{xe^x}{2}\dfrac{1}{2i}e^{2i\cdot x}\left(\dfrac{1}{i}=\dfrac{i}{i^2}=-i\right)$

$=\dfrac{-xe^x}{4}i(\cos2x+i\sin2x)=i\left(-\dfrac{x}{4}e^x\cos2x\right)+?$

$y^*=-\dfrac{x}{4}e^x\cos2x$

示例 12【综合题】：$y''-2y'+10y=x^2e^x\cos3x$.

解法一：算子法.

$D^2y-2Dy+10y=(D^2-2D+10)y=x^2e^x\cos3x$

$y*=\left(\dfrac{1}{D^2-2D+10}e^x\right)x^2e^x\cos3x=e^x\dfrac{1}{(D+1)^2-2(D+1)+10}(\cos3x)x^2$

$\qquad=e^x\dfrac{1}{D^2+9}(\cos3x)x^2$

$\cos3x=\mathrm{Re}e^{3i\cdot x}$

$y_1^*=e^x\dfrac{1}{D^2+9}e^{3i\cdot x}x^2=e^x e^{3i\cdot x}\dfrac{1}{(D+3i)^2+9}x^2$

$=e^x e^{3i\cdot x}\left(\dfrac{1}{D^2+6Di}x^2\right)=e^x e^{3i\cdot x}\dfrac{1}{D}\left(\dfrac{1}{D+6i}x^2\right)$

$$\begin{array}{r}\dfrac{1}{6i}\quad-\quad\dfrac{D}{(6i)^2}\quad-\quad\dfrac{D^2}{36\cdot6i}\\[2mm]6i+D\overline{)\ 1\hspace{8cm}}\\[2mm]1\ +\ \dfrac{D}{6i}\\[2mm]\overline{\ -\ \dfrac{D}{6i}\hspace{4cm}}\\[2mm]-\ \dfrac{D}{6i}\ -\ \dfrac{D^2}{(6i)^2}\\[2mm]\overline{\ -\ \dfrac{D^2}{36}\hspace{3cm}}\end{array}\qquad -\dfrac{D^2}{(6i)^2}=\dfrac{D^2}{36}$$

$y_1^*=e^x e^{3i\cdot x}\dfrac{1}{D}\left(\dfrac{1}{6i}-\dfrac{D}{(6i)^2}-\dfrac{D^2}{36\cdot6i}\right)x^2\left(\dfrac{1}{i}=\dfrac{i}{i^2}=-i\right)$

$=e^x e^{3i\cdot x}\dfrac{1}{D}\left(-\dfrac{i}{6}+\dfrac{D}{36}+\dfrac{i\cdot D^2}{36\cdot6}\right)x^2=e^x e^{3i\cdot x}\dfrac{1}{D}\left(-\dfrac{i}{6}x^2+\dfrac{2x}{36}+\dfrac{i\cdot2}{36\cdot6}\right)$

$=e^x e^{3i\cdot x}\dfrac{1}{D}\left(-\dfrac{i}{6}x^2+\dfrac{x}{18}+\dfrac{i}{36\cdot3}\right)=e^x e^{3i\cdot x}\left(-\dfrac{i}{6}\dfrac{x^3}{3}+\dfrac{x^2}{36}+\dfrac{ix}{108}\right)$

$=e^x(\cos3x+i\sin3x)\left[i\left(-\dfrac{x^3}{18}+\dfrac{x}{108}\right)+\dfrac{x^2}{36}\right]=e^x\cos3x\dfrac{x^2}{36}+e^x\sin3x\left(\dfrac{x^3}{18}-\dfrac{x}{108}\right)+i(?)$

解得：$y^* = \dfrac{e^x x^2 \cos 3x}{36} + e^x \left(\dfrac{x^2}{18} - \dfrac{x}{108} \right) \sin 3x$.

解法二：$r^2 - 2r + 10 = 0$，$(r-1)^2 + 9 = 0$，$r_{1,2} = 1 \pm 3i$

$y^* = x' e^x \left[(ax^2 + bx + c) \cos 3x + (dx^2 + ex + f) \sin 3x \right]$

$\quad = e^x (ax^3 + bx^2 + cx) \cos 3x + e^x (dx^3 + ex^2 + fx) \sin 3x$

$y^{*\prime} = e^x (ax^3 + bx^2 + cx) \cos 3x + e^x \left[(3ax^2 + 2bx + c) \cos 3x + (-3)(ax^3 + bx^2 + cx) \sin 3x \right]$

$\quad + e^x (dx^3 + ex^2 + fx) \sin 3x + e^x \left[(3dx^2 + 2ex + f) \sin 3x + 3(dx^3 + ex^2 + fx) \cos 3x \right]$

$\quad = e^x \left[(a+3d)x^3 + (3a+b+3e)x^2 + (c+3f+2b)x + c \right] \cos 3x$

$\quad + e^x \left[(-3a+d)x^3 + (-3b+e+3d)x^2 + (-3c+f+2e)x + f \right] \sin 3x$

$y^{*\prime\prime} = e^x \left[(a+3d)x^3 + (3a+b+3e)x^2 + (c+3f+2b)x + c \right] \cos 3x$

$\quad + e^x \left[(3a+9d)x^2 + (6a+2b+6e)x + (c+3f+2b) \right] \cos 3x$

$\quad + e^x \left[(-3a-9d)x^3 + -(9a+3b+9e)x^2 - (3c+9f+6b)x - 3c \right] \sin 3x$

$\quad + e^x \left[(-3a+d)x^3 + (-3b+e+3d)x^2 + (-3c+f+2e)x + f \right] \sin 3x$

$\quad + e^x \left[(-9a+3d)x^2 + (-6b+2e+6d)x + (-3c+f+2e) \right] \sin 3x$

$\quad + e^x \left[(-9a+3d)x^3 + (-9b+3e+9d)x^2 + (-9c+3f+6e)x + 3f \right] \cos 3x$

$y^{*\prime\prime} = e^x \left[(-8a+6d)x^3 + (6a-8b+6e+18d)x^2 \right.$

$\quad \left. + (6a+4b-8c+8e+6f)x + (2c+6f+2b) \right] \cos 3x$

$\quad + e^x \left[(-6a-8d)x^3 + (-18a-6b-8e+6d)x^2 \right.$

$\quad \left. + (-6c-8f-12b+4e+6d)x + (-6c+2f+2e) \right] \sin 3x$

代入 $y^{*\prime\prime} - 2y^{*\prime} + 10y^* = x^2 e^x \cos 3x$，

得到如下 8 个方程：

$-8a + 6d - 2(a+3d) + 10a = 0$ ①

$6a - 8b + 6e + 18d - 2(3a+b+3e) + 10b = 1$ ②

$6a + 4b - 8c + 8e + 6f - 2(c+3f+2b) + 10c = 0$ ③

$2c + 6f + 2b - 2c = 0$ ④

$-6a - 8d - 2(-3a+d) + 10d = 0$ ⑤

$-18a - 6b - 8e + 6d - 2(-3b+e+3d) + 10e = 0$ ⑥

$-6c - 8f - 12b + 4e + 6d - 2(-3c+f+2e) + 10 = 0$ ⑦

$-6c + 2f + 2e - 2f = 0$ ⑧

解得：$b = \dfrac{1}{36}$，$d = \dfrac{1}{18}$，$f = -\dfrac{1}{108}$，

$y^* = e^x \dfrac{x^2}{36} \cos 3x + e^x \left(\dfrac{x^3}{18} - \dfrac{1}{108}x \right) \sin 3x$.

题型四　二阶常系数线性齐次方程的解法

【例16】 求微分方程 $y'' + 2y' + ay = 0$ 的通解

【例17】（仅数一）求下列微分方程的通解：

(1) $y''' + 6y'' + 10y' = 0$

(2) $y^{(4)} - 2y'' + y = 0$

(3) $y^{(4)} + 2y'' + y = 0$

(4) $y^{(4)} + 3y'' - 4y = 0$

题型五　二阶常系数非齐次线性微分方程的解法

【例18】 求微分方程 $y'' - 5y' + 4y = x^2 - 2x + 1$ 的通解

【例19】（仅数一）求初值问题 $y''' - y' = 3(2 - x^2)$，$y(0) = 1$，$y'(0) = 1$，$y''(0) = 1$ 的解.

【例20】 求微分方程 $y'' + 2y' - 3y = e^{-3x}$ 的通解.

【例 21】[1990 年 2] 求 $y''+4y'+4y=e^{ax}$ 的通解.

【例 22】(仅数一) [1987 年 1] 求微分方程 $y'''+6y''+(9+a^2)y'=1$ 的通解,其中常数 $a>0$.

【例 23】求微分方程 $y''+4y=x\cos x$ 的通解.

【例 24】求微分方程 $y''+a^2y=\sin x(a>0)$ 的通解.

【例 25】微分方程 $y''-y'=-2e^{-x}$ 和 $y''+2y'+y=1$ 的共同解为 $y=($ $)$.

(A)$1-e^{-x}+Ce^{\frac{1}{3}x}$ (B)$e^{-x}-1+Ce^{\frac{1}{3}x}$ C)$1-e^{-x}$ (D)$e^{-x}-1$

题型六　叠加原理的运用

【例 26】求微分方程 $y''-2y'+y=x(1+2e^x)$ 的通解.

【例 27】求微分方程 $y''-y=\sin^2 x$ 的通解.

题型七　特殊的微分方程

【例 28】设函数 $y=y(x)$ 二阶可导.

(1)求常数 λ_1,λ_2,使得 $((ye^{\lambda_1 x})'e^{\lambda_2 x})'=(y''+3y'+2y)e^{(\lambda_1+\lambda_2)x}$;

(2)求微分方程 $y''+3y'+2y=\sin(e^x)$ 的通解.

题型八　已知微分方程的解,反求其微分方程

前面的题型是已知常系数线性齐次方程,如何求其特解和通解.下面看其反问题,即已知某常系数线性齐次方程的解(特解或通解),如何反求其所满足的微分方程.这可用倒推法求之.即有给定的特解根据解的结构可确定特征根,再由特征根倒推其特征方程,最后由特征方程再倒推出这些特解所满足的常系数线性齐次方程.

倒推法是反求常系数线性齐次方程的一种求法,下面还要介绍其他的求法.

求法一:倒推法.

【例 29】[2001 年 1] 设 $y=e^x(c_1\sin x+c_2\cos x)$($c_1$,$c_2$ 为任意常数)为某二阶常系数线性齐次微分方程的通解,则该方程为_____.

对于非齐次方程的情况,应先求对应的齐次方程,再求非齐次项.

即先用倒推法等方法求出对应的常系数线性齐次方程,再用代入法等方法求出其非齐次项.

【例 30】设 $y_1=x$,$y_2=x+e^{2x}$,$y_3=x(1+e^{2x})$ 是二阶常系数线性非齐次方程的特解,求该微分方程的通解及该方程.

求法二:特解代入法.将特解及其导数代入原方程,比较系数建立联立方程组,解之即可求出待求的系数,确定所求的微分方程.

【例 31】[1993 年 2] 设二阶常系数线性微分方程 $y''+\alpha y'+\beta y=re^x$ 的一个特解为 $y^*=e^{2x}+(1+x)e^x$.试确定常数 α,β,r,并求该方程的通解.

求法三:任意常数消去法.求出非齐次线性方程的通解,消去任意常数,即得该方程.

【例 32】[1997 年 2] 已知 $y_1=xe^x+e^{2x}$,$y_2=xe^x+e^{-x}$,$y_3=xe^x+e^{2x}-e^{-x}$ 是某二阶线性非齐次微分方程的三个解,求此微分方程.

题型九　利用微分方程求解几类函数方程

(1)含变限积分号的函数方程的求解方法

【例 33】设 $\varphi(x)$ 连续，且满足：$\varphi(x) = e^x + \int_0^x t\varphi(t)\mathrm{d}t - x\int_0^x \varphi(t)\mathrm{d}t$，求 $\varphi(x)$.

【例 34】[2001 年 2]设函数 $f(x)$ 在 $[0, +\infty)$ 上可导，$f(0) = 0$，且其反函数为 $g(x)$，若 $\int_0^{f(x)} g(t)\mathrm{d}t = x^2 e^x$，求 $f(x)$.

（2）可化为含变限积分号的函数方程的求解方法

这类函数方程是指含积分限为常数、被积函数为（或含）抽象复合函数 $f[g(x, t)]$ 的定积分的函数方程，求解这类方程，一般先进行变量代换 $u = g(x, t)$ 将被积式化为 $f(u)\mathrm{d}u$，这时常数的积分限化为变量 x 的函数，再按一中所述方法解之.

【例 35】已知 $\int_0^1 f(ax)\mathrm{d}a = \dfrac{1}{2}f(x) + 1$，$f(x)$ 可导，求 $f(x)$.

【例 36】设 $f(x)$ 可导，且积分 $\int_0^1 [f(x) + xf(xt)]\mathrm{d}t$ 与 x 无关，求 $f(x)$.

题型十　微分方程在几何上应用举例

对于几何问题的应用关键是建立几何问题的微分方程，这个方程除用到导数的几何意义外，还要用到几何问题所给出的各种几个关系及有关几何量的计算公式，常用的几何量有下述几种：

（1）与切（法）线有关的几何量：

①切（法）线的斜率与倾角；

②切（法）线在坐标轴上的截距；

③切（法）线在两坐标轴之间的长度；

④原点到切（法）线的距离；

⑤切点到切线与坐标轴交点之距离.

（2）弧长、曲率与曲率半径.

（3）曲边梯形的面积及其绕坐标轴旋转的体积.

对于上述几何量，要能准确地写出或能熟练地推出其表示式（计算公式）.

【例 37】[1997 年 1]设曲线 L 的极坐标方程为 $\rho = \rho(\varphi)$，$M(\rho, \varphi)$ 为 L 上任一点，$M_0(2, 0)$ 为 L 上一定点. 若极径 OM_0，OM 与曲线所围成的曲边扇形面积值等于 L 上 M_0，M 两点间弧长值的一半，求曲线 L 的方程.

【例 38】[2001 年 2]设 L 是一条平面曲线，其上任意一点 $p(x, y)$ $(x>0)$ 到坐标原点的距离恒等于该点处的切线在 y 轴上的截距，且 L 经过 $(1/2, 0)$.（1）试求曲线 L 的方程；（2）求 L 位于第一象限部分的一条切线，使该切线与 L 以及两坐标轴所围图形的面积最小.

【例 39】[1997 年 2]设函数 $f(x)$ 在闭区间 $[0, 1]$ 上连续，在开区间 $(0, 1)$ 内大于零，并满足 $xf'(x) = f(x) + 3ax^2/2$（a 为常数）. 又曲线 $y = f(x)$ 与 $x = 1$，$y = 0$ 所围的图形 S 的面积值为 2，求函数 $y = f(x)$. 并问 a 为何值时，图形 S 绕 x 轴旋转一周所得的旋转体的体积最小.

题型十一　微分方程在物理上应用举例

因微分方程中必含有导数，因此可根据导数的物理意义建立微分方程. 在物理学上，导数表示速度 $v = \dfrac{\mathrm{d}x}{\mathrm{d}t}$，加速度 $v = \dfrac{\mathrm{d}^2 x}{\mathrm{d}t^2}$，角速度 $\omega = \dfrac{\mathrm{d}\theta}{\mathrm{d}t}$，等等. 因此，在问题中如出现象"变化"、"改变"、"增加"、"减少"、"什么率"、"什么度"等词的时候，就表明该物理问题与导数有关，可试用导数去描述．再根据有关物理量与变化率（导数）的关系，例如成比例的关系，即可建立微分方程．

如果还给出在某一特定时刻或特定位置的信息，据此可写出定解条件，于是问题归结为求解微分方程的初值问题．利用这些定解条件，就可确定解中的有关常数，如积分常数、比例常数等等．

为此要熟悉物理、力学领域中与该实际问题有关的基本知识、公式或定律，例如，如果是讨论物体（质点）运动规律的物理问题，常用牛顿第二定律 $F=ma$ 建立微分方程．这里 F 表示作用在该物体（质点）上的合力，a 表示加速度．因此全面分析该物体（质点）在某运动方向上所受到的诸力，不但要考虑诸力的大小，还要考虑诸力的方向，何者带正号，何者带负号．如果弄清楚了这些问题，建立微分方程一般就不会有很大的困难．

【例 40】 设子弹以 200m/s 速度射入厚 0.1m 的木板，受到阻力的大小与子弹速度的平方成正比．如果子弹穿出木板时的速度为 80m/s，求子弹穿过木板的时间．

【例 41】 [1998 年 1] 从海上向海中沉放某种测量仪器，按探测要求，需确定仪器的沉深度 y（从海平面算起）与下沉速度 v 之间的函数关系．设仪器在重力作用下，从海平面由静止开始铅直下沉，在下沉过程中还受到阻力和浮力的作用．设仪器的质量为 m 体积为 B，海水密度为 ρ，仪器所受的阻力与下沉速度成正比，比例常数为 $k(k>0)$，试建立 y 与 v 所满足的微分方程，并求出函数关系 $y=y(v)$．

第七讲　向量代数与空间解析几何

（仅数一）

 大纲要求

1. 掌握向量及其运算．
2. 了解平面及其方程．
3. 掌握直线方程和平面方程，平面、直线的相互关系．
4. 了解曲面、曲线方程，常见的二次曲面及其图形，空间曲线的投影．

 知识讲解

矢即是箭

一、向量

1. 向量的概念

向量（或矢量）既有大小，又有方向，向量的大小叫做向量的模．向量$\overrightarrow{AB}$，$\boldsymbol{a}$ 和a的模依次记作 $|\overrightarrow{AB}|$，$|a|$ 和 $|\vec{a}|$．

2. 数量积

（1）几何表示：$\boldsymbol{a} \cdot \boldsymbol{b} = |\boldsymbol{a}|\,|\boldsymbol{b}|\cos\alpha$，如下面左图的做功．

（2）代数表示：$\boldsymbol{a} \cdot \boldsymbol{b} = a_x b_x + a_y b_y + a_z b_z$．

（3）运算规律：

①交换律：$\boldsymbol{a} \cdot \boldsymbol{b} = \boldsymbol{b} \cdot \boldsymbol{a}$

②分配律：$\boldsymbol{a} \cdot (\boldsymbol{b}+\boldsymbol{c}) = \boldsymbol{a} \cdot \boldsymbol{b} + \boldsymbol{a} \cdot \boldsymbol{c}$．

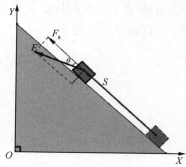
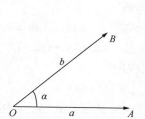

（4）几何应用：

①求模：$|\boldsymbol{a}| = \sqrt{\boldsymbol{a} \cdot \boldsymbol{a}}$

②求夹角：$\cos\alpha = \dfrac{\boldsymbol{a} \cdot \boldsymbol{b}}{|\boldsymbol{a}|\,|\boldsymbol{b}|}$

③判定两向量垂直：$\boldsymbol{a} \perp \boldsymbol{b} \Leftrightarrow \boldsymbol{a} \cdot \boldsymbol{b} = 0$

3. 向量积

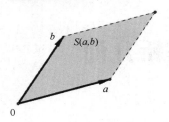

（1）几何表示 $a \times b$ 是一向量．

模：$|a \times b| = |a| \cdot |b| \sin\alpha$．表示两个向量张成的平行四边形面积，如左图．

方向：右手法则，如右下图．

向量积表示的向量又称赝向量、轴向量，其方向完全是人为规定，用以区别不同的作用效果，比如同样是拧螺丝，顺时针变紧，逆时针变松，因此规定它们的向量方向相反；又比如自行车车轮轴的方向总是与滚动方向垂直，因此要定义一个方向以区别不同的作用效果．

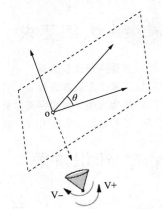

（2）代数表示：$a \times b = \begin{vmatrix} i & j & k \\ a_x & a_y & a_z \\ b_x & b_y & b_z \end{vmatrix}$．

（3）运算规律

① $a \times b = -(b \times a)$

②分配律：$a \times (b+c) = a \times b + a \times c$．

（4）几何应用

①求同时垂直于 a 和 b 的向量：$a \times b$．

②求以 a 和 b 为邻边的平行四边形面积：$S = |a \times b|$．

③判定两向量平行：$a /\!/ b \Leftrightarrow a \times b = 0$．

4. 混合积：$(abc) = (a \times b) \cdot c$

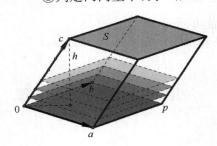

（1）代数表示

$(abc) = \begin{vmatrix} a_x & a_y & a_z \\ b_x & b_y & b_z \\ c_x & c_y & c_z \end{vmatrix}$．几何上表示左图这样的平行六

面体的体积，因为 $a \times b$ 表示该几何体底面积，再点乘 c 就相当于乘以高度 h，也就得到了体积．

（2）运算规律

①轮换对称性：$(abc) = (bca) = (cab)$．

②交换变号：$(abc) = -(acb)$．

（3）几何应用

① $V_{平行六面体} = |(abc)|$．

②判定三向量共面：a，b，c 共面 $\Leftrightarrow (abc) = 0$．

题型一　向量

【例1】设 $a \neq 0$．试问若 $a \cdot b = a \cdot c$，能否推知 $b = c$？

【例2】设 $a = 2i - 3j + k$，$b = i - j + 3k$，$c = i - 2j$．求 $(a \times b) \times c$．

【例3】试用行列式性质证明 $(a \times b) \cdot c = (b \times c) \cdot a = (c \times a) \cdot b$．

【**例4**】已知$(a×b) \cdot c = 2$，则$(a+b)×(b+c) \cdot (c+a) = $ _____.

二、直线与平面

1. 平面方程

（1）一般式：$Ax+By+Cz+D=0$. $n=\{A，B，C\}$.

（2）点法式：$A(x-x_0)+B(y-y_0)+C(z-z_0)=0$.

法线$n=\{A，B，C\}$，平面上任意的向量都与法线垂直，如下图，因此有上式.

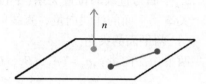

（3）截距式：$\dfrac{x}{a}+\dfrac{y}{b}+\dfrac{z}{c}=1$，如下面左图.

（4）平面束方程

平面束如下面右图，是经过一条直线的很多个平面，像一束花一样，可以用其中的两个平面表示该平面束：

若其中两个平面方程为：$\begin{cases} A_1x+B_1y+C_1z+D_1=0 \\ A_2x+B_2y+C_2z+D_2=0 \end{cases}$

则平面束方程为：$A_1x+B_1y+C_1z+D_1+\lambda(A_2x+B_2y+C_2z+D_2)=0$

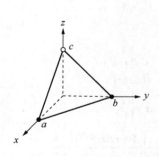
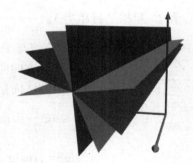

2. 直线方程

（1）一般式：$\begin{cases} A_1x+B_1y+C_1z+D_1=0 \\ A_2x+B_2y+C_2z+D_2=0 \end{cases}$

也就是用两个平面相交表示一条直线，如下面左图.

（2）对称式：$\dfrac{x-x_0}{l}=\dfrac{y-y_0}{m}=\dfrac{z-z_0}{n}$

该表示是用与直线平行的方向向量得到的，如下面右图.

（3）参数式：$x=x_0+lt$，$y=y_0+mt$，$z=z_0+nt$.

就是令上面的对称式方程等于t，化简即得.

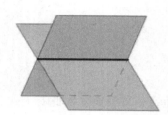

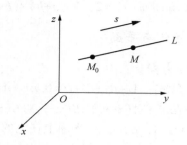

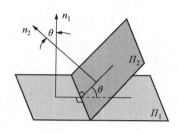

3. 平面与直线的位置关系(平行、垂直、夹角)

关键：平面的法线向量，直线的方向向量.

(1)两平面的夹角

两平面法向量：$\boldsymbol{n}_1 = (A_1,\ B_1,\ C_1)$，$\boldsymbol{n}_2 = (A_2,\ B_2,\ C_2)$

$(\widehat{\boldsymbol{n}_1,\ \boldsymbol{n}_2})$ 和 $(\widehat{-\boldsymbol{n}_1,\ \boldsymbol{n}_2}) = \pi - (\widehat{\boldsymbol{n}_1,\ \boldsymbol{n}_2})$ 两者中的锐角或直角

$$\cos\theta = |\cos(\widehat{\boldsymbol{n}_1,\ \boldsymbol{n}_2})| = \frac{|\boldsymbol{n}_1 \cdot \boldsymbol{n}_2|}{|\boldsymbol{n}_1| \cdot |\boldsymbol{n}_2|} = \frac{|A_1A_2 + B_1B_2 + C_1C_2|}{\sqrt{A_1^2 + B_1^2 + C_1^2}\sqrt{A_2^2 + B_2^2 + C_2^2}}$$

(2)两直线的夹角

两直线的方向向量：$\boldsymbol{s}_1 = (m_1,\ n_1,\ p_1)$，$\boldsymbol{s}_2 = (m_2,\ n_2,\ p_2)$

夹角 φ 应是 $(\widehat{\boldsymbol{s}_1,\ \boldsymbol{s}_2})$ 和 $(\widehat{-\boldsymbol{s}_1,\ \boldsymbol{s}_2}) = \pi - (\widehat{\boldsymbol{s}_1,\ \boldsymbol{s}_2})$ 两者中的锐角或直角.

$$\cos\varphi = |\cos(\widehat{\boldsymbol{s}_1,\ \boldsymbol{s}_2})| = \frac{|\boldsymbol{s}_1 \cdot \boldsymbol{s}_2|}{|\boldsymbol{s}_1| \cdot |\boldsymbol{s}_2|} = \frac{|m_1m_2 + n_1n_2 + p_1p_2|}{\sqrt{m_1^2 + n_1^2 + p_1^2}\sqrt{m_2^2 + n_2^2 + p_2^2}}$$

两直线 L_1 和 L_2 互相垂直相当于 $m_1m_2 + n_1n_2 + p_1p_2 = 0$；

两直线 L_1 和 L_2 互相平行相当于 $\dfrac{m_1}{m_2} = \dfrac{n_1}{n_2} = \dfrac{p_1}{p_2}$.

(3)直线与平面的夹角

直线的方向向量为 $\boldsymbol{s} = (m,\ n,\ p)$，

平面的法向量为 $\boldsymbol{n} = (A,\ B,\ C)$，

$0 \leqslant \theta < \dfrac{\pi}{2}$ 且 $\theta = \left| \dfrac{\pi}{2} - (\widehat{\boldsymbol{s},\ \boldsymbol{n}}) \right|$，

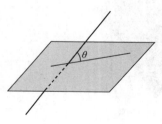

$$\sin\theta = |\cos(\widehat{\boldsymbol{s},\ \boldsymbol{n}})| = \frac{|Am + Bn + Cp|}{\sqrt{A^2 + B^2 + C^2}\sqrt{m^2 + n^2 + p^2}}$$

直线与平面垂直 $\dfrac{A}{m} = \dfrac{B}{n} = \dfrac{C}{p}$

直线与平面平行或直线在平面上 $\quad Am + Bn + Cp = 0$

4. 点到面的距离

点 $(x_0,\ y_0,\ z_0)$ 到平面 $Ax + By + Cy + D = 0$ 的距离：

$$d = \frac{|Ax_0 + By_0 + Cz_0 + D|}{\sqrt{A^2 + B^2 + C^2}}$$

这与高中点到直线距离公式非常类似，因为它们的求解原理是类似的.

5. 点到直线距离

点(x_0, y_0, z_0)到直线$\dfrac{x-x_1}{l}=\dfrac{y-y_1}{m}=\dfrac{z-z_1}{n}$的距离为:

$$d=\frac{\mid \{x_1-x_0, \ y_1-y_0, \ z_1-z_0\}\times\{l, \ m, \ n\} \mid}{\sqrt{l^2+m^2+n^2}}$$

6. 3 个平面之间的位置关系

设平面π_1 π_2 π_3的方程所组成的线性方程组(下简称方程组)的系数矩阵和增广矩阵分别为A和$\bar{A}$. 下面根据线性代数和解析几何知识讨论其位置关系. 因秩$\bar{A}\geqslant$秩A, 秩$\bar{A}\leqslant 3$, 秩$A\geqslant 1$, 故只有下述 6 种不同情况:

(1)秩$\bar{A}=3=$秩A时.

●方程组有唯一解, 三平面交于一点, 下图(1).

(2)秩$\bar{A}=3$, 秩$A=2$时, 因秩$\bar{A}>$秩A, 方程组无解, 因而 3 平面无交点. 但因秩$A=2$, 必有两平面相交. 又秩$\bar{A}=3$, 3 个平面又互异, 于是可能有:

●3 平面两两相交, 下图(2).

●3 平面中有两平面相交, 另一平面与其中一平面平行, 下图(3).

(3)秩$\bar{A}=3$, 秩$A=1$. 根据秩的定义易知这不可能.

(4)秩$\bar{A}=2=$秩A时, 因秩$\bar{A}=$秩$A=2<n=3$(未知数个数), 方程组有无穷多个解, 因而 3 平面有无穷多个交点, 又因秩$A=2$, 必有两平面相交, 秩$\bar{A}=2$, 说明 3 平面中至少有 2 个平面互异, 于是可能有:

●两平面相交, 另一平面通过这交线, 但 3 平面互异, 下图(4).

●两平面相交, 另一平面与其中一平面重合, 两平面互异, 下图(5).

(5)秩$\bar{A}=2$, 秩$A=1$时, 秩$\bar{A}>$秩A, 故方程组无解, 3 平面不相交. 又因秩$A=1$, 且没有两平面相交, 因而 3 平面平行. 再因秩$\bar{A}=2$, 3 平面中至少有两平面互异. 于是可能有:

●3 平面平行, 且 3 平面互异, 下图(6).

●3 平面平行, 其中有两平面重合, 这时有两平面互异, 下图(7).

(6)秩$\bar{A}=1=$秩A时, 因秩$\bar{A}=$秩$A=1<n=3$, 方程组有无穷多个解. 3 平面有无穷多个交点, 由秩$A=1$知, 没有两平面相交. 而秩$\bar{A}=1$, 说明 3 平面中至少有 1 个平面互异. 如果有 2 个或 3 个平面互异, 则它们必平行, 这与 3 平面有无穷多个交点矛盾, 于是只有一个不同平面, 即

●3 个平面重合, 下图(8).

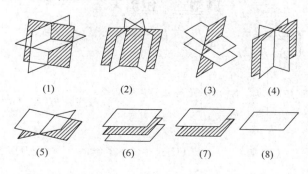

(1)　　　(2)　　　(3)　　　(4)

(5)　　　(6)　　　(7)　　　(8)

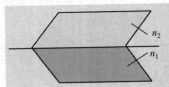

【必会经典题】

①用对称式方程和参数方程表示直线

$$\begin{cases} x-y+z=1, \\ 2x+y+z=4. \end{cases}$$

解：可令 $y=0$，则 $\begin{cases} x+z=1 \\ 2x+z=4 \end{cases}$，解得 $x=3$，$z=-2$

$$\vec{s}//\overrightarrow{n_1}\times\overrightarrow{n_2}=\begin{vmatrix} \vec{i} & \vec{j} & \vec{k} \\ 1 & -1 & 1 \\ 2 & 1 & 1 \end{vmatrix}=\{-2,\ 1,\ 3\} \qquad \frac{x-3}{-2}=\frac{y}{1}=\frac{z+2}{3}，参数方程为：\begin{cases} x=3-2t \\ y=t \\ z=-2+3t. \end{cases}$$

②求过点 $(1,\ 2,\ 1)$，且与直线 $l_1:\begin{cases} x+2y-z+1=0 \\ x-y+z-1=0 \end{cases}$ 和 $l_2:\begin{cases} 2x-y+z=0 \\ x-y+z=0 \end{cases}$ 平行

的平面的方程.

解：$\overrightarrow{l_1}//\begin{vmatrix} \vec{i} & \vec{j} & \vec{k} \\ 1 & 2 & -1 \\ 1 & -1 & 1 \end{vmatrix}=\{1,\ -2,\ -3\}$；$\overrightarrow{l_2}//\begin{vmatrix} \vec{i} & \vec{j} & \vec{k} \\ 2 & -1 & 1 \\ 1 & -1 & 1 \end{vmatrix}=\{0,\ -1,\ -1\}$，

于是平面的法向量：$\vec{n}//\overrightarrow{l_1}\times\overrightarrow{l_2}//\begin{vmatrix} \vec{i} & \vec{j} & \vec{k} \\ 1 & -2 & -3 \\ 0 & -1 & 1 \end{vmatrix}=\{-1,\ 1,\ -1\}$，

则平面方程为：

$-(x-1)+(y-2)-(z-1)=0$，即 $x-y+z=0$.

题型二　平面方程与直线方程

【例5】求过点 $(1,\ 1,\ 1)$ 和点 $(0,\ 1,\ -1)$ 且与平面 $x+y+z=0$ 相垂直的平面方程.

【例6】[1991 年 1]已知两条直线的方程为：

$$l_1:\frac{x-1}{1}=\frac{y-2}{0}=\frac{z-3}{-1};\quad l_2:\frac{x+2}{2}=\frac{y-1}{1}=\frac{z}{1},$$

则过 l_1 且平行于 l_2 的平面方程是 _____．

【例7】求过点 $A(-1,\ 0,\ 4)$ 且平行于平面 $\pi:3x-4y+z-10=0$，又与直线 $l:\frac{x+1}{1}=\frac{y-3}{1}=\frac{z}{2}$ 相交的直线

方程.

【例8】在平面 $\pi:x+y+z+1=0$ 内求与直线 $L:\begin{cases} x+2z-1=0 \\ y+z+1=0 \end{cases}$ 垂直相交的直线方程.

题型三　位置关系

【例9】证明直线 $L_1:\begin{cases} x+2y-z=7, \\ -2x+y+z=7, \end{cases}$ 与直线 $L_2:\begin{cases} 3x+6y-3z=8, \\ 2x-y-z=0, \end{cases}$ 平行.

【例10】[1998 年 1]设矩阵 $\begin{bmatrix} a_1 & b_1 & c_1 \\ a_2 & b_2 & c_2 \\ a_3 & b_3 & c_3 \end{bmatrix}$ 是满秩的，则直线 $\frac{x-a_3}{a_1-a_2}=\frac{y-b_3}{b_1-b_2}=\frac{z-c_3}{c_1-c_2}$ 与 $\frac{x-a_1}{a_2-a_3}=\frac{y-b_1}{b_2-b_3}=\frac{z-c_1}{c_2-c_3}$

(　　).

　(A)相交于一点　　　　(B)重合　　　　(C)平行但不重合.　　　　(D)异面.

【例11】[1993年1]设有直线 $L_1: \dfrac{x-1}{1}=\dfrac{y-5}{-2}=\dfrac{z+8}{1}$ 与 $L_2: \begin{cases} x-y=6 \\ 2y+z=3 \end{cases}$，则直线 L_1 与 L_2 的夹角为( ).

(A)$\pi/6$ (B)$\pi/4$ (C)$\pi/3$ (D)$\pi/2$

【例12】确定直线 $L: \begin{cases} \pi_1: A_1x+B_1y+C_1z=0 \\ \pi_2: A_2x+B_2y+C_2z=0 \end{cases}$ 和平面 $\pi: (A_1+A_2)x+(B_1+B_2)y+(C_1+C_2)z=0$ 的相互位置

关系.

题型四 距离

【例13】计算点 $M_0(3,-4,4)$ 到直线 $\dfrac{x-4}{2}=\dfrac{y-5}{-2}=\dfrac{z-2}{1}$ 的距离.

【例14】求点 $P_0(1,2,1)$ 到平面 $\pi: x+2y+2z-10=0$ 的距离.

三、曲面与空间曲线

1. 旋转面

一条平面曲线绕平面上一条直线旋转；如果曲线方程为 $f(y,z)=0$，它绕轴旋转，旋转后，每个点的轨迹都是一个圆，圆心在轴上，圆的半径也就是点到轴的距离，这个距离在旋转时是不变的. 如果旋转前有一点 $(0,y_1,z_1)$，那么该点到 z 轴的距离就是 $|y_1|$，旋转后距离变为 $\sqrt{x^2+y^2}$，因此有：

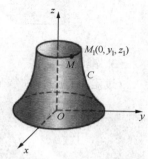

$$d=\sqrt{x^2+y^2}=|y_1|,$$

将其带入曲线方程，得到旋转面方程：$f(\pm\sqrt{x^2+y^2},z)=0$.

而该曲线如果绕 y 轴旋转，曲面方程为：$f(y,\pm\sqrt{x^2+z^2})=0$.

可见绕那个轴旋转，那个变量是不动的，另一个变量被新的距离替换.

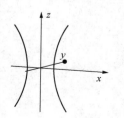

"轴"的内心：我自岿然不动.

我们看一个典型的例子，如下的一个双曲线：

$$\frac{x^2}{a^2}-\frac{z^2}{c^2}=1$$

曲线如左图.

该曲线如果绕着 z 轴旋转，形成旋转单叶双曲面，方程为：$\dfrac{x^2+y^2}{a^2}-$

$\dfrac{z^2}{c^2}=1$，其图像如下面左图.

该曲线如果绕着 x 轴旋转，形成旋转双叶双曲面，方程为：$\dfrac{x^2}{a^2} - \dfrac{y^2+z^2}{c^2} = 1$. 其图像如上面右图.

2. 柱面

平行于定直线并沿定曲线 C 移动的直线 L 形成的轨迹.

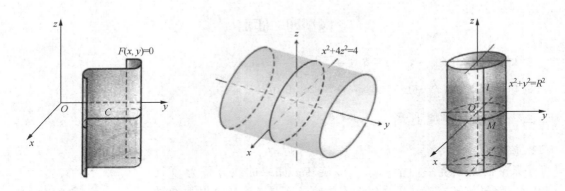

3. 锥面

过定点并沿定曲线 C 移动的直线 L 形成的轨迹.

4. 常见二次曲面

三元二次方程 $F(x, y, z) = 0$ 所表示的曲面称为二次曲面，把平面称为一次曲面.

研究二次曲面的方法：截痕法. 该方法有点类似于"切水果"的游戏，如左图，在一个方向将水果切开，看切开的形状，就能了解这个三维几何体一部分特点，多切开几个位置，就能更多地了解它.

椭圆锥面：$\dfrac{x^2}{a^2} + \dfrac{y^2}{b^2} = \dfrac{z^2}{c^2}$，如下面左图.

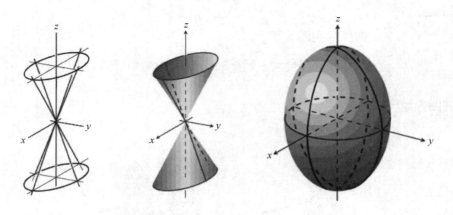

椭球面：$\dfrac{x^2}{a^2} + \dfrac{y^2}{b^2} + \dfrac{z^2}{c^2} = 1$，$(a, b, c>0)$，如上面右图.

单叶双曲面：$\dfrac{x^2}{a^2}+\dfrac{y^2}{b^2}-\dfrac{z^2}{c^2}=1$，如下面左图．

双叶双曲面：$\dfrac{x^2}{a^2}-\dfrac{y^2}{b^2}-\dfrac{z^2}{c^2}=1$，如下面中图．

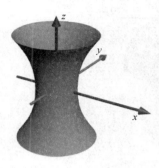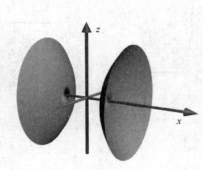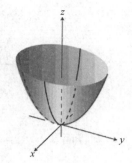

椭圆抛物面：$\dfrac{x^2}{a^2}+\dfrac{y^2}{b^2}=z$，如上面右图．

双曲抛物面：$\dfrac{y^2}{b^2}-\dfrac{x^2}{a^2}=z$，如下面左图．

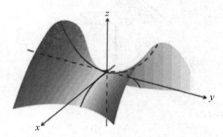

　　该曲面也称马鞍面，因为形状像马鞍，在后面学极值还要用它解释判别法则．它的特点是$(0,0)$点函数值在x方向取得极大值，在y方向取得极小值，称作"鞍点"．比如我们在淘宝买东西，好多商品怎么选呢？我们希望"物美价廉"，在质量方面较高的同时价格方面较低．我们常常需要"趋利避害"，益处最大，害处最小，也是类似的．因此鞍点也称抉择点．

　　考试常见曲面：

　　（1）直交圆柱面：$x^2+y^2=a^2$，$(x>0，y>0)$；$x^2+z^2=a^2$，$(x>0，z>0)$，如右图．

　　（2）球面：$x^2+y^2+z^2=R^2$　　　　　　　$z=\sqrt{R^2-x^2-y^2}$

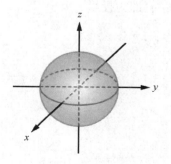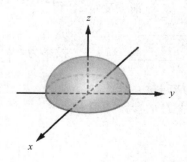

（3）抛物面：　　　$z=x^2+y^2$　　　　　　　　$z=-(x^2+y^2)$

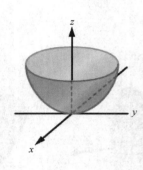 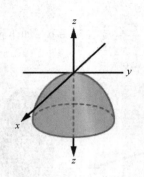

（4）圆锥面：　　　$z=\sqrt{x^2+y^2}$　　　　　　$z=-\sqrt{x^2+y^2}$

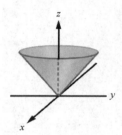 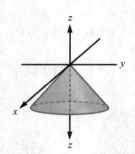

5. 空间曲线

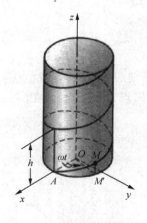

（1）参数式：$\begin{cases} x=x(t) \\ y=y(t) \\ z=z(t) \end{cases}$

螺旋线 $\begin{cases} x=a\cos\omega t, \\ y=a\sin\omega t, \\ z=vt. \end{cases}$

螺旋线是：波浪式前进，螺旋式上升，如左图．

（2）一般式：$\begin{cases} F(x,\ y,\ z)=0 \\ F(x,\ y,\ z)=0 \end{cases}$

6. 空间曲线投影

$\begin{cases} F(x,\ y,\ z)=0 \\ G(x,\ y,\ z)=0. \end{cases}$ 消去变量 z，得：$\begin{cases} H(x,\ y)=0 \\ z=0 \end{cases}$，即为投影．

比如 $\begin{cases} z=\sqrt{4-x^2-y^2}, \\ z=\sqrt{3(x^2+y^2)}. \end{cases}$ 消去 z，投影为：$\begin{cases} x^2+y^2=1, \\ z=0. \end{cases}$

7. 切线与法向量

设空间曲线 Γ 的参数方程为：

$$\begin{cases} x=\varphi(t), \\ y=\psi(t), \qquad t\in[\alpha,\ \beta]. \\ z=\omega(t), \end{cases}$$

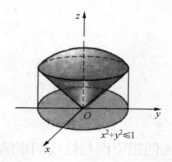

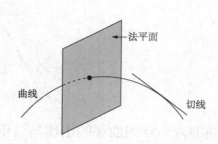

对参数方程求导,就得到切线的方向向量,

因此切线方程为:$\dfrac{x-x_0}{\varphi'(t_0)}=\dfrac{y-y_0}{\psi'(t_0)}=\dfrac{z-z_0}{\omega'(t_0)}$.

法平面方程为:$\varphi'(t_0)(x-x_0)+\psi'(t_0)(y-y_0)+\omega'(t_0)(z-z_0)=0$

曲面方程:$F(x,\ y,\ z)=0$

曲面的法向量:$n=(F_x(x_0,\ y_0,\ z_0),\ F_y(x_0,\ y_0,\ z_0),\ F_z(x_0,\ y_0,\ z_0))$

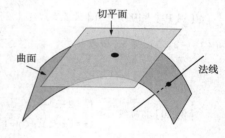

切平面的方程是:$F_x(x_0,\ y_0,\ z_0)(x-x_0)+F_y(x_0,\ y_0,\ z_0)(y-y_0)+F_z(x_0,\ y_0,\ z_0)(z-z_0)=0$

法线方程是:$\dfrac{x-x_0}{F_x(x_0,\ y_0,\ z_0)}=\dfrac{y-y_0}{F_y(x_0,\ y_0,\ z_0)}=\dfrac{z-z_0}{F_z(x_0,\ y_0,\ z_0)}$.

另外,常见的一种方程表达是这样的:$z=f(x,\ y)$,那么我们可以将它改写如下,

$F(x,\ y,\ z)=f(x,\ y)-z$,

$F_x(x,\ y,\ z)=f_x(x,\ y)$,$F_y(x,\ y,\ z)=f_y(x,\ y)$,$F_z(x,\ y,\ z)=-1$.

$n=(f_x(x_0,\ y_0),\ f_y(x_0,\ y_0),\ -1)$,

切面方程为:$f_x(x_0,\ y_0)(x-x_0)+f_y(x_0,\ y_0)(y-y_0)-(z-z_0)=0$,

而法线方程为:$\dfrac{x-x_0}{f_x(x_0,\ y_0)}=\dfrac{y-y_0}{f_y(x_0,\ y_0)}=\dfrac{z-z_0}{-1}$.

法向量的方向余弦为:$\cos\alpha=\dfrac{-f_x}{\sqrt{1+f_x^2+f_y^2}}$,$\cos\beta=\dfrac{-f_y}{\sqrt{1+f_x^2+f_y^2}}$,$\cos\gamma=\dfrac{1}{\sqrt{1+f_x^2+f_y^2}}$.

这是法向量的典型选取方法,朝上的,而有这些题也会用朝下的法向量,即将上面结果都取相反数.

题型五 旋转曲面方程

【例15】[1994年1]已知点$A(1,\ 0,\ 0,)$与点$B(O,\ 1,\ 1)$.线段AB绕z轴旋转一周所成的旋转曲面为Σ.求旋转曲面Σ的方程及由Σ与两平面$z=0$,$z=1$所围立体体积.

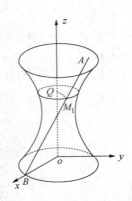

题型六　空间曲线的切线与法平面及曲面的切平面与法线的求法

【例16】[1992年1]在曲线 $x=t$，$y=t^2$，$z=t^3$ 的所有切线中与平面 $x+2y+z=4$ 平行的切线（　　）.

(A)只有一条　　　　(B)只有两条.　　　　(C)至少有三条　　　　(D)不存在.

【例17】证明：螺旋线 $x=a\cos t$，$y=a\sin t$，$z=bt$ 的切线与 z 轴成定角.

【例18】求出曲面 $z=xy$ 上的点，使该点处的法线垂直于平面 $x+3y+z+9=0$，并写出该法线的方程.

【例19】[1997年1]设直线 $l:\begin{cases}x+y+b=0\\x+ay-z-3=0\end{cases}$ 在平面 π 上，而平面 π 与曲面 $z=x^2+y^2$ 相切于点 $P(1,-2,5)$. 求 a，b 之值.

题型七　投影

【例20】求曲线 $C:\begin{cases}z=2-x^2-y^2 & ①\\z=(x-1)^2+(y-1)^2 & ②\end{cases}$ 在三个坐标面上的投影曲线的方程.

【例21】设曲面 $\Sigma:x^2+2y^2+3z^2=6$ 在点 $P_1(1,-1,1)$ 处的法线为 l，曲线 $C:\begin{cases}x^2-y+z^2=1\\x+y^2+z=-1\end{cases}$，在点 $P_2(-1,1,-1)$ 处的法平面为 π，求 l 在 π 上的投影直线 l' 的方程.

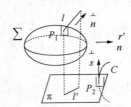

第八讲　多元函数微分法及其应用

　大纲要求

1. 理解多元函数的概念，理解二元函数的几何意义.

2. 了解二元函数的极限与连续的概念以及有界闭区域上连续函数的性质.

3. 理解多元函数偏导数和全微分的概念，会求全微分，了解全微分存在的必要条件和充分条件，了解全微分形式的不变性.

4. 理解方向导数与梯度的概念，并掌握其计算方法.（数一）

5. 掌握多元复合函数一阶、二阶偏导数的求法.

6. 了解隐函数存在定理，会求多元隐函数的偏导数.

7. 了解空间曲线的切线和法平面及曲面的切平面和法线的概念，会求它们的方程.（数一）

8. 了解二元函数的二阶泰勒公式.（数一）

9. 理解多元函数极值和条件极值的概念，掌握多元函数极值存在的必要条件，了解二元函数极值存在的充分条件，会求二元函数的极值，会用拉格朗日乘数法求条件极值，会求简单多元函数的最大值和最小值，并会解决一些简单的应用问题.

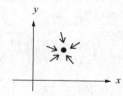

知识讲解

一、多元函数、极限、连续性

1. 多元函数的概念

（1）定义：设 D 是平面上的一个非空子集，称映射 $f: D \rightarrow R$ 为定义在 D 上的二元函数，记为 $z = f(x, y)$，$x, y \in D$，其中点集 D 称为函数的定义域.

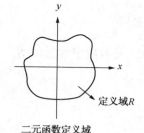

二元函数定义域

二元函数的定义域如左图是个二维区域，而一元函数定义域只是一维区间. 集合 $f(D) = \{z \mid z = f(x, y), (x, y) \in D\}$ 称为函数的值域.

类似可定义三元函数 $u = f(x, y, z)$.

（2）几何意义：二元函数 $z = f(x, y)$ 表示空间的曲面，例如 $z = x^2 + y^2$ 的图形为旋转抛物面；$z = \sqrt{1 - x^2 - y^2}$ 的图形为上半球面.

2. 二元函数的极限

（1）定义：设 $z = f(x, y)$ 在 (x_0, y_0) 的去心邻域有定义，若对任意

$\varepsilon > 0$ 存在 $\delta > 0$，使得当 $0 < \sqrt{(x-x_0)^2 + (y-y_0)^2} < \delta$ 时，有 $\mid f(x, y) - A \mid < \varepsilon$，则称 A 为函数 $f(x, y)$ 当 $(x, y) \rightarrow (x_0, y_0)$ 时的极限，记为 $\lim\limits_{(x,y) \to (x_0, y_0)} f(x, y) = A$. 注意多元函数在变量趋近的过程中，由于定义域是二维的，趋近某一点就有很多路径，并且趋近的路径可以如下图非常复杂，必须沿任意路径趋近，极限都为 A 时，才算极限存在. 而如果只沿着某一条路径趋近极限为 A，沿着其他路径趋近极

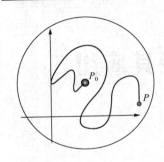

限不存在或者不为 A 时，就像一元函数的左极限与右极限不同一样，结果就是极限不存在了．

（2）计算：可借助一元函数求极限的方法求二元函数的极限，也常用放缩结合夹逼定理，或者极坐标代换来求解．

（3）多元函数洛必达法则：$f(x, y)$ 与 $g(x, y)$ 在区域 D 内有定义，(x_0, y_0) 为 D 的一个聚点，且 $f(x, y)$ 与 $g(x, y)$ 在 (x_0, y_0) 可微．若 $g'_x(x_0, y_0) \neq 0$，且 $g'_y(x_0, y_0) \neq 0$，则

$$\lim_{(x,y)\to(x_0,y_0)} \frac{f(x, y)}{g(x, y)} = \lim_{(x,y)\to(x_0,y_0)} \frac{f'_x(x, y)}{g'_x(x, y)} = \lim_{(x,y)\to(x_0,y_0)} \frac{f'_y(x, y)}{g'_y(x, y)}$$

3. 多元函数的连续性

（1）定义：设二元函数 $z = f(x, y)$ 在 (x_0, y_0) 的邻域有定义，若

$$\lim_{(x,y)\to(x_0,y_0)} f(x, y) = f(x_0, y_0)$$

则称函数 $f(x, y)$ 在点 $P_0(x_0, y_0)$ 连续．

如果函数 $z = f(x, y)$ 在 D 的每一点都连续，则称函数 $f(x, y)$ 在 D 上连续，或者说 $f(x, y)$ 是 D 上的连续函数．

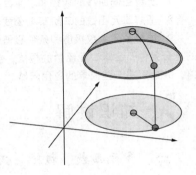

（2）多元函数在有界闭区域上的性质：

①有界性：在有界闭区域 D 上连续的多元函数必定在 D 上有界．

②最大值与最小值定理：在有界闭区域 D 上连续的多元函数必定在 D 上取得它的最大值和最小值．

③介值定理：有界闭区域 D 上连续的多元函数必取得介于最大值和最小值之间的任何值．

（3）二元初等函数在定义区域内连续．

题型一　用一元函数极限方法求解多元函数极限

一元函数中的无穷小、等价无穷小等概念可以推广到二元函数．在二元函数中常见的等价无穷小 $(u(x, y) \to 0)$，可以利用等价无穷小代换等一元函数方法求之．

【例1】 求下列极限：

（1）$\displaystyle\lim_{(x,y)\to(0,0)} \frac{\sin(xy)}{x}$

（2）$\displaystyle\lim_{(x,y)\to(0,0)} \frac{\sqrt{1+x+y}-1}{x+y}$

（3）$\displaystyle\lim_{(x,y)\to(0,0)} \frac{\ln[1+x(x^2+y^2)]}{x^2+y^2}$

（4）$\displaystyle\lim_{(x,y)\to(\frac{1}{2},\frac{1}{2})} \frac{\tan(x^2+2xy+y^2-1)}{x+y-1}$

【例2】 求极限 $\displaystyle\lim_{(x,y)\to(0,0)} \frac{\sqrt{x^2+y^2}-\sin\sqrt{x^2+y^2}}{(x^2+y^2)^{\frac{3}{2}}}$

【例3】确定 α 的范围，使 $\lim\limits_{(x,y)\to(0,0)}\dfrac{(|x|+|y|)^{\alpha}}{x^2+y^2}=0$

【例4】求 $\lim\limits_{(x,y)\to(0,0)}\dfrac{2-\sqrt{xy+4}}{xy}$

【例5】设 $f(x)$ 可导， $F(x,y)=\dfrac{1}{2y}\displaystyle\int_{-y}^{y}f(x+t)\,dt$， $-\infty<x<+\infty$， $y>0$.

（1）求 $\lim\limits_{y\to0^{+}}F(x,y)$；（2）对任意的 $y>0$，求 $\dfrac{\partial F}{\partial x}$；（3）求 $\lim\limits_{y\to0^{+}}\dfrac{\partial F}{\partial x}$.

题型二　用夹逼准则求解多元函数极限

【例6】求 $\lim\limits_{(x,y)\to(+\infty,+\infty)}\left(\dfrac{xy}{x^2+y^2}\right)^{x}$

二、多元函数的偏导数与全微分

1. 偏导数的概念

（1）定义

设函数 $z=f(x,y)$ 在点 (x_0,y_0) 的某邻域内有定义，如果存在

$$\lim\limits_{\Delta x\to0}\dfrac{f(x_0+\Delta x,y_0)-f(x_0,y_0)}{\Delta x},$$

则称此极限为函数 $z=f(x,y)$ 在点 (x_0,y_0) 处对 x 的偏导数，记为 $f'_x(x_0,y_0)$

即：$f'_x(x_0,y_0)=\lim\limits_{\Delta x\to0}\dfrac{f(x_0+\Delta x,y_0)-f(x_0,y_0)}{\Delta x}$

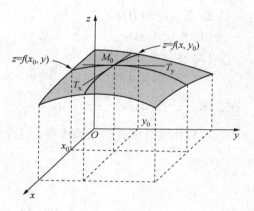

类似，函数 $z=f(x,y)$ 在点 (x_0,y_0) 处对 y 的偏导数定义为

$$f'_y(x_0,y_0)=\lim\limits_{\Delta y\to0}\dfrac{f(x_0,y_0+\Delta y)-f(x_0,y_0)}{\Delta y}.$$

如果函数在定义域内每点偏导数都存在，则称 $f'_x(x,y)$ 和 $f'_y(x,y)$ 为偏导函数.

（2）偏导数的几何意义（数一二）

由偏导数的定义，$f'_x(x_0,y_0)$ 可看成函数 $z=f(x,y_0)$ 在 x_0 处的导数，根据导数的几何意义，$f'_x(x_0,y_0)$ 是曲线 $\begin{cases}z=f(x,y)\\y=y_0\end{cases}$ 在 $M_0(x_0,y_0)$ 处的切线对 x 轴的斜率. 同理，$f'_y(x_0,y_0)$ 是曲线 $\begin{cases}z=f(x,y)\\x=x_0\end{cases}$ 在 $M_0(x_0,y_0)$ 处的切线对 y 轴的斜率. 函数在某一点可偏导要求曲面在两个切线方向存在光滑曲线，但这不代表整个曲面都光滑，后文有详细的例子及几何图形说明.

用一个形象一点的例子解释偏导数，比如你做了一锅汤，我们只观察两个变量对口味的影响，一个是盐的多少，一个是水的多少. 那么每加一点盐对口味的影响就是口味对盐的偏导数，每加一点水对口味的影响就是口味对水的偏导数.

（3）偏导数存在和连续的关系

偏导数存在推不出函数连续，函数连续也推不出偏导数存在．后文有对这些概念关系的详细三维图像阐述辨析．

（4）高阶偏导数

一般情况，函数 $z=f(x, y)$ 的两个偏导数 $f_x(x, y)$ 和 $f_y(x, y)$ 仍然是 x, y 的函数．因此，可以考虑 $f_x(x, y)$ 和 $f_y(x, y)$ 的偏导数，即二阶偏导数，依次记为

$$\frac{\partial}{\partial x}\left(\frac{\partial z}{\partial x}\right)=\frac{\partial^2 z}{\partial x^2}=f_{xx}(x, y), \quad \frac{\partial}{\partial y}\left(\frac{\partial z}{\partial x}\right)=\frac{\partial^2 z}{\partial x \partial y}=f_{xy}(x, y)$$

$$\frac{\partial}{\partial x}\left(\frac{\partial z}{\partial y}\right)=\frac{\partial^2 z}{\partial y \partial x}=f_{yx}(x, y), \quad \frac{\partial}{\partial y}\left(\frac{\partial z}{\partial y}\right)=\frac{\partial^2 z}{\partial y^2}=f_{yy}(x, y)$$

若函数 $z=f(x, y)$ 的两个二阶混合偏导数 $\dfrac{\partial^2 z}{\partial x \partial y}$，$\dfrac{\partial^2 z}{\partial y \partial x}$ 在某区域内均连续，则在该区域内这两个二阶混合偏导数必相等．

2. 求偏导的方法

（1）直接求偏导

（2）复合函数求偏导

$z=f(u, v)$，$u=u(x, y)$，$v=v(x, y)$，z 对 u, v 有连续偏导数，u, v 对 x, y 偏导数存在，则 $\dfrac{\partial z}{\partial x}=f_u'(u, v)\dfrac{\partial u}{\partial x}+f_v'(u, v)\dfrac{\partial v}{\partial x}$，$\dfrac{\partial z}{\partial y}=f_u'(u, v)\dfrac{\partial u}{\partial y}+f_v'(u, v)\dfrac{\partial v}{\partial y}$

这称作复合函数的链式法则，这个链条比一元函数复杂，如下图是分叉的．

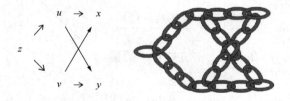

【必会经典题】

① 求函数 $z=f(xy, y)$ 的 $\dfrac{\partial^2 z}{\partial x^2}$，$\dfrac{\partial^2 z}{\partial x \partial y}$，$\dfrac{\partial^2 z}{\partial y^2}$（其中 f 有二阶连续偏导数）

解：令 $s=xy$，$t=y$ 则 $z=f(s, t)$，s 和 t 是中间变量．将 s, t 依次编为 1，2 号

$\dfrac{\partial z}{\partial x}=f_1' \cdot \dfrac{\partial s}{\partial x}=yf_1'$，$\dfrac{\partial z}{\partial y}=f_1' \cdot \dfrac{\partial s}{\partial y}+f_2' \cdot \dfrac{dt}{dy}=xf_1'+f_2'$．

因为 $f(s, t)$ 是 s 和 t 的函数，所以 f_1' 和 f_2' 也是 s 和 t 的函数，

$\dfrac{\partial^2 z}{\partial x^2}=\dfrac{\partial}{\partial x}\left(\dfrac{\partial z}{\partial x}\right)=\dfrac{\partial}{\partial x}(yf_1')=yf_{11}'' \cdot \dfrac{\partial s}{\partial x}=y^2f_{11}''$，

$\dfrac{\partial^2 z}{\partial x \partial y}=\dfrac{\partial}{\partial y}\left(\dfrac{\partial z}{\partial x}\right)=\dfrac{\partial}{\partial y}(yf_1')=f_1'+y\left(f_{11}'' \cdot \dfrac{\partial s}{\partial y}+f_{12}'' \cdot \dfrac{\partial t}{\partial y}\right)$

$=f_1'+xyf_{11}''+yf_{12}''$，

$\dfrac{\partial^2 z}{\partial y^2}=\dfrac{\partial}{\partial y}\left(\dfrac{\partial z}{\partial y}\right)=\dfrac{\partial}{\partial y}(xf_1'+f_2')=x\left(f_{11}''\dfrac{ds}{dy}+f_{12}''\dfrac{dt}{dy}\right)+f_{21}''\dfrac{\partial s}{\partial y}+f_{22}''\dfrac{dt}{dy}$

$=x^2f_{11}''+2xf_{12}''+f_{22}''$．

（3）隐函数求偏导

Ⅰ.由方程所确定的隐函数求导

①一元隐函数

$F(x, y)=0$ 且 $F(x, y)$ 在 (x_0, y_0) 的某邻域有一阶连续偏导数，且 $F(x_0, y_0)=0$，若 $F_y(x_0, y_0)\neq0$，则存在唯一确定的函数 $y=f(x)$，满足 $y_0=f(x_0)$，且 $\dfrac{dy}{dx}=-\dfrac{F'_x}{F'_y}$.

②二元隐函数

$F(x, y, z)=0$ 且 $F(x, y, z)$ 在 (x_0, y_0, z_0) 的某邻域有连续的一阶偏导数，且 $F(x_0, y_0, z_0)=0$，若 $F'_z(x_0, y_0, z_0)\neq0$，则存在 $z=z(x, y)$，且 $\dfrac{\partial z}{\partial x}=-\dfrac{F'_x}{F'_z}$，$\dfrac{\partial z}{\partial y}=-\dfrac{F'_y}{F'_z}$，其中 F'_x，F'_y，F'_z 是三元函数 $F(x, y, z)$ 对 x，y，z 的偏导数.

Ⅱ.由方程组所确定的隐函数求导

每个方程两边对同一自变量求导，然后用解方程组的方法求解.

题型三　多元显函数的一阶偏导数的求法

【例7】求 $u=\displaystyle\int_{xz}^{yz}e^{t^2}dt$ 的一阶偏导数

【例8】［2001年1］设函数 $z=f(x, y)$ 在点 $(1, 1)$ 处可微，且 $f(1, 1)=1$，$\left.\dfrac{\partial f}{\partial x}\right|_{(1,1)}=2$，$\left.\dfrac{\partial f}{\partial y}\right|_{(1,1)}=3$，$\varphi(x)=f(x, f(x, x))$，求 $\left.\dfrac{d}{dx}\varphi^3(x)\right|_{x=1}$

题型四　多元复合函数高阶导数的计算

【例9】［1990年1］设 $z=f(2x-y, y\sin x)$，其中 $f(u, v)$ 具有连续的二阶偏导数，求 $\dfrac{\partial^2 z}{\partial x\partial y}$.

●利用函数的轮换对称性简化计算：

【例10】　设函数 $g(r)$ 有二阶导数，$f(x, y)=g(r)$，$r=\sqrt{x^2+y^2}$，证明 $\dfrac{\partial^2 f}{\partial x^2}+\dfrac{\partial^2 f}{\partial y^2}=g''(r)+\dfrac{1}{r}g'(r)$

【例11】设 $z=f\left(x-y, \dfrac{x}{y}\right)+yg(xy)$，其中 f 由二阶连续偏导数，g 有二阶导数，求 $\dfrac{\partial^2 z}{\partial x\partial y}$.

【例12】设函数 $f(u)$ 一阶可导，令 $z(x, y)=\displaystyle\int_0^y e^{-y}f(x+t)dt$，则 $\dfrac{\partial^2 z}{\partial x\partial y}=$ _____.

●适当选择求偏导次序，简化计算：

根据混合偏（函）数连续时与求导次序无关的原理，求混合偏导数时，应注意适当选择求导次序，以简化计算.常依所求偏导的复合函数的结构特点选择.

比如当 $z=g(x)f(u, v)$ $u=u(x, y)$ $v=v(x, y)$ 时，为求 $\dfrac{\partial^2 z}{\partial y\partial x}$，应先求 $\dfrac{\partial z}{\partial y}$，再求 $\dfrac{\partial}{\partial x}\left(\dfrac{\partial z}{\partial y}\right)=\dfrac{\partial^2 z}{\partial x\partial y}$.

同样，当 $z=h(y)f(u, v)$ 时，为求 $\dfrac{\partial^2 z}{\partial x\partial y}$，应先求 $\dfrac{\partial z}{\partial x}$，再求 $\dfrac{\partial}{\partial y}\left(\dfrac{\partial z}{\partial x}\right)=\dfrac{\partial^2 z}{\partial x\partial y}$.

【例 13】若 $z=xf\left(2x,\dfrac{y^2}{x}\right)$，$f$ 具有连续的二阶偏导数，求 $\dfrac{\partial^2 z}{\partial x\partial y}$.

●各阶偏导数在指定点处的值的简便算法：

为方便计，设 $z=f(x,y)$，对 x 的各阶偏导数在 (x_0,y_0) 处的值. 可如下计算：先将 $y=y_0$ 代入 $f(x,y)$ 得 $f(x,y_0)$，再对 x 求导，最后将 $x=x_0$ 代入 x 的一元函数，即得所求的偏导数的值 $f'_x(x_0,y_0)$. 同法可求得 $f'_y(x_0,y_0)$

可类似计算二阶偏导数在 (x_0,y_0) 处的值.

【例 14】[1991 年 1] 设 $u=e^{-x}\sin\dfrac{x}{y}$，则 $\dfrac{\partial^2 u}{\partial x\partial y}$ 在点 $\left(2,\dfrac{1}{\pi}\right)$ 处的值为 _____ .

题型五　隐函数的偏导数求法

【例 15】$\dfrac{x}{z}=\ln\dfrac{z}{y}$ 确定函数 $z=f(x,y)$，求 $\dfrac{\partial z}{\partial x}$，$\dfrac{\partial z}{\partial y}$.

题型六　由方程组确定的隐函数，其偏导数的求法

【例 16】求出方程组 $\begin{cases}x=e^u+u\sin v\\ y=e^u-u\cos v\end{cases}$ 所确定的隐函数的偏导数 $\dfrac{\partial u}{\partial x}$，$\dfrac{\partial u}{\partial y}$，$\dfrac{\partial v}{\partial x}$，$\dfrac{\partial v}{\partial y}$.

【例 17】[1999 年 1] 设 $y=y(x)$，$z=z(x)$ 是由方程 $z=xf(x+y)$ 和 $F(x,y,z)=0$ 所确定的函数，其中 f 和 F 分别具有一阶连续导数和一阶连续偏导数，求 $\dfrac{\mathrm{d}z}{\mathrm{d}x}$.

题型七　偏导数结合方程关系的问题

●给出二元复合函数，求（证明）该函数及其偏导数所满足的方程：

二元复合函数的偏导数所满足的方程称为偏微分方程. 可用求隐函数导数的各种方法先求出其偏导数，然后找出其满足的方程，或证明其满足给定的方程.

【例 18】设 $f(x,y)$ 有二阶连续导数，且满足 $f(tx,ty)=t^n f(x,y)$，证明：

(1) $x\dfrac{\partial f}{\partial x}+y\dfrac{\partial f}{\partial y}=nf(x,y)$

(2) $x^2\dfrac{\partial^2 f}{\partial x^2}+2xy\dfrac{\partial^2 f}{\partial x\partial y}+y^2\dfrac{\partial^2 f}{\partial y^2}=n(n-1)f(x,y)$

●已知二元复合函数及其偏导数满足一方程，求出该函数：

【例 19】[1997 年 1] 设 $f(u)$ 有连续的二阶导数，且 $z=f(e^x\sin y)$ 满足方程 $\dfrac{\partial^2 z}{\partial x^2}+\dfrac{\partial^2 z}{\partial y^2}=e^{2x}z$，求 $f(u)$.

【例 20】设 $u(x,y)$，$v(x,y)$ 在平面区域 D 内可微分，且满足

$\dfrac{\partial u}{\partial x}=\dfrac{\partial v}{\partial y}$，$\dfrac{\partial u}{\partial y}=-\dfrac{\partial v}{\partial x}$，$u^2+v^2=C$（常数）

证明 $u(x,y)$，$v(x,y)$ 在 D 内恒等于常数.

3. 全微分

（1）定义

如果函数 $z=f(x,y)$ 在点 (x_0,y_0) 处的全增量 $\Delta z=f(x_0+\Delta x,y_0+\Delta y)-f(x_0,y_0)$ 可表示为 $\Delta z=A\Delta x+B\Delta y+o(\rho)$，其中 A、B 不依赖于 Δx，Δy 而仅与 x_0、y_0 有关，$\rho=\sqrt{(\Delta x)^2+(\Delta y)^2}$，则称函数 $z=f(x,y)$ 在点 (x_0,y_0) 可微分，且称 $A\Delta x+B\Delta y$ 称为函数 $z=$

$f(x, y)$ 在点 (x_0, y_0) 的全微分, 记为 dz, 即 $dz\big|_{(x_0, y_0)} = A\Delta x + B\Delta y$.

（2）可微的必要条件

如果函数 $z = f(x, y)$ 在点 (x_0, y_0) 可微分, 则函数 $z = f(x, y)$ 在点 (x_0, y_0) 的偏导数 $\dfrac{\partial z}{\partial x}$、$\dfrac{\partial z}{\partial y}$ 存在, 而且有 $dz\big|_{(x_0, y_0)} = \dfrac{\partial z}{\partial x}\bigg|_{(x_0, y_0)} dx + \dfrac{\partial z}{\partial y}\bigg|_{(x_0, y_0)} dy$. 对于可微分的三元函数 $u = f(x, y, z)$, 也有 $du = \dfrac{\partial u}{\partial x}dx + \dfrac{\partial u}{\partial y}dy + \dfrac{\partial u}{\partial z}dz$.

一元函数可微在几何上的体现是曲线是光滑的, 在微观上能用切线微元代替曲线微元; 二元函数可微在几何上的体现是曲面是光滑的, 在微观上能用切平面微元代替曲面微元. 如下图:

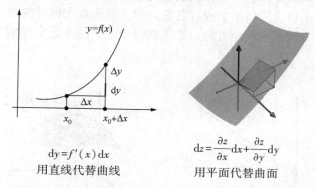

$dy = f'(x)dx$
用直线代替曲线

$dz = \dfrac{\partial z}{\partial x}dx + \dfrac{\partial z}{\partial y}dy$
用平面代替曲面

一元函数可微分与可导是等价的, 而二元函数可微分与可偏导不等价, 后文有详细的例子解释.

（3）可微的充分条件

如果函数 $z = f(x, y)$ 的偏导数 $\dfrac{\partial z}{\partial x}$, $\dfrac{\partial z}{\partial y}$ 在点 (x_0, y_0) 连续, 则函数在该点可微.

（4）可微的等价定义（充要条件）

函数 $z = f(x, y)$ 在点 (x_0, y_0) 处的 $\dfrac{\partial z}{\partial x}$, $\dfrac{\partial z}{\partial y}$ 存在, 且 $\lim\limits_{\rho \to 0} \dfrac{\Delta z - \dfrac{\partial z}{\partial x}\Delta x - \dfrac{\partial z}{\partial y}\Delta y}{\rho} = 0$, 则 $z = f(x, y)$ 在 (x_0, y_0) 可微.

（5）全微分形式不变性

$z = f(u, v)$, $u = u(x, y)$, $v = v(x, y)$ 则 $dz = \dfrac{\partial z}{\partial x}dx + \dfrac{\partial z}{\partial y}dy = \dfrac{\partial z}{\partial u}du + \dfrac{\partial z}{\partial v}dv$. 全微分运算法则:

$$d(u \pm v) = du \pm dv, \quad d(uv) = vdu + udv, \quad d\left(\dfrac{u}{v}\right) = \dfrac{vdu - udv}{v^2}.$$

题型八　验证是否可微

【例21】设 $f(x, y) = \begin{cases} \dfrac{\sqrt{|xy|}}{x^2 + y^2}\sin(x^2 + y^2), & \text{当 } x^2 + y^2 \neq 0 \\ 0, & \text{当 } x^2 + y^2 = 0 \end{cases}$, 求:

（1）$f(x, y)$ 在点 $(0, 0)$ 处是否连续?

（2）$f(x, y)$ 在点 $(0, 0)$ 处是否可微?

题型九　多元函数的全微分求法

【例22】［1991 年 1］由方程 $xyz+\sqrt{x^2+y^2+z^2}=\sqrt{2}$ 所确定的函数 $z=z(x,y)$ 在点 $(1,0,-1)$ 处的全微分 dz = _____.

【例23】［2000 年 4］已知 $z=u^v$，$u=\ln\sqrt{x^2+y^2}$，$v=\arctan(y/x)$，求 dz.

4. 方向导数与梯度(仅数一)

方向导数的定义：$\dfrac{\partial f}{\partial l}\Big|_{(x_0,y_0)}=\lim\limits_{t\to 0^+}\dfrac{f(x_0+t\cos\alpha,\ y_0+t\cos\beta)-f(x_0,\ y_0)}{t}$.

其含义是从某一点出发沿着一个方向的变化率，如下面左图. 它与偏导数有很多不同，首先偏导数只研究两条切线的斜率，没有其他方向，其次在求偏导的点沿着切线方向要可导才算偏导存在，而一条切线有两个方向，必须在两个方向的变化率都相等才行，我们看下面的锥面的例子.

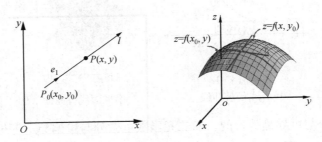

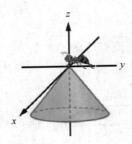

左图这个锥面如过顶点竖直切开，那么切出的曲线类似 $y=|x|$ 是一个折线，因此在 $(0,0)$ 点求偏导的话，相当于在 x 方向和 y 方向都是左导不等于右导，因此偏导数不存在. 而方向导数呢？在顶点放置一个小蚂蚁，它沿着各个方向看都是一个光滑的斜坡，因此在 $(0,0)$ 点各个方向方向导数都存在，因此我们得到：

$$偏导数存在\Rightarrow 某方向方向导数存在$$
$$方向导数存在\nRightarrow 偏导数存在$$

定理：如果函数 $f(x,y)$ 在点 $p_0(x_0,y_0)$ 可微分，那么函数在该点沿任一方向 l 的方向导数存在，且有

$$\frac{\partial f}{\partial l}\Big|_{(x_0,y_0)}=f_x(x_0,\ y_0)\cos\alpha+f_y(x_0,\ y_0)\cos\beta$$

其中，$\cos\alpha$ 和 $\cos\beta$ 是方向 l 的方向余弦.

$f_x(x_0,\ y_0)\vec{i}+f_y(x_0,\ y_0)\vec{j}$，这向量称为函数 $f(x,y)$ 在点 $p_0(x_0,y_0)$ 的梯度，记作 grad $f(x_0,\ y_0)$ 或 $\nabla f(x_0,\ y_0)$，即

$$\text{grad } f(x_0,\ y_0)=\nabla f(x_0,\ y_0)=f_x(x_0,\ y_0)i+f_y(x_0,\ y_0)j.$$

其中，$\nabla=\dfrac{\partial}{\partial x}i+\dfrac{\partial}{\partial y}j$ 称为(二维的)向量微分算子或 Nabla 算子，$\nabla f=\dfrac{\partial f}{\partial x}i+\dfrac{\partial f}{\partial y}j.$

梯度方向是曲面递增速度最快的方向，就好比我们爬山，抬头看看，哪个方向高度递增的最快，那个方向就是梯度的方向，当然也是最陡峭的方向，我们以简化的平面为例说明，如下图. 左图 x,y 方向偏导都是1，而向量 $(1,1)$ 方向就是斜面递增最快的方向，右图 x,y 方

偏导都是-1，而向量(-1，-1)也是斜面递增最快的方向．更复杂的例子依然遵循此规律．

用个形象的例子，比如前文说过的你做了一碗汤，尝了下，距离你最佳的口味，淡了点，那么加盐，就是最快达到最佳口味的方法，这个盐递增的方向就是口味的梯度方向．

如果函数 $f(x，y)$ 在点 $P_0(x_0，y_0)$ 可微分，$e_l = (\cos\alpha，\cos\beta)$ 是与方向 l 同向的单位向量，那么 $\dfrac{\partial f}{\partial l}\bigg|_{(x_0,y_0)} = f_x(x_0，y_0)\cos\alpha + f_y(x_0，y_0)\cos\beta$

$= \mathrm{grad}f(x_0，y_0) \cdot e_l = |\mathrm{grad}f(x_0，y_0)|\cos\theta$，

其中，$\theta = (\widehat{\mathrm{grad}f(x_0，y_0)，e_l})$．

(1) 当 $\theta = 0$，即方向 e_l 与梯度 $\mathrm{grad}f(x_0，y_0)$ 的方向相同时，函数 $f(x，y)$ 增加最快．此时，函数 $f(x，y)$ 在这个方向的方向导数达到最大值，这个最大值就是梯度 $\mathrm{grad}f(x_0，y_0)$ 的模，即

$$\frac{\partial f}{\partial l}\bigg|_{(x_0,y_0)} = |\mathrm{grad}f(x_0，y_0)|.$$

(2) 当 $\theta = \pi$，即方向 e_l 与梯度 $\mathrm{grad}f(x_0，y_0)$ 的方向相反时，函数 $f(x，y)$ 减少最快，函数 $f(x，y)$ 在这个方向的方向导数达到最小值，即

$$\frac{\partial f}{\partial l}\bigg|_{(x_0,y_0)} = -|\mathrm{grad}f(x_0，y_0)|$$

(3) 当 $\theta = \dfrac{\pi}{2}$，即方向 e_l 与梯度 $\mathrm{grad}f(x_0，y_0)$ 的方向正交时，函数 $f(x，y)$ 的变化率为零，即

$$\frac{\partial f}{\partial l}\bigg|_{(x_0,y_0)} = |\mathrm{grad}f(x_0，y_0)| = 0$$

等值线的概念：L^* 方程：$\begin{cases} z = f(x，y)，\\ z = c. \end{cases}$ L^* 为函数 $z = f(x，y)$ 的等值线．

等值线和梯度方向垂直，类似于地理的等高线，如下图．

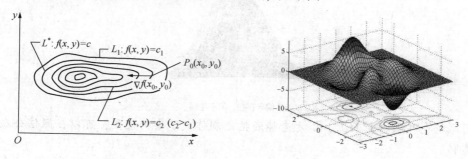

题型十　方向导数与梯度（仅数一）

【例24】 设二元函数 $f(x, y) = \begin{cases} x+y+\dfrac{x^2y^2}{x^2+y^2}, & (x, y) \neq (0, 0) \\ 0, & (x, y) = (0, 0) \end{cases}$，求 $f(x, y)$ 在 $(0, 0)$ 点处沿方向

$(\cos\alpha, \cos\beta)$ 的方向导数.

【例25】 ［1996年1］函数 $u = \ln\left(x + \sqrt{y^2+z^2}\right)$ 在点 A$(1, 0, 1)$ 处沿 A 点指向 B$(3, -2, 2)$ 点方向的方向

导数为_____.

【例26】 （1）求数量场 $u = \arctan\dfrac{y}{x}$ 在点 $(1, 1)$ 处沿 $l = (1, -2)$ 方向的方向导数；

（2）求数量场 $u = \ln\sqrt{x^2+y^2+z^2}$ 沿梯度方向的方向导数.

【例27】 求常数 a、b、c 的值，使函数 $f(x, y, z) = axy^2 + byz + cx^3z^2$ 在点 $(1, 2, -1)$ 处沿 z 轴正方向

的方向导数有最大值 64.

5. 几个概念之间关系

可偏导 $\not\Rightarrow$ 连续 $\not\Rightarrow$ 有极限

可微

偏导连续

$\begin{cases} \not\Rightarrow 连续 \\ \not\Rightarrow 偏导数存在 \\ \not\Rightarrow 可微 \end{cases}$ 各方向导数存在

①偏导存在 $\not\Rightarrow$ 连续，偏导存在 $\not\Rightarrow$ 方向导数存在

$$f(x, y) = \begin{cases} \dfrac{xy}{x^2+y^2}, & x^2+y^2 \neq 0 \\ 0, & x^2+y^2 = 0 \end{cases}$$

$$f_x(0, 0) = \lim_{\Delta x \to 0}\frac{f(0+\Delta x, 0) - f(0, 0)}{\Delta x} = \lim_{\Delta x \to 0}\frac{\Delta x \cdot 0}{\Delta x \cdot \Delta x^2} = 0$$

同理，$f_y(0, 0) = 0$

$$\lim_{\substack{x \to 0 \\ y \to 0}} f(x, y) = \lim_{\substack{x \to 0 \\ y \to 0}}\frac{xy}{x^2+y^2} = \lim_{\substack{x \to 0 \\ y = kx}}\frac{xy}{x^2+y^2} = \lim_{\substack{x \to 0 \\ y = kx}}\frac{kx^2}{x^2+k^2x^2} = \frac{k}{1+k^2} \neq 0$$

可以验证在 $y = x$ 方向，方向导数不存在。

因此，在 $(0, 0)$ 点 $f(x, y)$ 不连续，如下图.

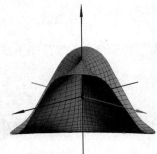

该函数偏导存在，但不连续

该图像就也在图书封面上，小元老师还把他制作成了实物模型，可以在微信公众号：小元老师获取。

②连续⇏偏导存在

$$f(x, y) = \sqrt{x^2+y^2}$$

$$f_x(0, 0) = \lim_{\Delta x \to 0} \frac{f(0+\Delta x, 0) - f(0, 0)}{\Delta x} = \lim_{\Delta x \to 0} \frac{\sqrt{\Delta x^2}}{\Delta x}, \text{ 不存在}.$$

同理 $f_y(0, 0)$ 不存在, 如右图.

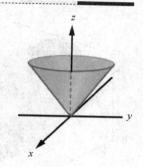

③方向导数存在⇏连续

$$f(x, y) = \begin{cases} \dfrac{x^2 y}{x^4+y^2}, & x^2+y^2 \neq 0 \\ 0, & x^2+y^2 = 0 \end{cases}$$

$$f_x(0, 0) = \lim_{\Delta x \to 0} \frac{f(0+\Delta x, 0) - f(0, 0)}{\Delta x} = \lim_{\Delta x \to 0} \frac{\Delta x^2 \cdot 0}{\Delta x \cdot \Delta x^4} = 0,$$

同理 $f_y(0, 0) = 0$, 方向导数为:

$$\lim_{t \to 0^+} \frac{f(t\cos\alpha, t\cos\beta) - f(0, 0)}{t} = \begin{cases} \dfrac{\cos^2\alpha}{\cos\beta}, & \cos\beta \neq 0 \\ 0, & \cos\beta = 0 \end{cases}$$

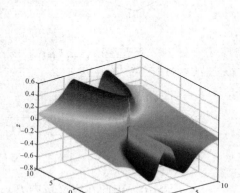

$$\lim_{\substack{x \to 0 \\ y \to 0}} f(x, y) = \lim_{\substack{x \to 0 \\ y = kx^2}} \frac{x^2 y}{x^4+y^2} = \lim_{x \to 0} \frac{kx^4}{x^4+k^2 x^4} = \frac{k}{1+k^2} \neq 0$$

因此, 在 $(0, 0)$ 点 $f(x, y)$ 不连续, 函数图像如右图.

④连续⇏全微
分存在, 偏导存在⇏全微分存在

$$f(x, y) = \begin{cases} \dfrac{xy}{\sqrt{x^2+y^2}}, & x^2+y^2 \neq 0 \\ 0, & x^2+y^2 = 0 \end{cases}$$

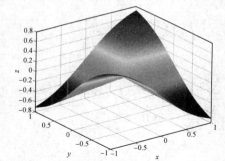

$$\lim_{\substack{x \to 0 \\ y \to 0}} f(x, y) = \lim_{\substack{x \to 0 \\ y \to 0}} \frac{xy}{\sqrt{x^2+y^2}} = \lim_{\substack{x \to 0 \\ y \to 0}} y \frac{x}{\sqrt{x^2+y^2}}$$

$$\because \left| \frac{x}{\sqrt{x^2+y^2}} \right| \leq 1$$

∴ 上式 $= 0$, 因此在定义域内 $f(x, y)$ 连续.

若 $x^2+y^2 \neq 0$, $f_x(x, y) = \dfrac{y^3}{(x^2+y^2)^{3/2}}$, $f_y(x, y) = \dfrac{x^3}{(x^2+y^2)^{3/2}}$, 此时全微分存在

若 $x^2+y^2 = 0$, $f_x(0, 0) = \lim_{\Delta x \to 0} \frac{f(0+\Delta x, 0) - f(0, 0)}{\Delta x} = \lim_{\Delta x \to 0} \frac{\frac{\Delta x \cdot 0}{\sqrt{(\Delta x)^2+0^2}} - 0}{\Delta x} = 0$

类似的, $f_y(0, 0) = 0$

$$\lim_{\rho \to 0} \frac{\Delta z - [f_x(0, 0)\Delta x + f_y(0, 0)\Delta y]}{\rho} = \lim_{\rho \to 0} \frac{\Delta z - 0}{\rho} = \lim_{\substack{\Delta x \to 0 \\ \Delta y \to 0}} \frac{[f(0+\Delta x, 0+\Delta y) - f(0, 0)] - 0}{\sqrt{(\Delta x)^2+(\Delta y)^2}}$$

$$= \lim_{\substack{\Delta x \to 0 \\ \Delta y \to 0}} \frac{\Delta x \cdot \Delta y}{(\Delta x)^2+(\Delta y)^2} = \lim_{\substack{\Delta x \to 0 \\ \Delta y = k\Delta x}} \frac{k(\Delta x)^2}{(1+k^2)(\Delta x)^2} = \frac{k}{1+k^2} \neq 0$$

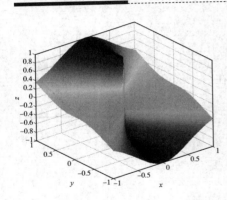

此时全微分不存在，函数图像如上图，原点出现尖锐折点．

其偏导数：

$$f_x(x,\ y)=\begin{cases}\dfrac{y^3}{(x^2+y^2)^{3/2}},\ x^2+y^2\neq 0\\ 0,\ x^2+y^2=0\end{cases}$$

图像如左图，可见不连续．

⑤连续$\not\Rightarrow$全微分存在，

　偏导存在$\not\Rightarrow$全微分存在

$$f(x,\ y)=\begin{cases}\dfrac{x^2y}{x^2+y^2},\ x^2+y^2\neq 0\\ 0,\ x^2+y^2=0\end{cases}$$

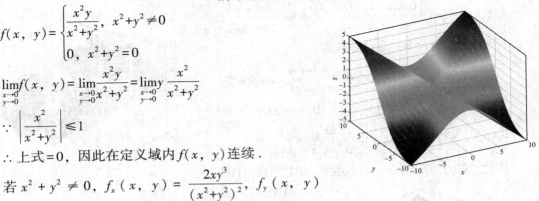

$$\lim_{\substack{x\to 0\\y\to 0}}f(x,\ y)=\lim_{\substack{x\to 0\\y\to 0}}\frac{x^2y}{x^2+y^2}=\lim_{\substack{x\to 0\\y\to 0}}y\frac{x^2}{x^2+y^2}$$

$$\because\left|\frac{x^2}{x^2+y^2}\right|\leqslant 1$$

$\therefore$上式$=0$，因此在定义域内$f(x,\ y)$连续．

若$x^2+y^2\neq 0$，$f_x(x,\ y)=\dfrac{2xy^3}{(x^2+y^2)^2}$，$f_y(x,\ y)$

$$=\frac{x^2(x^2-y^2)}{(x^2+y^2)^2}$$

此时全微分存在．

若$x^2+y^2=0$，$f_x(0,\ 0)=\lim\limits_{\Delta x\to 0}\dfrac{f(0+\Delta x,\ 0)-f(0,\ 0)}{\Delta x}=\lim\limits_{\Delta x\to 0}\dfrac{\frac{\Delta x^2\cdot 0}{\Delta x^2+0^2}-0}{\Delta x}=0$

类似的，$f_y(0,\ 0)=0$

$$\lim_{\rho\to 0}\frac{\Delta z-[f_x(0,\ 0)\Delta x+f_y(0,\ 0)\Delta y]}{\rho}=\lim_{\rho\to 0}\frac{\Delta z-0}{\rho}=\lim_{\substack{\Delta x\to 0\\\Delta y\to 0}}\frac{[f(0+\Delta x,\ 0+\Delta y)-f(0,\ 0)]-0}{\rho}$$

$$=\lim_{\substack{\Delta x\to 0\\\Delta y\to 0}}\frac{(\Delta x)^2\Delta y}{(\Delta^2 x+\Delta^2 y)^{3/2}}=\lim_{\substack{\Delta x\to 0\\\Delta y=\Delta x}}\frac{(\Delta x)^3}{2\sqrt{2}(\Delta x)^3}=\frac{1}{2\sqrt{2}}\neq 0$$

此时全微分不存在．

其偏导数：$f_x(x,\ y)=\begin{cases}\dfrac{2xy^3}{(x^2+y^2)^2},\ x^2+y^2\neq 0\\ 0,\ x^2+y^2=0\end{cases}$

$$f_y(x,\ y)=\begin{cases}\dfrac{x^2(x^2-y^2)}{(x^2+y^2)^2},\ x^2+y^2\neq 0\\ 0,\ x^2+y^2=0\end{cases}$$

图像如下面左图与右图，可见不连续．

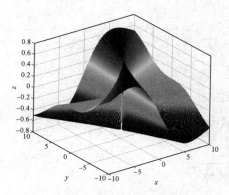 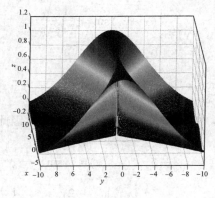

偏导连续⇒可微分

⑥不可微分，且偏导存在⇒偏导不连续，

可微分≠偏导连续

（有部分函数偏导数不连续，但是可微分）

（一元函数也存在导数不连续，但是可导）

先看一元函数的例子，

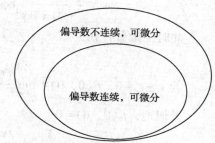

$$f(x)=\begin{cases} x^2\sin\dfrac{1}{x^2}, & x\neq 0 \\ 0, & x=0 \end{cases}$$

$\lim\limits_{x\to 0}f(x)=\lim\limits_{x\to 0}x^2\sin\dfrac{1}{x^2}$, $\left|\sin\dfrac{1}{x^2}\right|\leqslant 1$, $\therefore \lim\limits_{x\to 0}f(x)=0$, $f(x)$ 连续.

$x\neq 0$, $f'(x)=2x\sin\dfrac{1}{x^2}+x^2\dfrac{-2}{x^3}\cos\dfrac{1}{x^2}=2x\sin\dfrac{1}{x^2}-\dfrac{2}{x}\cos\dfrac{1}{x^2}$

$x=0$, $f'(0)=\lim\limits_{\Delta x\to 0}\dfrac{f(0+\Delta x)-f(0)}{\Delta x}=\dfrac{\Delta x^2\sin\dfrac{1}{\Delta x^2}}{\Delta x}=\Delta x\sin\dfrac{1}{\Delta x^2}=0$

$\therefore f'(x)=\begin{cases} 2x\sin\dfrac{1}{x^2}-\dfrac{2}{x}\cos\dfrac{1}{x^2}, & x\neq 0 \\ 0, & x=0 \end{cases}$, $f'(x)$ 不连续.

$f(x)$ 连续，可导，可微，但导函数不连续.

原函数图像如下面左图，导函数图像如下面右图.

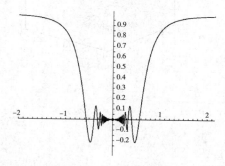 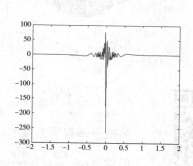

再将上面的一元函数旋转，就是二元函数的例子.

$$f(x,\ y)=\begin{cases}(x^2+y^2)\sin\dfrac{1}{(x^2+y^2)},\ & x^2+y^2\neq 0\\[2mm]0,\ & x^2+y^2=0\end{cases}$$

$$\lim_{\substack{x\to 0\\y\to 0}}f(x,\ y)=\lim_{\substack{x\to 0\\y\to 0}}(x^2+y^2)\sin\dfrac{1}{(x^2+y^2)}$$

$\because\left|\sin\dfrac{1}{(x^2+y^2)}\right|\leqslant 1$ $\therefore$ 上式$=0$，因此在定义域内 $f(x,\ y)$ 连续.

若 $x^2+y^2\neq 0$，$f_x(x,\ y)=2x\sin\dfrac{1}{x^2+y^2}-\dfrac{2x}{x^2+y^2}\cos\dfrac{1}{x^2+y^2}$，

$$f_y(x,\ y)=2y\sin\dfrac{1}{x^2+y^2}-\dfrac{2y}{x^2+y^2}\cos\dfrac{1}{x^2+y^2}$$

此时全微分存在.

若 $x^2+y^2=0$，$f_x(0,\ 0)=\lim_{\Delta x\to 0}\dfrac{f(0+\Delta x,\ 0)-f(0,\ 0)}{\Delta x}=\lim_{\Delta x\to 0}\dfrac{\Delta x^2\sin\dfrac{1}{\Delta x^2}-0}{\Delta x}=0$

类似地，$f_y(0,\ 0)=0$

$$\therefore f_x(x,\ y)=\begin{cases}2x\sin\dfrac{1}{x^2+y^2}-\dfrac{2x}{x^2+y^2}\cos\dfrac{1}{x^2+y^2},\ & x^2+y^2\neq 0\\[2mm]0,\ & x^2+y^2=0\end{cases},$$

$f_x(x,\ y)$ 不连续，同理 $f_y(x,\ y)$ 不连续.

$$\lim_{\rho\to 0}\dfrac{\Delta z-[f_x(0,\ 0)\Delta x+f_y(0,\ 0)\Delta y]}{\rho}=\lim_{\rho\to 0}\dfrac{\Delta z-0}{\rho}$$

$$=\lim_{\substack{\Delta x\to 0\\\Delta y\to 0}}\dfrac{[f(0+\Delta x,\ 0+\Delta y)-f(0,\ 0)]-0}{\rho}$$

$$=\lim_{\substack{\Delta x\to 0\\\Delta y\to 0}}\dfrac{(\Delta x)^2+(\Delta y)^2}{\sqrt{\Delta^2x+\Delta^2y}}\sin\dfrac{1}{(\Delta x)^2+(\Delta y)^2}=\lim_{\substack{\Delta x\to 0\\\Delta y\to 0}}\sqrt{\Delta^2x+\Delta^2y}\sin\dfrac{1}{(\Delta x)^2+(\Delta y)^2}=0$$

此时全微分存在，但偏导数不连续.

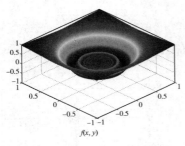

$f(x,y)$

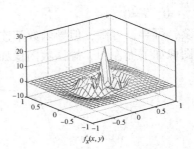

$f_x(x,y)$

⑦ $\dfrac{\partial^2 z}{\partial x\partial y}$ 与 $\dfrac{\partial^2 z}{\partial y\partial x}$ 连续 $\Rightarrow\dfrac{\partial^2 z}{\partial x\partial y}=\dfrac{\partial^2 z}{\partial y\partial x}$

可微分 $\not\Rightarrow$ 偏导连续

可微分 $\not\Rightarrow\dfrac{\partial^2 z}{\partial x\partial y}$ 与 $\dfrac{\partial^2 z}{\partial y\partial x}$ 连续

可微分$\Rightarrow\dfrac{\partial^2 z}{\partial x\partial y}=\dfrac{\partial^2 z}{\partial y\partial x}$

$$f(x,\ y)=\begin{cases}\dfrac{xy(x^2-y^2)}{x^2+y^2},\ x^2+y^2\neq 0\\[3mm]0,\ x^2+y^2=0\end{cases}$$

$\lim\limits_{\substack{x\to 0\\y\to 0}}f(x,\ y)=\lim\limits_{\substack{x\to 0\\y\to 0}}\dfrac{xy(x^2-y^2)}{x^2+y^2}=\lim\limits_{\substack{x\to 0\\y\to 0}}\dfrac{xy}{x^2+y^2}(x^2-y^2)$

$\left|\lim\limits_{\substack{x\to 0\\y\to 0}}\dfrac{xy}{x^2+y^2}\right|\leqslant\left|\lim\limits_{\substack{x\to 0\\y\to 0}}\dfrac{xy}{2xy}\right|=\dfrac{1}{2}$，有界，

$\therefore$ 上式$=0$，因此在定义域内$f(x,\ y)$连续.

若$x^2+y^2\neq 0$，$f_x(x,\ y)=\dfrac{x^4+4x^2y^2-y^4}{(x^2+y^2)^2}y$，$f_y(x,\ y)=\dfrac{x^4-4x^2y^2-y^4}{(x^2+y^2)^2}x$

此时全微分存在.

若$x^2+y^2=0$，$f_x(0,\ 0)=\lim\limits_{\Delta x\to 0}\dfrac{f(0+\Delta x,\ 0)-f(0,\ 0)}{\Delta x}=\lim\limits_{\Delta x\to 0}\dfrac{\dfrac{\Delta x\cdot 0\cdot(\Delta x^2-0^2)}{\Delta x^2+0^2}-0}{\Delta x}=0$

类似的，$f_y(0,\ 0)=0$.

$\lim\limits_{\rho\to 0}\dfrac{\Delta z-[f_x(0,\ 0)\Delta x+f_y(0,\ 0)\Delta y]}{\rho}=\lim\limits_{\rho\to 0}\dfrac{\Delta z-0}{\rho}=\lim\limits_{\substack{\Delta x\to 0\\\Delta y\to 0}}\dfrac{[f(0+\Delta x,\ 0+\Delta y)-f(0,\ 0)]-0}{\rho}$

$=\lim\limits_{\substack{\Delta x\to 0\\\Delta y\to 0}}\dfrac{\Delta x\cdot\Delta y\cdot(\Delta^2 x-\Delta^2 y)}{(\Delta^2 x+\Delta^2 y)^{3/2}}=0$（令$\Delta x=t\cos\theta$，$\Delta y=t\sin\theta$可求得）

此时全微分存在.

由于

$$f_x(x,\ y)=\begin{cases}\dfrac{x^4+4x^2y^2-y^4}{(x^2+y^2)^2}y & x^2+y^2\neq 0\\[3mm]0 & x^2+y^2=0\end{cases},$$

$$f_y(x,\ y)=\begin{cases}\dfrac{x^4-4x^2y^2-y^4}{(x^2+y^2)^2}x & x^2+y^2\neq 0\\[3mm]0 & x^2+y^2=0\end{cases}$$

可验证，$f_x(x,\ y)$，$f_y(x,\ y)$连续，

但是，$f_{xy}(0,\ 0)=-1$，$f_{yx}(0,\ 0)=1$，$\dfrac{\partial^2 z}{\partial x\partial y}\neq\dfrac{\partial^2 z}{\partial y\partial x}$，函数图像如下图.

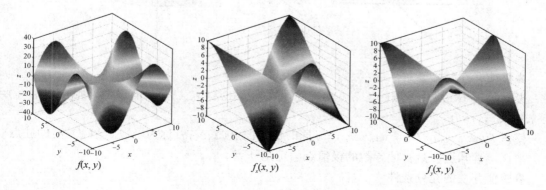

$f(x, y)$　　　　$f_x(x, y)$　　　　$f_y(x, y)$

【总结】$\lim\limits_{\substack{x\to 0^+ \\ y\to 0^+}} \dfrac{x^p y^q}{x^m + y^n}$（$m$、$n$ 为正整数，p、q 为非负实数）是否存在的结论：

（1）m 和 n 不全为偶数时，极限一定不存在．因为一定有使得分母为零的路径．

（2）m 和 n 全为偶数时，

若 $\dfrac{p}{m} + \dfrac{q}{n} > 1$，则 $\lim\limits_{\substack{x\to 0^+ \\ y\to 0^+}} \dfrac{x^p y^q}{x^m + y^n} = 0$；若 $\dfrac{p}{m} + \dfrac{q}{n} \leq 1$，则 $\lim\limits_{\substack{x\to 0^+ \\ y\to 0^+}} \dfrac{x^p y^q}{x^m + y^n}$ 不存在．

$\dfrac{p}{m} + \dfrac{q}{n} \leq 1$ 时，选择路径 $y = kx^{\frac{m-p}{q}}$ 即可说明极限不存在．

并且该结论可以结合等价无穷小使用，比如 $\sin x^2$ 可以替换为 x^2．

总结上面的例子，也可以得到一个不严格的局部经验：大家观察这几个分段函数，在 $x^2 + y^2 = 0$ 时，都是有理分式或者无理分式形式，对分子观察最低幂次，对分母观察最高幂次（其原理大家可以对比一元函数的类型来理解），相比较可以得到，如果分子的幂次小于等于分母幂次，那么不连续；如果分子幂次比分母高 1 阶，那么连续但不可微；如果分子幂次比分母高 2 阶，那么可微．注意，这是这几道题或者这类题的局部规律，提供一个快速的思考方向，并不是说所有的函数都有这个特点的．

三、微分学的应用

1. 多元函数的极值

（1）一般极值

●极值的定义

设 $z = f(x, y)$ 在 (x_0, y_0) 点的某个邻域内有定义，如果对在此邻域内任意异于 (x_0, y_0) 的点 (x, y) 都有 $f(x, y) < (>) f(x_0, y_0)$，则称 $z = f(x, y)$ 在 (x_0, y_0) 取得极大（小）值，且称 (x_0, y_0) 为极大（小）值点．

例如 $z = x^2 + y^2$ 在 $(0, 0)$ 取得极小值，$z = -\sqrt{x^2 + y^2}$ 在 $(0, 0)$ 取得极大值，如下图．美女的锥子脸、鹅蛋脸也有类似的极值．

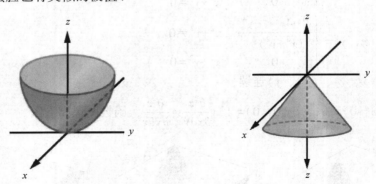

●极值存在的必要条件

设函数 $z = f(x, y)$ 在点 (x_0, y_0) 具有偏导数，且在点 (x_0, y_0) 处有极值，则 $f_x'(x_0, y_0) = 0$，$f_y'(x_0, y_0) = 0$．

使得 $f_x'(x_0, y_0) = 0$，$f_y'(x_0, y_0) = 0$ 同时成立的点 (x_0, y_0) 称为函数 $z = f(x, y)$ 的驻点．

由该定理知道：具有偏导数的极值点一定是驻点．

●极值存在的充分条件

设函数 $z=f(x, y)$ 在驻点 (x_0, y_0) 的某邻域内具有连续的一阶及二阶偏导数，令 $f''_{xx}(x_0, y_0)=A$，$f''_{xy}(x_0, y_0)=B$，$f''_{yy}(x_0, y_0)=C$，则

①$AC-B^2>0$ 时在 (x_0, y_0) 取得极值，且当 $A<0$ 时取极大值，当 $A>0$ 时取极小值；

②$AC-B^2<0$ 时在 (x_0, y_0) 不取得极值；

③$AC-B^2=0$ 时无法判断.（考研出题中，该情况通常极值不存在）

为什么 $AC-B^2$ 能判断极值呢？我们可以简单的理解下：一元函数的二阶导数反映了曲线的凹凸性，而 A，C 也能类似的反映曲面在变量 x 方向和变量 y 方向的凹凸性. 如果 $AC-B^2>0$，由于 B^2 本身非负，所以要想等式成立 AC 必须为正才行，也就是 A、C 同号，这等效于曲面在 x 方向和 y 方向都是凹的，或者都是凸的，这样我们就极度怀疑这个曲面的局部是凹的，或者凸的，而只要再结合 B^2 的作用就保证一定存在局部的凹、凸性了，就存在极值了. 局部是凹的好比下面左图山谷，局部是凸的好比下面左图的山峰，这样的谷底或者山顶就是极值点. 而如果 $AC-B^2<0$ 呢？AC 可能是正的也可能是负的或零，我们只看简单的 AC 为负的情况，此时 AC 异号，也就是在 x、y 方向一个为凹，一个为凸，比如下面右图的马鞍面：它在 x 方向是凸的，y 方向是凹的. x 方向看 $(0, 0)$ 点是极大值，y 方向是极小值，这就不是极值点了. 对于 $AC-B^2=0$ 的情况，我们可以看一些特殊的函数，比如平面，平躺着的圆柱面，以及下面的典型函数等. 我们一直没解释 B 的作用，因为比较复杂，上面的解释可以帮助粗略理解该判别原理，辅助记忆.

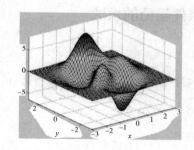 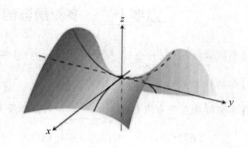

典型函数：

①$f(x, y)=x^2+y^2$ 在 $(0, 0)$ 取得极小值；$f(x, y)=-x^2-y^2$ 在 $(0, 0)$ 取得极大值.

②$f(x, y)=x$ 在 $(0, 0)$ 不取得极值点.

③$f(x, y)=x^4+y^4$ 在 $(0, 0)$ 取得极小值；$f(x, y)=x^3y^3$ 在 $(0, 0)$ 不取得极值；$f(x, y)=-x^4-y^4$ 在 $(0, 0)$ 取得极大值.

函数 $z=f(x, y)$ 的极值的求法叙述如下：

第一步　解方程组，求得一切实数解，即可求得一切驻点.

第二步　对于每一个驻点 (x_0, y_0)，求出二阶偏导数的值 A，B 和 C.

第三步　定出 $AC-B^2$ 的符号，按定理 2 的结论判定 $f(x_0, y_0)$ 是不是极值，是极大值还是极小值.

（2）条件极值

求目标函数 $z=f(x, y)$ 在约束条件 $\varphi(x, y)=0$ 下的极值（或最值）.

拉格朗日乘数法先作拉格朗日函数 $F(x, y, \lambda)=f(x, y)+\lambda\varphi(x, y)$，其中 λ 为参数，

先求 $F(x, y, \lambda)$ 的驻点，即解方程组 $\begin{cases} F'_x = f'_x(x, y) + \lambda \varphi'_x(x, y) = 0 \\ F'_y = f'_y(x, y) + \lambda \varphi'_y(x, y) = 0 \\ F'_\lambda = \varphi(x, y) = 0 \end{cases}$

由此解出 x, y，其中 (x, y) 就是函数 $z = f(x, y)$ 在条件 $\varphi(x, y) = 0$ 下可能取得极值的点．据实际问题确定驻点是最大(小)值点．

(3)连续函数在有界闭区域上的最值问题

设函数 $f(x, y)$ 在有界闭区域 D 上连续，在 D 内可微分且只有有限个驻点，求 $f(x, y)$ 在 D 上的最大值与最小值，其方法为：

①求出 $f(x, y)$ 在 D 内的全体驻点和至少一个偏导数不存在点，并求出 $f(x, y)$ 在这些点处的函数值；

②求出 $f(x, y)$ 在 D 的边界上的最大值和最小值(一般用条件极值求法)；

③将 $f(x, y)$ 在各驻点和偏导数不存在点处的函数值与 $f(x, y)$ 在 D 的边界上的最大值和最小值相比较，最大者为 $f(x, y)$ 在 D 上的最大值，最小者 $f(x, y)$ 在 D 上的最小值．

题型十一　多元函数的无条件极值的求法

【例28】求函数 $z = x^4 + y^4 - x^2 - 2xy - y^2$ 的极值．

【例29】求函数 $f(x, y) = x^3 - y^3 + 3x^2 + 3y^2 - 9x$ 的极值．

题型十二　多元函数的条件极值的求法

【例30】求椭球面 $\dfrac{x^2}{a^2} + \dfrac{y^2}{b^2} + \dfrac{z^2}{c^2} = 1$ 与平面 $lx + my + nz = 0$ 相交的椭圆面积．

【例31】求函数 $z = f(x, y) = (x-1)y$ 在闭区域 D：$x^2 + y^2 \leqslant 3$，$x - y \geqslant 0$ 上的最大值和最小值．

【例32】求坐标原点到曲线 C：$\begin{cases} x^2 + y^2 - z^2 = 1 \\ 2x - y - z = 1 \end{cases}$ 的最短距离为(　　　)．

(A)1　　　　　(B)2　　　　　(C)3　　　　　(D)无最短距离

第九讲 重 积 分

大纲要求

1. 理解二重积分、了解二重积分的性质,了解二重积分的中值定理.

2. 掌握二重积分的计算方法(直角坐标、极坐标),会计算三重积分(直角坐标、柱面坐标、球面坐标).

3. 了解无界区域上较简单的反常二重积分并会计算(数三).

4. 三重积分的概念,三重积分的性质(数一).

5. 会计算三重积分(直角坐标、柱面坐标、球面坐标)(数一).

6. 会用重积分求一些几何量与物理量(平面图形的面积、体积、曲面面积、弧长、质量、质心、形心、转动惯量、引力等)(数一).

知识讲解

一、二重积分

1. 二重积分的概念

(1)定义:设$f(x, y)$是闭区域D上的有界函数,将区域D任意分成n个小闭区域$\Delta\sigma_1$,$\Delta\sigma_2$,$\cdots\Delta\sigma_n$,其中$\Delta\sigma_i$既表示第i个小区域,也表示它的面积.(λ_i表示它的直径)在每个$\Delta\sigma_i$上任取一点(ξ_i, η_i)作乘积$f(\xi_i, \eta_i)\Delta\sigma_i(i=1, 2, \cdots, n)$,并作和式$\sum\limits_{i=1}^{n}f(\xi_i, \eta_i)\Delta\sigma_i$. 如果当各个小闭区间的直径中的最大值$\lambda$趋于零时极限$\lim\limits_{\lambda\to 0}\sum\limits_{i=1}^{n}f(\xi_i, \eta_i)\Delta\sigma_i$存在,则称此极限值为函数$f(x, y)$在区域$D$上的二重积分,记作$\iint\limits_{D}f(x, y)\mathrm{d}\sigma$,即

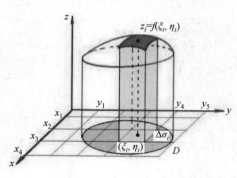

$$\iint\limits_{D}f(x, y)\mathrm{d}\sigma = \lim\limits_{\lambda\to 0}\sum\limits_{i=1}^{n}f(\xi_i, \eta_i)\Delta\sigma_i$$

其中:$f(x, y)$称为被积函数,$f(x, y)\mathrm{d}\sigma$称为被积表达式,$\mathrm{d}\sigma$称为面积元素,x,y称为积分变量,D称之为积分区域,$\sum\limits_{i=1}^{n}f(\xi_i, \eta_i)\Delta\sigma_i$称之为积分和式.

设$D=\{(x, y) \mid 0\leqslant x\leqslant 1, 0\leqslant y\leqslant 1\}$,则

$$\lim\limits_{\substack{m\to\infty \\ n\to\infty}}\frac{1}{mn}\sum\limits_{i=1}^{m}\sum\limits_{j=1}^{n}f\left(\frac{i}{m}, \frac{j}{n}\right)=\iint\limits_{D}f(x, y)\mathrm{d}x\mathrm{d}y$$

这和一元函数定积分求数列和是类似的,也是将被积分区域均匀切分,然后引入积分定义.

（2）几何意义

设对于任意$(x, y) \in D$，$f(x, y) \geqslant 0$，则$\iint\limits_{D} f(x, y) \mathrm{d}\sigma$ 表示以 D 为底面 $z = f(x, y)$ 为顶面的曲顶柱体的体积．也就是把这个曲顶柱体看作犹如一根根挂面条组成，每个挂面条是一个微元，对此微元积分，即得整个体积，如下面左图．

（3）存在性定理

若$f(x, y)$在有界闭区域 D 上连续，则$\iint\limits_{D} f(x, y) \mathrm{d}\sigma$ 存在．反之不成立．

比如下面右图积木拼成的几何体，体积是可求的，二重积分存在，但其函数是不连续的，有类似于一元函数跳跃间断一样的间断．

2. 二重积分的性质

（1）$\iint\limits_{D} [af(x, y) \pm \beta g(x, y)] \mathrm{d}\sigma = \alpha \iint\limits_{D} f(x, y) \mathrm{d}\sigma \pm \beta \iint\limits_{D} g(x, y) \mathrm{d}\sigma$，$\alpha$，$\beta$ 任意常数．

（2）若区域 D 分为两个部分区域 D_1，D_2，则

$$\iint\limits_{D} f(x, y) \mathrm{d}\sigma = \iint\limits_{D_1} f(x, y) \mathrm{d}\sigma + \iint\limits_{D_2} f(x, y) \mathrm{d}\sigma$$

（3）若在 D 上，$f(x, y) \equiv 1$，σ 为区域 D 的面积，则 $\sigma = \iint\limits_{D} \mathrm{d}\sigma$．

（4）如果区域 D 上，$f(x, y) \leqslant g(x, y)$，那么有$\iint\limits_{D} f(x, y) \mathrm{d}\sigma \leqslant \iint\limits_{D} g(x, y) \mathrm{d}\sigma$．

特殊地，由于$-|f(x, y)| \leqslant f(x, y) \leqslant |f(x, y)|$，

$-\iint\limits_{D} |f(x, y)| \mathrm{d}\sigma \leqslant \iint\limits_{D} f(x, y) \mathrm{d}\sigma \leqslant \iint\limits_{D} |f(x, y)| \mathrm{d}\sigma$，

即$\left| \iint\limits_{D} f(x, y) \mathrm{d}\sigma \right| \leqslant \iint\limits_{D} |f(x, y)| \mathrm{d}\sigma$．

（5）估值不等式

设 M 与 m 分别是$f(x, y)$在闭区域 D 上最大值 M 和最小值 m，σ 是 D 的面积，则

$$m\sigma \leqslant \iint\limits_{D} f(x, y) \mathrm{d}\sigma \leqslant M\sigma$$

（6）二重积分的中值定理

设函数$f(x, y)$在闭区域 D 上连续，σ 是 D 的面积，则在 D 上至少存在一点(ξ, η)，使得$\iint\limits_{D} f(x, y) \mathrm{d}\sigma = f(\xi, \eta)\sigma$

这里的$f(\xi, \eta)$可看作是曲顶柱体的平均高度，如左图．

3. 二重积分的计算：化二重积分为累次积分

（1）二重积分在直角坐标系中的计算

①D 为 X 型区域

设积分区域 D 可以用不等式 $a \leqslant x \leqslant b$，$y_1(x) \leqslant y \leqslant y_2(x)$ 表示，则

$$\iint\limits_D f(x, y)\mathrm{d}\sigma = \int_a^b \mathrm{d}x \int_{y_1(x)}^{y_2(x)} f(x, y)\mathrm{d}y，如下图.$$

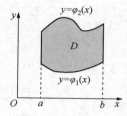 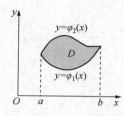 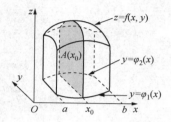

②D 为 Y 型区域

设积分区域 D 可以用不等式 $c \leqslant y \leqslant d$，$x_1(y) \leqslant x \leqslant x_2(y)$，则

$$\iint\limits_D f(x, y)\mathrm{d}\sigma = \int_c^d \mathrm{d}y \int_{x_1(y)}^{x_2(y)} f(x, y)\mathrm{d}x，如下图.$$

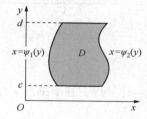 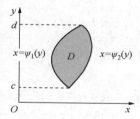

③D 为其他型区域

分成若干个 X（或 Y）型区域进行计算.

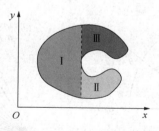

【必会经典题】

①计算二重积分 $A = \iint\limits_R \mathrm{d}\sigma$，这里 R 是由抛物线 $y = x^2$ 和直线 $y = x+2$ 所围成的区域.

解：方法一：

$$A = \iint\limits_{R_1} \mathrm{d}\sigma + \iint\limits_{R_2} \mathrm{d}\sigma$$

$$= \int_0^1 \int_{-\sqrt{y}}^{\sqrt{y}} \mathrm{d}x\mathrm{d}y + \int_1^4 \int_{y-2}^{\sqrt{y}} \mathrm{d}x\mathrm{d}y$$

可见这样算比较麻烦.

方法二:

$$A = \int_{-1}^{2}\int_{x^2}^{x+2} \mathrm{d}y\mathrm{d}x = \int_{-1}^{2}\left[y\right]_{x^2}^{x+2}\mathrm{d}x$$

$$= \int_{-1}^{2}(x+2-x^2)\,\mathrm{d}x = \left[\frac{x^2}{2}+2x-\frac{x^3}{3}\right]_{-1}^{2}$$

$$= \frac{9}{2}$$

可见对不同的积分区域,积分的次序不一样,计算量不一样.

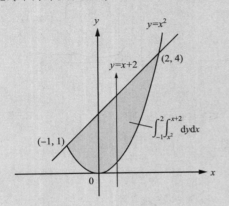
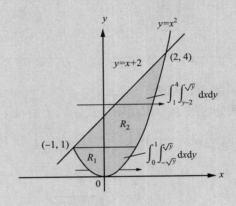

(2)二重积分在极坐标系中的计算

1. 标准计算公式

设积分区域 D 可表示成:$\alpha \leqslant \theta \leqslant \beta$,$r_1(\theta) \leqslant r \leqslant r_2(\theta)$,其中函数 $r_1(\theta)$,$r_2(\theta)$ 在 $[\alpha,\beta]$ 上连续.则 $\iint\limits_{D} f(x,y)\mathrm{d}\sigma = \int_{\alpha}^{\beta}\mathrm{d}\theta\int_{r_1(\theta)}^{r_2(\theta)} f(r\cos\theta,r\sin\theta)r\mathrm{d}r$

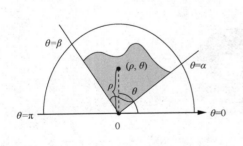
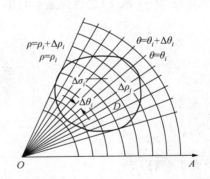

2. 用极坐标系计算二重积分的一般原则

①积分区域的边界曲线的方程用极坐标方程表示比较简单(常见积分区域与圆有关).

②被积函数表示式用极坐标变量表示较简单(含 $(x^2+y^2)^{\alpha}$,α 为实数).

3. 用极坐标系计算二重积分的步骤

①画草图,观察边界曲线,如下左图.

②找 ρ 的积分限,如下右图.

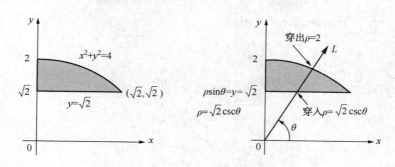

③找 θ 的积分限，如下图.

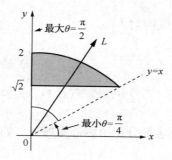

结果为：$\displaystyle\int_{\theta=\frac{\pi}{4}}^{\theta=\frac{\pi}{2}}\int_{\rho=\sqrt{2}\csc\theta}^{\rho=2}f(\rho,\theta)\rho\mathrm{d}\rho\mathrm{d}\theta$.

【必会经典题】

①计算积分 $\displaystyle\iint_{D}e^{x^2+y^2}\mathrm{d}x\mathrm{d}y$

这里积分区域 D 是由坐标轴 x 轴和曲线 $y=\sqrt{1-x^2}$ 所围成的半圆形区域.

解：$\displaystyle\iint_{D}e^{x^2+y^2}\mathrm{d}x\mathrm{d}y$

$=\displaystyle\int_{0}^{\pi}\int_{\rho=0}^{\rho=1}e^{\rho^2}\rho\mathrm{d}\rho\mathrm{d}\theta=\int_{0}^{\pi}\left[\frac{1}{2}e^{\rho^2}\right]\Big|_{0}^{1}\mathrm{d}\theta=\int_{0}^{\pi}\frac{1}{2}(e-1)\,\mathrm{d}\theta=\frac{\pi}{2}(e-1)$

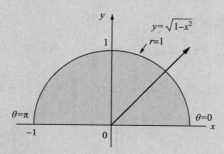

②将 $I=\displaystyle\int_{0}^{1}\mathrm{d}x\int_{0}^{x^2}f(x,y)\mathrm{d}y$ 转化为极坐标形式.

解：$I = \int_0^{\frac{\pi}{4}} \mathrm{d}\theta \int_{\tan\theta\sec\theta}^{\sec\theta} f(\rho\cos\theta, \rho\sin\theta) \cdot \rho\mathrm{d}\rho$

（3）二重积分的特殊计算方法

①利用积分区域 D 关于坐标轴的对称性

若 D 关于 y（或 x）轴对称，则

$$\iint\limits_{D} f(x, y)\mathrm{d}\sigma = \begin{cases} 0, & \text{若 } f(x, y) \text{ 是 } x(\text{或 } y) \text{ 的奇函数} \\ 2\iint\limits_{D_1} f(x, y)\mathrm{d}\sigma, & \text{若 } f(x, y) \text{ 是 } x(\text{或 } y) \text{ 的偶函数} \end{cases}$$

D_1 是 D 在 y（或 x）轴右（上）边部分，简称奇零偶倍，如下图情况：

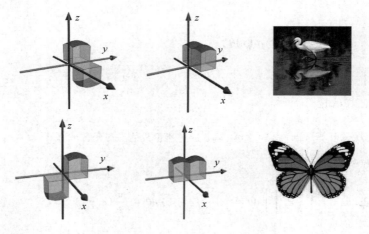

②利用积分区域 D 的轮换对称性

若区域 D 关于 $y=x$ 对称，则 $\iint\limits_{D} f(x, y)\mathrm{d}\sigma = \iint\limits_{D} f(y, x)\mathrm{d}\sigma$

若区域 D 关于 $y=-x$ 对称，则 $\iint\limits_{D} f(x, y)\mathrm{d}x\mathrm{d}y = \iint\limits_{D} f(-y, -x)\mathrm{d}x\mathrm{d}y$

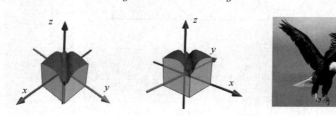

【必会经典题】

①计算积分 $I = \iint\limits_{D} x[1 + yf(x^2 + y^2)]\,d\sigma$，$D$：$y = x$，$y = 1$，$x = -1$ 围成.

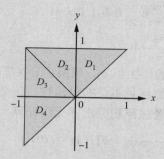

解：$\iint\limits_{D} x[1 + yf(x^2 + y^2)]\,d\sigma$

$= \iint\limits_{D_1 + D_2} x[1 + yf(x^2 + y^2)]\,d\sigma + \iint\limits_{D_3 + D_4} x[1 + yf(x^2 + y^2)]\,d\sigma$

$= 0 + \iint\limits_{D_3 + D_4} xyf(x^2 + y^2)\,d\sigma + \iint\limits_{D_3 + D_4} x\,d\sigma = \iint\limits_{D_3 + D_4} x\,d\sigma = \int_{-1}^{0} dx \int_{x}^{-x} x\,dy = -\dfrac{2}{3}$

②设区域 $D = \{(x, y)\,|\,x^2 + y^2 \leqslant 4,\ x \geqslant 0,\ y \geqslant 0\}$，$f(x, y)$ 为 D 上的正值连续函数，a 和 b 为常数，

求：$\iint\limits_{D} \dfrac{a\sqrt{f(x)} + b\sqrt{f(y)}}{\sqrt{f(x)} + \sqrt{f(y)}}\,d\sigma$.

解：$\iint\limits_{D} \dfrac{a\sqrt{f(x)} + b\sqrt{f(y)}}{\sqrt{f(x)} + \sqrt{f(y)}}\,d\sigma$

$= \iint\limits_{D} \dfrac{a\sqrt{f(y)} + b\sqrt{f(x)}}{\sqrt{f(y)} + \sqrt{f(x)}}\,d\sigma$

$= \dfrac{1}{2}\iint\limits_{D}\left[\dfrac{a\sqrt{f(x)} + b\sqrt{f(y)}}{\sqrt{f(x)} + \sqrt{f(y)}} + \dfrac{a\sqrt{f(y)} + b\sqrt{f(x)}}{\sqrt{f(y)} + \sqrt{f(x)}}\right]d\sigma$

$= \dfrac{a+b}{2}\iint\limits_{D} d\sigma = \dfrac{a+b}{2} \cdot \dfrac{1}{4}\pi \cdot 2^2 = \dfrac{a+b}{2}\pi$

题型一　在哪些情况下需调换二次积分的次序

●按题目要求

【例1】更换下列二次积分的积分次序

（1）$\displaystyle\int_{0}^{3} dx \int_{\sqrt{3x}}^{x^2 - 2x} f(x, y)\,dy$

（2）$\displaystyle\int_{0}^{\pi} dx \int_{0}^{\cos x} f(x, y)\,dy$

●为简化计算，调换二次积分的积分次序

计算一个给定的二次积分的值时，不要急于盲目地按原积分次序计算，应先考虑一下，按原积分次序能否计算以及计算是否简便，否则可改换积分次序.

【例2】通过交换分次序计算下列二积分：

(1) $\int_0^1 dy \int_{\sqrt{y}}^1 \sqrt{1+x^3}\, dx$

(2) $\int_0^1 dy \int_{\arcsin y}^{\frac{\pi}{2}} \cos x \sqrt{1+\cos^2 x}\, dx$

【例3】[1995年2] 设 $f(x) = \int_0^x \dfrac{\sin t}{\pi - t}\, dt$，计算 $\int_0^\pi f(x)\, dx$

【例4】计算二次积分 $I = \int_0^1 dy \int_{\arcsin y}^{\pi - \arcsin y} x\, dx$

● 按一种积分次序无法算出的二次积分，调换积分次序后化为可算出的二次积分.
（Ⅰ）内层积分的被积函数的原函数不是初等函数，该类型见下面的题型总结.
（Ⅱ）被积函数含抽象函数，若按原积分次序无法计算，可调换积分次序试求之.

【例5】证明 $\int_0^a dx \int_0^x \dfrac{f'(y)}{\sqrt{(a-x)(x-y)}}\, dy = \pi[f(a) - f(0)]$

题型二　二重积分需分区域积分的几种情况

【例6】计算 $\iint\limits_D \sin x \sin y \cdot \max\{x, y\}\, dx dy$，其中 $D = \{(x, y) \mid 0 \leqslant x \leqslant \pi,\ 0 \leqslant y \leqslant \pi\}$.

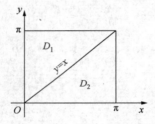

【例7】计算 $\iint\limits_D |\cos(x+y)|\, d\sigma$，$D$ 由 $y = x$，$y = 0$，$x = \dfrac{\pi}{2}$ 所围成（如下图）.

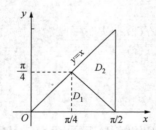

【例8】设 $f(x, y) = \begin{cases} x^2 + y^2, & x + y \geqslant 1 \\ 1, & x + y < 1 \end{cases}$，计算二重积分 $I = \iint\limits_D f(x, y)\, d\sigma$，

其中，$D: x^2 + y^2 \leqslant 1,\ x \geqslant 0,\ y \geqslant 0$.

【例9】计算二重积分 $\iint\limits_D \sqrt{|x - |y||}\, d\sigma$，其中 $D: 0 \leqslant x \leqslant 2,\ |y| \leqslant 1$.

【例10】　不计算积分的值，试确定 $I = \iint\limits_{x^2+y^2 \leqslant 4} \sqrt[3]{1 - x^2 - y^2}\, dx dy$ 的正负号.

题型三　极坐标与变量替换

【例11】设 D 是由圆弧 $x^2 + y^2 = 2\ (x \geqslant 1,\ y \geqslant 0)$，直线 $x = 1$ 及 x 轴围成的区域，计算二重积分 $I =$

$$\iint\limits_{D} \frac{1}{(1 + x^2 + y^2)^{\frac{3}{2}}} d\sigma.$$

【例12】计算 $\iint\limits_{D} (x + y) dxdy$，$D$ 是圆域 $x^2+y^2 \leqslant x+y$.

【例13】计算 $\iint\limits_{D} (x^2 + y^2) d\sigma$，$D$ 为由不等式 $\sqrt{2x-x^2} \leqslant y \leqslant \sqrt{4-x^2}$ 所确定的区域.

题型四　利用奇偶对称，轮换对称求解

【例14】计算 $\iint\limits_{x^2+y^2 \leqslant a^2} (x^2 - 2x + 3y + 2) d\sigma$.

【例15】[1994年1]设区域 D 为 $x^2+y^2 \leqslant R^2$，则 $\iint\limits_{D} \left(\frac{x^2}{a^2} + \frac{y^2}{b^2} \right) dxdy = $ _____.

【例16】[1991年1, 2]设 D 是 xOy 平面上以 $(1, 1)$，$(-1, 1)$ 和 $(-1, -1)$ 为顶点的三角形区域，D_1 是 D 在第一象限的部分，则 $\iint\limits_{D} (xy + \cos x \sin y) dxdy$ 等于(　　　　).

(A) $2\iint\limits_{D_1} \cos x \sin y dxdy$　　　(B) $2\iint\limits_{D_1} xy dxdy$　　　(C) $4\iint\limits_{D_1} (xy + \cos x \sin y) dxdy$　　　(D) 0

【例17】计算二重积分 $I = \iint\limits_{D} (xy^3 + \sin x^3) d\sigma$，其中 D 是由曲线段 $y=x^2(-1 \leqslant x \leqslant 0)$，$y=-x^2(0 \leqslant x \leqslant 1)$ 及两条直线 $x=1$，$y=1$ 所围成的平面区域.

题型五　被积函数不是初等函数

原函数不是初等函数的被积函数，由于无法直接求解，一般采用交换积分次序，或者极坐标，或者奇偶对称、轮换对称等方法，转换之后再求解.

原函数不是初等函数的常见(对 x 的积分)函数有:

$$e^{\pm x^2}, \quad e^{\frac{y}{x}}, \quad \frac{\cos x}{x}, \quad \frac{\sin x}{x}, \quad \sin x^k (k \geqslant 2), \quad \cos x^k (k \geqslant 2), \quad \sin \frac{y}{x}, \quad \frac{1}{\ln x}, \quad \frac{1}{\sqrt{1+x^4}}$$

【例18】通过交换积分次序计算下列二次积分: $\int_0^1 dx \int_{x^2}^1 x^3 \sin(y^3) dy$.

【例19】二次积分 $\int_0^1 dx \int_x^1 xe^{(\frac{x}{y})^2} dy = $ _____.

【例20】计算下列二重积分:

(1) [1998年2] $\int_1^2 dx \int_{\sqrt{x}}^x \sin \frac{\pi x}{2y} dy + \int_2^4 dx \int_{\sqrt{x}}^2 \sin \frac{\pi x}{2y} dy$

(2) [1999年2] $\int_{\frac{1}{4}}^{\frac{1}{2}} dy \int_{\frac{1}{2}}^{\sqrt{y}} e^{\frac{y}{x}} dx + \int_{\frac{1}{2}}^1 dy \int_y^{\sqrt{y}} e^{\frac{y}{x}} dx$

【例21】求 $I = \iint\limits_{D} \sin \frac{x}{y} dxdy$，$D$ 是由直线 $y=x$，$y=2$ 和曲线 $x=y^3$ (如图)所围成的闭区域.

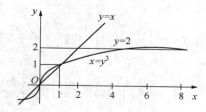

137

题型六　利用二重积分的几何意义或物理意义简化计算

【例 22】 设 D 内平面区域 $x^2+y^2 \leqslant 4$, 则 $\iint\limits_{D} \sqrt{x^2 + y^2} \mathrm{d}x\mathrm{d}y =$ _____.

题型七　二重积分(或可化为二重积分)的等式和不等式证法

● 通过缩放、化简、计算证之

【例 23】 根据二重积分的性质, 比较下列积分的大小:

(1) $\iint\limits_{D}(x+y)^2 \mathrm{d}\sigma$ 与 $\iint\limits_{D}(x+y)^3 \mathrm{d}\sigma$

其中积分区域 D 是由圆周 $(x-2)^2+(y-1)^2=2$ 所围成.

(2) $\iint\limits_{D}\ln(x+y)\mathrm{d}\sigma$ 与 $\iint\limits_{D}[\ln(x+y)]^2\mathrm{d}\sigma$, 其中 D 是矩形区域: $3 \leqslant x \leqslant 5$, $0 \leqslant y \leqslant 1$.

【例 24】 设 $f(t)$ 连续, 证明 $\iint\limits_{D} f(x-y)\mathrm{d}x\mathrm{d}y = \int_{-a}^{a} f(t)(a-|t|)\mathrm{d}t$, 其中 a 是正常数.

$$D = \left\{(x, y) \,\middle|\, |x| \leqslant \frac{a}{2}, \ |y| \leqslant \frac{a}{2}\right\}$$

【例 25】 设函数 $f(x, y)$ 在区域 D: $y \leqslant x^2$, $x \leqslant 1$, $y \geqslant 0$ 上连续且 $xy\left(\iint\limits_{D} f(x, y)\mathrm{d}\sigma\right)^2 = f(x, y) - 9$, 则

$f(x, y) =$ _____.

● 将单(定)积分、二次积分化为二重积分, 利用二重积分性质证之

结论: 设 $f(x)$ 在 $a \leqslant x \leqslant b$, $g(x)$ 在 $c \leqslant x \leqslant d$ 连续, 则

$$\int_a^b f(x)\mathrm{d}x \int_c^d g(x)\mathrm{d}x = \int_a^b f(x)\mathrm{d}x \int_c^d g(y)\mathrm{d}y = \iint\limits_{D} f(x)g(y)\mathrm{d}x\mathrm{d}y$$

$$\int_a^b f(x)\mathrm{d}x \int_c^d g(x)\mathrm{d}x = \int_a^b f(y)\mathrm{d}y \int_c^d g(x)\mathrm{d}x = \iint\limits_{D_1} f(y)g(x)\mathrm{d}x\mathrm{d}y$$

其中, $D = \{(x, y) \,|\, a \leqslant x \leqslant b, \ c \leqslant y \leqslant d\}$, $D_1 = \{(x, y) \,|\, c \leqslant x \leqslant d, \ a \leqslant y \leqslant b\}$, 均为边平行于坐标轴的矩形区域.

一般含有两个单(定)积分乘积的积分不等式或等式, 可以利用上述命题转化为二重积分证之.

【例 26】 设函数 $f(x)$ 与 $g(x)$ 在 $[a, b]$ 上连续, 且同为单调不减(或同为单调不增)函数,

证明: $(b-a)\int_a^b f(x)g(x)\mathrm{d}x \geqslant \int_a^b f(x)\mathrm{d}x \int_a^b g(x)\mathrm{d}x$.

【例 27】 已知函数 $f(x)$ 在 $[0, \alpha]$ 连续, 证: $2\left[\int_0^a f(x)\mathrm{d}x \int_x^a f(y)\mathrm{d}y\right] = \left[\int_0^a f(x)\mathrm{d}x\right]^2$.

● 利用积分区域和被积函数的对称性证之

【例 28】 设函数 $f(x)$ 是 $[a, b]$ 上的正值连续函数, 试证: $\iint\limits_{D} \dfrac{f(x)}{f(y)}\mathrm{d}x\mathrm{d}y \geqslant (b-a)^2$, 其中 D 为 $a \leqslant x \leqslant b$, $a \leqslant y \leqslant b$.

【例 29】 设 $f(x)$ 在 $[a, b]$ 连续, 证明: $\left[\int_a^b f(x)\mathrm{d}x\right]^2 \leqslant (b-a)\int_a^b [f(x)]^2\mathrm{d}x$.

(4) 利用交换积分次序证之

【例 30】 设 $f(x)$ 在区间 $[0, 1]$ 上连续, 证明: $\int_0^1 f(x)\mathrm{d}x \int_x^1 f(y)\mathrm{d}y = \dfrac{1}{2}\left[\int_0^1 f(x)\mathrm{d}x\right]^2$.

题型八　由重积分定义的函数的求法

将二重或三重积分化为二次或三次积分，进而化成变限积分，再利用变限积分求导法则建立待求函数所满足的微分方程，求其特解即得所求函数.

【例31】[1997 年 3]设函数 $f(x)$ 在 $(0, +\infty)$ 上连续，满足方程 $f(t) = e^{4\pi t^2} + \iint\limits_{x^2+y^2 \leqslant 4t^2} f(\frac{1}{2}\sqrt{x^2+y^2}) dxdy$，求 $f(t)$.

题型九　由重积分定义的函数的极限的求法

【例32】求 $\lim\limits_{t \to 0} \dfrac{1}{t^2} \int_0^t dx \int_x^t e^{-(y-x)^2} dy$.

题型十　二重积分中值定理(考纲新增)

【总结】设 m, n 为正整数，形如 $\lim\limits_{r \to 0^+} \dfrac{\iint\limits_{x^2+y^2 \leqslant r^m} f(x, y) dxdy}{r^n}$ 的极限，计算方法有如下规律：

(1)若 $m \geqslant n$，则二重积分中值定理和极坐标化成累次积分这两种方法均可行，而且二重积分中值定理往往比较简单；(此类简称"能压死")

(2)若 $m < n$，则二重积分中值定理很可能无法处理，需要化成累次积分再计算极限. (此类简称"压不死")

【例33】计算 $\lim\limits_{r \to 0} \dfrac{1}{r^4} \iint\limits_{x^2+y^2 \leqslant r^4} \sin\sqrt{x^2+y^2} dxdy$.

【例34】设函数 $f(x, y)$ 连续，计算 $\lim\limits_{r \to 0^+} \dfrac{1}{r^2} \iint\limits_{x^2+y^2 \leqslant r^2} f(x, y) dxdy$.

【例35】设 $f(x)$ 连续，且 $f(0) = 0, f'(0) = 1$，计算 $\lim\limits_{r \to 0^+} \dfrac{1}{\pi r^3} \iint\limits_{x^2+y^2 \leqslant r^2} f(\sqrt{x^2+y^2}) dxdy$.

【例36】设 $f(x, y)$ 连续且偏导数存在，满足 $\lim\limits_{\substack{x \to 0^+ \\ y \to 0^+}} \dfrac{f(x, y) - x - 2y}{\sqrt{x^2+y^2}} = 0$，计算：

(1) $\lim\limits_{x \to 0^+} \dfrac{\int_0^x dt \int_x^t f(t, u) du}{\ln(x^2 + \sqrt{1+x^2})}$；(2) $\lim\limits_{x \to 0^+} \dfrac{\int_0^{x^2} dt \int_x^{\sqrt{t}} f(t, u) du}{1 - e^{-\frac{1}{4}x^4}}$.

二、三重积分(仅数一)

1. 三重积分的概念

(1)三重积分的定义

设 $f(x, y, z)$ 是空间闭区域 Ω 上的有界函数，将 Ω 任意地分划成 n 个小区域 $\Delta v_1, \Delta v_2, \cdots \Delta v_n$，其中 Δv_i 表示第 i 个小区域，也表示它的体积. 在每个小区域 Δv_i 上任取一点 (ξ_i, η_i, ζ_i)，作乘积 $f(\xi_i, \eta_i, \zeta_i) \Delta v_i$，作和式 $\sum\limits_{i=1}^n f(\xi_i, \eta_i, \zeta_i) \Delta v_i$，以 λ 记这 n 个小区域直径的最大者，若极限 $\lim\limits_{\lambda \to 0} \sum\limits_{i=1}^n f(\xi_i, \eta_i, \zeta_i) \Delta v_i$ 存在，则称此极限值为函数 $f(x, y, z)$ 在区域 Ω 上的三重积分，记作 $\iiint\limits_D f(x, y, z) dv$，即

$$\iiint\limits_D f(x, y, z) dv = \lim\limits_{\lambda \to 0} \sum\limits_{i=1}^n f(\xi_i, \eta_i, \zeta_i) \Delta v_i,$$

其中，dv 叫体积元素.

（2）三重积分的存在定理：若函数在区域上连续，则三重积分存在.

（3）三重积分的物理意义

当 $f(x, y, z) \geq 0$，$\iiint\limits_{D} f(x, y, z) dv$ 表示以 $f(x, y, z)$ 为体密度的空间立体 Ω 的质量.

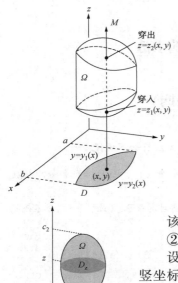

（4）三重积分的性质：三重积分具有与二重积分相似的性质.

2. 三重积分的计算：将三重积分化成三次定积分

（1）利用直角坐标计算三重积分

①投影法（先一后二）

若空间闭区域 $\Omega = \{(x, y, z) \mid z_1(x, y) \leq z \leq z_2(x, y)$，$(x, y) \in D_{xy}\}$，其中

$D_{xy} = \{(x, y) \mid a \leq x \leq b, y_1(x) \leq y \leq y_2(x)\}$，则

$$\iiint\limits_{D} f(x, y, z) dv = \iint\limits_{D_{xy}} dx dy \int_{z_1(x, y)}^{z_2(x, y)} f(x, y, z) dz$$

$$= \int_a^b dx \int_{y_1(x)}^{y_2(x)} dy \int_{z_1(x, y)}^{z_2(x, y)} f(x, y, z) dz$$

该方法将空间看作一个个细长条组成，像一捆巧克力棒.

②平面截割法（先二后一）

设空间闭区域 $\Omega = \{x, y, z \mid (x, y) \in D_z, c_1 \leq z \leq c_2\}$，其中 D_z 是竖坐标为 z 的平面截闭区域 Ω 所得到的一个平面闭区域，则有

$$\iiint\limits_{\Omega} f(x, y, z) dv = \int_{c_1}^{c_2} dz \iint\limits_{D_z} f(x, y, z) dx dy$$

该方法将空间看作是一个个薄片堆叠而成，像一摞切好的土豆片.

【必会经典题】

①计算 $\iiint\limits_{\Omega} y dV$，其中 Ω 是由三个坐标平面及平面 $x+2y+z=1$ 围成的立体.

解：$\iiint\limits_{\Omega} y dV$

$$= \iint\limits_{D_{xoy}} dx dy \int_0^{1-x-2y} y dz$$

$$= \int_0^1 dx \int_0^{\frac{1}{2}(1-x)} dy \int_0^{1-x-2y} y dz$$

$$= \int_0^1 dx \int_0^{\frac{1}{2}(1-x)} y \cdot (z \mid_0^{1-x-2y}) dy$$

$$= \int_0^1 dx \int_0^{\frac{1}{2}(1-x)} y \cdot (1 - x - 2y) dy$$

$$= \int_0^1 dx \int_0^{\frac{1}{2}(1-x)} [y(1-x) - 2y^2] dy$$

$$= \int_0^1 \left[\frac{1}{2}(1-x)y^2 - \frac{2}{3}y^3 \mid_0^{\frac{1}{2}(1-x)} \right] dx$$

$$= \int_0^1 \frac{1}{24}(1-x)^3 dx = -\frac{1}{24}\int_0^1 (1-x)^3 d(1-x)$$

$$= -\frac{1}{24} \cdot \frac{1}{4}(1-x)^4 \mid_0^1 = \frac{1}{96}$$

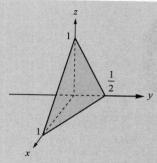

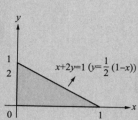

②计算 $\iiint\limits_{\Omega} z\mathrm{d}x\mathrm{d}y\mathrm{d}z$ ，其中 Ω 是由 $z=x^2+y^2$ 和 $z=1$ 围成的区域.

解：方法一：$\iiint\limits_{\Omega} z\mathrm{d}x\mathrm{d}y\mathrm{d}z$

$$= \iint\limits_{D_{xoy}} \mathrm{d}\sigma \int_{x^2+y^2}^{1} z\mathrm{d}z$$

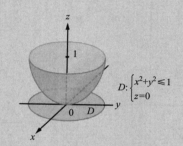

$$= \int_{-1}^{1} \mathrm{d}x \int_{-\sqrt{1-x^2}}^{\sqrt{1-x^2}} \mathrm{d}y \int_{x^2+y^2}^{1} z\mathrm{d}z$$

$$= \cdots = \frac{\pi}{3}$$

$D:\begin{cases} x^2+y^2 \leq 1 \\ z=0 \end{cases}$

方法二：$\iiint\limits_{\Omega} z\mathrm{d}x\mathrm{d}y\mathrm{d}z$

$$= \int_0^1 \mathrm{d}z \iint\limits_{D_z} z\mathrm{d}x\mathrm{d}y = \int_0^1 z\mathrm{d}z \iint\limits_{D_z} \mathrm{d}x\mathrm{d}y$$

$$= \int_0^1 z \cdot \pi z\mathrm{d}z = \frac{1}{3}\pi$$

（2）利用柱面坐标计算三重积分

①直角坐标与柱面坐标的关系

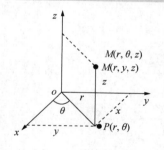

点 M 的直角坐标与柱面坐标之间有关系式 $\begin{cases} x=r\cos\theta \\ y=r\sin\theta \\ z=z \end{cases}$

其中，$0 \leq r < +\infty$ ，$0 \leq \theta \leq 2\pi$ ，$-\infty < z < +\infty$.
柱面坐标是直角坐标和极坐标的杂交.

②利用柱面坐标计算三重积分

若空间闭区域 Ω 可以用不等式 $z_1(r, \theta) \leq z \leq z_2(r, \theta)$ ，
$r_1(\theta) \leq r \leq r_2(\theta)$ ，$\alpha \leq \theta \leq \beta$ 来表示，则

$$\iiint\limits_{\Omega} f(x, y, z)\mathrm{d}v = \iiint\limits_{\Omega} f(r\cos\theta, r\sin\theta, z)r\mathrm{d}r\mathrm{d}\theta\mathrm{d}z$$

$$= \int_\alpha^\beta \mathrm{d}\theta \int_{r_1(\theta)}^{r_2(\theta)} r\mathrm{d}r \int_{z_1(r, \theta)}^{z_2(r, \theta)} f(r\cos\theta, r\sin\theta, z)\mathrm{d}z.$$

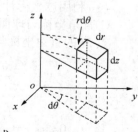

③选择柱面坐标的一般原则：

（a）积分区域是除球外旋转体时考虑用柱面坐标系（例如圆锥体，圆柱体，旋转抛物面与平面所围立体等）. 如下图，柱面坐标系可以方便地扫过圆柱薄圈，很多几何体可看作这样的薄圈洋葱一样叠加而成.

（b）被积函数 $f(x, y, z)$ 含有 $\sqrt{x^2+y^2}$.

【必会经典题】

①将积分写成柱面坐标形式：$\iiint\limits_{\Omega} x^2 + y^2 \mathrm{d}v$

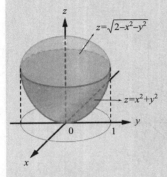

其中 Ω 是由 $z = \sqrt{2-x^2-y^2}$ 和 $z = x^2+y^2$ 所围成的立体.

解：$\iiint\limits_{\Omega} x^2 + y^2 \mathrm{d}v$

$$= \iint\limits_{D_{xoy}} \mathrm{d}x\mathrm{d}y \int_{x^2+y^2}^{\sqrt{2-x^2-y^2}} x^2 + y^2 \mathrm{d}z$$

$$\underline{\begin{cases} x = r\cos\theta \\ y = r\sin\theta \\ z = z \end{cases}} \int_0^{2\pi} \mathrm{d}\theta \int_0^1 r\mathrm{d}r \int_{r^2}^{\sqrt{2-r^2}} r^2 \mathrm{d}z ,$$

②计算三重积分 $\iiint\limits_{\Omega} \sqrt{x^2+y^2} \mathrm{d}v$，其中 $\Omega: x^2+y^2 \leqslant z^2$，$1 \leqslant z \leqslant 2$.

解：$\iiint\limits_{\Omega} \sqrt{x^2+y^2} \mathrm{d}v$

$$= \iiint\limits_{\Omega_1} \sqrt{x^2+y^2} \mathrm{d}v + \iiint\limits_{\Omega_2} \sqrt{x^2+y^2} \mathrm{d}v$$

$$= \int_0^{2\pi} \mathrm{d}\theta \int_1^2 r \cdot r\mathrm{d}r \int_r^2 \mathrm{d}z + \int_0^{2\pi} \mathrm{d}\theta \int_0^1 r \cdot r\mathrm{d}r \int_1^2 \mathrm{d}z$$

$$= 2\pi \left[\int_1^2 (2r^2 - r^3) \mathrm{d}r + \frac{1}{3} \right] = \frac{5\pi}{2}$$

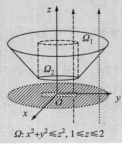

$\Omega: x^2+y^2 \leqslant z^2, 1 \leqslant z \leqslant 2$

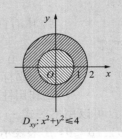

$D_{xy}: x^2+y^2 \leqslant 4$

（3）利用球坐标计算三重积分

①直角坐标与球面坐标的关系（下面左图）

点 M 的直角坐标与球面坐标间的关系为

$$\begin{cases} x = r\sin\phi\cos\theta \\ y = r\sin\phi\sin\theta \\ z = r\cos\phi \end{cases}$$

其中，$0 \leqslant r < +\infty$，$0 \leqslant \phi \leqslant \pi$，$0 \leqslant \theta \leqslant 2\pi$.

②利用球面坐标计算三重积分（下面右图）

$\mathrm{d}v = r^2\sin\phi\mathrm{d}r\mathrm{d}\phi\mathrm{d}\theta$ 这就是球面坐标系中的体积元素.

$$\iiint_\Omega f(x, y, z)\mathrm{d}x\mathrm{d}y\mathrm{d}z = \iiint_\Omega F(r, \phi, \theta)r^2\sin\phi\,\mathrm{d}r\mathrm{d}\phi\mathrm{d}\theta$$

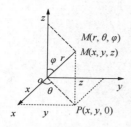 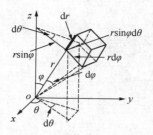

看下面的例子(下面左图):

$$\iiint_\Omega f(x, y, z)\mathrm{d}v$$

$$= \int_\alpha^\beta \mathrm{d}\theta \int_{\varphi_{\min}}^{\varphi_{\max}} \sin\varphi\mathrm{d}\varphi \int_{\rho_1(\varphi, \theta)}^{\rho_2(\varphi, \theta)} f(\rho\sin\varphi\cos\theta, \rho\sin\varphi\sin\theta, \rho\cos\varphi)\rho^2\mathrm{d}\rho.$$

$$\int_\alpha^\beta \mathrm{d}\theta$$

$$\int_{\varphi_{\min}}^{\varphi_{\max}} \sin\varphi\mathrm{d}\varphi$$

$$\int_{\rho_1(\varphi, \theta)}^{\rho_2(\varphi, \theta)} f(\rho\sin\varphi\cos\theta, \rho\sin\varphi\sin\theta, \rho\cos\varphi)\rho^2\mathrm{d}\rho$$

③选择球坐标的原则

(a)Ω 的边界曲面的方程用球面坐标表示较简单(常见的有球体、顶点在原点的圆锥面与球面所围立体),因为球坐标可以很方便地求解圆形薄壳,如下面右图,很多几何体可看作这样的薄壳一层层叠加而成.

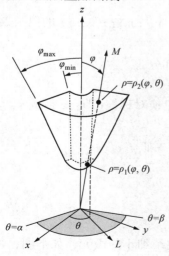 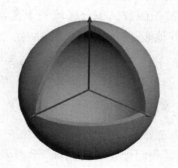

(b)积函数 $f(x, y, z)$ 中含有 $\sqrt{x^2+y^2+z^2}$.

【必会经典题】

①球面的方程为 $x^2+y^2+z^2=R^2$，利用三重积分计算球体的体积 V.

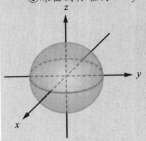

解：$V = \iiint\limits_{\Omega} \mathrm{d}v$

$$= \int_0^{2\pi} \mathrm{d}\theta \int_0^{\pi} \sin\varphi \mathrm{d}\varphi \int_0^R \rho^2 \mathrm{d}\rho$$

$$= 2\pi \cdot \left[-\cos\varphi\right]_0^{\pi} \cdot \frac{R^3}{3}$$

$$= \frac{4}{3}\pi R^3$$

②求 $\iiint\limits_{\Omega} z^2 \mathrm{d}v$，$\Omega$：$x^2 + y^2 + z^2 \leq 2z$.

解：用球面坐标系 Ω：

$0 \leq r \leq 2\cos\varphi$，

$0 \leq \varphi \leq \dfrac{\pi}{2}$，

$0 \leq \theta \leq 2\pi$

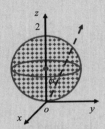

$$I = \int_0^{2\pi} \mathrm{d}\theta \int_0^{\frac{\pi}{2}} \mathrm{d}\varphi \int_0^{2\cos\varphi} r^2\cos^2\varphi \cdot r^2\sin\varphi \mathrm{d}r$$

$$= 2\pi \int_0^{\frac{\pi}{2}} \cos^2\varphi\sin^2\varphi \left[\frac{r^5}{5}\right]_0^{2\cos\varphi} \mathrm{d}\varphi$$

$$= \frac{64\pi}{5} \cdot \left(-\frac{\cos^8\varphi}{8}\right) \Big|_0^{\frac{\pi}{2}} = \frac{8}{5}\pi$$

（4）三重积分的特殊计算方法

①利用 Ω 关于坐标平面的对称性

如果 Ω 关于 $xoy(yoz, xoz)$ 平面对称，则

$$\iiint\limits_{\Omega} f(x, y, z)\mathrm{d}v = \begin{cases} 0, & f(x, y, z) \text{ 是 } z(x, y) \text{ 的奇函数} \\ 2\iiint\limits_{\Omega_1} f(x, y, z)\mathrm{d}v, & f(x, y, z) \text{ 是 } z(x, y) \text{ 的偶函数} \end{cases}$$

其中，Ω_1 是 Ω 在 $xoy(yoz, xoz)$ 上（前，右）方的部分.

②利用 Ω 的轮换对称性

如果被积函数，积分区域关于变量 x，y，z 具有轮换对称性（即：x 换成 y，y 换成 z，z 换成 x，其他表达式均不变），则

$$\iiint\limits_{\Omega} f(x, y, z)\mathrm{d}v = \iiint\limits_{\Omega} f(y, z, x)\mathrm{d}v = \iiint\limits_{\Omega} f(z, x, y)\mathrm{d}v$$

三、重积分的应用（仅数一）

（1）曲面面积

也就是我们把光滑的曲面"千刀万剐"切分成无数个细小的微元，如下图，每个微元的面积用其切平面代替，这样算积分即可.

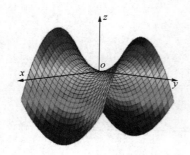
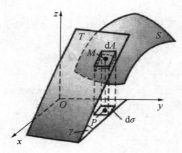

曲面方程 $z=f(x，y)$，切平面微元与投影微元的关系为：$\mathrm{d}A=\dfrac{\mathrm{d}\sigma}{\cos\gamma}$

$$\cos\gamma=\frac{1}{\sqrt{1+f_x^2(x，y)+f_y^2(x，y)}}，$$

$$\mathrm{d}A=\sqrt{1+f_x^2(x，y)+f_y^2(x，y)}\,\mathrm{d}\sigma.$$

曲面 S 的面积元素 $A=\displaystyle\iint_{D}\sqrt{1+f_x^2(x，y)+f_y^2(x，y)}\,\mathrm{d}\sigma.$

除了投影在 xoy 平面，还可以投影在其他平面计算.

$$A=\iint_{D_{xy}}\sqrt{1+\left(\frac{\partial z}{\partial x}\right)^2+\left(\frac{\partial z}{\partial y}\right)^2}\,\mathrm{d}x\mathrm{d}y.$$

$$A=\iint_{D_{yz}}\sqrt{1+\left(\frac{\partial x}{\partial y}\right)^2+\left(\frac{\partial x}{\partial z}\right)^2}\,\mathrm{d}y\mathrm{d}z.$$

$$A=\iint_{D_{zx}}\sqrt{1+\left(\frac{\partial y}{\partial z}\right)^2+\left(\frac{\partial y}{\partial x}\right)^2}\,\mathrm{d}z\mathrm{d}x.$$

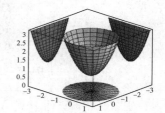

【必会经典题】

①求半径为 d 的球的表面积.

解：取上半球面方程为 $z=\sqrt{a^2-x^2-y^2}$，

$\dfrac{\partial z}{\partial x}=\dfrac{-x}{\sqrt{a^2-x^2-y^2}}$，$\dfrac{\partial z}{\partial y}=\dfrac{-y}{\sqrt{a^2-x^2-y^2}}$，得

$$\sqrt{1+\left(\frac{\partial z}{\partial x}\right)^2+\left(\frac{\partial z}{\partial y}\right)^2}=\frac{a}{\sqrt{a^2-x^2-y^2}}，$$

$$A_1=\iint_{D_1}\frac{a}{\sqrt{a^2-x^2-y^2}}\mathrm{d}x\mathrm{d}y=2\pi a^2$$

$$A=4\pi a^2$$

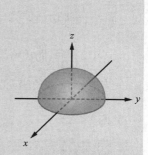

②求两个直交圆柱面 $x^2+y^2=R^2$ 及 $x^2+z^2=R^2$ 所围成的立体的表面积.

解：由对称性，所求立体的表面积 S 等于如下图所示立体的上侧表面积的 16 倍；

此上侧面 $z=\sqrt{R^2-x^2}$，

$$\sqrt{1+z_x^2+z_y^2}=\frac{R}{\sqrt{R^2-x^2}}，$$

$$S=16\iint_{D}\sqrt{1+z_x^2+z_y^2}\,\mathrm{d}\sigma=\iint_{D}\frac{16R}{\sqrt{R^2-x^2}}\mathrm{d}\sigma$$

$$= \int_0^R dx \int_0^{\sqrt{R^2-x^2}} \frac{16R}{\sqrt{R^2-x^2}} dy = 16 \int_0^R R dx = 16R^2.$$

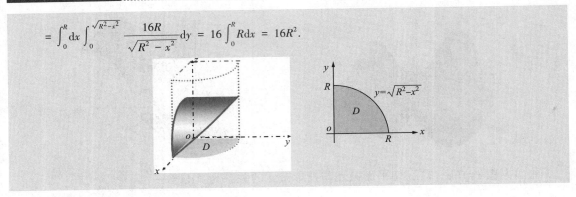

（2）质心

质心就是质量的中心，而重心就是重力的中心，忽略重力场在地球表面微弱变化，重心和质心是重合的.

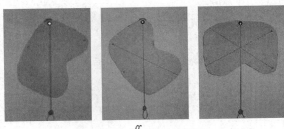

$$\bar{x} = \frac{M_y}{M} = \frac{\iint\limits_D x\mu(x, y)d\sigma}{\iint\limits_D \mu(x, y)d\sigma}, \quad \bar{y} = \frac{M_x}{M} = \frac{\iint\limits_D y\mu(x, y)d\sigma}{\iint\limits_D \mu(x, y)d\sigma}$$

这种方法，是每个坐标的以质量为权重的加权平均.

$$\bar{x} = \frac{1}{M}\iiint\limits_\Omega x\rho(x, y, z)dv, \quad \bar{y} = \frac{1}{M}\iiint\limits_\Omega y\rho(x, y, z)dv, \quad \bar{z} = \frac{1}{M}\iiint\limits_\Omega z\rho(x, y, z)dv,$$

其中，$M = \iiint\limits_\Omega \rho(x, y, z)dv$

结论：在直角坐标系中，对于质量均匀的三角形薄片，若三角形的顶点的坐标分别为 (x_1, y_1)，(x_2, y_2)，(x_3, y_3)，则形心的坐标为：$\left(\dfrac{x_1+x_2+x_3}{3}, \dfrac{y_1+y_2+y_3}{3}\right)$.

【必会经典题】

①求位于两圆 $\rho = 2\sin\theta$ 和 $\rho = 4\sin\theta$ 之间的均匀薄片的质心.

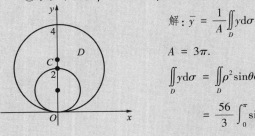

解：$\bar{y} = \dfrac{1}{A}\iint\limits_D y d\sigma$

$A = 3\pi.$

$$\iint\limits_D y d\sigma = \iint\limits_D \rho^2\sin\theta d\rho d\theta = \int_0^\pi \sin\theta \int_{2\sin\theta}^{4\sin\theta} \rho^2 d\rho$$

$$= \frac{56}{3}\int_0^\pi \sin^4\theta d\theta = 7\pi$$

所求的质心是 $C\left(0, \dfrac{7}{3}\right)$.

（3）转动惯量

转动惯量表示了转动物体的惯性大小，相当于平动物体的质量．转动的物体如右图的陀螺、自行车轮等，转动惯量的大小与质量成正比，与到旋转轴的距离平方成正比．

质点对于 x 轴以及对于 y 轴的<u>转动惯量依次为：</u>

$$I_x = \sum_{i=1}^{n} y_i^2 m_i, \quad I_y = \sum_{i=1}^{n} x_i^2 m_i,$$

$$I_x = \iint\limits_{D} y^2 \mu(x, y)\mathrm{d}\sigma, \quad I_y = \iint\limits_{D} x^2 \mu(x, y)\mathrm{d}\sigma,$$

$$I_l = \iint\limits_{D} d^2 \rho(x, y)\mathrm{d}x\mathrm{d}y,$$

其他物理量（J 为转动惯量）：

①转动物体动能：$\dfrac{1}{2}Jw^2$，对比平动物体 $\dfrac{1}{2}Mv^2$

②转动物体的力矩：$M = J\dfrac{\mathrm{d}w}{\mathrm{d}t}$，对比平动物体 $F = Ma$

③外力做功总和：$A = \dfrac{1}{2}Jw_2^2 - \dfrac{1}{2}Jw_1^2$，对比平动物体 $A = \dfrac{1}{2}Mw_2^2 - \dfrac{1}{2}Mw_1^2$

大家可以将上面的几个变量与平动物体的动能、外力、外力做功对比，可以看出转动惯量等效平动物体质量．

质点对于三维空间 x 轴、y 轴、z 轴的<u>转动惯量依次为：</u>

$$I_x = \iiint\limits_{\Omega} (y^2 + z^2)\rho(x, y, z)\mathrm{d}v,$$

$$I_y = \iiint\limits_{\Omega} (z^2 + x^2)\rho(x, y, z)\mathrm{d}v,$$

$$I_z = \iiint\limits_{\Omega} (x^2 + y^2)\rho(x, y, z)\mathrm{d}v,$$

【必会经典题】

①求半径为 a 的均匀半圆薄片（面密度为常量 μ）对于直径边的转动惯量．

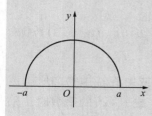

解：$I_x = \iint\limits_{D} \mu y^2 \mathrm{d}\sigma = \mu \iint\limits_{D} \rho^3 \sin^2\theta \mathrm{d}\rho \mathrm{d}\theta$

$= \mu \int_0^{\pi} \mathrm{d}\theta \int_0^a \rho^3 \sin^2\theta \mathrm{d}\rho$

$= \mu \cdot \dfrac{a^4}{4} \int_0^{\pi} \sin^2\theta \mathrm{d}\theta = \dfrac{1}{4}\mu a^4 \cdot \dfrac{\pi}{2} = \dfrac{1}{4}Ma^2$,

其中，$M = \dfrac{1}{2}\pi a^2 \mu$，为半圆薄片的质量．

题型十一　三重积分用先二后一法计算

如果三重积分满足下面条件，一般采用先二后一法计算：

（1）$f(x, y, z)$ 中至少缺两个变量．

（2）若缺的变量为 x 与 y，则利用平行于 xOy 面的平面去截 Ω，所得截面 $D_{(z)}$ 的面积易求出.

同样,若缺的变量为 y,z 或 z,x,相应截面 $D_{(x)}$ 或 $D_{(y)}$ 的面积易求出.

这时可先对所缺的那两个变量积分,后对另一变量积分,即按先二后一法计算该三重积分,比较方便.

易知,当积分区域 Ω 由椭球面、球面、柱面、圆锥面或旋转抛物面等曲面或其一部分所围成时,相应截面 $D_{(x)}$ 或 $D_{(y)}$ 或 $D_{(z)}$ 为圆域,或为规则图形,其面积易求出.

【例37】设 Ω 由曲面 $x^2 = z^2 + y^2$,$x = 2$,$x = 4$ 所围成,计算

$$\iiint\limits_{\Omega} (1 + x^4)\,\mathrm{d}x\mathrm{d}y\mathrm{d}z$$

【例38】计算下列各积分值:

(1) $\iiint\limits_{\Omega} z^2\mathrm{d}v$,$\Omega$:$\dfrac{x}{a} + \dfrac{y}{b} + \dfrac{z}{c} = 1$ 及 $x = 0$,$y = 0$,$z = 0$ 所围成;

(2) $\iiint\limits_{\Omega} y^2\mathrm{d}v$,$\Omega$:$\dfrac{x^2}{a^2} + \dfrac{y^2}{b^2} + \dfrac{z^2}{c^2} \leqslant 1$.

【例39】计算 $\iiint\limits_{\Omega} (x^2 + y^2 + z^2)\mathrm{d}v$,其中 Ω:$x^2 + y^2 + z^2 \leqslant 3a^2$,$x^2 + y^2 \leqslant 2az(a > 0)$.

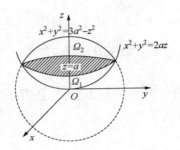

【例40】设 Ω 是由 $z = 16(x^2 + y^2)$,$z = 4(x^2 + y^2)$ 和 $z = 64$ 所围成,计算 $\iiint\limits_{\Omega} (x^2 + y^2)\mathrm{d}v$.

题型十二　计算三重积分如何选择坐标系

●一般围成积分区域的边界方程均为变量 x,y,z 的一次和(或)零次方程时,该三重积分易于用直角坐标系计算.

【例41】计算三重积分 $\iiint\limits_{\Omega} xy\mathrm{d}x\mathrm{d}y\mathrm{d}z$,$\Omega$ 是以点 $(0,0,0)$,$(1,0,0)$,$(0,2,0)$,$(0,0,3)$ 为顶点的四面体.

●一般来说,当积分区域 Ω 的形状为旋转体,如圆柱体,锥体或由旋转抛物面所围成的区域;或 Ω 的投影是圆域,或为环域,或被积函数为 z 和 $x^2 + y^2$,或 $z^2 + x^2$ 的函数时,采用柱面坐标计算较简便.另外,积分区域的上、下(或前、后,或左、右)两边界面能用 z(或 x,或 y)的两个方程表示也是用柱面坐标计算的标志.

【例42】[1997 年 1]计算 $I = \iiint\limits_{\Omega} (x^2 + y^2)\,\mathrm{d}v$,其中 Ω 为平面曲线 $\begin{cases} y^2 = 2z \\ x = 0 \end{cases}$ 绕 z 轴旋转一周形成的曲面与平面 $z = 8$ 所围成.

【例43】利用柱面坐标计算 $\iiint\limits_{\Omega} z\mathrm{d}x\mathrm{d}y\mathrm{d}z$,$\Omega$ 是由曲面 $z = x^2 + y^2$ 与 $z = 2y$ 所围成的闭区域.

●当积分区域的形状为锥体，球体或其一部分，而被积函数为 $x^l y^m z^n f(x^2+y^2+z^2)$ 的形式时，一般用球面坐标．

注意：积分域 Ω 由圆域与圆锥所围成，而被积函数为 $f(x^2+y^2)$（不含 z），其三重积分既可用柱面坐标，也可用球面坐标求之．

【例44】选用适当的坐标系计算 $\iiint\limits_{\Omega} \dfrac{1}{\sqrt{x^2+y^2+z^2}}\mathrm{d}x\mathrm{d}y\mathrm{d}z$，$\Omega$ 是由锥面 $z=\sqrt{x^2+y^2}$ 与 $z=1$ 所围成的闭区域．

【例45】选用适当的坐标系计算 $\iiint\limits_{\Omega}(x^2+y^2)\,\mathrm{d}x\mathrm{d}y\mathrm{d}z$，$\Omega$ 是由曲面 $z=\sqrt{x^2+y^2}$ 与 $z=\sqrt{1-x^2-y^2}$ 所围成．

题型十三　利用奇偶对称性简化三重积分的计算

结论1：设 $f(x,y,z)$ 在有界闭区域 Ω 上连续，若 Ω 关于坐标面 yOz（或 xOy，或 xOz）对称，被积函数关于变量 x（或 z，或 y）是奇函数，则此三重积分 $\iiint\limits_{\Omega}f(x,y,z)\,\mathrm{d}v$ 的值为零；若被积函数关于变量 x（或 z，或 y）是偶函数，则该三重积分等于其一半对称区域上积分的两倍．

结论2：设 $f(x,y,z)$ 在有界闭区域 Ω 上连续，若 Ω 关于 x（或 y 或 z）轴对称，且 $f(x,y,z)$ 关于变量 y，z（或 z，x 或 x，y）为奇函数，即 $f(x,-y,-z)=-f(x,y,z)$［或 $f(-x,y,-z)=-f(x,y,z)$，$f(-x,-y,z)=-f(x,y,z)$］，则此三重积分 $\iiint\limits_{\Omega}f(x,y,z)\,\mathrm{d}v=0$.

若 $f(x,y,z)$ 关于变量 y，z（或 x，y 或 x，z）为偶函数．则该三重积分等于其一半对称区域上的重积分的两倍．

结论3：设 $f(x,y,z)$ 在有界闭区域 Ω 上连续，若 Ω 关于原点对称，$f(x,y,z)$ 关于变量 x，y，z 为奇函数，即 $f(x,y,z)=-f(-x,-y,-z)$，则三重积分 $\iiint\limits_{\Omega}f(x,y,z)\,\mathrm{d}v=0$. 若 $f(x,y,z)$ 关于变量 x，y，z 为偶函数，即 $f(x,y,z)=f(-x,-y,-z)$．则该三重积分等于其一半对称区域上的重积分的两倍．

【例46】【1989 年 1】计算三重积分 $\iiint\limits_{\Omega}(x+z)\,\mathrm{d}v$，其中 Ω 是由曲面 $z=\sqrt{x^2+y^2}$ 与 $z=\sqrt{1-x^2-y^2}$ 所围成的区域．

【例47】计算 $\iiint\limits_{\Omega}(x+y+z)\,\mathrm{d}v$，其中 Ω 是由 $x^2+y^2+z^2\leqslant4$ 与 $x^2+y^2\leqslant3z$ 所围成的区域．

【例48】计算三重积分 $I=\iiint\limits_{\Omega}(x+y+z)\,\mathrm{d}x\mathrm{d}y\mathrm{d}z$，其中 Ω 为 $-1\leqslant x\leqslant1$，$-1\leqslant y\leqslant1$，$-1\leqslant z\leqslant1$ 所围成的正方体．

【例49】求 $\iiint\limits_{\Omega}\dfrac{z\ln(x^2+y^2+z^2+1)}{x^2+y^2+z^2+1}\mathrm{d}v$，其中 Ω：$x^2+y^2+z^2\leqslant1$.

题型十四　利用轮换对称性简化计算

结论：若积分区域的表达式中将其变量 x，y，z，接下列次序：x 换成 y，y 换成 z，z 换成 x 之后，其表达式均不变，则称积分区域关于变量 x，y，z 具有轮换对称性．

如果积分区域关于变量 x，y，z 具有轮换对称性，则积分 $\iiint\limits_{\Omega} x dv$ 变成积分 $\iiint\limits_{\Omega} y dv$，积分 $\iiint\limits_{\Omega} y dv$ 变成积分 $\iiint\limits_{\Omega} z dv$，积分 $\iiint\limits_{\Omega} z dv$ 变成积分 $\iiint\limits_{\Omega} x dv$，而积分 $\iiint\limits_{\Omega} x dv$，$\iiint\limits_{\Omega} y dv$，$\iiint\limits_{\Omega} z dv$ 的差别仅在于变量使用的记号不同，但积分值与积分变量用什么表达无关，因而有：$\iiint\limits_{\Omega} x dv = \iiint\limits_{\Omega} y dv = \iiint\limits_{\Omega} z dv$.

一般有：$\iiint\limits_{\Omega} f(x) dv = \iiint\limits_{\Omega} f(y) dv = \iiint\limits_{\Omega} f(z) dv$.

【例50】计算三重积分 $I = \iiint\limits_{\Omega} (x+y+z)^2 dv$，其中 Ω 是 $0 \leqslant x \leqslant 1$，$0 \leqslant y \leqslant 1$，$0 \leqslant z \leqslant 1$ 所围的正方体.

【例51】利用对称性简化计算 $\iiint\limits_{\Omega} (x+y+z)^2 dv$，其中 Ω 是由抛物面 $z=x^2+y^2$ 与球面 $x^2+y^2+z^2=2$ 所围成的空间闭区域.

题型十五 重积分应用：立体体积的算法

【例52】利用三重积分计算下列立体 Ω 的体积：
$$\Omega = \{(x, y, z) \mid x^2+y^2+z^2 \leqslant 1, \ 0 \leqslant y \leqslant ax, \ a>0\}$$

【例53】试证：抛物面 $z=1+x^2+y^2$ 上任意点处的切平面与抛物面 $z=x^2+y^2$ 所围成立体的体积是一定值.

题型十六 重积分应用：曲面面积的求法

注意：（1）曲面 Σ 在坐标面上的投影面，也可这样求得：先求两曲面的交线，该交线在空间上看就是柱面，在坐标面上看就是 Σ 的投影区域.

（2）由"含在……内"、"被……所割下"、"被……所截下"这些词语注意分析出所求面积的曲面是哪个，该曲面在坐标上的投影域是什么.

【例54】求锥面 $z=\sqrt{x^2+y^2}$ 被柱面 $z^2=2x$ 所截下部分的曲面面积.

题型十七 重积分应用：求重心（形心）

【例55】求以下空间立体 Ω 的形心：$\Omega = \{(x, y, z) \mid x^2+y^2 \leqslant 2z, \ x^2+y^2+z^2 \leqslant 3\}$.

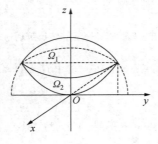

【例56】设有一等腰直角三角形薄板，已知其上任一点 (x, y) 处的密度与点到直角顶的距离的平方成正比. 求薄板的重心.

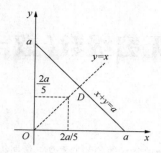

【例 57】求高为 h 的正圆锥体的形心.

题型十八　重积分应用：求转动惯量

【例 58】求半径为 a 的球体对过球心的直线及对与球体相切的直线的转动惯量.

第十讲　无穷级数(数一、数三)

大纲要求

1. 理解常数项级数收敛、发散以及收敛级数的和的概念,掌握级数的基本性质及收敛的必要条件.

2. 掌握正项级数收敛性的比较判别法和比值判别法,会用根值判别法.

3. 掌握交错级数的莱布尼茨判别法.

4. 了解任意项级数绝对收敛与条件收敛的概念以及绝对收敛与收敛的关系.

5. 理解幂级数收敛半径的概念、并掌握幂级数的收敛半径、收敛区间及收敛域的求法.

6. 了解幂级数在其收敛区间内的基本性质(和函数的连续性、逐项求导和逐项积分),会求一些幂级数在收敛区间内的和函数,并会由此求出某些数项级数的和.

7. 了解函数展开为泰勒级数的充分必要条件(数一).

8. 掌握 e^x、$\sin x$、$\cos x$、$\ln(1+x)$ 及 $(1+x)^\alpha$ 的麦克劳林(Maclaurin)展开式,会用它们将一些简单函数间接展开成幂级数(数一).

9. 了解傅里叶级数的概念和狄利克雷收敛定理,会将定义在 $[-l, l]$ 上的函数展开为傅里叶级数,会将定义在 $[0, l]$ 上的函数展开为正弦级数与余弦级数,会写出傅里叶级数的和函数的表达式(数一).

知识讲解

一、数项级数的概念与性质

1. 数项级数的概念

(1)定义

设 $\{u_n\}$ 是一个数列,则称 $\sum\limits_{n=1}^{\infty} u_n = u_1 + u_2 + u_3 + \cdots$ 为一个数项级数,简称级数,u_n 称为数项级数的通项或一般项.级数像一个右图的贪吃蛇一样,不断地吃、吃、吃.

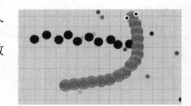

(2)部分和

$S_n = u_1 + u_2 + u_3 + \cdots + u_n$ 称为级数的部分和.

(3)收敛与发散

若 $\lim\limits_{n\to\infty} S_n = s$,称级数收敛,$s$ 为该级数的和;若该极限值不存在,称级数发散.可见级数就是高中我们学的数列无穷项求和.

等比级数,也叫几何级数:

$$S_n = a + aq + \cdots + aq^{n-1} = \frac{a-aq^n}{1-q} = \frac{a}{1-q} - \frac{aq^n}{1-q} \quad (\text{当} \mid q \mid < 1 \text{ 时收敛})$$

【必会经典题】

① 判断级数 $\sum\limits_{n=1}^{\infty} \dfrac{1}{n(n+1)}$ 的敛散性

解：用裂项相消法

$$\lim_{n\to\infty} s_n = \lim_{n\to\infty}\left[\frac{1}{1\cdot2}+\frac{1}{2\cdot3}+\cdots+\frac{1}{n\cdot(n+1)}\right]$$

$$= \lim_{n\to\infty}\left[\left(1-\frac{1}{2}\right)+\left(\frac{1}{2}-\frac{1}{3}\right)+\cdots+\left(\frac{1}{n}-\frac{1}{n+1}\right)\right]$$

$$= \lim_{n\to\infty}\left(1-\frac{1}{n+1}\right)$$

$$= 1$$

② 讨论 p 级数敛散性：$1+\dfrac{1}{2^p}+\dfrac{1}{3^p}+\dfrac{1}{4^p}+\cdots+\dfrac{1}{n^p}+\cdots$，$p$ 为大于 0 的常数.

a. $p=1$，$s_{2n}-s_n = \dfrac{1}{n+1}+\dfrac{1}{n+2}+\cdots+\dfrac{1}{2n} > \dfrac{1}{2n}+\dfrac{1}{2n}+\cdots+\dfrac{1}{2n} = \dfrac{1}{2}$

$\therefore \lim\limits_{n\to+\infty} s_{2n}-s_n \neq 0$，$\therefore p=1$ 时 p 级数发散.

b. $p<1$，$\dfrac{1}{n^p} > \dfrac{1}{n}$，$\therefore p<1$ 时 p 级数发散.

c. $p>1$，$s_n = 1+\left(\dfrac{1}{2^p}+\dfrac{1}{3^p}\right)+\left(\dfrac{1}{4^p}+\cdots+\dfrac{1}{7^p}\right)+\left(\dfrac{1}{8^p}+\cdots+\dfrac{1}{15^p}\right)+\cdots$

$< 1+\dfrac{1}{2^{p-1}}+\dfrac{1}{4^{p-1}}+\cdots = \sum\limits_{i=0}^{n}\left(\dfrac{1}{2^{p-1}}\right)^i$，递增且有上界.

$\therefore p>1$ 时 p 级数收敛.

反常积分 $\displaystyle\int_a^{+\infty} \dfrac{\mathrm{d}x}{x^p}\ (a>0)$，当 $p>1$ 时收敛，当 $p\leq1$ 时发散.

敛散结果与 p 级数是相同.

$p=1$ 称为调和级数：$1+\dfrac{1}{2}+\dfrac{1}{3}+\cdots+\dfrac{1}{n}+\cdots$

2. 数项级数的性质

(1) 级数 $\sum\limits_{n=1}^{\infty} ku_n$ 与 $\sum\limits_{n=1}^{\infty} u_n$ 同敛散性，其中 $k\neq0$.

(2) 若级数 $\sum\limits_{n=1}^{\infty} u_n$ 和 $\sum\limits_{n=1}^{\infty} v_n$ 都收敛，则级数 $\sum\limits_{n=1}^{\infty}(u_n\pm v_n) = \sum\limits_{n=1}^{\infty} u_n \pm \sum\limits_{n=1}^{\infty} v_n$ 必收敛. 一个收敛，一个发散，加和发散；两个都发散，加和不一定.

(3) 在级数中去掉、加上或改变有限项、不会改变级数的收敛性.

(4) 如果级数 $\sum\limits_{n=1}^{\infty} u_n$ 收敛，则对这级数的项任意加括号后所成的级数仍收敛，且其和不变. 如果加括号后所成的级数收敛，那么不能断定去括号后原来的级数也收敛.

$(1-1)+(1-1)+\cdots$ 收敛于零；

$1-1+1-1+\cdots$ 却是发散的，因为其结果在 0 和 1 之间震荡.

（5）级数收敛的必要条件：若级数 $\sum\limits_{n=1}^{\infty} u_n$ 收敛，则 $\lim\limits_{n\to\infty} u_n=0$.

$$\lim_{n\to\infty} u_n=\lim_{n\to\infty}(s_n-s_{n-1})=\lim_{n\to\infty}s_n-\lim_{n\to\infty}s_{n-1}=s-s=0$$

如果级数的一般项不趋于零，那么该级数必定发散.

级数的一般项趋于零，级数不一定收敛，与变化的够不够快有关.

二、正项级数的敛散性的判别

1. 正项级数的概念及其收敛的充要条件

（1）定义：$\sum\limits_{n=1}^{\infty} u_n$，$u_n \geqslant 0$，则称 $\sum\limits_{n=1}^{\infty} u_n$ 为正项级数.

（2）正项级数收敛的充要条件

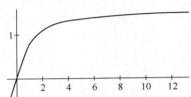

正项级数 $\sum\limits_{n=1}^{\infty} u_n$ 收敛 $\Leftrightarrow$ 部分和数列 $\{S_n\}$ 有上界.

正项级数的和可以有界，是很重要的一个认识，虽然正项级数的和是单调增的，但如果增的不够快，就会存在一个上界，如左图.

【反鸡汤】一直在进步＝前途无可限量吗？不一定，如果进步的速度不够快，很可能持续被限制在一个瓶颈内，无法突破.

2. 正项级数敛散性判别法

（1）比较判别法

①比较审敛法的一般形式：

设两个正项级数 $\sum\limits_{n=1}^{\infty} u_n$ 与 $\sum\limits_{n=1}^{\infty} v_n$，且存在自然数 N，使当 $n \geqslant N$ 时有 $u_n \leqslant v_n$ 成立，如果级数 $\sum\limits_{n=1}^{\infty} v_n$ 收敛，则级数 $\sum\limits_{n=1}^{\infty} u_n$ 收敛；如果级数 $\sum\limits_{n=1}^{\infty} u_n$ 发散，则级数 $\sum\limits_{n=1}^{\infty} v_n$ 发散.

一般形式的比较审敛法需要一个合适的缩放尺度，这对其应用造成了局限，很多级数不易缩放.

②比较判别法的极限形式：

设两个正项级数 $\sum\limits_{n=1}^{\infty} u_n$ 与 $\sum\limits_{n=1}^{\infty} v_n$，如果存在极限 $\lim\limits_{n\to\infty}\dfrac{u_n}{v_n}=l$，则

a. 当 $0<l<+\infty$ 时，则级数 $\sum\limits_{n=1}^{\infty} u_n$ 与 $\sum\limits_{n=1}^{\infty} v_n$ 同时收敛或同时发散.

b. 当 $l=0$ 时，如果 $\sum\limits_{n=1}^{\infty} v_n$ 收敛，则级数 $\sum\limits_{n=1}^{\infty} u_n$ 必收敛.

c. 当 $l=+\infty$，如果 $\sum\limits_{n=1}^{\infty} v_n$ 发散，则 $\sum\limits_{n=1}^{\infty} u_n$ 必发散.

极限形式的比较审敛法是审敛中的大招，因为决定敛散性的关键在于后面的极限情况，前面的有限项求和是有限的，都是打酱油的，这样敛散问题就转变成了比较无穷小的阶.

【必会经典题】

①判断级数 $\sum\limits_{n=1}^{\infty} \sqrt{\dfrac{n^2+1}{n^4-3n^2+4}}$ 的敛散性.

解：$\lim\limits_{n\to\infty} \dfrac{\sum\limits_{n=1}^{\infty}\sqrt{\dfrac{n^2+1}{n^4-3n^2+4}}}{?} = \lim\limits_{n\to\infty}\dfrac{\sum\limits_{n=1}^{\infty}\sqrt{\dfrac{n^2+1}{n^4-3n^2+4}}}{\sqrt{?}} = \lim\limits_{n\to\infty}\dfrac{\sum\limits_{n=1}^{\infty}\sqrt{\dfrac{n^2+1}{n^4-3n^2+4}}}{\sqrt{\dfrac{?}{?}}}$

$= \lim\limits_{n\to\infty}\dfrac{\sum\limits_{n=1}^{\infty}\sqrt{\dfrac{n^2+1}{n^4-3n^2+4}}}{\sqrt{\dfrac{n^2}{n^4}}} = \lim\limits_{n\to\infty}\dfrac{\sum\limits_{n=1}^{\infty}\sqrt{\dfrac{n^2+1}{n^4-3n^2+4}}}{\dfrac{1}{n}} = 1$

$\sum\limits_{n=1}^{\infty}\dfrac{1}{n}$ 是发散的，所以原级数发散.

②判断级数 $\sum\limits_{n=1}^{\infty}\left[\dfrac{1}{n}-\ln\left(1+\dfrac{1}{n}\right)\right]$ 的敛散性.

解：当 $x>0$ 时，$\ln(1+x)<x$，所以 $\sum\limits_{n=1}^{\infty}\left[\dfrac{1}{n}-\ln\left(1+\dfrac{1}{n}\right)\right]$ 为正项级数.

因为 $\lim\limits_{x\to0}\dfrac{x-\ln(1+x)}{x^2}=\lim\limits_{x\to0}\dfrac{1-\dfrac{1}{1+x}}{2x}=\dfrac{1}{2}$，所以 $\lim\limits_{n\to\infty}\dfrac{\dfrac{1}{n}-\ln\left(1+\dfrac{1}{n}\right)}{\dfrac{1}{n^2}}=\dfrac{1}{2}$，

$\sum\limits_{n=1}^{\infty}\dfrac{1}{n^2}$ 收敛，所以原级数收敛.

（2）比值审敛法

若正项级数 $\sum\limits_{n=1}^{\infty} u_n$ 满足 $\lim\limits_{n\to\infty}\dfrac{u_{n+1}}{u_n}=l$，则：

①当 $l<1$ 时 $\sum\limits_{n=1}^{\infty} u_n$ 收敛；②当 $l>1$ 时 $\sum\limits_{n=1}^{\infty} u_n$ 发散；③当 $l=1$ 时无法判断.

（3）根值审敛法（数一）

若正项级数 $\sum\limits_{n=1}^{\infty} u_n$ 满足 $\lim\limits_{n\to\infty}\sqrt[n]{u_n}=l$，则：

①当 $l<1$ 时 $\sum\limits_{n=1}^{\infty} u_n$ 收敛；②当 $l>1$ 时 $\sum\limits_{n=1}^{\infty} u_n$ 发散；③当 $l=1$ 时无法判断.

（4）积分审敛法

设 $f(x)$ 是在 $[1,+\infty)$ 上单调减少的正值函数，则级数 $\sum\limits_{n=1}^{\infty} f(n)$ 与反常积分 $\int_1^{+\infty} f(x)\,\mathrm{d}x$ 同敛散.

典型的比如前面的 p 级数与 p 积分的敛散性就是相同的. 还有下面的例子，也很重点、很典型.

$\int_a^{+\infty}\dfrac{\mathrm{d}x}{x^\alpha\ln^\beta x}\,(a>1)$ 与 $\sum\limits_{n=2}^{\infty}\dfrac{1}{n^\alpha\ln^\beta n}$ 敛散性相同.

$\alpha>1$，$\forall \beta$，取足够小的 ε，$\alpha-\varepsilon>1$，$\dfrac{\lim\limits_{x\to+\infty} x^{\alpha}\ln^{\beta}x}{x^{\alpha-\varepsilon}}=+\infty$，$\dfrac{1}{x^{\alpha}\ln^{\beta}x}<\dfrac{1}{x^{\alpha-\varepsilon}}$.

$\alpha<1$，$\forall \beta$，取足够小的 ε，$\alpha+\varepsilon<1$，$\dfrac{\lim\limits_{x\to+\infty} x^{\alpha}\ln^{\beta}x}{x^{\alpha+\varepsilon}}=0$，$\dfrac{1}{x^{\alpha}\ln^{\beta}x}>\dfrac{1}{x^{\alpha+\varepsilon}}$.

$\alpha=1$，变量代换，积分.

该证明方法与同济教材上比值审敛法的证明类似.

对结果可以总结为下面的顺口溜，方便大家记忆结论：

$$\begin{cases} \alpha>1,\ \forall \beta,\ 收敛，老大以一敌百，小弟直接躺赢，\\ \alpha<1,\ \forall \beta,\ 发散，老大投降主义，小弟回天无力，\\ \alpha=1,\ \beta>1\ 收敛，老大势均力敌，小弟临危受命，\\ \alpha=1,\ \beta\le 1\ 发散，老大势均力敌，小弟极不给力. \end{cases}$$

【必会经典题】

若一般项含有阶乘，通常使用比值审敛法；若一般项含 n 次幂，通常使用根值审敛法；其他一般使用比较审敛法.

判断题：

(1) 若正项级数 $\displaystyle\sum_{n=1}^{\infty} u_n$ 满足 $\dfrac{u_{n+1}}{u_n}<1$，则级数 $\displaystyle\sum_{n=1}^{\infty} u_n$ 收敛. 错，反例：$\dfrac{1}{n}$

(2) 若正项级数 $\displaystyle\sum_{n=1}^{\infty} u_n$ 收敛，则 $\lim\limits_{n\to\infty}\sqrt[n]{u_n}\le 1$. 错，反例：$\dfrac{\left[2+(-1)^n\right]^n}{4^n}$

(3) 若 $\lim\limits_{n\to\infty}\dfrac{a_n}{b_n}=1$，则级数 $\displaystyle\sum_{n=1}^{\infty} a_n$ 和 $\displaystyle\sum_{n=1}^{\infty} b_n$ 同敛散.

错，反例：$\displaystyle\sum_{n=1}^{\infty} a_n=\sum_{n=1}^{\infty}(-1)^n\left(\dfrac{1}{\sqrt{n}}+\dfrac{(-1)^n}{n}\right)$，$\displaystyle\sum_{n=1}^{\infty} b_n=\sum_{n=1}^{\infty}\dfrac{(-1)^n}{\sqrt{n}}$

题型一　正项级数敛散性的判别方法

● **比值审敛法**

【例1】 用比值审敛法判别级数的敛散性：

(1) $\displaystyle\sum_{n=1}^{\infty}\dfrac{n!}{4^n}$；(2) $\displaystyle\sum_{n=1}^{\infty}\dfrac{2^n n!}{n^n}$

● **根值审敛法**

【例2】 讨论级数 $\displaystyle\sum_{n=1}^{\infty}\dfrac{a^n}{\ln(1+n)}$；$(a>0)$ 的敛散性.

【例3】 讨论级数 $\displaystyle\sum_{n=1}^{\infty}\left[n(\sqrt[n]{3}-1)\right]^n$ 的敛散性.

● **比较审敛法**

【例4】 用比较审敛法判别下列级数的敛散性：

(1) $\displaystyle\sum_{n=1}^{\infty}\dfrac{3}{2^n+5}$；(2) $\displaystyle\sum_{n=1}^{\infty}\dfrac{1}{n\sqrt[n]{n}}$；(3) $\displaystyle\sum_{n=1}^{\infty}\dfrac{\arctan n}{n\sqrt{n}}$.

【例5】 判别下列级数的敛散性：

(1) $\sum\limits_{n=1}^{\infty} \dfrac{n+1}{n^2+n+1}$; (2) $\sum\limits_{n=1}^{\infty} \dfrac{1}{n\sqrt[3]{n+2}}$

【例6】判别级数 $\sum\limits_{n=1}^{\infty}\left(1\Big/\int_0^n \sqrt[4]{1+x^4}\,\mathrm{d}x\right)$ 的敛散性.

【例7】判别 $\sum\limits_{n=1}^{\infty}\int_0^{\frac{1}{n}} \dfrac{x^a}{\sqrt{1+x^2}}\,\mathrm{d}x\,(a>-1)$ 的敛散性

【例8】判别 $\sum\limits_{n=1}^{\infty} \dfrac{1}{n^p}\sin\dfrac{1}{n}$ 的敛散性

【例9】判别正项级数 $\sum\limits_{n=1}^{\infty} \dfrac{1}{\sqrt{n}}\ln\dfrac{n+1}{n}$ 的敛散性.

【例10】若 $\lim\limits_{n\to\infty}\left[n^p\left(e^{1/n}-1\right)u_n\right]=1$,其中 $p>1$,讨论级数 $\sum\limits_{n=1}^{\infty} u_n$ 的敛散性

● 积分审敛法

【例11】判断级数 $\sum\limits_{n=2}^{\infty} \dfrac{1}{n\,(\ln n)^2}$ 的敛散性.

三、任意项级数

1. 交错级数及其审敛法

(1)定义

设 $u_n>0$,称级数 $\sum\limits_{n=1}^{\infty}(-1)^{n-1}u_n$ 为交错级数. 就是一正一负的,定义里首项是正的。而如果首项是负的,n 从 0 开始也一样是交错级数,放到坐标轴里如下面左图,典型的有阻力的单摆振幅就是这样的.

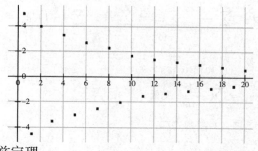

(2)莱布尼兹定理

若交错级数 $\sum\limits_{n=1}^{\infty}(-1)^{n-1}u_n$ 满足条件:① $u_n\geqslant u_{n+1}$;② $\lim\limits_{n\to\infty}u_n=0$,则级数 $\sum\limits_{n=1}^{\infty}(-1)^{n-1}u_n$ 收敛.

2. 任意项级数

设 $\sum\limits_{n=1}^{\infty} u_n$ 为任意项级数,若级数 $\sum\limits_{n=1}^{\infty}|u_n|$ 收敛,就称 $\sum\limits_{n=1}^{\infty} u_n$ 绝对收敛;若 $\sum\limits_{n=1}^{\infty}|u_n|$ 发散,而 $\sum\limits_{n=1}^{\infty} u_n$ 收敛,则称 $\sum\limits_{n=1}^{\infty} u_n$ 为条件收敛.

如果级数 $\sum\limits_{n=1}^{\infty} u_n$ 绝对收敛,则级数 $\sum\limits_{n=1}^{\infty} u_n$ 必定收敛. 比如,$\sum\limits_{n=1}^{\infty} \dfrac{(-1)^n}{n}$ 条件收敛,$\sum\limits_{n=1}^{\infty} \dfrac{(-1)^n}{n^2}$ 绝对收敛.

三个级数：$\sum_{n=1}^{\infty} u_n$，$\sum_{n=1}^{\infty} v_n$，$\sum_{n=1}^{\infty} (u_n \pm v_n)$，

$\begin{cases}$ 若其中两个收敛，另一个一定收敛；

若其中两个发散，另一个敛散性不确定；

若一个收敛，一个发散，另一个一定发散．$\end{cases}$

$\begin{cases}$ 若其中两个绝对收敛，另一个一定绝对收敛；

若其中两个条件收敛，另一个条件收敛或绝对收敛；

若一个条件收敛，一个绝对收敛，另一个一定条件收敛．$\end{cases}$

【必会经典题】

① 判断级数 $\sum_{n=1}^{\infty} \dfrac{(-1)^{n-1}}{n - \ln n}$ 的敛散性，若收敛，是绝对收敛还是条件收敛？

解：令 $f(x) = \dfrac{1}{x - \ln x}$，因为 $f'(x) = \dfrac{-\left(1 - \dfrac{1}{x}\right)}{(x - \ln x)^2} < 0(x > 1)$，

所以 $f(x)$ 在 $[1, +\infty]$ 上单调减少，于是数列 $\left\{\dfrac{1}{n - \ln n}\right\}$ 单调减少，

因为 $\lim\limits_{n \to \infty} \dfrac{1}{n - \ln n} = 0$，所以 $\sum_{n=1}^{\infty} \dfrac{(-1)^{n-1}}{n - \ln n}$ 收敛．

因为 $\dfrac{1}{n - \ln n} \sim \dfrac{1}{n}$，且 $\sum_{n=1}^{\infty} \dfrac{1}{n}$ 发散，所以 $\sum_{n=1}^{\infty} \dfrac{(-1)^{n-1}}{n - \ln n}$ 条件收敛．

② 若 $\sum_{n=1}^{\infty} u_n$ 收敛，则 $\sum_{n=1}^{\infty} |u_n|$，$\sum_{n=1}^{\infty} u_n^2$，$\sum_{n=1}^{\infty} (-1)^n u_n$，$\sum_{n=1}^{\infty} \dfrac{(-1)^n}{n} u_n$，$\sum_{n=1}^{\infty} u_n u_{n+1}$ 都不一定收敛

如：$\sum_{n=1}^{\infty} \dfrac{(-1)^n}{\sqrt{n}}$ 收敛，但 $\sum_{n=1}^{\infty} |u_n| = \sum_{n=1}^{\infty} \dfrac{1}{\sqrt{n}}$，$\sum_{n=1}^{\infty} u_n^2 = \sum_{n=1}^{\infty} \dfrac{1}{n}$，$\sum_{n=1}^{\infty} (-1)^n u_n = \sum_{n=1}^{\infty} \dfrac{1}{\sqrt{n}}$，

$\sum_{n=1}^{\infty} u_n u_{n+1} = \sum_{n=1}^{\infty} \dfrac{-1}{\sqrt{n(n+1)}}$ 都发散；

$\sum_{n=2}^{\infty} \dfrac{(-1)^n}{\ln n}$ 收敛，但 $\sum_{n=2}^{\infty} \dfrac{(-1)^n}{n} u_n = \sum_{n=2}^{\infty} \dfrac{1}{n \ln n}$ 发散．

学习级数的知识要学会上面这样举反例，熟悉常见反例．

但若 $\sum_{n=1}^{\infty} u_n$ 为正项收敛级数，则 $\sum_{n=1}^{\infty} u_n^2$ 一定收敛，上述其他也都收敛．

题型二　交错级数敛散性的判别方法

【例12】 讨论下列级数是否收敛，如果收敛，是条件收敛，还是绝对收敛？

(1) $\sum_{n=1}^{\infty} (-1)^n \dfrac{n}{2^n}$；(2) $\sum_{n=1}^{\infty} (-1)^n \dfrac{(n+1)!}{n^{n+1}}$

【例13】 判别下列级数是否收敛，如果收敛，是条件收敛还是绝对收敛？

(1) $\sum_{n=1}^{\infty} (-1)^n \dfrac{n}{n+1}$；(2) $\sum_{n=1}^{\infty} (-1)^{n-1} \left(\dfrac{n}{n+1}\right)^n$

【例14】 讨论级数 $\sum_{n=1}^{\infty} (-1)^n \ln\left(1 + \dfrac{1}{\sqrt{n}}\right)$ 是否收敛，如收敛，是条件收敛还是绝对值收敛？

【例15】 判别级数 $\sum_{n=1}^{\infty} \sin(\pi \sqrt{n^2 + a^2})$ 的敛散性．

【**例16**】判别下列级数是否收敛,如果收敛,是条件收敛还是绝对收敛?

(1) $\sum\limits_{n=1}^{\infty} (-1)^{n+1} \sin\dfrac{1}{n}$; (2) $\sum\limits_{n=1}^{\infty} (-1)^n \dfrac{(2n-1)!!}{(2n)!!}$

题型三 任意项级数敛散性的判别法

【**例17**】判别级数 $\sum\limits_{n=1}^{\infty} \dfrac{n}{2^n} \cos\dfrac{n\pi}{3}$ 是否收敛,如果收敛,是绝对收敛还是条件收敛?

题型四 常数项级数敛散性的证法

【**例18**】[1994年1]设常数 $\lambda > 0$,且级数 $\sum\limits_{n=1}^{\infty} a_n^2$ 收敛,试讨论级数 $\sum\limits_{n=1}^{\infty} (-1)^n \dfrac{|a_n|}{\sqrt{n^2 + \lambda}}$ 的敛散性.

【**例19**】设 $a_n > 0$,$b_n > 0$,且 $\dfrac{a_{n+1}}{a_n} \leqslant \dfrac{b_{n+1}}{b_n}$ $(n=1, 2, \cdots)$. 证明若级数 $\sum\limits_{n=1}^{\infty} b_n$ 收敛,则级数 $\sum\limits_{n=1}^{\infty} a_n$ 也收敛,若 $\sum\limits_{n=1}^{\infty} a_n$ 发散,则 $\sum\limits_{n=1}^{\infty} b_n$ 也发散.

【**例20**】[1999年]设 $a_n = \int_0^{\pi/4} \tan^n x \, \mathrm{d}x$.

(1)求 $\sum\limits_{n=1}^{\infty} \dfrac{1}{n}(a_n + a_{n+2})$ 的值; (2)试证:对任意的常数 $\lambda > 0$,级数 $\sum\limits_{n=1}^{\infty} \dfrac{a_n}{n^\lambda}$ 收敛.

【**例21**】设 $a_n \neq 0$,$n=1, 2, \cdots$,$\lim\limits_{n\to\infty} a_n = a \neq 0$,证明级数 $\sum\limits_{n=1}^{\infty} |a_{n+1} - a_n|$ 与 $\sum\limits_{n=1}^{\infty} \left| \dfrac{1}{a_{n+1}} - \dfrac{1}{a_n} \right|$ 同时收敛或同时发散.

四、函数项级数

1. 定义

设函数列 $u_n(x)$ $(n=1, 2, 3\cdots)$ 都在 I 上有定义,则称 $u_1(x) + u_2(x) + \cdots + u_n(x) + \cdots$ 为定义在 I 上的一个函数项级数,$u_n(x)$ 称为通项,若数项级数 $\sum\limits_{n=1}^{\infty} u_n(x_0)$ 收敛,则称 x_0 是 $\sum\limits_{n=1}^{\infty} u_n(x)$ 的一个收敛点,所有收敛点构成的集合称为级数的收敛域,如右图.

2. 和函数

设级数 $\sum\limits_{n=1}^{\infty} u_n(x)$ 的收敛域为 I,对于任意的 $x \in I$,存在唯一的实数 $S(x)$,使得 $\sum\limits_{n=1}^{\infty} u_n(x) = S(x)$ 成立,则定义域为 I 的函数 $S(x)$ 称为函数项级数 $\sum\limits_{n=1}^{\infty} u_n(x)$ 的和函数.

五、幂级数

1. 幂级数及相关概念

设 $\{a_n\}$ $(n=0, 1, 2, 3, \cdots)$ 是实数列,则形如 $\sum\limits_{n=1}^{\infty} a_n (x - x_0)^n$ 的函数

项级数称为 x_0 处的幂级数，$x_0 = 0$ 时的幂级数为 $\sum\limits_{n=1}^{\infty} a_n x^n$，其中常数 a_0，a_1，a_2，$\cdots$，a_n，$\cdots$叫做幂级数的系数.

2. 阿贝尔定理

若幂级数 $\sum\limits_{n=0}^{\infty} a_n x^n$ 在 $x = x_0 (x_0 \neq 0)$ 处收敛，则当 $|x| < |x_0|$ 时，幂级数绝对收敛；若级数 $\sum\limits_{n=0}^{\infty} a_n x^n$ 在 $x = x_0$ 时发散，则当 $|x| > |x_0|$ 时，幂级数发散.

由此可知，幂级数 $\sum\limits_{n=0}^{\infty} a_n x^n$ 的收敛点有以下三种情况：

（1）对任意点 x，$\sum\limits_{n=0}^{\infty} a_n x^n$ 都收敛；

（2）对任意 $x \neq 0$，$\sum\limits_{n=1}^{\infty} a_n x^n$ 都发散；

（3）存在 $R > 0$，当 $|x| < R$ 时，$\sum\limits_{n=0}^{\infty} a_n x^n$ 绝对收敛，当 $|x| > R$ 时，$\sum\limits_{n=0}^{\infty} a_n x^n$ 发散，在 $x = \pm R$ 时，$\sum\limits_{n=0}^{\infty} a_n x^n$ 可能收敛也可能发散，R 称为收敛半径，开区间 $(-R, R)$ 叫做幂级数 $\sum\limits_{n=0}^{\infty} a_n x^n$ 的收敛区间.

3. 收敛半径的求解方法

（1）不缺项：设幂级数 $\sum\limits_{n=0}^{\infty} a_n x^n$，其系数当 $n \geq N$ 时 $a_n \neq 0$，且存在极限 $\lim\limits_{n \to \infty} \left| \dfrac{a_{n+1}}{a_n} \right| = \rho$，

则收敛半径 $R = \begin{cases} 1/\rho & , \ 0 < \rho < +\infty \\ +\infty & , \ \rho = 0 \\ 0 & , \ \rho = +\infty \end{cases}$.

（2）缺项：设幂级数 $\sum\limits_{n=0}^{\infty} a_n x^n$，其系数有无穷项为 0，例如 $\sum\limits_{n=1}^{\infty} a_{2n} x^{2n}$，$\sum\limits_{n=0}^{\infty} a_{2n+1} x^{2n+1}$，将 $\sum\limits_{n=0}^{\infty} a_n x^n$ 的通项整体看成 $u_n(x)$ 由比值法，$\lim\limits_{n \to \infty} \left| \dfrac{u_{n+1}(x)}{u_n(x)} \right| < 1 \Rightarrow -R < x < R$，则 R 为收敛半径.

对于 $\sum\limits_{n=1}^{\infty} a_n x^{kn+b}$，$\lim\limits_{n \to \infty} \left| \dfrac{a_{n+1}}{a_n} \right| = \rho$，$R = \left(\dfrac{1}{\rho} \right)^{1/k}$

对于 $\sum\limits_{n=1}^{\infty} a_n x^n$，若当 $x = x_0$ 时，级数 $\sum\limits_{n=1}^{\infty} a_n x^n$ 条件收敛，则 $R = |x_0|$

级数 $\sum\limits_{n=1}^{\infty} a_n x^n$ 与 $\sum\limits_{n=1}^{\infty} a_n (x - x_n)^n$ 的收敛半径相同，但 $\sum\limits_{n=1}^{\infty} a_n x^n$ 是以 $x = 0$ 为收敛区间的中心，而 $\sum\limits_{n=1}^{\infty} a_n (x - x_0)^n$ 以 $x = x_0$ 为收敛区间的中心.

4. 幂级数的运算

设 $\sum\limits_{n=0}^{\infty} a_n x^n$ 收敛半径为 R_a，$\sum\limits_{n=0}^{\infty} b_n x^n$ 收敛半径为 R_b；

$$\sum_{n=0}^{\infty} a_n x^n \pm \sum_{n=0}^{\infty} b_n x^n = \sum_{n=0}^{\infty} (a_n \pm b_n) x^n，收敛半径为 R = \min\{R_a, R_b\}.$$

5. 幂级数的性质

（1）幂级数 $\displaystyle\sum_{n=0}^{\infty} a_n x^n$ 的和函数 $S(x)$ 在其收敛域 I 上连续.

（2）幂级数在其收敛区间内可逐项求导，即

$$\left(\sum_{n=0}^{\infty} a_n x^n\right)' = \sum_{n=0}^{\infty} (a_n x^n)' = \sum_{n=1}^{\infty} n a_n x^{n-1}.$$

（3）幂级数在其收敛域内可逐项积分，即

$$\int_0^x \sum_{n=0}^{\infty} a_n x^n \mathrm{d}x = \sum_{n=0}^{\infty} \int_0^x a_n x^n \mathrm{d}x = \sum_{n=0}^{\infty} \frac{a_n}{n+1} x^{n+1}.$$

求导或积分后，收敛半径不变，端点处敛散性可能变化哦！

6. 幂级数求和

$$S(x) = \sum_{n=0}^{\infty} a_n x^n，\ x \in D，\ D 为收敛域.$$

利用 e^x，$\sin x$，$\cos x$，$\ln(1+x)$，$\dfrac{1}{1-x}$ 的幂级数展开式求和.

分析运算在求幂级数的和函数时经常要用到，如右图，其方法是先逐项求导或逐项积分，将其变为几个已知和函数的幂级数，再求和.

$$\sum a_n x^n \ \xrightarrow[\text{积分}]{\text{求导}} \ \sum x^n$$
$$\| \qquad\qquad \Downarrow$$
$$s(x) \ \xleftarrow[\text{求导}]{\text{积分}} \ \frac{1}{1-x}$$

【必会经典题】

①求幂级数 $\displaystyle\sum_{n=1}^{\infty} \frac{1}{n} x^n$ 的和函数.

解：$\rho = \lim\limits_{n \to \infty} \dfrac{\left|\dfrac{1}{n+1}\right|}{\left|\dfrac{1}{n}\right|} = 1$

当 $x=1$ 时，级数发散；当 $x=-1$ 时，级数收敛. 所以收敛域为 $[-1, 1)$.

$$s(x) = \sum_{n=1}^{\infty} \frac{1}{n} x^n = x + \frac{1}{2} x^2 + \cdots + \frac{1}{n} x^n + \cdots$$

$$s'(x) = \left(\sum_{n=1}^{\infty} \frac{1}{n} x^n\right)' = 1 + x + \cdots + x^{n-1} + \cdots = \frac{1}{1-x}$$

$$s(x) = s(0) + \int_0^x s'(t) \mathrm{d}t = \int_0^x \frac{1}{1-t} \mathrm{d}t = -\ln(1-x)$$

$\left(\text{注释}：\int_0^x s'(t) \mathrm{d}t = [s(x)]_0^x = s(x) - s(0)，所以 s(x) = s(0) + \int_0^x s'(t) \mathrm{d}t\right)$

$$s(x) = -\ln(1-x)，\ x \in [-1, 1).$$

②求幂级数 $\displaystyle\sum_{n=0}^{\infty} (n+1) x^n$ 的和函数.

$\rho = \lim\limits_{n \to \infty} \dfrac{|n+2|}{|n+1|} = 1$，当 $x = \pm 1$ 时，级数发散. 所以收敛域为 $(-1, 1)$.

$$s(x) = \sum_{n=0}^{\infty} (n+1) x^n，则 s(0) = 1,$$

$$\int_0^x s(t)\,\mathrm{d}t = \int_0^x \Big[\sum_{n=0}^{\infty} (n+1)t^n \Big]\mathrm{d}t = x + x^2 + \cdots + x^{n+1} + \cdots$$

$$= \sum_{n=1}^{\infty} x^n = \frac{1}{1-x} - 1 = \frac{x}{1-x}$$

$$s(x) = \Big(\int_0^x s(t)\,\mathrm{d}t \Big)' = \Big(\frac{x}{1-x} \Big)' = \frac{1}{(1-x)^2}$$

从而得到的和函数为：$s(x) = \dfrac{1}{(1-x)^2}$，$x \in (-1,\,1)$

再看几个类似的例子：

$\displaystyle\sum_{n=1}^{\infty} \frac{1}{2n+1} x^{2n+1}$，先求导再积分；

$\displaystyle\sum_{n=1}^{\infty} (n+2)x^{n+1}$，先积分再求导；

$\displaystyle\sum_{n=1}^{\infty} \frac{n+1}{n} x^n$，先变换：$\displaystyle\sum_{n=1}^{\infty} \frac{n+1}{n} x^n = \sum_{n=1}^{\infty} x^n + \sum_{n=1}^{\infty} \frac{1}{n} x^n$.

$\displaystyle\sum_{n=1}^{\infty} (n+2)x^{n+3} = x^2 \sum_{n=1}^{\infty} (n+2)x^{n+1} = x^2 \Big(\sum_{n=1}^{\infty} x^{n+2} \Big)'$

常用的求和公式总结：

$\displaystyle\sum_{n=0}^{\infty} x^n = \frac{1}{1-x}$，$x \in (-1,\,1)$；$\displaystyle\sum_{n=1}^{\infty} x^n = \frac{1}{1-x} - 1 = \frac{x}{1-x}$，$x \in (-1,\,1)$；

$\displaystyle\sum_{n=0}^{\infty} (-1)^n x^n = \frac{1}{1+x}$，$x \in (-1,\,1)$；$\displaystyle\sum_{n=0}^{\infty} (-1)^n x^{2n} = \frac{1}{1+x^2}$，$x \in (-1,\,1)$.

题型五　幂级数收敛域的求法

【例22】求下面幂级数的收敛域：

(1) $\displaystyle\sum_{n=1}^{\infty} \frac{x^n}{n^2+1}$；(2) $\displaystyle\sum_{n=2}^{\infty} \frac{(-1)^n}{\ln n}(x-1)^n$

【例23】求下列幂级数的收敛域：

(1) $\displaystyle\sum_{n=1}^{\infty} \frac{2^n}{n+1} x^{2n-1}$；(2) $\displaystyle\sum_{n=1}^{\infty} \frac{n}{2^n} x^{2n}$；(3) $\displaystyle\sum_{n=1}^{\infty} \frac{(-1)^n}{n \cdot 2^n} x^{3n}$

【例24】　[1997年1]设幂级数 $\displaystyle\sum_{n=0}^{\infty} a_n x^n$ 的收敛半径为3，则幂级数 $\displaystyle\sum_{n=1}^{\infty} n a_n (x-1)^{n+1}$ 的收敛区间为

————.

●利用幂级数的运算性质求之.

【例25】求幂级数 $\displaystyle\sum_{n=1}^{\infty} \frac{3^n + (-2)^n}{n} x^{2n-1}$ 的收敛区域.

题型六　不是幂级数的函数项级数，其收敛域的求法

【例26】求级数 $\displaystyle\sum_{n=0}^{\infty} \frac{1}{2n+1} \Big(\frac{1-x}{1+x} \Big)^n$ 的收敛域.

【例27】求级数 $\displaystyle\sum_{n=1}^{\infty} \frac{2^n \sin^n x}{n^2}$ 的收敛域.

7. 函数的幂级数展开式

（1）直接展开法（泰勒公式法，详解参考前面章节即可）

$$a_n = \frac{f^{(n)}(x_0)}{n!}, \quad \lim_{n\to\infty} R_n(x) = 0.$$

（2）间接展开法

常用函数的幂级数展开式：e^x，$\sin x$，$\cos x$，$\ln(1+x)$，$\dfrac{1}{1-x}$，$(1+x)^a$，也就是泰勒的结论. 通过求导或积分或拆分使 $f(x)$ 变成已知幂级数展开式函数的组合，把已知展开式带入.

【必会经典题】

①将函数 $\sin x$ 展开成 $\left(x-\dfrac{\pi}{4}\right)$ 的幂级数.

解：$\sin x = \sin\left[\dfrac{\pi}{4}+\left(x-\dfrac{\pi}{4}\right)\right] = \sin\dfrac{\pi}{4}\cos\left(x-\dfrac{\pi}{4}\right) + \cos\dfrac{\pi}{4}\sin\left(x-\dfrac{\pi}{4}\right) = \dfrac{1}{\sqrt{2}}\left[\cos\left(x-\dfrac{\pi}{4}\right)+\sin\left(x-\dfrac{\pi}{4}\right)\right]$，

$$\cos\left(x-\frac{\pi}{4}\right) = 1 - \frac{\left(x-\frac{\pi}{4}\right)^2}{2!} + \frac{\left(x-\frac{\pi}{4}\right)^4}{4!} - \cdots + \frac{(-1)^n}{2n!}\left(x-\frac{\pi}{4}\right)^{2n} + \cdots$$

$$\sin\left(x-\frac{\pi}{4}\right) = \left(x-\frac{\pi}{4}\right) - \frac{\left(x-\frac{\pi}{4}\right)^3}{3!} + \frac{\left(x-\frac{\pi}{4}\right)^5}{5!} - \cdots + \frac{(-1)^n}{(2n+1)!}\left(x-\frac{\pi}{4}\right)^{2n+1} + \cdots$$

$$\sin x = \frac{1}{\sqrt{2}}\left[1+\left(x-\frac{\pi}{4}\right) - \frac{\left(x-\frac{\pi}{4}\right)^2}{2!} - \frac{\left(x-\frac{\pi}{4}\right)^3}{3!} + \cdots + \frac{(-1)^n}{2n!}\left(x-\frac{\pi}{4}\right)^{2n} + \frac{(-1)^n}{(2n+1)!}\left(x-\frac{\pi}{4}\right)^{2n+1} + \cdots\right]$$

$(-\infty < x < +\infty)$

②将函数 $f(x) = \dfrac{1}{x-3}$ 按以下要求展开成幂级数：

（a）展开成 x 的幂级数（以 $x=0$ 为中心的展开）；

（b）展开成 $x-4$ 的幂级数（以 $x=4$ 为中心的展开）.

$$f(x) = f(a) + \frac{f'(a)}{1!}(x-a) + \frac{f^{(2)}(a)}{2!}(x-a)^2 + \cdots + \frac{f^{(n)}(a)}{n!}(x-a)^n + R_n(x)$$

吓得我都泰勒展开了！！！

解：$\dfrac{1}{x-3} = -\dfrac{1}{3}\cdot\dfrac{1}{1-\dfrac{x}{3}} = -\dfrac{1}{3}\sum\limits_{n=0}^{\infty}\left(\dfrac{x}{3}\right)^n = -\sum\limits_{n=0}^{\infty}\dfrac{x^n}{3^{n+1}}$，

而这里 $-1 < \dfrac{x}{3} < 1$，所以 $x \in (-3, 3)$.

$\dfrac{1}{x-3} = \dfrac{1}{1+(x-4)} = \sum\limits_{n=0}^{\infty}(-1)^n(x-4)^n$，

而这里 $-1 < x-4 < 1$，所以 $x \in (3, 5)$.

题型七　幂级数的和函数的求法

方法一："先导后积"法或"先积后导"法求之

【例28】求幂级数 $\sum\limits_{n=1}^{\infty} n(n+1)x^n$ 的收敛域与和函数.

【例29】[1990年1]求幂级数 $\sum\limits_{n=0}^{\infty}(2n+1)x^n$ 的收敛域,并求其和函数.

【例30】求幂级数 $\sum\limits_{n=1}^{\infty}\dfrac{x^n}{n(n+1)}$ 的和函数 $s(x)$,并指出其收敛域.

【例31】求幂级数 $\sum\limits_{n=1}^{\infty}\dfrac{n}{2^n}x^{2n}$ 的和函数,并指出其收敛域.

方法二：用基本初等函数,比如 e^x, $\sin x$, $\cos x$, $\ln(1+x)$, $(1+x)^a$ 的泰勒展开式求之

【例32】求幂级数 $\sum\limits_{n=1}^{\infty}\dfrac{n^2}{n!}x^n$ 的收敛区间与和函数.

【例33】利用已知函数的幂函数展开式,求幂级数 $\sum\limits_{n=0}^{\infty}\dfrac{(2n+1)x^{2n}}{n!}$ 的和函数,并指出其收敛区间.

【例34】求级数 $\sum\limits_{n=1}^{\infty}\dfrac{(-1)^{n-1}}{n5^n}x^n$ 的收敛域与和函数.

方法三：解微分方程求之

对待求其和函数的幂级数进行逐项求导的分析运算找出其和函数所满足的微分方程及其定解条件,建立关于其和函数的微分方程的初值问题,解此初值问题,即得所求的和函数.

【例35】设 $f(x)=\sum\limits_{n=0}^{\infty}\dfrac{x^n}{n!}$.

(1)证明 $f(x)$ 满足微分方程 $f'(x)=f(x)(-\infty<x<+\infty)$;

(2)证明 $f(x)=e^x$;

(3)利用 $f(x)$ 的表达式求幂级数 $\sum\limits_{n=1}^{\infty}\dfrac{n-1}{n!}(x+1)^n$ 的和函数.

题型八　函数展为幂级数的方法

方法一：用幂级数的四则运算(主要是加减运算)法则求之

【例36】将函数 $\sin^2 x$ 展开成 x 的幂级数并指出展开式成立的区间

【例37】把函数 $\ln(1+x+x^2+x^3)$ 展开成 x 的幂级数,并求其收敛域.

【例38】[1994年1]将函数 $f(x)=\dfrac{1}{4}\ln\dfrac{1+x}{1-x}+\dfrac{1}{2}\arctan x-x$ 展开成 x 的幂级数

【例39】将函数 $\dfrac{1}{x^2-5x+6}$ 展开成 x 的幂级数,并指出展开式成立的区间.

方法二：用求导或积分简化计算

【例40】求函数 $\dfrac{1}{(1+x)^2}$ 的幂级数的展开式,并指出展开式成立的区间.

【例41】[1998年1]将函数 $f(x)=\arctan\dfrac{1+x}{1-x}$ 展开成 x 的幂级数

题型九　收敛的常数项级数的和的求法

方法一：利用收敛定义求之

【例42】判别下列级数的敛散性, 并求出其中收敛级数的和.

(1) $\displaystyle\sum_{n=1}^{\infty} \frac{1}{n(n+1)(n+2)}$;

(2) $\displaystyle\sum_{n=2}^{\infty} \ln \frac{n^2-1}{n^2}$

方法二: 借助于已知和的级数, 利用级数的运算求之

【例43】证明级数 $\displaystyle\sum_{n=1}^{\infty} \frac{3n+5}{3^n}$ 收敛, 并求其和.

【例44】求级数 $\dfrac{1}{1 \cdot 3} + \dfrac{1}{2 \cdot 3^2} + \dfrac{1}{3 \cdot 3^3} + \cdots$ 的和.

【例45】求数项级数 $\displaystyle\sum_{n=1}^{\infty} \frac{1}{(2n-1) \cdot 2^n}$ 的和.

【例46】求数项级数 $\displaystyle\sum_{n=0}^{\infty} \frac{(n+1)^2}{n!}$ 的和.

【例47】 [2001 年 1] 设 $f(x)=\begin{cases} [(1+x^2)/x]\arctan x, & x \neq 0 \\ 1, & x=0 \end{cases}$, 试将 $f(x)$ 展开成 x 的幂级数, 并求级数 $\displaystyle\sum_{n=1}^{\infty} \frac{(-1)^n}{1-4n^2}$ 的和.

【例48】把函数 $f(x)=\dfrac{1}{x^2}$ 展开成 $x-3$ 的幂级数, 并求级数 $\displaystyle\sum_{n=1}^{\infty} (-1)^n \frac{n}{3^{n+1}}$ 的和.

【例49】求级数 $\displaystyle\sum_{n=1}^{\infty} (-1)^{n-1} \frac{n+1}{n! \cdot (n+2)}$ 的和.

方法三: 利用函数的傅里叶展开式求之(仅数一)

【例50】设周期函数 $f(x)$ 在区间 $[-\pi, \pi]$ 上的表达式为 $f(x)=e^{2x}$, 试把它展开傅里叶级数, 并求 $\displaystyle\sum_{n=1}^{\infty} \frac{(-1)^{n-1}}{n^2+4}$ 的和.

【例51】 [1991 年 1] 将函数 $f(x)=2+|x|(-1 \leqslant x \leqslant 1)$ 展成以 2 为周期的傅里叶级数, 并由此求级数 $\displaystyle\sum_{n=1}^{\infty} \frac{1}{n^2}$ 的和.

六、傅里叶级数(数一)

1. 傅里叶系数与傅里叶级数

$$f(x) = \frac{a_0}{2} + \sum_{n=1}^{\infty} (a_n \cos nx + b_n \sin nx)$$

$$a_n = \frac{1}{\pi} \int_{-\pi}^{\pi} f(x) \cos nx \, dx, \ n = 0, 1, 2\cdots$$

$$b_n = \frac{1}{\pi} \int_{-\pi}^{\pi} f(x) \sin nx \, dx, \ n = 1, 2\cdots$$

傅里叶变换赋予了三角函数重要意义.

三角函数系的正交性:

$$\int_{-\pi}^{\pi} \cos nx \, dx = 0 \quad (n = 1, 2, 3\cdots),$$

$$\int_{-\pi}^{\pi} \sin nx \mathrm{d}x = 0 \quad (n = 1,\ 2,\ 3\cdots),$$

$$\int_{-\pi}^{\pi} \sin kx \cos nx \mathrm{d}x = 0 \quad (k,\ n = 1,\ 2,\ 3\cdots),$$

$$\int_{-\pi}^{\pi} \cos kx \cos nx \mathrm{d}x = 0 \quad (k,\ n = 1,\ 2,\ 3\cdots,\ k \neq n),$$

$$\int_{-\pi}^{\pi} \sin kx \sin nx \mathrm{d}x = 0 \quad (k,\ n = 1,\ 2,\ 3\cdots,\ k \neq n),$$

三角函数系 1, $\cos x$, $\sin x$, $\cos 2x$, $\sin 2x$, $\cdots$, $\cos nx$, $\sin nx$, $\cdots$ 在区间 $[-\pi,\ \pi]$ 上正交.

2. 收敛定理(狄里克雷充分条件)

设 $f(x)$ 在 $[-\pi,\ \pi]$ 上连续或有有限个第一类间断点，且只有有限个极值点，则 $f(x)$ 的傅里叶级数在 $[-\pi,\ \pi]$ 上处处收敛，且收敛于

①$f(x)$，当 x 为 $f(x)$ 的连续点.

②$\dfrac{f(x-0)+f(x+0)}{2}$，当 x 为 $f(x)$ 的间断点.

③$\dfrac{f(-\pi+0)+f(\pi-0)}{2}$，当 $x = \pm\pi$.

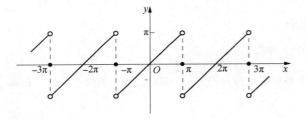 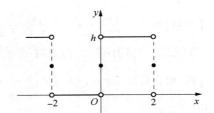

3. 周期为 2π 的函数的展开

(1)$[-\pi,\ \pi]$ 上展开.

$$a_n = \frac{1}{\pi} \int_{-\pi}^{\pi} f(x) \cos nx \mathrm{d}x,\ n = 0,\ 1,\ 2\cdots$$

$$b_n = \frac{1}{\pi} \int_{-\pi}^{\pi} f(x) \sin nx \mathrm{d}x,\ n = 1,\ 2\cdots$$

(2)$[-\pi,\ \pi]$ 上奇偶函数的展开.

①$f(x)$ 为奇函数.

$a_n = 0,\ n = 0,\ 1,\ 2\cdots$

$$b_n = \frac{2}{\pi} \int_{0}^{\pi} f(x) \sin nx \mathrm{d}x,\ n = 1,\ 2\cdots$$

$$f(x) = \sum_{n=1}^{\infty} b_n \sin nx.$$

②$f(x)$ 为偶函数.

$$a_n = \frac{2}{\pi} \int_{0}^{\pi} f(x) \cos nx \mathrm{d}x,\ n = 0,\ 1,\ 2\cdots$$

$b_n = 0$, $n = 1$, $2\cdots$

$$f(x) = \frac{a_0}{2} + \sum_{n=1}^{\infty} a_n \cos nx.$$

（3）在 $[0, \pi]$ 上展为正弦或展为余弦.

①展为正弦.

$a_n = 0$, $n = 0$, 1, $2\cdots$

$$b_n = \frac{2}{\pi} \int_0^{\pi} f(x) \sin nx \, dx, \quad n = 1, \ 2\cdots$$

②展为余弦.

$$a_n = \frac{2}{\pi} \int_0^{\pi} f(x) \cos nx \, dx, \quad n = 0, \ 1, \ 2\cdots$$

$b_n = 0$, $n = 1$, $2\cdots$

【必会经典题】

①设 $f(x)$ 是周期为 2π 的周期函数，它在 $[-\pi, \pi)$ 上的表达式为

$$f(x) = \begin{cases} -1 & -\pi \leqslant x < 0 \\ 1 & 0 \leqslant x < \pi \end{cases}$$

将 $f(x)$ 展开成傅里叶级数.

解：$b_n = \dfrac{1}{\pi} \displaystyle\int_{-\pi}^{\pi} f(x) \sin nx \, dx$

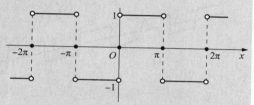

$$= \begin{cases} \dfrac{4}{n\pi}, & n = 1, \ 3, \ 5\cdots, \\ 0, & n = 2, \ 4, \ 6\cdots. \end{cases}$$

$$f(x) = \frac{4}{\pi} \left[\sin x + \frac{1}{3} \sin 3x + \cdots + \frac{1}{2k-1} \sin(2k-1)x + \cdots \right]$$

$$= \frac{4}{\pi} \sum_{k=1}^{\infty} \frac{1}{2k-1} \sin(2k-1)x$$

$(-\infty < x < +\infty; \ x \neq 0, \ \pm\pi, \ \pm 2\pi).$

②设 $f(x)$ 是周期为 2π 的周期函数，它在 $[-\pi, \pi]$ 上的表达式为 $f(x) = x$. 将 $f(x)$ 展开成傅里叶级数，并作出级数的和函数的图形.

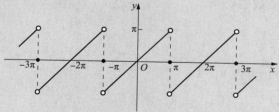

解：$b_n = \dfrac{2}{\pi} \displaystyle\int_0^{\pi} f(x) \sin nx \, dx = \dfrac{2}{\pi} \int_0^{\pi} x \sin nx \, dx$

$$= \frac{2}{\pi} \left[-\frac{x \cos nx}{n} + \frac{\sin nx}{n^2} \right]_0^{\pi}$$

$$= -\frac{2}{n} \cos n\pi = \frac{2}{n} (-1)^{n+1} \quad (n = 1, 2, 3\cdots).$$

$$f(x) = 2 \sum_{n=1}^{\infty} \frac{(-1)^{n+1}}{n} \sin nx \quad (-\infty < x < +\infty; \ x \neq \pm\pi, \ \pm 3\pi, \ \cdots).$$

普通的方波等函数关系居然都能展开成一系列正弦波、余弦波相加，感觉很神奇！我们用图来展示一下叠加的过程。

只要努力，弯的都能掰直：

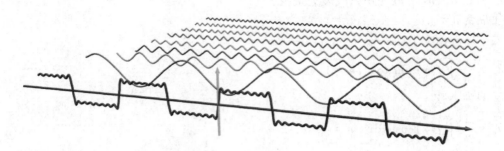

这些不同频率的正余弦波展示了一个看函数的新角度，下图右侧的坐标系称作频域.

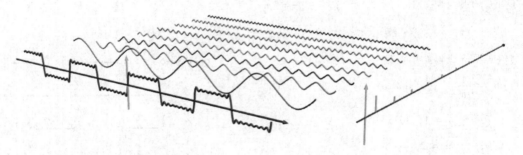

4. 周期为 $2l$ 的函数的展开

（1）$[-l, l]$ 上展开.

$$a_n = \frac{1}{l}\int_{-l}^{l} f(x)\cos\frac{n\pi x}{l}\mathrm{d}x, \quad n = 0, 1, 2\cdots$$

$$b_n = \frac{1}{l}\int_{-l}^{l} f(x)\sin\frac{n\pi x}{l}\mathrm{d}x, \quad n = 1, 2\cdots$$

（2）$[-l, l]$ 上奇偶函数的展开.

①$f(x)$ 为奇函数.

$$a_n = 0, \quad n = 0, 1, 2\cdots$$

$$b_n = \frac{2}{l}\int_{0}^{l} f(x)\sin\frac{n\pi x}{l}\mathrm{d}x, \quad n = 1, 2\cdots$$

②$f(x)$ 为偶函数.

$$a_n = \frac{2}{l}\int_{0}^{l} f(x)\cos\frac{n\pi x}{l}\mathrm{d}x, \quad n = 0, 1, 2\cdots$$

$$b_n = 0, \quad n = 1, 2\cdots$$

（3）在 $[0, l]$ 上展为正弦或展为余弦.

①展为正弦.

$$a_n = 0, \quad n = 0, 1, 2\cdots$$

$$b_n = \frac{2}{l}\int_{0}^{l} f(x)\sin\frac{n\pi x}{l}\mathrm{d}x, \quad n = 1, 2\cdots$$

②展为余弦.

$$a_n = \frac{2}{l} \int_0^l f(x) \cos \frac{n\pi x}{l} \mathrm{d}x, \ n = 0, \ 1, \ 2\cdots; \ b_n = 0 \quad n = 1, \ 2\cdots$$

题型十　与傅里叶级数有关的几类问题的解法

（1）求傅里叶级数的和函数的某点处的值

【例52】［1988年1］设 $f(x)$ 是周期为2的周期函数，它在区间 $[-1, \ 1]$ 上定义为

$$f(x) = \begin{cases} 2, & -1 < x \leq 0 \\ x^3, & 0 < x \leq 1 \end{cases}$$

则 $f(x)$ 的傅里叶级数在 $x = 1$ 处收敛于_____.

【例53】［1989年1］设函数 $f(x) = x^2$, $0 \leq x < 1$，而 $s(x) = \sum\limits_{n=1}^{\infty} b_n \sin n\pi x$, $-\infty < x < +\infty$，

其中 $b_n = 2\int_0^1 f(x) \sin n\pi x \mathrm{d}x$, $n = 1, \ 2, \ 3, \ \cdots$，则 $s(-1/2)$ 等于（　　）.

(A)$-1/2$　　　(B)$-1/4$　　　(C)$1/4$　　　(D)$1/2$

（2）求傅里叶展开式

【例54】设 $f(x) = \begin{cases} x+2\pi, & -\pi < x < 0 \\ \pi, & x = 0 \\ x, & 0 < x \leq \pi \end{cases}$，试将 $f(x)$ 展成以 2π 为周期的傅里叶级数.

【例55】将函数 $f(x) = 2x^2 (0 \leq x \leq \pi)$ 分别展成正弦级数和余弦级数.

【例56】把 $f(x) = 10 - x (5 \leq x \leq 15)$ 展开为傅里叶级数.

第十一讲　曲线积分与曲面积分（仅数一）

大纲要求

1. 理解两类曲线积分的概念，了解两类曲线积分的性质及两类曲线积分的关系.
2. 掌握计算两类曲线积分的方法.
3. 掌握格林公式并会运用平面曲线积分与路径无关的条件，会求二元函数全微分的原函数.
4. 了解两类曲面积分的概念、性质及两类曲面积分的关系，掌握计算两类曲面积分的方法，掌握用高斯公式计算曲面积分的方法，并会用斯托克斯公式计算曲线积分.
5. 了解散度与旋度的概念，并会计算.
6. 会用曲线积分及曲面积分求一些几何量与物理量.

知识讲解

一、曲线积分

1. 对弧长的曲线积分

（1）对弧长的曲线积分的概念与性质

①对弧长的曲线积分的定义

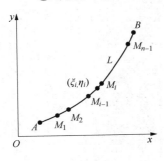

设 L 为 xOy 面内的一条光滑曲线弧，$f(x, y)$ 在 L 上有界，用 M_i 将 L 分成 n 小段 Δs_i，任取一点 $(\xi_i, \eta_i) \in \Delta s_i$（$i = 1, 2, 3, \cdots, n$），作和 $\sum_{i=1}^{n} f(\xi_i, \eta_i)$，令 $\lambda = \max\{\Delta s_1, \Delta s_2, \cdots, \Delta s_n\}$，当 $\lambda \to 0$ 时，$\lim\limits_{\lambda \to 0} \sum_{i=1}^{n} f(\xi_i, \eta_i)\Delta s_i$ 存在，称此极限值为 $f(x, y)$ 在 L 上对弧长的曲线积分（第一类曲线积分），记为 $\int_L f(x, y)\,\mathrm{d}s =$

$$\lim\limits_{\lambda \to 0} \sum_{i=1}^{n} f(\xi_i, \eta_i)\Delta s_i.$$

②对弧长曲线积分的性质

a. 设 $L = L_1 + L_2$，则 $\int_L f(x, y)\,\mathrm{d}s = \int_{L_1} f(x, y)\,\mathrm{d}s + \int_{L_2} f(x, y)\,\mathrm{d}s$.

b. $\int_L [\alpha f(x, y) \pm \beta g(x, y)]\,\mathrm{d}s = \alpha \int_L f(x, y)\,\mathrm{d}s \pm \beta \int_L g(x, y)\,\mathrm{d}s$，$\alpha, \beta$ 为常数.

c. $f(x, y) = 1$，则 $\int_L f(x, y)\,\mathrm{d}s = s$（$s$ 为 L 的弧长）.

d. 设在 L 上 $f(x, y) \leqslant g(x, y)$，则 $\int_L f(x, y)\,\mathrm{d}s \leqslant \int_L g(x, y)\,\mathrm{d}s$.

（2）对弧长曲线积分的计算

$$ds = \sqrt{(dx)^2 + (dy)^2} = \sqrt{1 + \left(\frac{dy}{dx}\right)^2}\,dx$$

$$= \sqrt{\varphi'^2(t) + \psi'^2(t)}\,dt = \sqrt{\rho^2(\theta) + \rho'^2(\theta)}\,d\theta$$

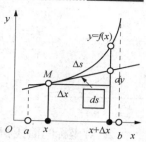

这是因为再弯曲的弧从微观上看都近似于直线，如右图，从而有上面的勾股定理.

设 $f(x, y)$ 在弧 L 上有定义且连续，L 方程 $\begin{cases} x = \varphi(t) \\ y = \psi(t) \end{cases} (\alpha \leqslant t \leqslant \beta)$，

$$\int_L f(x, y)\,ds = \int_\alpha^\beta f[\varphi(t), \psi(t)]\sqrt{\varphi'^2(t) + \psi'^2(t)}\,dt\,(\alpha < \beta).$$

$$\int_L f(x, y)\,ds = \int_{x_0}^X f[x, \psi(x)]\sqrt{1 + \psi'^2(x)}\,dx\,(x_0 < X).$$

$$\int_L f(x, y)\,ds = \int_{y_0}^Y f[\varphi(y), y]\sqrt{1 + \varphi'^2(y)}\,dy\,(y_0 < Y).$$

$$\int_L f(x, y, z)\,ds = \int_\alpha^\beta f[\varphi(t), \psi(t), \omega(t)]\sqrt{\varphi'^2(t) + \psi'^2(t) + \omega'^2(t)}\,dt\,(\alpha < \beta).$$

定积分是否可看作对弧长曲线积分的特例？

——否！对弧长的曲线积分要求 $ds \geqslant 0$，但定积分中 dx 可能为负.

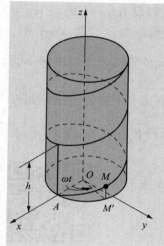

【必会经典题】

计算曲线积分 $\int_\Gamma (x^2 + y^2 + z^2)\,ds$，其中 Γ 为螺旋线 $x = a\cos t$、$y = a\sin t$、$z = kt$ 上相应于 t 从 0 到 2π 的一段弧.

解：$\int_\Gamma (x^2 + y^2 + z^2)\,ds$

$$= \int_0^{2\pi} [(a\cos t)^2 + (a\sin t)^2 + (kt)^2]\sqrt{(-a\sin t)^2 + (a\cos t)^2 + (k)^2}\,dt$$

$$= \int_0^{2\pi} [(a^2 + k^2 t^2)\sqrt{a^2 + k^2}\,dt = \sqrt{a^2 + k^2}\left[a^2 t + \frac{k^2}{3}t^3\right]_0^{2\pi}$$

$$= \frac{2}{3}\pi\sqrt{a^2 + k^2}(3a^2 + 4\pi^2 k^2).$$

（3）简化运算

①利用奇偶性、对称性

若 L 关于 y 轴对称，如左图，则

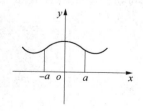

$$\int_L f(x, y)\,ds = \begin{cases} 0, & f(-x, y) = -f(x, y) \\ 2\displaystyle\int_{L_1} f(x, y)\,ds, & f(-x, y) = f(x, y) \end{cases},$$

其中，L_1 为 L 在 y 轴右边.

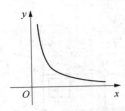

若 L 关于 x 轴对称，被积函数关于变量 y 有奇偶性，奇零偶倍，和上述结论类似．

②利用轮换对称性

若 L 关于 $y=x$ 对称，如左图，则

$$\int_L f(x,\ y)\mathrm{d}s = \int_L f(y,\ x)\mathrm{d}s.$$

2. 对坐标的曲线积分

（1）对坐标的曲线积分定义和性质

该类型积分可以研究变力沿曲线所做的功：

$$F(x,\ y)=P(x,\ y)i+Q(x,\ y)j \qquad W=F\cdot\overrightarrow{AB}.$$

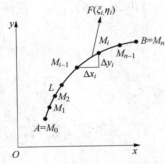

①定义：设 L 为 xOy 面内从点 A 到点 B 的一条有向光滑曲线弧，函数 $P(x,\ y)$，$Q(x,\ y)$ 在 L 上有界．在 L 上沿 L 的方向任意插入一点列 $M_{i-1}(x_{i-1},\ y_{i-1})(i=1,\ 2,\ \cdots,\ n)$ 把 L 分成 n 个有向小弧段，$M_{i-1}M_i(i=1,\ 2,\ \cdots,\ n;\ M_0=A,\ M_n=B)$ 设 $\Delta x_i=x_i-x_{i-1}$，$\Delta y_i=y_i-y_{i-1}$，点 $(\xi_i,\ \eta_i)$ 为 $M_{i-1}M_i$ 上任意取定的点．如果当个小弧段长度的最大值 $\lambda\to 0$ 时，$\sum_{i=1}^{n} P(\xi_i,\ \eta_i)\Delta x_i$ 的极限总存在，则称此极限为函数 $P(x,\ y)$ 在有向曲线弧 L 上对坐标 x 的曲线积分，记作 $\int_L P(x,\ y)\mathrm{d}x$．类似地，如果 $\sum_{i=1}^{n} Q(\xi_i,\ \eta_i)\Delta y_i$ 的极限值总存在，则称此极限为函数 $Q(x,\ y)$ 在有向曲线弧 L 上对坐标 y 曲线积分（第二类曲线积分），记作 $\int_L Q(x,\ y)\mathrm{d}y$．即

$$\int_L P(x,\ y)\mathrm{d}x = \lim_{\lambda\to 0}\sum_{i=1}^{n} P(\xi_i,\ \eta_i)\Delta x_i,$$

$$\int_L Q(x,\ y)\mathrm{d}y = \lim_{\lambda\to 0}\sum_{i=1}^{n} Q(\xi_i,\ \eta_i)\Delta y_i$$

轮滑 boy 炫出精彩的 style，就可以简单地看作变力沿着曲线做功的问题，可以用对坐标曲线积分研究．

②对坐标曲线积分的性质

a. $\int_L aP(x,\ y)\mathrm{d}x = a\int_L P(x,\ y)\mathrm{d}x$

b. L 为有向曲线弧，L^- 为 L 与方向相反的曲线，则

$$\int_L P(x,\ y)\mathrm{d}x = -\int_{L^-} P(x,\ y)\mathrm{d}x,\quad \int_L Q(x,\ y)\mathrm{d}y = -\int_{L^-} Q(x,\ y)\mathrm{d}y$$

c. 设 $L=L_1+L_2$，则 $\int_L P\mathrm{d}x + Q\mathrm{d}y = \int_{L_1} P\mathrm{d}x + Q\mathrm{d}y + \int_{L_2} P\mathrm{d}x + Q\mathrm{d}y$

（2）对坐标的曲线积分的计算

设 $P(x,y)$，$Q(x,y)$ 在 L 上有定义，且连续，L 的参数方程

为 $\begin{cases} x = \varphi(t), \\ y = \psi(t), \end{cases}$

$$\int_L P(x,y)\mathrm{d}x + Q(x,y)\mathrm{d}y$$

$$= \int_\alpha^\beta \{ P[\varphi(t),\psi(t)]\varphi'(t) + Q[\varphi(t),\psi(t)]\psi'(t) \}\mathrm{d}t$$

3. 两类曲线积分之间的关系

$$\int_L P(x,y)\mathrm{d}x + Q(x,y)\mathrm{d}y = \int_L [P(x,y)\cos\alpha + Q(x,y)\cos\beta]\mathrm{d}s$$

其中，$\cos\alpha$、$\cos\beta$ 为有向曲线 L 正向切向量的方向余弦．

与平面曲线积分类似，对于空间曲线积分有

$$\int_L P(x,y,z)\mathrm{d}x + Q(x,y,z)\mathrm{d}y + R(x,y,z)\mathrm{d}z$$

$$= \int_L [P(x,y,z)\cos\alpha + Q(x,y,z)\cos\beta + R(x,y,z)\cos\gamma]\mathrm{d}s$$

其中，$\cos\alpha$、$\cos\beta$、$\cos\gamma$ 为有向曲线 $\varGamma$ 切向量的方向余弦．

【必会经典题】

计算 $\int_L xy\mathrm{d}x$，其中 L 为抛物线 $y^2=x$ 上从点 $A(1,-1)$ 到点 $B(1,1)$ 的一段弧．

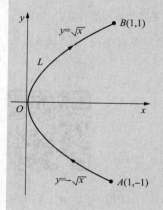

解法一：$\displaystyle\int_L xy\mathrm{d}x = \int_{AO} xy\mathrm{d}x + \int_{OB} xy\mathrm{d}x$

$\displaystyle = \int_1^0 x(-\sqrt{x})\mathrm{d}x + \int_0^1 x\sqrt{x}\mathrm{d}x$

$\displaystyle = 2\int_0^1 x^{\frac{3}{2}}\mathrm{d}x = \frac{4}{5}.$

解法二：$\displaystyle\int_L xy\mathrm{d}x = \int_{-1}^1 y^2 y(y^2)'\mathrm{d}y = 2\int_{-1}^1 y^4\mathrm{d}y = 2\left[\frac{y^5}{5}\right]_{-1}^1 = \frac{4}{5}.$

不要乱用奇偶性哦！第二类曲线积分的奇偶性与前面不同，算是奇倍偶零．

但如果大家计算 $\displaystyle\int_L xy\mathrm{d}y$，会发现有变为 0 了，可见其奇偶对称性最好别用，比较复杂．

题型一　计算第一类曲线积分的方法与技巧

【例1】 设 L 从 $A(0,1)$ 沿圆周 $x^2+y^2=1$ 到 $B(\sqrt{2}/2,-\sqrt{2}/2)$ 处的一段劣弧，则 $\displaystyle\int_L xe^{\sqrt{x^2+y^2}}\mathrm{d}s = $ _____．

【例2】 设空间曲线 $\varGamma$：$\begin{cases} 2x^2+y^2=2, \\ x+z=0, \end{cases}$

则积分 $\int_\Gamma (y\cos x + z^2)\,\mathrm{d}s =$ _____ .

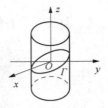

【例3】 计算 $\int_\Gamma (x^2 + y^2 + z^2)\,\mathrm{d}s$. 其中 Γ 是曲面 $x^2+y^2+z^2=\dfrac{9}{2}$ 与平面 $x+z=1$ 的交线 .

【例4】 计算 $\oint_\Gamma \dfrac{|y|}{x^2+y^2+z^2}\,\mathrm{d}s$. 其中 $\Gamma:\begin{cases} x^2+y^2+z^2=4a^2 \\ x^2+y^2=2ax \end{cases}$ 且 $z\geqslant 0$, $a\geqslant 0$.

题型二　利用对称性简化积分计算

【例5】 [1998 年 1] 设 L , 为椭圆 $\dfrac{x^2}{4}+\dfrac{y^2}{3}=1$, 其周长为 a , 求 $\oint_L (2xy + 3x^2 + 4y^2)\,\mathrm{d}s$.

【例6】 计算空间曲线积分 $\oint_L (z + y^2)\,\mathrm{d}s$, 其中 Γ 为球面 $x^2+y^2+z^2=R^2$ 与平面 $x+y+z=0$ 的交线 .

【例7】 求 $I = \int_L |x|\,\mathrm{d}s$, 其中 L 为 $|x|+|y|=1$.

【例8】 计算曲线积分 $\oint_\Gamma |y|\,\mathrm{d}s$, Γ 为球面 $x^2+y^2+z^2=2$ 与平面 $x=y$ 的交线 .

题型三　第二类曲线积分的算法

【例9】 计算第二类曲线积分 $\oint_L (x + y)^2\,\mathrm{d}y$, L 为圆周 $x^2+y^2=2ax\,(a>0)$ （按逆时针方向绕行）.

【例10】 [1991 年 1] 在过点 $(0, 0)$ 和 $A(\pi, 0)$ 的曲线族 $y=a\sin x\,(a>0)$ 中求一条曲线 L , 使沿该曲线从 O 到 A 的积分 $\int_L (1 + y^3)\,\mathrm{d}x + (2x + y)\,\mathrm{d}y$ 的值最小 .

二、　曲面积分

1. 对面积的曲面积分

（1）对面积的曲面积分的概念与性质

①定义

设曲面 Σ 是光滑的, $f(x, y, z)$ 在 Σ 上有界, 把 Σ 分成 n 小块, 任取 $(\xi_i, \eta_i, \zeta_i) \in \Delta S_i$, 作乘积 $f(\xi_i, \eta_i, \zeta_i) \cdot \Delta S_i\,(i = 1, 2, \cdots, n)$, 再作和 $\sum_{i=1}^{n} f(\xi_i, \eta_i, \zeta_i)\Delta S_i\,(i = 1, 2, \cdots, n)$, 当各小块曲面直径的最大值 $\lambda \to 0$ 时, 这和的极限存在, 则称此极限为 $f(x, y, z)$ 在 Σ 上对面积的曲面积分或第一类曲面积分, 记 $\iint_\Sigma f(x, y, z)\,\mathrm{d}S$, 即

$$\iint_\Sigma f(x, y, z)\,\mathrm{d}S = \lim_{\lambda \to 0} \sum_{i=1}^{n} f(\xi_i, \eta_i, \zeta_i) \cdot \Delta S_i$$

也就是我们把光滑的曲面"千刀万剐"切分成无数个细小的微元, 如下图, 每个微元的

面积用其切平面代替，这样算积分即可，这和前面重积分的应用求曲面面积类似，只不过多了被积函数部分.

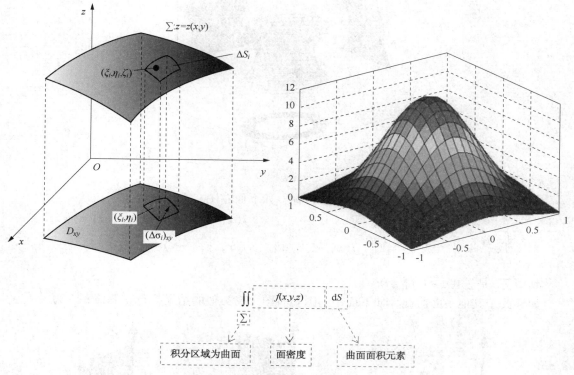

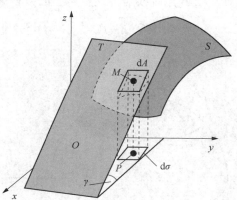

$\mathrm{d}S \Leftrightarrow \mathrm{d}s$ 曲面积分为大写 S，曲线积分为小写 s.

②性质

与二重积分类似，$f(x, y, z) = 1$ 时，$S = \oiint_{\Sigma} \mathrm{d}S$ 为曲面 Σ 的面积；$\Sigma = \Sigma_1 + \Sigma_2$，

$$\iint_{\Sigma} f(x, y, z)\mathrm{d}S = \iint_{\Sigma_1} f(x, y, z)\mathrm{d}S + \iint_{\Sigma_2} f(x, y, z)\mathrm{d}S.$$

（2）对面积的曲面积分的计算方法

如果曲面 Σ 的方程 $z = z(x, y)$ 为单值函数，Σ 在 xOy 面上的投影区域为 D_{xy}，则 $\iint_{\Sigma} f(x, y, z)\mathrm{d}S =$

$$\iint_{D_{xy}} f[x, y, z(x, y)] \sqrt{1 + z_x^2(x, y) + z_y^2(x, y)}\, \mathrm{d}x\mathrm{d}y$$

如果曲面 Σ 的方程 $y = y(x, z)$ 为单值函数，Σ 在 xOz 面上的投影区域为 D_{xz}，则

$$\iint_{\Sigma} f(x, y, z)\mathrm{d}S = \iint_{D_{xz}} f[x, y(x, z), z]$$

$$\sqrt{1 + y_x^2(x, z) + y_z^2(x, z)}\, \mathrm{d}x\mathrm{d}z$$

如果曲面 Σ 的方程 $x = x(y, z)$ 为单值函数，Σ 在 yOz 面上的投影区域为 D_{yz}，则

$$\iint_{\Sigma} f(x, y, z)\mathrm{d}S = \iint_{D_{yz}} f[x(y, z), y, z] \sqrt{1 + x_y^2(y, z) + x_z^2(y, z)}\, \mathrm{d}y\mathrm{d}z$$

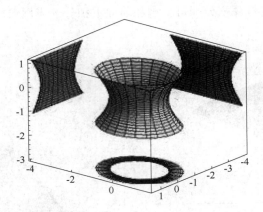

（3）简化运算

①利用奇偶性对称性：若 Σ 关于 xOy 对称，如下面左图，则

$$\iint_{\Sigma} f(x, y, z)\,dS = \begin{cases} 0, & f(x, y, -z) = -f(x, y, z) \\ 2\iint_{\Sigma_1} f(x, y, z)\,dS, & f(x, y, -z) = f(x, y, z) \end{cases}$$

其中 Σ_2 是 Σ 在 $z \geqslant 0$ 部分.

如果关于其他平面对此，如下面中间图和右图，有类似的结果，奇零偶倍.

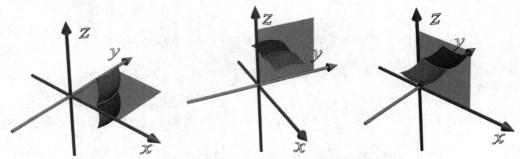

②利用轮换对称性：若 Σ 的方程关于 x, y, z 具有轮换对称性，则

$$\iint_{\Sigma} f(x, y, z)\,dS = \iint_{\Sigma} f(y, z, x)\,dS = \iint_{\Sigma} f(z, x, y)\,dS.$$

【必会经典题】

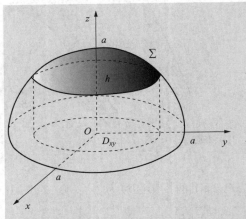

计算曲面积分 $\displaystyle\iint_{\Sigma} \frac{dS}{z}$，其中 Σ 是球面 $x^2 + y^2 + z^2 = a^2$ 被平面 $z = h(0 < h < a)$ 截出的顶部.

解：Σ 的方程为 $z = \sqrt{a^2 - x^2 - y^2}$，

Σ 在 xOy 面上的投影区域 D_{xy} 为圆形闭区域 $\{(x, y) \mid x^2 + y^2 \leqslant a^2 - h^2\}$

$$\sqrt{1 + z_x^2 + z_y^2} = \frac{a}{\sqrt{a^2 - x^2 - y^2}},$$

$$\iint_{\Sigma} \frac{dS}{z} = \iint_{D_{xy}} \frac{a\,dx\,dy}{a^2 - x^2 - y^2}$$

$$\iint\limits_{\Sigma} \frac{\mathrm{d}S}{z} = \iint\limits_{D_{xy}} \frac{a\rho\mathrm{d}\rho\mathrm{d}\theta}{a^2 - \rho^2} = a \int_0^{2\pi} \mathrm{d}\theta \int_0^{\sqrt{a^2-h^2}} \frac{\rho\mathrm{d}\rho}{a^2 - \rho^2}$$

$$= 2\pi a \left[-\frac{1}{2}\ln(a^2 - \rho^2) \right]_0^{\sqrt{a^2-h^2}} = 2\pi a \ln\frac{a}{h}.$$

2. 对坐标的曲面积分

（1）对坐标的曲面积分的概念与性质

①定义：

该类积分可以研究典型的流量问题，如流速 v，$v(x, y, z) = P(x, y, z)i + Q(x, y, z)j + R(x, y, z)k$

流过的平面面积为 A，则流量为：

$$A\,|\,v\,|\,\cos\theta = Av \cdot n$$

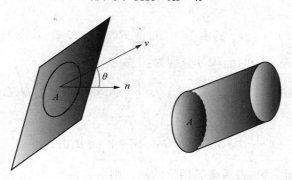

第二类曲面积分和第二类曲线积分一样，是有方向的，也就是曲面不同的侧是不同的，要区分开，生活中这种曲面也很常见，比如下图中间的瑞士纸币，正面反面是不一样的，身份证、海报正反面也都是不同的，我们的讲义一张纸上不同的面内容不一样，也会用页码区分．然而我们研究的曲面怎么区分呢？我们规定曲面法向量所指的方向就是曲面的正面，而法线的方向也是有常用习惯的，比如下面左图的曲面，我们习惯法向量朝上，好比这个曲面在仰望天空，而我们的眼睛就可以俯视鸟瞰它，就好比它在玩自拍，我们的眼睛就是手机摄像头，这样正面就是朝上的．而如果是封闭曲面，比如下面右图，我们习惯法向量朝外，这样外面就是正面．这里的内、外、上、下就是日常生活中一样的方向．当然也有部分题目故意将法向量方向调整的奇怪些，那是为了给题目增加一小点难度．

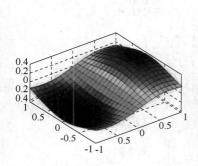

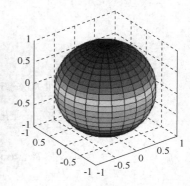

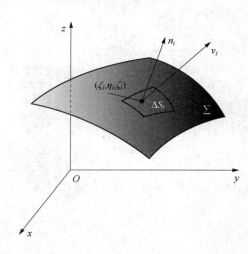

有向曲面在 xOy 平面投影：

$$(\Delta S)_{xy} = \begin{cases} (\Delta S)_{xy}, & \cos\gamma > 0 \\ -(\Delta S)_{xy}, & \cos\gamma < 0 \\ 0, & \cos\gamma \equiv 0 \end{cases}$$

设 Σ 为光滑的有向曲面，$R(x, y, z)$ 在 Σ 上有界，把 Σ 分成 n 块 ΔS_i，ΔS_i 在 xoy 面上投影 $(\Delta S_i)_{xy}$，(ξ_i, η_i, ζ_i) 是 ΔS_i 上任一点，若 $\lambda \to 0$，$\lim\limits_{\lambda \to 0} \sum\limits_{i=1}^{n} R(\xi_i, \eta_i, \zeta_i)(\Delta S_i)_{xy}$ 存在，称此极限值为 $R(x, y, z)$ 在 Σ 上对坐标 x，y 的曲面积分，或 $R(x, y, z)\mathrm{d}x\mathrm{d}y$ 在有向曲面 Σ 上的第二类曲面积分，记为

$$\iint_{\Sigma} R(x, y, z)\mathrm{d}x\mathrm{d}y，即$$

$$\iint_{\Sigma} R(x, y, z)\mathrm{d}x\mathrm{d}y = \lim_{\lambda \to 0} \sum_{i=1}^{n} R(\xi_i, \eta_i, \zeta_i)(\Delta S_i)_{xy}$$

类似 P，Q 对 yOz 及 zOx 曲面积分分别为：

$$\iint_{\Sigma} P\mathrm{d}y\mathrm{d}z = \lim_{\lambda \to 0} \sum_{i=1}^{n} P(\xi_i, \eta_i, \zeta_i)(\Delta S_i)_{yz}，\quad \iint_{\Sigma} Q\mathrm{d}z\mathrm{d}x = \lim_{\lambda \to 0} \sum_{i=1}^{n} Q(\xi_i, \eta_i, \zeta_i)(\Delta S_i)_{zx}$$

②性质：

a. 若 $\Sigma = \Sigma_1 + \Sigma_2$，则 $\iint_{\Sigma} P\mathrm{d}y\mathrm{d}z = \iint_{\Sigma_1} P\mathrm{d}y\mathrm{d}z + \iint_{\Sigma_2} P\mathrm{d}y\mathrm{d}z$.

b. 设 Σ 为有向曲面，Σ^- 表示与 Σ 相反的侧，则

$$\iint_{\Sigma^-} P\mathrm{d}y\mathrm{d}z = -\iint_{\Sigma} P\mathrm{d}y\mathrm{d}z；\iint_{\Sigma^-} Q\mathrm{d}z\mathrm{d}x = -\iint_{\Sigma} Q\mathrm{d}z\mathrm{d}x；\iint_{\Sigma^-} R\mathrm{d}x\mathrm{d}y = -\iint_{\Sigma} R\mathrm{d}x\mathrm{d}y.$$

（2）对坐标的曲面积分的计算法

设 Σ 由 $z = z(x, y)$ 给出的有向曲面，Σ 在 xOy 面上的投影为 D_{xy}，$z = z(x, y)$ 在 D_{xy} 内具有一阶连续偏导数，R 在 Σ 上连续，则

$$\iint_{\Sigma} R\mathrm{d}x\mathrm{d}y = \pm \iint_{D_{xy}} R[x, y, z(x, y)]\mathrm{d}x\mathrm{d}y$$

其中当曲面取上侧，取正号，曲面取下侧，则取负号.

一投，二代，三符号：

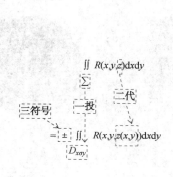

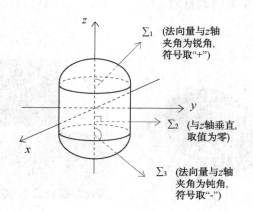

曲面积分	曲面方程	一投	二代	三符号	化成二重积分
$\iint\limits_{\Sigma} R(x,\ y,\ z)\mathrm{d}x\mathrm{d}y$	$z=z(x,\ y)$	D_{xoy}	$R(x,\ y,\ z(x,\ y))$	$\pm\mathrm{d}x\mathrm{d}y$	$\pm\iint\limits_{D_{xoy}} R(x,\ y,\ z(x,\ y))\mathrm{d}x\mathrm{d}y$
$\iint\limits_{\Sigma} P(x,\ y,\ z)\mathrm{d}y\mathrm{d}z$	$x=x(y,\ z)$	D_{yoz}	$P(x(y,\ z),\ y,\ z)$	$\pm\mathrm{d}y\mathrm{d}z$	$\pm\iint\limits_{D_{yoz}} P(x(y,\ z),\ y,\ z)\mathrm{d}y\mathrm{d}z$
$\iint\limits_{\Sigma} Q(x,\ y,\ z)\mathrm{d}z\mathrm{d}x$	$y=y(x,\ z)$	D_{zox}	$Q(x,\ y(x,\ z),\ z)$	$\pm\mathrm{d}z\mathrm{d}x$	$\pm\iint\limits_{D_{zox}} Q(x,\ y(x,\ z),\ z)\mathrm{d}z\mathrm{d}x$

【必会经典题】

计算曲面积分 $\iint\limits_{\Sigma} xyz\mathrm{d}x\mathrm{d}y$，其中 Σ 是球面 $x^2+y^2+z^2=1$ 外侧在 $x\geq 0$，$y\geq 0$ 的部分．

解：把 Σ 分为 Σ_1 和 Σ_2 两部分

$z_1=-\sqrt{1-x^2-y^2}$，$z_2=\sqrt{1-x^2-y^2}$．

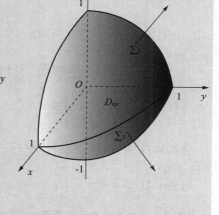

$$\begin{aligned}
\iint\limits_{\Sigma} xyz\mathrm{d}x\mathrm{d}y &= \iint\limits_{\Sigma_2} xyz\mathrm{d}x\mathrm{d}y + \iint\limits_{\Sigma_1} xyz\mathrm{d}x\mathrm{d}y \\
&= \iint\limits_{D_{xy}} xy\sqrt{1-x^2-y^2}\mathrm{d}x\mathrm{d}y - \iint\limits_{D_{xy}} xy(-\sqrt{1-x^2-y^2})\mathrm{d}x\mathrm{d}y \\
&= 2\iint\limits_{D_{xy}} xy\sqrt{1-x^2-y^2}\mathrm{d}x\mathrm{d}y \\
&= 2\iint\limits_{D_{xy}} \rho^2\sin\theta\cos\theta\sqrt{1-\rho^2}\rho\mathrm{d}\rho\mathrm{d}\theta \\
&= \int_0^{\frac{\pi}{2}}\sin 2\theta\mathrm{d}\theta\int_0^1\rho^3\sqrt{1-\rho^2}\mathrm{d}\rho = 1\cdot\frac{2}{15} = \frac{2}{15}
\end{aligned}$$

可见，第二类曲面积分和第二类曲线积分都是有方向的，其奇偶对称不同于其他的类型，是奇倍偶零．

3. 两类曲面积分间的关系

$$\iint\limits_{\Sigma} P\mathrm{d}y\mathrm{d}z + Q\mathrm{d}z\mathrm{d}x + R\mathrm{d}x\mathrm{d}y = \iint\limits_{\Sigma}[P\cos\alpha + Q\cos\beta + R\cos\gamma]\mathrm{d}S$$

其中 $(\cos\alpha,\ \cos\beta,\ \cos\gamma)$ 为有向曲面 Σ 在点 $(x,\ y,\ z)$ 处的法向量的方向余弦．

转换投影法：

若 S：$z=z(x,\ y)$，$(x,\ y)\in D_{xy}$，分块光滑，则

$$\iint\limits_{\Sigma} P\mathrm{d}y\mathrm{d}z + Q\mathrm{d}z\mathrm{d}x + R\mathrm{d}x\mathrm{d}y = \pm\iint\limits_{D_{xy}}\left[P\cdot\left(-\frac{\partial z}{\partial x}\right) + Q\cdot\left(-\frac{\partial z}{\partial y}\right) + R\right]\mathrm{d}x\mathrm{d}y$$

其中，$z=z(x,\ y)$，S 取上侧，取"+"，S 取下侧，取"−"．

4. 曲线曲面积分的应用

(1)求平面曲线、空间曲线及曲面的质量

$$M = \int_L\mu(x,\ y)\mathrm{d}s,\ M = \int_{\Gamma}\mu(x,\ y,\ z)\mathrm{d}s,\ M = \iint\limits_{\Sigma}\mu(x,\ y,\ z)\mathrm{d}S$$

（2）求平面曲线 L、空间曲线 Γ 及曲面 Σ 的重心（形心）

曲面重心：$x_c = \dfrac{\iint\limits_{\Sigma}\mu x\,dS}{\iint\limits_{\Sigma}\mu\,dS}$，$y_c = \dfrac{\iint\limits_{\Sigma}\mu y\,dS}{\iint\limits_{\Sigma}\mu\,dS}$，$z_c = \dfrac{\iint\limits_{\Sigma}\mu z\,dS}{\iint\limits_{\Sigma}\mu\,dS}$

类似可写出曲线 L，Γ 重心的计算公式.

（3）求平面曲线 L、空间曲线 Γ 及曲面 Σ 的转动惯量

下面以曲线 Γ 为例写出其计算公式，对 L 和 Σ 类似.

① 对坐标轴（Ox 轴）：$I_x = \int_{\Gamma}\mu(y^2 + z^2)\,ds$

② 对原点 O：$I_O = \int_{\Gamma}\mu(x^2 + y^2 + z^2)\,ds$

③ 对定点 $P_0(x_0,\ y_0,\ z_0)$：$I_{P_0} = \int_{\Gamma}\mu\left[(x - x_0)^2 + (y - y_0)^2 + (z - z_0)^2\right]\,ds$

④ 对坐标平面（如 xOy 平面）：$I_{xy} = \int_{\Gamma}\mu z^2\,ds$.

⑤ 对定平面 π：$Ax+By+Cz+D=0$，$I_{\pi} = \int_{\Gamma}\mu\dfrac{(Ax + By + Cz + D)^2}{A^2 + B^2 + C^2}\,ds$

题型四　计算第一类曲面积分的方法与技巧

【例11】计算曲面积分 $\iint\limits_{\Sigma}3z\,dS$，$\Sigma$ 为抛物面 $z=2-(x^2+y^2)$ 在 xOy 面上方的部分.

【例12】计算曲面积分 $\iint\limits_{\Sigma}\dfrac{1}{x^2 + y^2 + z^2}\,dS$，$\Sigma$ 是介于平面 $z=0$ 与 $z=H$ 之间的圆柱面 $x^2+y^2=R^2$.

【例13】计算曲面积分 $\oiint\limits_{\Sigma}(x^2 + y^2 + z^2)\,dS$，$\Sigma$ 为两圆柱面 $x^2+y^2=a^2$ 及 $x^2+z^2=a^2$ 位于第一象限的那部分与三个坐标面所围成的区域的整个边界曲面.

【例14】计算曲面积分 $\iint\limits_{\Sigma}(x^2+y^2)\,dS$，$\Sigma$ 为柱面 $x^2+y^2=9$ 及平面 $z=0$，$z=3$. 所围成的区域的整个边界曲面.

题型五　利用对称性简化计算

【例15】计算 $\iint\limits_{\Sigma}(xy + yz + zx)\,dS$，$\Sigma$ 为锥面 $z = \sqrt{x^2+y^2}$ 被曲面 $x^2+y^2=2ax$ 所截下的部分.

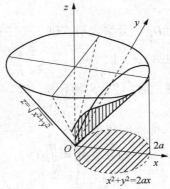

【**例 16**】　计算曲面积分 $\iint\limits_{\Sigma} (ax + by + cz + d)^2 \mathrm{d}S$，其中 Σ 是球面：$x^2 + y^2 + z^2 = R^2$.

【**例 17**】计算积分 $I = \iint\limits_{\Sigma} (xyz + |xyz| \mathrm{d}S)$，其中 Σ：$z = x^2 + y^2 (0 \leqslant z \leqslant 1)$.

题型六　计算第二类曲面积分的方法与技巧

（1）直接计算

【**例 18**】　计算 $\iint\limits_{\Sigma} (x^2 + y^2) \mathrm{d}z\mathrm{d}x + z\mathrm{d}x\mathrm{d}y$，$\Sigma$ 为锥面 $z = \sqrt{x^2 + y^2}$ 满足 $x \geqslant 0$，$y \geqslant 0$，$z \leqslant 1$ 的那一部分的下侧.

（2）合一投影法——这种投影法是将定向曲面 Σ 只投影到某个坐标平面

结论：若定向曲面 Σ 由方程 $z = z(x, y)$ 给出，Σ 在 xOy 平面上的投影区域为 D_{xy}，$z(x, y)$ 在 D_{xy} 有连续的偏导数，P，Q，R 在 Σ 上连续，则

$$\iint\limits_{\Sigma} P\mathrm{d}y\mathrm{d}z + Q\mathrm{d}z\mathrm{d}x + R\mathrm{d}x\mathrm{d}y$$

$$= \pm \iint\limits_{D_{xy}} \left[P(x, y, z(x, y)) \left(-\frac{\partial z}{\partial x} \right) + Q(x, y, z(x, y)) \left(-\frac{\partial z}{\partial y} \right) + \right.$$

$$\left. R(x, y, z(x, y)) \right] \mathrm{d}x\mathrm{d}y$$

其中，正负号由 Σ 的定向确定：法向量指向上侧取正号，否则取负号.

若将 Σ 投影到 yOz 或 zOx 平面，可得类似的公式.

【**例 19**】　计算 $\iint\limits_{\Sigma} e^y \mathrm{d}y\mathrm{d}z + ye^x \mathrm{d}z\mathrm{d}x + x^2 y \mathrm{d}x\mathrm{d}y$，$\Sigma$ 是抛物面 $z = x^2 + y^2$ 被平面 $x = 0$，$x = 1$，$y = 0$，$y = 1$ 所截部分的上侧.

【**例 20**】[1994 年 1]计算曲面积分 $\iint\limits_{\Sigma} \dfrac{x\mathrm{d}y\mathrm{d}z + z^2 \mathrm{d}x\mathrm{d}y}{x^2 + y^2 + z^2}$，其中 Σ 是由曲面 $x^2 + y^2 = R^2$ 及两平面 $z = R$，$z = -R$（$R > 0$）所围成立体表面的外侧.

（3）利用两类曲面积分的关系计算

【**例 21**】计算 $I = \iint\limits_{\Sigma} [f(x, y, z) + x]\mathrm{d}y\mathrm{d}z + [2f(x, y, z) + y]\mathrm{d}z\mathrm{d}x + [f(x, y, z) + z]\mathrm{d}x\mathrm{d}y$，其中，$f(x, y, z)$ 为连续函数，Σ 为平面 $x - y + z = 1$ 在第四象限部分的上侧.

（4）利用轮换对称性简化计算

【**例 22**】计算 $I = \oiint\limits_{\Sigma} xz\mathrm{d}x\mathrm{d}y + xy\mathrm{d}y\mathrm{d}z + yz\mathrm{d}z\mathrm{d}x$，其中 Σ 是平面 $x = 0$，$y = 0$，$z = 0$，$x + y + z = 1$ 所围成的空间区域的整个边界面的外侧.

题型七　曲线积分的应用

【**例 23**】[1989 年 2]求 1/8 的球面 $x^2 + y^2 + z^2 = R^2$，$x \geqslant 0$，$y \geqslant 0$，$z \leqslant 0$ 的边界曲线的重心，设曲线的线密度 $\mu = 1$.

三、三大公式及其应用

1. 格林公式

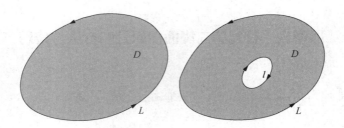

单连通区域：区域内任一闭曲线所围的部分都属于这个区域，如上面左图，特点就是没有孔洞，我们可以把这样的区域看作一块水域，边界就是岸，如下面左图的泳池一样，这样的水域中间没有岛屿．

复连通区域：不是单连通的区域就是复连通区域，如上面右图，特点就是有孔洞，我们也可以把这样的区域看作一块水域，如下面右图的沙漠绿洲一样，中间有一块小岛．

正向边界：你沿着边界走，区域 D 一直在你的左手边，那么 L 就是区域 D 的正向边界，这个方向很重要，大家注意观察上图的边界，都是正向的，相反的方向就是负向边界．

设闭区域 D 由分段光滑的曲线 L 围成，函数 $P(x, y)$ 和 $Q(x, y)$ 在 D 上具有一阶连续偏导数，则有

$$\oint_L P\mathrm{d}x + Q\mathrm{d}y = \iint_D \left(\frac{\partial Q}{\partial x} - \frac{\partial P}{\partial y} \right) \mathrm{d}x\mathrm{d}y$$

其中，L 为 D 的取正向的边界曲线，该公式叫做格林公式．

区域 D 可以看作水域，那么对格林公式比较形象的比喻是水的漩涡流量，如下面左图，真实的水的漩涡是非常复杂的，只不过非常接近生活好理解，我们可以将其简化，就看作一圈一圈绕着中心旋转，那么在漩涡的周围定义一个包裹它的边界曲线，这个水的流速 v 在边界上就有流量，称作"环流量"，函数 $P(x, y)$ 和 $Q(x, y)$ 就是流速在 x 方向和 y 方向的分量，于是公式左边就表示了这个环流量，而这个环流量当然与旋转的程度有关，右侧的被积函数就表示了旋转的程度，称作"旋度"，这在后面章节还会有严格定义．

比水的漩涡这个例子严格点的是磁场，如下面右图，磁场线已经表明了它的点，就是一圈一圈分布在电流周围的空间中，函数 $P(x, y)$ 和 $Q(x, y)$ 就是磁场在 x 方向和 y 方向的分量，那么在电流的周围定义一个包住它的边界曲线，比如最简单的边界就是和一条磁场线重合的曲线，磁场在这个边界曲线上就也会产生"环流量"，这个环流量与磁场的旋转程度有关，而这个旋度就是电流的大小，这在物理上称作"安培环路定理".

如果水域中只有一个漩涡，或者区域内只有一根电流，那么这个包含漩涡、电流的曲线边界不管变得多么弯曲复杂，按照公式算出的环流量都是一样的，都等于中间的这个旋度，这就是公式的美妙之处．而如果边界内部有多个漩涡、多路电流，不同位置的旋转方向还不同，那么就要对区域内部的旋度积分了，也就相当于对每点的旋度相加求和了，这样等式两边都有积分，就揭示了线积分与面积分之间的联系，变得更美妙了．

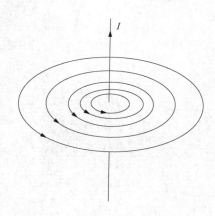

为什么$\dfrac{\partial Q}{\partial x}$，$\dfrac{\partial P}{\partial y}$在公式中一正一负呢？我们可以将水的旋涡、磁场等简略成下图的样子来说明，流速v在x轴分量为P，在y轴分量为Q，因此环流量是$P\mathrm{d}x+Q\mathrm{d}y$的曲线积分．而流速$v$如果发生偏转，其加速度$a$方向指向圆心，这就是其旋转的变化量(这是匀速圆周运动独有的特点)，而将a分解后，a在y方向的分量$\dfrac{\partial Q}{\partial x}$正好和$Q$方向相同，而$a$在$x$方向的分量$\dfrac{\partial P}{\partial y}$和$P$方向相反，因此一正一负.

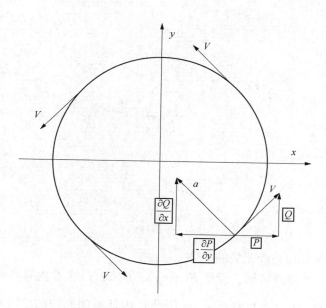

为什么 P 要对 y 求偏导，Q 要对 x 求偏导呢？因为 P 是 v 在 x 方向的分量，如发生旋转变换，一定是朝向 y 的方向旋转，因此对 y 求偏导，而 P 对 x 求偏导是后面的散度．同理 Q 是 y 方向分量，旋转向 x 方向，所以对 x 求偏导，而 Q 对 y 求偏导是后面的散度．

【必会经典题】

计算 $\oint_L \dfrac{xdy - ydx}{x^2 + y^2}$，其中 L 为一条无重点、分段光滑且不经过原点的连续闭曲线，L 的方向为逆时针方向．

解：令 $P = \dfrac{-y}{x^2 + y^2}$，$Q = \dfrac{x}{x^2 + y^2}$，则当 $x^2 + y^2 \neq 0$ 时，有 $\dfrac{\partial Q}{\partial x} = \dfrac{y^2 - x^2}{(x^2 + y^2)^2} = \dfrac{\partial P}{\partial y}$．

记 L 所围成的闭区域为 D，当 $(0, 0) \in D$ 时，

$$\oint_L \frac{xdy - ydx}{x^2 + y^2} = 0;$$

当 $(0, 0) \in D$ 时，选取适当小的 $r > 0$，作位于 D 内的圆周 I：$x^2 + y^2 = r^2$．

$$\oint_L \frac{xdy - ydx}{x^2 + y^2} - \oint_l \frac{xdy - ydx}{x^2 + y^2} = 0,$$ 其中 l 的方向取逆时针方向，于是

$$\oint_L \frac{xdy - ydx}{x^2 + y^2} = \oint_l \frac{xdy - ydx}{x^2 + y^2} = \int_0^{2\pi} \frac{r^2\cos^2\theta + r^2\sin^2\theta}{r^2} d\theta = 2\pi$$

为什么包含原点的曲线积分为 2π，不包含原点的曲线积分为 0 呢？我们可以看下图，向量 $\boldsymbol{P_i} + \boldsymbol{Q_j}$ 的矢量图展示了它在原点的中心形成了一个漩涡，并且漩涡中心的矢量大，远离漩涡中心矢量小。因此，对包含原点的曲线环流量不为 0，对不包含原点的曲线正好互相抵消，积分为 0。

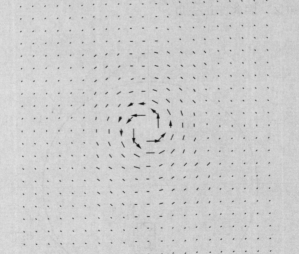

2. 平面上曲线积分与路径无关的条件

设区域 G 是一个单连通区域，函数 $P(x, y)$，$Q(x, y)$ 在 G 内具有一阶连续偏导数，则曲线积分 $\displaystyle\int_L Pdx + Qdy$ 在 G 内与路径无关（或沿 G 内任意闭曲线的曲线积分为零）的充要条

件是:

$$\frac{\partial P}{\partial y} = \frac{\partial Q}{\partial x} \text{在 } G \text{ 内恒成立. 如下面左图.}$$

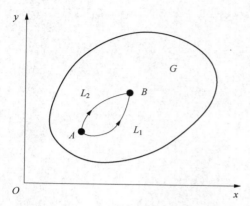 

积分与路径无关的场称作保守场, 典型的我们在研究小孩儿玩滑梯时, 可以把重力场看作保守场, 因为地球很大, 重力加速度变化微弱, 这样同一个小孩儿沿着不同的滑梯滑下, 重力做功都是一样的.

3. 二元函数的全微分求积

设区域 G 是一个单连通区域, 函数 $P(x, y)$, $Q(x, y)$, 在 G 内具有一阶连续偏导数, 则表达式 $P(x, y)\mathrm{d}x + Q(x, y)\mathrm{d}y$ 在 G 内为某函数 $u(x, y)$ 的全微分的充分必要条件是

$$\frac{\partial P}{\partial y} = \frac{\partial Q}{\partial x} \text{在 } G \text{ 内恒成立,}$$

且 $u(x, y) = \displaystyle\int_{(x_0, y_0)}^{(x, y)} P(x, y)\mathrm{d}x + Q(x, y)\mathrm{d}y$.

设 D 为单连通区域, 函数 $P(x, y)$, $Q(x, y)$ 在区域 D 内连续可偏导, 则下列四个命题等价:

(1) 曲线积分 $\displaystyle\int_L P(x, y)\mathrm{d}x + Q(x, y)\mathrm{d}y$ 与路径无关.

(2) 对区域 D 内任意闭曲线 C, 有 $\displaystyle\oint_C P(x, y)\mathrm{d}x + Q(x, y)\mathrm{d}y = 0$.

(3) 区域 D 内恒有 $\dfrac{\partial Q}{\partial x} = \dfrac{\partial P}{\partial y}$.

(4) 在区域 D 内存在二元函数 $u(x, y)$, 使得 $\mathrm{d}u(x, y) = P(x, y)\mathrm{d}x + Q(x, y)\mathrm{d}y$.

【必会经典题】

①验证: $\dfrac{x\mathrm{d}y - y\mathrm{d}x}{x^2 + y^2}$ 在右半平面 $(x > 0)$ 内是某个函数的全微分, 并求出一个这样的函数.

解: $P = \dfrac{-y}{x^2 + y^2}$, $Q = \dfrac{x}{x^2 + y^2}$, $\dfrac{\partial P}{\partial x} = \dfrac{y^2 - x^2}{(x^2 + y^2)^2} = \dfrac{\partial Q}{\partial x}$

$$u(x, y) = \int_{(1, 0)}^{(x, y)} \frac{x\mathrm{d}y - y\mathrm{d}x}{x^2 + y^2}$$

$$= \int_{AB} \frac{x\mathrm{d}y - y\mathrm{d}x}{x^2 + y^2} + \int_{BC} \frac{x\mathrm{d}y - y\mathrm{d}x}{x^2 + y^2}$$

$$= 0 + \int_0^y \frac{x\mathrm{d}y}{x^2 + y^2} = \left[\arctan \frac{y}{x} \right]_0^y = \arctan \frac{y}{x}$$

②求解方程 $(5x^4 + 3xy^2 - y^3)\mathrm{d}x + (3x^2y - 3xy^2 + y^2)\mathrm{d}y = 0$.

解：方法一：

设 $P(x, y) = 5x^4 + 3xy^2 - y^3$，$Q(x, y) = 3x^2y - 3xy^2 + y^2$，

则 $\dfrac{\partial P}{\partial y} = 6xy - 3y^2 = \dfrac{\partial Q}{\partial x}$.

$$u(x, y) = \int_{(0, 0)}^{(x, y)} (5x^4 + 3xy^2 - y^3)\mathrm{d}x + (3x^2y - 3xy^2 + y^2)\mathrm{d}y$$

$$= \int_0^x (5x^4 + 3xy^2 - y^3)\mathrm{d}x + \int_0^y y^2\mathrm{d}y$$

$$= x^5 + \frac{3}{2}x^2y^2 - xy^3 + \frac{1}{3}y^3.$$

方程的通解为 $x^5 + \dfrac{3}{2}x^2y^2 - xy^3 + \dfrac{1}{3}y^3 = C$.

方法二：$\dfrac{\partial u}{\partial x} = 5x^4 + 3xy^2 - y^3$，

$$u(x, y) = \int (5x^4 + 3xy^2 - y^3)\mathrm{d}x = x^5 + \frac{3}{2}x^2y^2 - xy^3 + \varphi(y),$$

$\dfrac{\partial u}{\partial y} = 3x^2y - 3xy^2 + \varphi'(y)$，$\dfrac{\partial u}{\partial y} = 3x^2y - 3xy^2 + y^2$.

$3x^2y - 3xy^2 + \varphi'(y) = 3x^2y - 3xy^2 + y^2$.

$\varphi'(y) = y^2$，$\varphi(y) = \dfrac{1}{3}y^3 + C$.

方程的通解为 $x^5 + \dfrac{3}{2}x^2y^2 - xy^3 + \dfrac{1}{3}y^3 = C$.

4. 高斯公式

设空间闭区域 Ω 是由分片光滑的闭曲面 Σ 所围成的，函数 $P(x, y)$，$Q(x, y)$，$R(x, y, z)$ 在 Ω 上具有一阶连续偏导数，则

$$\iiint_\Omega \left(\frac{\partial P}{\partial x} + \frac{\partial Q}{\partial y} + \frac{\partial R}{\partial z} \right) \mathrm{d}v = \oiint_\Sigma P\mathrm{d}y\mathrm{d}z + Q\mathrm{d}z\mathrm{d}x + R\mathrm{d}x\mathrm{d}y$$

$$= \oiint_\Sigma (P\cos\alpha + Q\cos\beta + R\cos\gamma)\mathrm{d}S$$

其中 Σ 是 Ω 的整个边界曲面的外侧，$\cos\alpha$，$\cos\beta$，$\cos\gamma$ 是 Σ 上点 (x, y, z) 处的法向量的方向余弦，称之为高斯公式.

高斯公式的解释可以看这个模型：假设有一个神奇的小机关，它能不断地向各个方向吐出粒子，如下页右图，现在用一个吹起的气球包裹住这个机关，并且吐出的粒子都可以轻松地穿过气球表面而气球不破. 有一个粒子从内到外穿过气球就计流量加1，那么可以想象，如果气球吹的大一点，或者放一点气小一点，这个流量都是一样的，决定流量大小的只有机关的吐出速度. 其实像这种模型很多，比如电荷周围的电场、太阳发出阳光等都类似. 我们还可以增加这个模型的复杂程度，如果气球里有很多吐出粒子的机关(称作"源"，源头的意思)，还有很

多吸收粒子的机关(称作"汇",流入汇聚的意思),有一个粒子从外到内穿过气球就计流量减1,那么穿过这个气球表面的流量就取决于这些机关的总作用了.

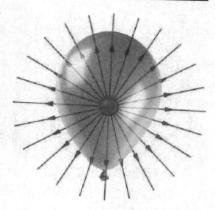

　　高斯公式的左面,被积函数就表示每一点的源、汇强度,对其积分就是所有机关作用的叠加,等式右边就是通过曲面积分计算了流过曲面的流量. P、Q、R就是粒子流速分别在x,y,z方向的分量,x方向的分量P只能在垂直于它的yOz平面产生流量,因此右侧是$P\mathrm{d}y\mathrm{d}z$,而x方向的流速如果对x发生了递增或递减,那就是有源、汇的作用,因此P对x求偏导就是这个方向的源、汇的强度,后面合称"散度",同理Q、R也类似.

【必会经典题】

①计算其中 $I = \iint\limits_{\Sigma} xz\mathrm{d}y\mathrm{d}z + yz\mathrm{d}x\mathrm{d}z + z^2\mathrm{d}x\mathrm{d}y$ 其中Σ为曲面 $z = \sqrt{x^2+y^2}$ 与曲面 $z = \sqrt{2R^2-x^2-y^2}$ 所围成的立体表面外侧.

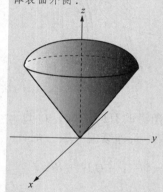

解:利用高斯公式:

$$I = \iint\limits_{\Sigma} xz\mathrm{d}y\mathrm{d}z + yz\mathrm{d}x\mathrm{d}z + z^2\mathrm{d}x\mathrm{d}y = \iiint\limits_{\Omega} (z + z + 2z)\mathrm{d}V$$

$$= \iiint\limits_{\Omega} 4z\mathrm{d}V$$

球面坐标:

$$= 4\int_0^{2\pi}\mathrm{d}\theta\int_0^{\frac{\pi}{4}}\sin\varphi\mathrm{d}\varphi\int_0^{\sqrt{2}R}r\cos\varphi\cdot r^2\mathrm{d}r = 8\pi\int_0^{\frac{\pi}{4}}\sin\varphi\cos\varphi\mathrm{d}\varphi\int_0^{\sqrt{2}R}r^3\mathrm{d}r$$

$$= 8\pi\cdot\left[\frac{\sin^2\varphi}{2}\right]_0^{\frac{\pi}{4}}\cdot\left[\frac{r^4}{4}\right]_0^{\sqrt{2}R} = 2\pi R^4.$$

柱面坐标:

$$= 4\int_0^{2\pi}\mathrm{d}\theta\int_0^R\rho\mathrm{d}\rho\int_\rho^{\sqrt{2R^2-\rho^2}}z\mathrm{d}z = 8\pi\cdot\frac{1}{2}\int_0^R\rho\cdot(2R^2 - 2\rho^2)\mathrm{d}\rho$$

$$= 4\pi\int_0^R(2R^2\rho - 2\rho^3)\mathrm{d}\rho = 4\pi\left[R^2\rho^2 - \frac{1}{2}\rho^4\right]_0^R$$

$$= 4\pi\cdot\frac{R^4}{2} = 2\pi R^4.$$

②计算曲面积分 $I = \iint\limits_{\Sigma}(x^2\cos\alpha + y^2\cos\beta + z^2\cos\gamma)\mathrm{d}S$,其中$\Sigma$为锥面 $x^2+y^2=z^2$ 介于$z=0$及$z=h$之间部分的下侧. $\cos\alpha$, $\cos\beta$, $\cos\gamma$ 是Σ在(x, y, z)处的法向量的方向余弦.

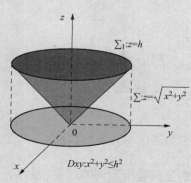

解:作辅助面Σ_1: $z=h$, $(x, y)\in D_{xy}$: $x^2+y^2\leq h^2$,

取上侧记Σ, Σ_1所围区域为Ω,则

在Σ_1上, $\alpha=\beta=\dfrac{\pi}{2}$, $\gamma=0$

$$I = \left(\oiint\limits_{\Sigma+\Sigma_1} - \iint\limits_{\Sigma_1}\right)(x^2\cos\alpha + y^2\cos\beta + z^2\cos\gamma)\mathrm{d}S$$

$$= 2\iiint_\Omega (x + y + z)\,\mathrm{d}x\mathrm{d}y\mathrm{d}z - \iint_{D_{xy}} h^2\,\mathrm{d}x\mathrm{d}y,$$

$$I = 2\iiint_\Omega (x + y + z)\,\mathrm{d}x\mathrm{d}y\mathrm{d}z - \iint_{D_{xy}} h^2\,\mathrm{d}x\mathrm{d}y = 2\iiint_\Omega (x + y + z)\,\mathrm{d}x\mathrm{d}y\mathrm{d}z - \pi h^4.$$

根据对称性可知 $\iiint_\Omega (x + y)\,\mathrm{d}v = 0,$

$$I = 2\iiint_\Omega z\,\mathrm{d}v - \pi h^4 = 2\int_0^{2\pi}\mathrm{d}\theta\int_0^h r\mathrm{d}r\int_r^h z\mathrm{d}z = \frac{1}{2}\pi h^4 - \pi h^4 = -\frac{1}{2}\pi h^4.$$

5. 斯托克斯公式

斯托克斯公式是前面格林公式的扩展，仍然可以用水的漩涡、磁场等模型来理解，只不过这时曲线不是位于二维平面上，而是三维空间中了．

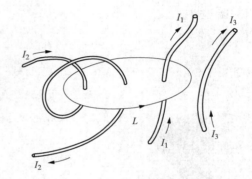

设 Γ 为分段光滑的空间有向闭曲线，Σ 是以 Γ 为边界的分片光滑的有向曲面，Γ 的正向与的 Σ 侧符合右手规则，P，Q，R 在曲面 Σ（连同边界 Γ）上具有一阶连续偏导数，则有

$$\iint_\Sigma \left(\frac{\partial R}{\partial y} - \frac{\partial Q}{\partial z}\right)\mathrm{d}y\mathrm{d}z + \left(\frac{\partial P}{\partial z} - \frac{\partial R}{\partial x}\right)\mathrm{d}z\mathrm{d}x + \left(\frac{\partial Q}{\partial x} - \frac{\partial P}{\partial y}\right)\mathrm{d}x\mathrm{d}y = \oint_\Gamma P\mathrm{d}x + Q\mathrm{d}y + R\mathrm{d}z.$$

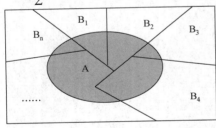

$$\iint_\Sigma \begin{vmatrix} \mathrm{d}y\mathrm{d}z & \mathrm{d}z\mathrm{d}x & \mathrm{d}x\mathrm{d}y \\ \dfrac{\partial}{\partial x} & \dfrac{\partial}{\partial y} & \dfrac{\partial}{\partial z} \\ P & Q & R \end{vmatrix} = \oint_\Gamma P\mathrm{d}x + Q\mathrm{d}y + R\mathrm{d}z$$

$$\iint_\Sigma \begin{vmatrix} \cos\alpha & \cos\beta & \cos\gamma \\ \dfrac{\partial}{\partial x} & \dfrac{\partial}{\partial y} & \dfrac{\partial}{\partial z} \\ P & Q & R \end{vmatrix}\mathrm{d}S = \oint_\Gamma P\mathrm{d}x + Q\mathrm{d}y + R\mathrm{d}z$$

四、通量、散度、旋度

1. 通量的定义

$\vec{A}(x, y, z) = P(x, y, z)\vec{i} + Q(x, y, z)\vec{j} + R(x, y, z)\vec{k}$，$P$，$Q$，$R$ 有一阶连续偏导数，Σ 为场内一片有向曲面，$\vec{n}$ 为 Σ 上点 (x, y, z) 处的单位法向量，则 $\oiint_\Sigma \vec{A} \cdot \vec{n}\mathrm{d}S$ 称为 $\vec{A}$ 通过曲面 Σ 向着指定侧的通量（流量）．

2. 散度的定义

$\vec{A}(x, y, z) = P(x, y, z)\vec{i} + Q(x, y, z)\vec{j} + R(x, y, z)\vec{k}$, 称 $\dfrac{\partial P}{\partial x} + \dfrac{\partial Q}{\partial y} + \dfrac{\partial R}{\partial z}$ 为 $\vec{A}$ 在点 (x, y, z) 的散度, 记 $\mathrm{div}\vec{A}$, 即 $\mathrm{div}\vec{A} = \dfrac{\partial P}{\partial x} + \dfrac{\partial Q}{\partial y} + \dfrac{\partial R}{\partial z}$.

散度大于 0, 称作"源", 源头的意思; 散度小于 0, 称作"汇", 流入汇聚的意思. 如果向量场 A 的散度 divA 处处为零, 那么称向量场 A 为无源场.

【引申阅读】太阳每秒辐射总能量是多少? 这个就可以用高斯公式、通量、散度的原理去计算. 我们虽然距离太阳很远, 但通过科学我们现在对太阳的了解比对地球还全面, 因为地球结构非常复杂, 而太阳结构简单很多. 要在地球了解太阳主要通过阳光, 比如分析光谱就能知道太阳的元素构成, 因为不同元素发出的光就像条形码一样有自己的特性. 而要知道太阳的辐射能量, 其实方法几百年前就想到了: 我们假设用一个非常大的球面包裹住太

阳, 这个球面的半径就是地球表面到太阳的距离, 然后在地球上测量 $1\mathrm{m}^2$ 接收到的每秒辐射能量, 再乘以整个巨大球面表面积, 就是太阳辐射的通量. 这些辐射的源头在于太阳的核聚变, 而核聚变的强度就是散度, 我们通过前面求得的通量就是对太阳各个位置核聚变强度的积分.

方法虽然很早就有了, 但是想要准确测量却不容易, 由于技术所限, 以前只能在赤道附近放一盆水, 通过测量阳光对水的温度升高来计算辐射能量, 由于阳光会被大气吸收, 水温也会与环境热交换, 测量的结果要差一半. 直到十几年前, 人们在地球附近空气稀薄的太空放置吸热性能更好的材料, 才精准的测量了太阳辐射在地球表面每秒辐射总能量, 称作太阳常数(1998): $1366\mathrm{W/m}^2$, 这个常数与太阳能发电的功率极限直接相关, 因为太阳对地球的辐射只有这么多, 发电就最多只能利用这么多了. 然后这个太阳常数乘以日地距离为半径的巨大球面表面积, 就是太阳每秒辐射总能量, 也就是阳光的通量.

3. 旋度的定义

向量 $\vec{A}(x, y, z) = P(x, y, z)\vec{i} + Q(x, y, z)\vec{j} + R(x, y, z)\vec{k}$, $\oint_\Gamma A \cdot \tau \mathrm{d}s = \oint_\Gamma A \cdot \mathrm{d}r = \oint_\Gamma P\mathrm{d}x + Q\mathrm{d}y + R\mathrm{d}z$. 称为向量场 A 沿有向闭曲线 Γ 的环流量.

则向量 $\left\{ \left(\dfrac{\partial R}{\partial y} - \dfrac{\partial Q}{\partial z} \right), \left(\dfrac{\partial P}{\partial z} - \dfrac{\partial R}{\partial x} \right), \left(\dfrac{\partial Q}{\partial x} - \dfrac{\partial P}{\partial y} \right) \right\}$, 称为向量场 $\vec{A}$ 的旋度, 记 $\mathrm{rot}\,\vec{A}$, 即

$$\mathrm{rot}\,\vec{A} = \left(\frac{\partial R}{\partial y} - \frac{\partial Q}{\partial z} \right)\vec{i} + \left(\frac{\partial P}{\partial z} - \frac{\partial R}{\partial x} \right)\vec{i} + \left(\frac{\partial Q}{\partial x} - \frac{\partial P}{\partial y} \right)\vec{k} = \begin{vmatrix} \vec{i} & \vec{j} & \vec{k} \\ \dfrac{\partial}{\partial x} & \dfrac{\partial}{\partial y} & \dfrac{\partial}{\partial z} \\ P & Q & R \end{vmatrix}$$

若向量场 A 的旋度 rotA 处处为零, 则称向量场 A 为无旋场.

①调和场（$C\text{-}R$ 方程）：
$$\begin{cases} \text{旋度为 } 0：\dfrac{\partial Q}{\partial x}-\dfrac{\partial P}{\partial y}=0 \\[2mm] \text{散度为 } 0：\dfrac{\partial P}{\partial x}+\dfrac{\partial Q}{\partial y}=0 \end{cases}\quad（\text{二维空间的旋度、散度，没有变量 } z）$$

拉普拉斯（Laplace）方程：$\dfrac{\partial^2 z}{\partial x^2}+\dfrac{\partial^2 z}{\partial y^2}=0$.

②符合拉普拉斯方程的函数称作调和函数，调和场里面的 P、Q 就符合拉普拉斯方程，它们常做无源无旋场的流函数，势函数．

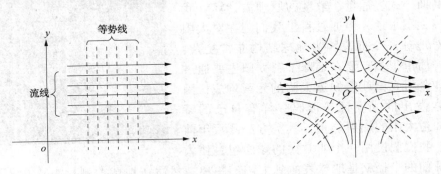

值得注意的是，无源无旋场都是近似的结果，真实的场要么有源，要么有旋，这是场的产生机理，看作无源无旋是方便研究计算，比如地球表面的重力场就可以这样近似地看，但地球重力场的源是地球．

题型八　积分与路径无关

【例 24】计算积分 $I=\displaystyle\int_L \dfrac{y\mathrm{d}x-x\mathrm{d}y}{x^2+y^2}$，其中 L 是椭圆 $\dfrac{(x-1)^2}{9}+y^2=1$ 位于上半平面内从点 $A(-2,0)$ 到点 $B(4,0)$ 的一条有向弧段．

【例 25】计算曲线积分 $\displaystyle\int_L \dfrac{(x-y)\mathrm{d}x+(x+y)\mathrm{d}y}{x^2+y^2}$，其中 L 是沿着圆 $(x-1)^2+(y-1)^2=1$ 从 $(2,1)$ 点到 $(0,1)$ 点的上半圆弧（如下图）．

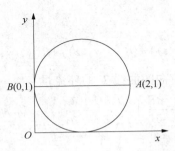

【例 26】计算 $\displaystyle\int_{(1,0)}^{(2,\pi)}(y-e^x\cos y)\mathrm{d}x+(x+e^x\sin y)\mathrm{d}y$．

【例 27】设 $f(x)$ 连续可导，$f(1)=1$，G 为不包含原点的单连通区域，A，B 为 G 内任意两点，在 G 内曲线积分 $\displaystyle\int_A^B \dfrac{1}{2x^2+f(y)}(y\mathrm{d}x-x\mathrm{d}y)$ 与路径无关，求 $f(x)$，并计算 $\displaystyle\int_L \dfrac{1}{2x^2+f(y)}(y\mathrm{d}x-x\mathrm{d}y)$，其中 L 为曲线 $x^{\frac{2}{3}}+y^{\frac{2}{3}}=a^{\frac{2}{3}}$ 且取正向．

题型九 正确应用格林公式

（1）直接使用格林公式

【例28】设 $f(x, y)$ 在区域 D：$|x|+|y| \leqslant 2$ 上有二阶连续偏导数，L 是正方形 $|x|+|y|=2$ 的正向边界线，则曲线积分

$$\int_L \frac{[f'_x(x, y) + y]\mathrm{d}x + [f'_y(x, y) + x^2]\mathrm{d}y}{|x|+|y|}\underline{\qquad}.$$

【例29】计算 $\oint_L y^2 x\mathrm{d}y - x^2 y\mathrm{d}x$ 其中 L 是圆周 $x^2 + y^2 = a^2$，方向顺时针.

【例30】计算 $\oint_L \frac{1}{x}\arctan\frac{y}{x}\mathrm{d}x + \frac{2}{y}\arctan\frac{x}{y}\mathrm{d}y$，$L$ 为圆周 $x^2+y^2=1$，$x^2+y^2=4$ 与直线 $y=x$，$y=\sqrt{3}x$，在第一象限所围区域的正向边界.

（2）积分曲线 L 必须是封闭曲线，若不封闭，添加辅助线使之封闭

【例31】计算 $\int_L y(1 + \cos x)\mathrm{d}x + \sin x\mathrm{d}y$ 其中 L 为自点 $(0, 1)$ 沿抛物线 $y^2 = 1-x$ 到点 $(1, 0)$ 的一段.

【例32】[1999年1] 求 $I = \int_L [e^x \sin y - b(x+y)]\mathrm{d}x + (e^x \cos y - ax)\mathrm{d}y$. 其中 a，b 为正的常数，L 为从点 $A(2a, 0)$ 沿曲线 $y = \sqrt{2ax-x^2}$ 到点 $O(0, 0)$ 的弧

（3）应用格林公式式前，先要检验 P，Q，$\dfrac{\partial P}{\partial y} - \dfrac{\partial Q}{\partial x}$ 的连续条件

在 D 内存在 P 或 Q 无定义，或其偏导数不存在、不连续的点（这些点常称为奇点），则不能直接使用格林公式，必须先设法挖掉奇点，再使用格林公式.

【例33】计算 $\oint_L \frac{x\mathrm{d}y - y\mathrm{d}x}{x^{2/3} + y^{2/3}}$，其中 L 为 $x = a\cos^3 t$，$y = a\sin^3 t(0 \leqslant t \leqslant 2\pi$，$a>0)$ 边界取正向.

【例34】计算曲线积分 $\oint_C \frac{x\mathrm{d}y - y\mathrm{d}x}{4x^2 + y^2}$，其中 C 为正向曲线 $|x|+|y|=1$（如下图）.

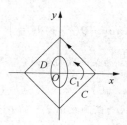

【例35】设 L 是圆 $x^2+y^2=a^2$，求 $I = \oint_{L^+} \frac{x\mathrm{d}y - y\mathrm{d}x}{Ax^2 + 2Bxy + Cy^2}(A > 0$，$AC - B^2 > 0)$

（4）对于 $\dfrac{\partial P}{\partial y} \neq \dfrac{\partial Q}{\partial x}$ 的情形，有时可对被积函数拆项或加减同一项进行恒等变形，以构造出可利用格林公式的新曲线积分.

【例36】求 $I = \int_L (3xy + \sin x)\mathrm{d}x + (x^2 - ye^y)\mathrm{d}y$. 其中 L 是曲线 $y=x^2-2x$ 上以 $O(0, 0)$ 为始点，$A(4, 8)$ 为终点的曲线段（如下图）.

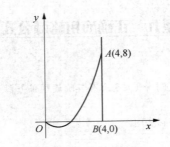

【例37】计算 $\int_L \dfrac{(x+y)\mathrm{d}x-(x-y)\mathrm{d}y}{x^2+y^2}$ ，其中 L 是沿 $y=\pi\cos x$ 由 $A(\pi,-\pi)$ 到 $B(-\pi,-\pi)$ 的曲线段．

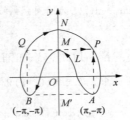

题型十　全微分方程

【例38】已知 $(1-2xy-y^2)\mathrm{d}x-(x+y)^2\mathrm{d}y$ 在整个 xOy 平面上是某个二元函数 $u(x,y)$ 的全微分，试求 $u(x,y)$

【例39】　验证 $(3x^2y+xe^x)\mathrm{d}x+(x^3-y\sin y)\mathrm{d}y$ 在整个 xOy 平面内是某一函数 $u(x,y)$ 的全微分，并求一个这样的 $u(x,y)$

【例40】给定 $\mathrm{d}u=[(x+2y)\mathrm{d}x+y\mathrm{d}y]/(x+y)^2$ 验证它存在原函数，并求出它的原函数．

【例41】[1995年Ⅰ]设函数 $Q(x,y)$ 在 xOy 平面上具有一阶连续偏导数，曲线积分 $\int_L 2xy\mathrm{d}x+Q(x,y)\mathrm{d}y$ 与路径无关，且对任意 t 恒有 $\int_{(0,0)}^{(t,1)} 2xy\mathrm{d}x+Q(x,y)\mathrm{d}y=\int_{(0,0)}^{(1,t)} 2xy\mathrm{d}x+Q(x,y)\mathrm{d}y$ ，求 $Q(x,y)$ ．

【例42】[1996年Ⅰ]已知 $\dfrac{(x+ay)\mathrm{d}x+y\mathrm{d}y}{(x+y)^2}$ 为某函数的全微分，则 a 等于（　　　）．

(A) -1 　　　　(B) 0 　　　　(C) 1 　　　　(D) 2

【例43】已知 $(ae^y+4xy)\mathrm{d}x+(xe^y+bx^2)\mathrm{d}y$ 为某函数 $u(x,y)$ 的全微分，则 $u(x,y)=$ ＿＿＿＿＿．

题型十一　如何应用高斯公式计算曲面积分

（1）直接使用高斯公式

【例44】[1993年Ⅰ]计算 $\oiint\limits_{\Sigma} 2xz\mathrm{d}y\mathrm{d}z+yz\mathrm{d}z\mathrm{d}x-z^2\mathrm{d}x\mathrm{d}y$ ，其中 Σ 是由曲面 $z=\sqrt{x^2+y^2}$ 与 $z=\sqrt{2-x^2-y^2}$ 所围立体的表面外侧．

【例45】计算 $I=\oiint\limits_{\Sigma} y^2z\mathrm{d}x\mathrm{d}y+xz\mathrm{d}y\mathrm{d}z+x^2y\mathrm{d}z\mathrm{d}x$ ，其中 Σ 是旋转抛物面 $z=x^2+y^2$ ，圆柱面 $x^2+y^2=1$ 和坐标面在第一象限内所围成的空间区域 Ω 的边界曲面的外侧（见下图）．

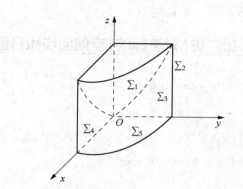

【例46】设 $f(u)$ 具有连续导数. 计算曲面积分:

$$I = \oiint\limits_{\Sigma} x^3 \mathrm{d}y\mathrm{d}z + \left[\frac{1}{z}f\left(\frac{y}{z}\right) + y^3\right]\mathrm{d}z\mathrm{d}x + \left[\frac{1}{y}f\left(\frac{y}{z}\right) + z^3\right]\mathrm{d}x\mathrm{d}y$$

其中, Σ 为锥面 $x = \sqrt{z^2+y^2}$ 和球面 $x^2+y^2+z^2 = 1$, $x^2+y^2+z^2 = 4$ 所围成立体表面的外侧.

（2）使用高斯公式前应先检验是否满足其各个条件，如不满足，应采取措施补上，使之满足

①积分曲面 Σ 不封闭，采取添加有向曲面的方法使之封闭.

有些曲面本身是不封闭的，如圆柱面、旋转面等，另外题中给出侧的条件的曲面也可能不封闭，要注意考察它们是否围成封闭曲面，如不是，要适当添补平面使之封闭.

如何添补呢？一般遵循两条原则，一是沿所添补的曲面 Σ_1 的曲面积分较易算出，二是沿曲 $\Sigma + \Sigma_1$ 的曲面积分利用高斯公式也能较易算出.

【例47】利用高斯公式计算第二类曲面积分：

$$\iint\limits_{\Sigma} 2(1 - x^2)\mathrm{d}y\mathrm{d}z + 8xy\mathrm{d}z\mathrm{d}x - 4xz\mathrm{d}x\mathrm{d}y$$

其中, Σ 是由 xOy 面上的弧段 $x = e^y(0 \leq y \leq a)$ 绕 x 轴旋转所成的旋转面的凸的一侧.

【例48】利用高斯公式计算第二类曲面积分： $\iint\limits_{\Sigma} xz^2\mathrm{d}y\mathrm{d}z + yx^2\mathrm{d}z\mathrm{d}x + zy^2\mathrm{d}x\mathrm{d}y$,

其中, Σ 为上半球面 $z = \sqrt{a^2-x^2-y^2}$ 的上侧.

【例49】计算积分 $\iint\limits_{\Sigma}(x^3\cos\alpha + y^2\cos\beta + z\cos\gamma)\mathrm{d}s$, 其中 Σ 是柱面 $x^2+y^2 = a^2$. 在 $0 \leq z \leq h$ 的部分, $\cos\alpha$、 $\cos\beta$、 $\cos\gamma$ 是 Σ 的外法线的方向余弦.

②如果闭区域的边界闭曲面 Σ 不是取外侧，而是取内侧，利用高斯公式计算时，应在空间闭区域上的三重积分前取负号.

【例50】[1998 年 1]计算 $I = \iint\limits_{\Sigma} \dfrac{ax\mathrm{d}y\mathrm{d}z + (z + a)^2\mathrm{d}x\mathrm{d}y}{(x^2 + y^2 + z^2)^{1/2}}$, 其中 Σ 为下半球面 $z = -\sqrt{a^2-x^2-y^2}$ 的上侧, a 为大于零的常数.

题型十二　梯度、散度、旋度的综合计算

$\mathrm{div}(rotA) = 0$

$\mathrm{rot}(\mathrm{grad}u) = 0$

【例51】[1989 年 1]向量场 $u(x, y, z) = xy^2 i + ye^z j + x\ln(1+z^2)k$ 在点 $P(1, 1, 0)$ 处的散度 $\mathrm{div}u =$ _____ .

【例 52】［2001 年 1］设 $r = \sqrt{x^2+y^2+z^2}$，则 $\mathrm{div}(\mathrm{grad}r)\big|_{(1,-2,2)} = $ _____．

题型十三　第二类（对坐标的）空间曲线积分的算法

【例 53】计算 $\oint_\Gamma (z-y)\mathrm{d}x + (x-z)\mathrm{d}y + (x-z)\mathrm{d}z$，$\Gamma$ 为椭圆周 $\begin{cases} x^2+y^2=1 \\ x-y+z=2 \end{cases}$，且从 z 轴正方向看去．Γ 取顺时针方向．

【例 54】［2000 年 1］计算 $I = \oint_\Gamma (y^2-z^2)\mathrm{d}x + (2z^2-x^2)\mathrm{d}y + (3x^2-y^2)\mathrm{d}z$，其中 Γ 是平面 $x+y+z=2$ 与柱面 $|x|+|y|=1$ 的交线，从 z 轴正向看去，Γ 为逆时针向．

第十二讲　数学的经济应用(仅数学三)

 大纲要求

1. 了解差分方程的概念.
2. 会求解简单的一阶常系数差分方程.
3. 理解边际与弹性的概念.
4. 会计算边际与弹性, 理解其经济学意义.

 知识讲解

一、差分方程

1. 差分方程的基本概念

（1）差分

设 $y_t = f(t)$ 为 t 的函数, 称 $\Delta y_t = f(t+1) - f(t)$ 为 $f(t)$ 的一阶差分, 称 $\Delta^2 y_t = \Delta y_{t+1} - \Delta y_t = f(t+2) - 2f(t+1) + f(t)$ 为 $f(t)$ 的二阶差分.

一般地, $\Delta^k y_t = \Delta^{k-1} y_{t+1} - \Delta^{k-1} y_t = \sum_{i=0}^{k} (-1)^j C_k^i f(t+k-i)$ 称为 f(t) 的 k 阶差分.

（2）差分方程

含 t, y_t, y_{t+1}, $\cdots$, y_{t+k} 的方程 $F(x, y_t, y_{t+1}, \cdots, y_{t+k}) = 0$ 称为差分方程.

③差分方程的解

若函数 $y_t = \varphi(t)$ 使得差分方程 $F(x, y_t, y_{t+1}, \cdots, y_{t+k}) = 0$ 成立, 称函数 $y_t = \varphi(t)$ 为差分方程的解, 其中 $y_{t+1} + a y_t = f(t)$ 为一阶常系数差分方程.

2. 一阶常系数差分方程的求解

（1）一阶常系数齐次差分方程的通解

一阶常系数齐次差分方程 $y_{t+1} + a y_t = 0$ 的通解为 $y_t = C(-a)^t$, 其中 C 为任意常数.

（2）一阶常系数非齐次差分方程的特解与通解

一阶常系数非齐次差分方程 $y_{t+1} + a y_t = f(t)$ 的通解为一阶常系数齐次差分方程 $y_{t+1} + a y_t = 0$ 的通解与 $y_{t+1} + a y_t = f(t)$ 的特解之和.

对 $y_{t+1} + a y_t = f(t)$ 的特解有如下几种情形：

情形一：$f(t) = b$

当 $a \neq -1$ 时, $y_{t+1} + a y_t = f(t)$ 的特解为 $y^* = \dfrac{b}{a+1}$;

当 $a = -1$ 时, $y_{t+1} + a y_t = f(t)$ 的特解为 $y^* = bt$.

情形二：$f(t) = (a_n t^n + a_{n-1} t^{n-1} + \cdots + a_1 t + a_0) b^t$, 则 $y^* = t^k (b_n t^n + b_{n-1} t^{n-1} + \cdots + b_1 t + b_0) b^t$, 其中当 $a \neq -b$ 时, $k = 0$; 当 $a = -b$ 时, $k = 1$.

题型一　差分方程

【例1】求差分方程 $y_{t+1}-y_t=4t-3$ 的通解.

【例2】求差分方程 $y_{t+1}+2y_t=t$ 的通解.

【例3】求差分方程 $y_{t+1}-y_t=(2t+1)2^t$ 的通解.

二、边际与弹性

1. 经济数学的五大函数

（1）成本函数

产品的总成本即生产一定数量的产品需要的全部资源投入的费用总额，包括固定成本和可变成本，用 $C(Q)$ 表示，且 $C(Q)=C_0+C_1(Q)$，其中 Q 为产量，C_0 为固定成本，$C_1(Q)$ 为可变成本.

平均成本指厂商在短期内平均每生产一单位产品所消耗的全部成本. 定义公式为

$$AC(Q)=\frac{C(Q)}{Q}.$$

（2）收入函数

生产者出售一定数量的产品所获得的全部收入称为总收益，记为 $R(Q)$，且 $R(Q)=P\cdot Q$，其中 P 为价格，Q 为产量.

（3）需求函数

需求，是指在一定时期内，在不同的价格下，消费者愿意并且能够购买的某种商品或服务的数量. 构成需求必须具备两个要素：第一，消费者有购买的欲望（愿意），第二，消费者有相应的支付能力（能够），这两个要素缺一不可.

如果假定影响需求的其他的因素不变，只单独研究商品的需求量与其价格的关系，则需求函数为：$Q=Q(P)$，且 $Q=Q(P)$ 为价格 P 的单调减函数.

（4）供给函数

种商品的供给是指生产者在一定时期内在各种可能的价格下愿意而且能够提供出售的该商品的数量. 注意：供给必须是指既有提供出售的愿望又有提供出售能力的有效供给.

如果仅考虑一种商品的价格变化对其供给数量的影响不考虑其他影响供给量的因素则供给函数可以表示为 $Q=f(P)$，供给函数 $Q=f(P)$ 为价格 P 的单调增函数.

（5）利润函数

企业的经济利润指企业的总收益和总成本之间的差额，简称企业的利润.

$$L(Q)=R(Q)-C(Q).$$

题目中经常会出现利润最大化的问题，此时可对利润函数求导，并让导数等于0，即 $\frac{dL(Q)}{dQ}=\frac{dR(Q)}{dQ}-\frac{dC(Q)}{dQ}=0$，结合下面边际函数的定义，企业利润最大化的条件就是边际收益等于边际成本. 利用这个条件可以得出利润最大化时对应的产量.

2. 边际与弹性

（1）边际函数

设函数 $y=f(x)$ 为可导函数，称 $f'(x)$ 为边际函数.

比如边际成本为：$MC(Q)=\lim\limits_{\Delta Q\to0}\frac{\Delta C(Q)}{\Delta Q}=\frac{dC(Q)}{dQ}$，它指厂商在短期内增加一单位产量时

所增加的总成本.

同理，边际收益为：$MR(Q)=\lim\limits_{\Delta Q\to 0}\dfrac{\Delta R(Q)}{\Delta Q}=\dfrac{\mathrm{d}R(Q)}{\mathrm{d}Q}$，它指厂商增加一单位产品销售所获得的收入的增量.

对于经济学了解不多的同学需要注意边际成本、边际收益这两个定义，都是对 Q 的导数，自变量都是 Q，而不是价格 P.

（2）弹性函数

设 $y=f(x)$ 在 $x=x_0$ 处可导，称 $\eta=\lim\limits_{\Delta x\to 0}\dfrac{\Delta y/y}{\Delta x/x}\bigg|_{x=x_0}=x_0\dfrac{f'(x_0)}{f(x_0)}$ 为函数 $f(x)$ 在 $x=x_0$ 处的弹性. 也即：弹性 $=\dfrac{\text{因变量变动的百分比}}{\text{自变量变动的百分比}}$，弹性用来表示因变量的变动对于自变量变动的反应程度.

弹性的定义中，并不要求结果的正负，但国内的教材及题目中，常常给出的弹性都是正的，因此还要对弹性再细分一下：

假定需求函数为 $Q=Q(P)$，前文说过 $Q=Q(P)$ 为价格 P 的单调减函数，因此

$$\text{需求的价格弹性}=-\frac{\text{需求量变动的百分比}}{\text{价格变动的百分比}}$$

即

$$e_d=\lim_{\Delta P\to 0}-\frac{\Delta Q/Q}{\Delta P/P}=-\frac{\mathrm{d}Q}{\mathrm{d}P}\frac{P}{Q}$$

假定供给函数为 $Q=f(P)$，其为价格 P 的单调增函数，因此供给的价格弹性为：

$$e_s=\lim_{\Delta P\to 0}\frac{\Delta Q/Q}{\Delta P/P}=\frac{\mathrm{d}Q}{\mathrm{d}P}\frac{P}{Q}$$

题型二　边际与弹性

【例4】设某产品需求函数为 $P=20-\dfrac{Q}{5}$，当销售量为 $Q=15$ 个时，求总收益及边际收益.

【例5】某商品需求量 Q 对价格 P 的弹性为 $\eta=3P^3$，且该商品的最大需求量为 1，求需求函数.

【例6】某商品需求函数为 $Q=100-5P$，其中 $0<P<20$.

（1）求需求对价格的弹性 η；

（2）推导 $\dfrac{\mathrm{d}R}{\mathrm{d}P}=Q(1-\eta)$，利用弹性说明价格在何范围变化时，降低价格会使得收益上升.

【例7】某商品的收益函数为 $R(P)$，收益弹性为 $1+p^3$，且 $R(1)=1$，求 $R(P)$.

【例8】设某产品需求函数为 $Q=e^{\frac{P}{5}}$，

（1）求需求对价格的弹性；

（2）求 $P=3$，$P=5$，$P=6$ 时，需求对价格的弹性，并说明其经济意义.

三、价值与利息

1. 分期复利计息公式

设 A_0 为开始存入银行的钱(本金)，r 为年利率，利息按年计算，n 年末的本利和为

$$A_n=A_0(1+r)^n;$$

若已知 n 年末的本利和为 A_n，则现值为：$A_0=A_n(1+r)^{-n}$.

2. 连续复利计息公式

设 A_0 为开始存入银行的钱（本金），r 为连续复利年利率，n 年末的本利和为 $A_n = A_0 e^{nr}$；

若已知 n 年末的本利和为 A_n，则现值为 $A_0 = A_n e^{-nr}$.

该考点 1998 年数三 14 题考过，出题的频次比较低. 对其理解可参看本书第一讲"两个重要极限"部分的【引申阅读】.

题型三　价值与利息

【例 9】设一酒厂生产一批好酒，若现在出售，总收入为 R_0 元. 如窖藏起来待来日出售，t 年末总收入为 $R(t) = R_0 e^{\frac{2}{5}\sqrt{t}}$. 设银行年利率为 r，并以连续复利计算，求窖藏多少年可出售可使总收入的现值最大，并求 $r = 0.06$ 时的 t.

【例 10】【2008 年数三】设银行存款年利率为 $r = 0.05$，依年复利计息，基金会希望通过存入 A 万元，实现第一年末提取 19 万元，第二年末提取 28 万元，……，第 n 年末提取 $10 + 9n$ 万元，并按此规律一直提取下去，问 A 至少应为多少万元？

线 性 代 数

第一讲 行 列 式

大纲要求

1. 了解行列式的概念，掌握行列式的性质.
2. 会利用行列式的性质和行列式按行(列)展开定理计算行列式.

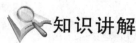

知识讲解

一、行列式的概念

1. 排列与逆序数

（1）排列

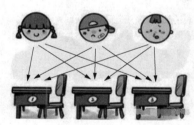

把 n 个不同的元素排成一列，就叫做这 n 个元素的全排列，简称排列.

比如 231645 就是这 6 个元素的一个排列. 不同的 n 级排列共有 $n!$ 个. 比如左图的排座位，三个同学坐三个座位，一个有 6 种排座位方法.

（2）逆序、逆序数、对换

在一个 n 级排列 j_1，$\cdots$，j_n 中，若一对数 $j_s j_t$，大前小后，即 $j_s > j_t$，则 $j_s j_t$ 构成了一个逆序. 一个排列中逆序的总数称为此排列的逆序数，记为 $\tau(j_1，\cdots，j_n)$. 如 231645 的逆序数为：2 前面没有数，逆序 0；3 前面没有比 3 大的，逆序 0；1 前面有 2 个比 1 大的，逆序 2；同理 6 的逆序 0；4 的逆序 1；5 的逆序 1，总逆序数就是 4，记作 $\tau(231645) = 4$，而 $\tau(123) = 0$.

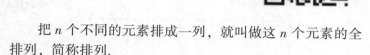

排列 $j_1 \cdots j_n$ 中，交换任两个数的位置，其余不变，则称对排列作了一次对换.

奇(偶)排列：排列的逆序数为奇(偶)数.

对换一次改变排列的奇偶性，如 $\tau(123) = 0$，$\tau(321) = 3$.

2. n 阶行列式的定义

① 二阶行列式：$\begin{vmatrix} a_{11} & a_{12} \\ a_{21} & a_{22} \end{vmatrix} = a_{11}a_{22} - a_{12}a_{21}$.

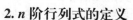

推广到三阶行列式：

$$\begin{vmatrix} a_{11} & a_{12} & a_{13} \\ a_{21} & a_{22} & a_{23} \\ a_{31} & a_{32} & a_{33} \end{vmatrix} = a_{11}a_{22}a_{33} + a_{12}a_{23}a_{31} + a_{13}a_{21}a_{32} - a_{31}a_{22}a_{13} - a_{32}a_{23}a_{11} - a_{21}a_{12}a_{33}$$

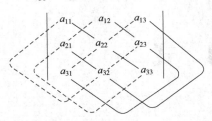

几何含义：

$$S(\boldsymbol{a},\ \boldsymbol{b}) = ab\sin\langle \boldsymbol{a},\ \boldsymbol{b}\rangle = \boldsymbol{a} \times \boldsymbol{b}$$

$$\sin\langle \boldsymbol{a},\ \boldsymbol{b}\rangle = \sin(\alpha-\beta) = \sin\alpha\cos\beta - \cos\alpha\sin\beta$$

$$= \frac{b_2}{b} \cdot \frac{a_1}{a} - \frac{b_1}{b} \cdot \frac{a_2}{a} = \frac{a_1 b_2 - a_2 b_1}{ab}$$

$$S(\boldsymbol{a},\ \boldsymbol{b}) = \begin{vmatrix} a_1, & a_2 \\ b_1, & b_2 \end{vmatrix} = a_1 b_2 - a_2 b_1$$

也就是下面左图的以向量为边的平行四边形面积．

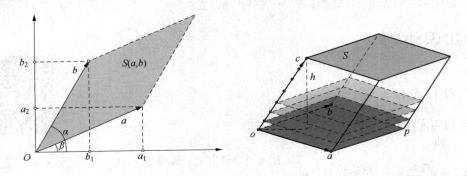

$$\boldsymbol{a} \times \boldsymbol{b} = \begin{vmatrix} \boldsymbol{i} & \boldsymbol{j} & \boldsymbol{k} \\ a_x & a_y & a_z \\ b_x & b_y & b_z \end{vmatrix} = \begin{vmatrix} a_y & a_z \\ b_y & b_z \end{vmatrix}\boldsymbol{i} - \begin{vmatrix} a_x & a_z \\ b_x & b_z \end{vmatrix}\boldsymbol{j} + \begin{vmatrix} a_x & a_y \\ b_x & b_y \end{vmatrix}\boldsymbol{k}$$

$$\begin{vmatrix} c_x & c_y & c_z \\ a_x & a_y & a_z \\ b_x & b_y & b_z \end{vmatrix} = \boldsymbol{a} \times \boldsymbol{b} \cdot \boldsymbol{c}，\boldsymbol{a} \times \boldsymbol{b}$$ 表示底面积，再 $\cdot\ \boldsymbol{c}$，就表示上面右图的平行六面体的体积．

② 定义：

$$D = \begin{vmatrix} a_{11} & a_{12} & \cdots & a_{1n} \\ a_{21} & a_{22} & \cdots & a_{2n} \\ \vdots & \vdots & \ddots & \vdots \\ a_{n1} & a_{n2} & \cdots & a_{nn} \end{vmatrix} = \sum (-1)^{\tau(j_1 \cdots j_n)} a_{1j_1} \cdots a_{nj_n}．$$ 由 n^2 个数 $a_{ij}(i,\ j=1,\ \cdots,\ n)a_{ij}$ 组成的 n 阶行列式．

n 阶行列式的几何含义可以认为是 n 个向量组成的几何体的体积，但高于三维已经脱离我们的生活，很难想象．宇宙的空间结构是三维的，可以证明只有是三维的星系才会如今天这样．物理上也有高维的概念，但不是几何上的空间维度，是其他方面的物理概念．虽然真实的空间只有三维，但数学有时候是超越现实的，科幻作品很多讲多维空间，虽然只是幻想，但也可以帮我们理解下维度的神奇.

③ 几种特殊行列式：

Ⅰ. 下三角：$\begin{vmatrix} a_{11} & 0 & \cdots & 0 \\ a_{21} & a_{22} & \cdots & 0 \\ \vdots & \vdots & \ddots & \vdots \\ a_{n1} & a_{n2} & \cdots & a_{nn} \end{vmatrix} = a_{11}a_{22}\cdots a_{nn}$

Ⅱ. 上三角：$\begin{vmatrix} a_{11} & a_{21} & \cdots & a_{1n} \\ 0 & a_{22} & \cdots & a_{2n} \\ \vdots & \vdots & \ddots & \vdots \\ 0 & 0 & \cdots & a_{nn} \end{vmatrix} = a_{11}a_{22}\cdots a_{nn}$

Ⅲ. 对角：$\begin{vmatrix} a_{11} & 0 & \cdots & 0 \\ 0 & a_{22} & \cdots & 0 \\ \vdots & \vdots & \ddots & \vdots \\ 0 & 0 & \cdots & a_{nn} \end{vmatrix} = a_{11}a_{22}\cdots a_{nn}$

Ⅳ. $D = \begin{vmatrix} 0 & 0 & \cdots & a_{1} \\ 0 & \cdots & a_{2} & 0 \\ 0 & \cdots & 0 & 0 \\ a_{n} & 0 & 0 & 0 \end{vmatrix} = (-1)^{\frac{n(n-1)}{2}} a_{1}a_{2}\cdots a_{n}$

Ⅴ. $D = \begin{vmatrix} 0 & 0 & \cdots & a_{1n} \\ 0 & \cdots & a_{2,n-1} & a_{2n} \\ 0 & \cdots & \cdots & \cdots \\ a_{n1} & \cdots & a_{n,n-1} & a_{nn} \end{vmatrix} = (-1)^{\frac{n(n-1)}{2}} a_{1n}a_{2,n-1}\cdots a_{n1}$

二、行列式性质

性质 1：行列式的行与列（按原顺序）互换，（互换后的行列式叫做行列式的转置）其值不变，即

$$\begin{vmatrix} a_{11} & a_{12} & \cdots & a_{1n} \\ a_{21} & a_{22} & \cdots & a_{2n} \\ \vdots & \vdots & & \vdots \\ a_{n1} & a_{n2} & \cdots & a_{nn} \end{vmatrix} = \begin{vmatrix} a_{11} & a_{21} & \cdots & a_{n1} \\ a_{12} & a_{22} & \cdots & a_{n2} \\ \vdots & \vdots & & \vdots \\ a_{1n} & a_{2n} & \cdots & a_{nn} \end{vmatrix}$$

性质 2（线性性质）：

① 行列式的某行（或列）元素都乘 k，则等于行列式的值也乘 k.

$$\begin{vmatrix} a_{11} & a_{12} & \cdots & a_{1n} \\ \vdots & \vdots & & \vdots \\ ka_{i1} & ka_{i2} & \cdots & ka_{in} \\ \vdots & \vdots & & \vdots \\ a_{n1} & a_{n2} & \cdots & a_{nn} \end{vmatrix} = k \begin{vmatrix} a_{11} & a_{12} & \cdots & a_{1n} \\ \vdots & \vdots & & \vdots \\ a_{i1} & a_{i2} & \cdots & a_{in} \\ \vdots & \vdots & & \vdots \\ a_{n1} & a_{n2} & \cdots & a_{nn} \end{vmatrix}.$$

以二阶为例：

$$k\begin{vmatrix} a_1, & a_2 \\ b_1, & b_2 \end{vmatrix} = \begin{vmatrix} ka_1, & ka_2 \\ b_1, & b_2 \end{vmatrix}$$

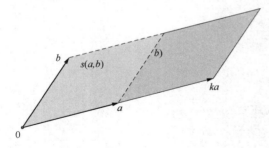

几何上，如左图在一个边长上缩放，从而面积也等比例缩放．

三阶也是类似的（det 表示求行列式）：

$$k\det(\boldsymbol{a}, \boldsymbol{b}, \boldsymbol{c}) = \det(k\boldsymbol{a}, \boldsymbol{b}, \boldsymbol{c}) = \det(\boldsymbol{a}, k\boldsymbol{b}, \boldsymbol{c}) = \det(\boldsymbol{a}, \boldsymbol{b}, k\boldsymbol{c})$$

几何上看也是在某个边长上缩放，从而体积也等比例缩放，如下图．

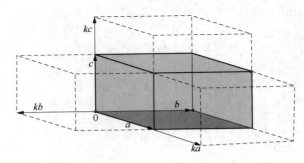

② 如果行列式某行（或列）元素皆为两数之和，则其行列式等于两个行列式之和．

$$\begin{vmatrix} a_{11} & a_{12} & \cdots & a_{1n} \\ \vdots & \vdots & & \vdots \\ a_{i1}+b_{i1} & a_{i2}+b_{i2} & \cdots & a_{in}+b_{in} \\ \vdots & \vdots & & \vdots \\ a_{n1} & a_{n2} & \cdots & a_{nn} \end{vmatrix} = \begin{vmatrix} a_{11} & a_{12} & \cdots & a_{1n} \\ \vdots & \vdots & & \vdots \\ a_{i1} & a_{i2} & \cdots & a_{in} \\ \vdots & \vdots & & \vdots \\ a_{n1} & a_{n2} & \cdots & a_{nn} \end{vmatrix} + \begin{vmatrix} a_{11} & a_{12} & \cdots & a_{1n} \\ \vdots & \vdots & & \vdots \\ b_{i1} & b_{i2} & \cdots & b_{in} \\ \vdots & \vdots & & \vdots \\ a_{n1} & a_{n2} & \cdots & a_{nn} \end{vmatrix}.$$

以二阶为例：

$$\begin{vmatrix} a_1, & a_2 \\ b_1+c_1, & b_2+c_2 \end{vmatrix} = \begin{vmatrix} a_1, & a_2 \\ b_1, & b_2 \end{vmatrix} + \begin{vmatrix} a_1, & a_2 \\ c_1, & c_2 \end{vmatrix}$$

几何上，如下图在一个边长上做向量加法，从而大的平行四边形面积可以变为两个平行四边形面积相加．

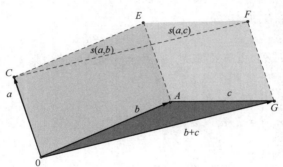

三阶也是类似的：

$$\det(\boldsymbol{a}, \ \boldsymbol{b}, \ \boldsymbol{c}+\boldsymbol{d}) = \det(\boldsymbol{a}, \ \boldsymbol{b}, \ \boldsymbol{c}) + \det(\boldsymbol{a}, \ \boldsymbol{b}, \ \boldsymbol{d})$$

几何上，如下图也是在一个边长上做向量加法，从而大的平行六面体体积可以变为两个平行六面体体积相加.

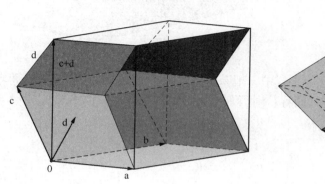 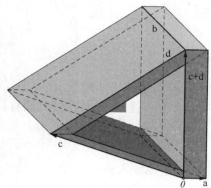

性质 3（反对称性质）：行列式的两行对换，行列式的值反号.

$$
\begin{vmatrix}
a_{11} & a_{12} & \cdots & a_{1n} \\
\vdots & \vdots & & \vdots \\
a_{i1} & a_{i2} & \cdots & a_{in} \\
\vdots & \vdots & & \vdots \\
a_{j1} & a_{j2} & \cdots & a_{jn} \\
\vdots & \vdots & & \vdots \\
a_{n1} & a_{n2} & \cdots & a_{nn}
\end{vmatrix}
= -
\begin{vmatrix}
a_{11} & a_{12} & \cdots & a_{1n} \\
\vdots & \vdots & & \vdots \\
a_{j1} & a_{j2} & \cdots & a_{jn} \\
\vdots & \vdots & & \vdots \\
a_{i1} & a_{i2} & \cdots & a_{in} \\
\vdots & \vdots & & \vdots \\
a_{n1} & a_{n2} & \cdots & a_{nn}
\end{vmatrix}
$$

以二阶为例：

$$
\begin{vmatrix} a_1, & a_2 \\ b_1, & b_2 \end{vmatrix} = -
\begin{vmatrix} b_1, & b_2 \\ a_1, & a_2 \end{vmatrix}
$$

由于二阶行列式表示向量的叉乘，也就是：$\boldsymbol{a} \times \boldsymbol{b} = -\boldsymbol{b} \times \boldsymbol{a}$

三阶如下：

$$\det(\boldsymbol{c}, \ \boldsymbol{a}, \ \boldsymbol{b}) = (\boldsymbol{a} \times \boldsymbol{b}) \cdot \boldsymbol{c} = -(\boldsymbol{b} \times \boldsymbol{a}) \cdot \boldsymbol{c} = -\det(\boldsymbol{c}, \ \boldsymbol{b}, \ \boldsymbol{a})$$

也是由于叉乘的顺序变了，根据右手定则方向就正好相反，如右图，这个有向体积取相反数了.

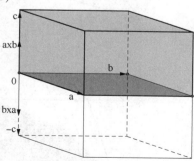

如果行列式有两行（列）完全相同，则此行列式等于零.

行列式中如果有两行（列）元素成比例，则此行列式等于零.

$$
\begin{vmatrix} a_1, & a_2 \\ ka_1, & ka_2 \end{vmatrix} = 0 \quad \det(\boldsymbol{a}, \ \boldsymbol{a}, \ \boldsymbol{c}) = 0
$$

因为这在几何上相当于有两条边共线了，如下图：

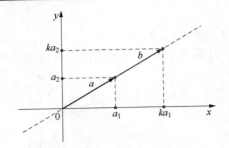
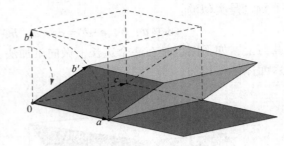

性质 4(三角形法的基础)：在行列式中，把某行各元素分别乘非零常数 k，再加到另一行的对应元素上，行列式的值不变(简称：对行列式做倍加行变换，其值不变)，即

$$
\begin{vmatrix}
a_{11} & a_{12} & \cdots & a_{1n} \\
\vdots & \vdots & & \vdots \\
a_{i1} & a_{i2} & \cdots & a_{in} \\
\vdots & \vdots & & \vdots \\
a_{j1} & a_{j2} & \cdots & a_{jn} \\
\vdots & \vdots & & \vdots \\
a_{n1} & a_{n2} & \cdots & a_{nn}
\end{vmatrix}
=
\begin{vmatrix}
a_{11} & a_{12} & \cdots & a_{1n} \\
\vdots & \vdots & & \vdots \\
a_{i1} & a_{i2} & \cdots & a_{in} \\
\vdots & \vdots & & \vdots \\
ka_{i1}+a_{j1} & ka_{i2}+a_{j2} & \cdots & ka_{in}+a_{jn} \\
\vdots & \vdots & & \vdots \\
a_{n1} & a_{n2} & \cdots & a_{nn}
\end{vmatrix}
$$

以二阶为例：

$$
\begin{vmatrix} a_1, & a_2 \\ b_1, & b_2 \end{vmatrix}
=
\begin{vmatrix} a_1, & a_2 \\ b_1+\lambda a_1, & b_2+\lambda a_2 \end{vmatrix}
$$

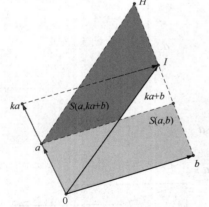

这在几何上表示一个剪切变形，如左图，好像在一个方向上搓了一下，经过这样的变形后，由于底不变，高不变，因此该平行四边形面积不变.

三阶：

$$
\det(\boldsymbol{a}, \boldsymbol{b}, \boldsymbol{c}) = \det(\boldsymbol{a}, \boldsymbol{b}, k\boldsymbol{a}+\boldsymbol{c})
$$

其在几何上的也是剪切变形，如下图，使得六面体变成一个"斜不拉几"的样子，这样仍然不会改变其体积的大小.

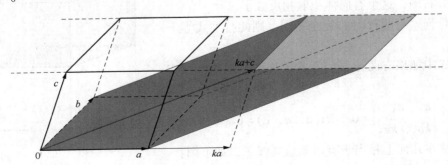

【必会经典题】

（1）计算 $D=\begin{vmatrix} 3 & 1 & 1 & 1 \\ 1 & 3 & 1 & 1 \\ 1 & 1 & 3 & 1 \\ 1 & 1 & 1 & 3 \end{vmatrix}$.

解：$D \xlongequal{r_1+r_2+r_3+r_4} \begin{vmatrix} 6 & 6 & 6 & 6 \\ 1 & 3 & 1 & 1 \\ 1 & 1 & 3 & 1 \\ 1 & 1 & 1 & 3 \end{vmatrix} \xlongequal{r_1 \div 6} 6 \begin{vmatrix} 1 & 1 & 1 & 1 \\ 1 & 3 & 1 & 1 \\ 1 & 1 & 3 & 1 \\ 1 & 1 & 1 & 3 \end{vmatrix} \xlongequal[\substack{r_3-r_1 \\ r_4-r_1}]{r_2-r_1} 6 \begin{vmatrix} 1 & 1 & 1 & 1 \\ 0 & 2 & 0 & 0 \\ 0 & 0 & 2 & 0 \\ 0 & 0 & 0 & 2 \end{vmatrix} = 48.$

另外，我们可以看下行列式化简过程的几何解释：

一个二阶行列式 $\begin{vmatrix} a_1, & a_2 \\ b_1, & b_2 \end{vmatrix}$，如下图．

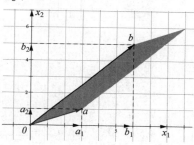

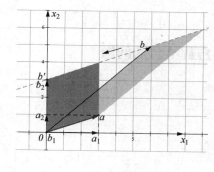
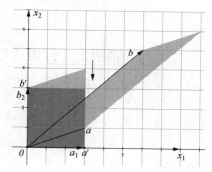

化简到如下的三角式：

$$\begin{vmatrix} a_1 & a_2 \\ b_1 & b_2 \end{vmatrix} = \begin{vmatrix} a_1 & a_2 \\ 0 & \dfrac{a_1 b_2 - a_2 b_1}{a_1} \end{vmatrix}$$

继续化简到对角形：

$$\begin{vmatrix} a_1 & a_2 \\ b_1 & b_2 \end{vmatrix} = \begin{vmatrix} a_1 & 0 \\ 0 & \dfrac{a_1 b_2 - a_2 b_1}{a_1} \end{vmatrix}$$

题型一 行列式的定义与性质

【例1】四阶行列式中带有负号且包含 a_{12} 和 a_{21} 的项为 _____.

【例2】求行列式 $\begin{vmatrix} a & b & c \\ b & c & a \\ c & a & b \end{vmatrix}$.

【例3】计算元素为 $a_{ij} = |i-j|$ 的 n 阶行列式.

【例4】若 $D = \begin{vmatrix} a_{11} & a_{12} & a_{13} \\ a_{21} & a_{22} & a_{23} \\ a_{31} & a_{32} & a_{33} \end{vmatrix} = 2$, 则 $D_1 = \begin{vmatrix} 2a_{11} & a_{11} - 3a_{12} & a_{13} \\ 2a_{21} & a_{21} - 3a_{22} & a_{23} \\ 2a_{31} & a_{31} - 3a_{32} & a_{33} \end{vmatrix} = $ _____.

题型二　抽象行列式的计算

【例5】设 α_1, α_2, α_3, α, β 均为 4 维向量, $A = [\alpha_1, \alpha_2, \alpha_3, \alpha]$, $B = [\alpha_1, \alpha_2, \alpha_3, \beta]$, 且 $|A| = 2$, $|B| = 3$, 则 $|A-3B| = $ _____.

【例6】设 A 为 3×3 矩阵, $|A| = -2$, 把 A 按行分块为 $A = \begin{bmatrix} A_1 \\ A_2 \\ A_3 \end{bmatrix}$, 其中 $A_j(j=1, 2, 3)$ 是 A 的第 j 行, 则

行列式 $\begin{vmatrix} A_3 - 2A_1 \\ 3A_2 \\ A_1 \end{vmatrix} = $ _____.

【例7】当 n 为奇数时, 行列式 $\begin{vmatrix} 0 & a_{12} & a_{13} & \cdots & a_{1n} \\ -a_{12} & 0 & a_{23} & \cdots & a_{2n} \\ -a_{13} & -a_{23} & 0 & \cdots & a_{3n} \\ \vdots & \vdots & \vdots & & \vdots \\ -a_{1n} & -a_{2n} & -a_{3n} & \cdots & 0 \end{vmatrix} = $ _____.

题型三　行列式与方程结合的问题

【例8】方程 $\begin{vmatrix} 1 & 1 & 2 & 3 \\ 1 & 2-x^2 & 2 & 3 \\ 2 & 3 & 1 & 5 \\ 2 & 3 & 1 & 9-x^2 \end{vmatrix} = 0$ 的根为 _____.

【例9】已知 x_1, x_2, x_3 为一元三次方程 $x^3 + px + q = 0$ 的三个根, 则 $D = \begin{vmatrix} x_1 & x_2 & x_3 \\ x_3 & x_1 & x_2 \\ x_2 & x_3 & x_1 \end{vmatrix} = $ _____.

【例10】A 为三阶方阵, $\lambda^3 + 3\lambda + 2$ 为 A 的特征多项式, λ_1, λ_2, λ_3 为 A 的特征值,

则 $\begin{vmatrix} \lambda_1 & \lambda_2 & \lambda_3 \\ \lambda_3 & \lambda_2 & \lambda_1 \\ \lambda_2 & \lambda_1 & \lambda_3 \end{vmatrix} = $ _____, $|A| = $ _____.

三、行列式的展开定理

1. 余子式与代数余子式

$A_{ij} = (-1)^{i+j} M_{ij}$, 其中 M_{ij} 是 D 中去掉 a_{ij} 所在的第 i 行第 j 列全部元素后, 按原顺序排成的 $n-1$ 阶行列式, 称为元素 a_{ij} 的余子式, A_{ij} 为元素 a_{ij} 的代数余子式.

2. 行列式的展开定理

行列式对任一行按下式展开，其值相等，即 $D = a_{i1}A_{i1} + a_{i2}A_{i2} + \cdots + a_{in}A_{in}$.

推论：行列式某一行(列)的元素与另一行(列)的对应元素的代数余子式乘积之和等于零. 即

$$a_{i1}A_{j1} + a_{i2}A_{j2} + \cdots + a_{in}A_{jn} = 0, \ i \neq j$$

或

$$a_{1i}A_{1j} + a_{2i}A_{2j} + \cdots + a_{ni}A_{nj} = 0, \ i \neq j$$

3.
$$\begin{vmatrix} A_{n\times n} & O_{n\times m} \\ O_{m\times n} & C_{m\times m} \end{vmatrix} = \begin{vmatrix} A_{n\times n} & O_{n\times m} \\ B_{m\times n} & C_{m\times m} \end{vmatrix} = \begin{vmatrix} A_{n\times n} & B_{n\times m} \\ O_{m\times n} & C_{m\times m} \end{vmatrix} = |A||C|,$$

$$\begin{vmatrix} O_{m\times n} & C_{m\times m} \\ A_{n\times n} & O_{n\times m} \end{vmatrix} = \begin{vmatrix} B_{m\times n} & C_{m\times m} \\ A_{n\times n} & O_{n\times m} \end{vmatrix} = \begin{vmatrix} O_{m\times n} & C_{m\times m} \\ A_{n\times n} & B_{n\times m} \end{vmatrix} = (-1)^{mn}|A||C|$$

其中的 mn 次幂，是由于经过 mn 次对换就能将副对角线上的分块行列式变为主对角线上的分块行列式.

【必会经典题】

(1) 计算 $D = \begin{vmatrix} 3 & 1 & -1 & 2 \\ -5 & 1 & 3 & -4 \\ 2 & 0 & 1 & -1 \\ 1 & -5 & 3 & -3 \end{vmatrix}$.

解：$D \overset{\substack{c_1-2c_3 \\ = \\ c_4+c_3}}{=} \begin{vmatrix} 5 & 1 & -1 & 1 \\ -11 & 1 & 3 & -1 \\ 0 & 0 & 1 & 0 \\ -5 & -5 & 3 & 0 \end{vmatrix} = (-1)^{3+3} \begin{vmatrix} 5 & 1 & 1 \\ -11 & 1 & -1 \\ -5 & -5 & 0 \end{vmatrix} \overset{r_2+r_1}{=\!=\!=} \begin{vmatrix} 5 & 1 & 1 \\ -6 & 2 & 0 \\ -5 & -5 & 0 \end{vmatrix}$

$= (-1)^{1+3} \begin{vmatrix} -6 & 2 \\ -5 & -5 \end{vmatrix} \overset{c_1-c_2}{=\!=\!=} \begin{vmatrix} -8 & 2 \\ 0 & -5 \end{vmatrix} = 40.$

(2) $D = \begin{vmatrix} 3 & -5 & 2 & 1 \\ 1 & 1 & 0 & -5 \\ -1 & 3 & 1 & 3 \\ 2 & -4 & -1 & -3 \end{vmatrix}$, 求 $A_{11} + A_{12} + A_{13} + A_{14}$ 及 $M_{11} + M_{21} + M_{31} + M_{41}$.

解：$A_{11} + A_{12} + A_{13} + A_{14} = \begin{vmatrix} 1 & 1 & 1 & 1 \\ 1 & 1 & 0 & -5 \\ -1 & 3 & 1 & 3 \\ 2 & -4 & -1 & -3 \end{vmatrix} \overset{\substack{r_4+r_3 \\ = \\ r_3-r_1}}{=} \begin{vmatrix} 1 & 1 & 1 & 1 \\ 1 & 1 & 0 & -5 \\ -2 & 2 & 0 & 2 \\ 1 & -1 & 0 & 0 \end{vmatrix}$

$= \begin{vmatrix} 1 & 1 & -5 \\ -2 & 2 & 2 \\ 1 & -1 & 0 \end{vmatrix} \overset{c_2+c_1}{=\!=\!=} \begin{vmatrix} 1 & 2 & -5 \\ -2 & 0 & 2 \\ 1 & 0 & 0 \end{vmatrix} = \begin{vmatrix} 2 & -5 \\ 0 & 2 \end{vmatrix} = 4.$

$M_{11} + M_{21} + M_{31} + M_{41} = A_{11} - A_{21} + A_{31} - A_{41} = \begin{vmatrix} 1 & -5 & 2 & 1 \\ -1 & 1 & 0 & -5 \\ 1 & 3 & 1 & 3 \\ -1 & -4 & -1 & -3 \end{vmatrix}$

$\overset{r_4+r_3}{=\!=\!=} \begin{vmatrix} 1 & -5 & 2 & 1 \\ -1 & 1 & 0 & -5 \\ 1 & 3 & 1 & 3 \\ 0 & -1 & 0 & 0 \end{vmatrix} = (-1) \begin{vmatrix} 1 & 2 & 1 \\ -1 & 0 & -5 \\ 1 & 1 & 3 \end{vmatrix} \overset{r_1-2r_3}{=\!=\!=} \begin{vmatrix} -1 & 0 & -5 \\ -1 & 0 & -5 \\ 1 & 1 & 3 \end{vmatrix} = 0.$

题型四　行列式的展开计算

【例11】若 $D = \begin{vmatrix} 8 & 9 & 10 & 11 \\ 1 & 2 & 2 & 1 \\ 9 & 10 & 11 & 8 \\ 10 & 11 & 8 & 9 \end{vmatrix}$，$A_{4j}$ 为 D 中第 4 行第 j 列元素的代数余子式，

则 $A_{41} + 2A_{42} + 2A_{43} + A_{44} = $ _____．

【例12】计算 $D = \begin{vmatrix} a_1 & -1 & 0 & 0 \\ a_2 & x & -1 & 0 \\ a_3 & 0 & x & -1 \\ a_4 & 0 & 0 & x \end{vmatrix}$

题型五　几种特殊的行列式

类型一：计算非零元素主要在一条或两条对角线上的行列式

这类行列式常考的类型有：

方法一：降阶法．利用行列式按行（列）展开定理计算行列式．

方法二：利用行列式定义计算．根据 n 阶行列式的定义

$$\begin{vmatrix} a_{11} & \cdots & a_{1n} \\ \vdots & & \vdots \\ a_{n1} & \cdots & a_{nn} \end{vmatrix} = \sum (-1)^{\tau(j_1 \cdots j_n)} a_{1j_1} \cdots a_{nj_n}$$

可知，非零项 $a_{1j_1} a_{2j_2} \cdots a_{nj_n}$ 中元素的列下标 $j_1，j_2，\cdots，j_n$ 有多少个，相应地该行列式就含有多少个非零项；如果一个也没有，则不含非零项，因而该行列式等于零．其中 $\tau(j_1 j_2 \cdots j_n)$ 表示 n 元排列 $j_1 j_2 \cdots j_n$ 的逆序数．

其中上图最后一种类型比较特殊，高阶的易错。

类型二：计算非零元素在三条线上的行列式

① 计算箭形（爪形）行列式 $\begin{vmatrix} \ulcorner \end{vmatrix}$，$\begin{vmatrix} \diagup \end{vmatrix}$，$\begin{vmatrix} \diagdown \end{vmatrix}$，$\begin{vmatrix} \lrcorner \end{vmatrix}$．

常化为三角形行列式计算．为此对箭形行列式 $\begin{vmatrix} \ulcorner \end{vmatrix}$ 或 $\begin{vmatrix} \llcorner \end{vmatrix}$．常从第 2 列起，把每列的若干倍都加到第 1 列，使第 1 列元素除第 1 个元素或第 n 个元素外，其余元素全部化成零，从而将上述箭形行列式化为三角形行列式．

同样，对箭形行列式 $\begin{vmatrix} \diagup \end{vmatrix}$ 或 $\begin{vmatrix} \diagdown \end{vmatrix}$ 可从第 1 列起，把每列的若干倍加到第 n 列，使第 n 列元素除第 1 个元素或第 n 个元素外，其余元素全部化成零，从而将上述箭形行列式化为三角形行列式．

② 计算三对角线行列式 $\begin{vmatrix} \diagdown \end{vmatrix}$

按某行或某列展开得到含三个阶数不同的行列式的递推关系式，再拆分为四个行列式，以两个行列式为基础推进．对较低阶的三对角行列式展开后得到含阶数不同的两行列式，直接递推．

类型三：计算行(列)和相等的行列式

常将其化为三角形行列式计算(简称三角形法).

将各列(或各行)加到第 1 列(或第 1 行)，提出第 1 列(或第 1 行)的公因子，然后再将第 1 列(或第 1 行)的倍元加到其他各列(或各行)，将所得行列式化为三角形行列式.

【例13】计算 $n+1$ 阶行列式(其中 $x_i \neq 0$, $i = 1, 2, \cdots, n$) $D = \begin{vmatrix} x_0 & y_1 & y_2 & \cdots & y_n \\ z_1 & x_1 & 0 & \cdots & 0 \\ z_2 & 0 & x_2 & \cdots & 0 \\ \vdots & \vdots & \vdots & & \vdots \\ z_n & 0 & 0 & \cdots & x_n \end{vmatrix}$.

【例14】计算 $D = \begin{vmatrix} a_1 & -1 & 0 & 0 \\ 0 & x & -1 & 0 \\ 0 & 0 & x & -1 \\ a_2 & 0 & 0 & x \end{vmatrix}$

【例15】方程 $\begin{vmatrix} a_1 & a_2 & a_3 & a_4+x \\ a_1 & a_2 & a_3+x & a_4 \\ a_1 & a_2+x & a_3 & a_4 \\ a_1+x & a_2 & a_3 & a_4 \end{vmatrix} = 0$ 的根为( ).

(A) 0, $-a_1-a_2-a_3-a_4$ (B) 0, $a_1+a_2+a_3+a_4$ (C) a_1+a_2, a_3+a_4 (D) $a_1a_2a_3a_4$, 0

【例16】证明：n 阶行列式($\alpha \neq m\pi$, $m \epsilon Z$)：

$$D = \begin{vmatrix} 2\cos\alpha & 1 & 0 & \cdots & 0 & 0 \\ 1 & 2\cos\alpha & 1 & \cdots & 0 & 0 \\ 0 & 1 & 2\cos\alpha & \cdots & 0 & 0 \\ \vdots & \vdots & \vdots & & \vdots & \vdots \\ 0 & 0 & 0 & \cdots & 2\cos\alpha & 1 \\ 0 & 0 & 0 & \cdots & 1 & 2\cos\alpha \end{vmatrix} = \frac{\sin(n+1)\alpha}{\sin\alpha}.$$

【例17】计算 n 阶行列式 $D = \begin{vmatrix} \mu+\lambda & \mu\lambda & 0 & \cdots & 0 & 0 & 0 \\ 1 & \mu+\lambda & \mu\lambda & \cdots & 0 & 0 & 0 \\ 0 & 1 & \mu+\lambda & \cdots & 0 & 0 & 0 \\ \vdots & \vdots & \vdots & & \vdots & \vdots & \vdots \\ 0 & 0 & 0 & \cdots & \mu+\lambda & \mu\lambda & 0 \\ 0 & 0 & 0 & \cdots & 1 & \mu+\lambda & \mu\lambda \\ 0 & 0 & 0 & \cdots & 0 & 1 & \mu+\lambda \end{vmatrix}$.

四、范德蒙行列式

$$V_n = \begin{vmatrix} 1 & 1 & 1 & \cdots & 1 \\ x_1 & x_2 & x_3 & \cdots & x_n \\ x_1^2 & x_2^2 & x_3^2 & \cdots & x_n^2 \\ \vdots & \vdots & \vdots & & \vdots \\ x_1^{n-1} & x_2^{n-1} & x_3^{n-1} & \cdots & x_n^{n-1} \end{vmatrix} = \prod_{1 \leq j < i \leq n} (x_i - x_j)$$

$$\prod_{1 \leq j < i \leq n} (x_i - x_j) = (x_2 - x_1)(x_3 - x_1)\cdots(x_n - x_1)(x_3 - x_2)\cdots(x_n - x_2)\cdots(x_n - x_{n-1})$$

题型六　范德蒙行列式

【例18】计算四阶行列式

$$D = \begin{vmatrix} 1 & 1 & 1 & 1 \\ 2+3\cos\alpha & 2+3\cos\beta & 2+3\cos\varepsilon & 2+3\cos\eta \\ 4\cos\alpha+5\cos^2\alpha & 4\cos\beta+5\cos^2\beta & 4\cos\varepsilon+5\cos^2\varepsilon & 4\cos\eta+5\cos^2\eta \\ 6\cos^2\alpha+7\cos^3\alpha & 6\cos^2\beta+7\cos^3\beta & 6\cos^2\varepsilon+7\cos^3\varepsilon & 6\cos^2\eta+7\cos^3\eta \end{vmatrix}.$$

【例19】试证：如果 n 次多项式 $f(x) = C_0 + C_1 x + \cdots C_n x^n$ 对 $n+1$ 个不同的 x 值都是零，则此多项式恒等于零.（提示：用范德蒙行列式证明）

五、克莱姆法则

1. 定义

n 个未知量 n 个方程的线性方程组，在系数行列式不等于零时的方程组解法.

定理：设线性非齐次方程组 $\begin{cases} a_{11}x_1 + a_{12}x_2 + \cdots + a_{1n}x_n = b_1 \\ a_{21}x_1 + a_{22}x_2 + \cdots + a_{2n}x_n = b_2 \\ \cdots \\ a_{n1}x_1 + a_{n2}x_2 + \cdots + a_{nn}x_n = b_n \end{cases}$ ①

简记为 $\sum_{j=1}^{n} a_{ij}x_j = b_i$，$i = 1, 2, \cdots, n$，其系数行列式 $D = \begin{vmatrix} a_{11} & a_{12} & \cdots & a_{1n} \\ a_{21} & a_{22} & \cdots & a_{2n} \\ \vdots & \vdots & \ddots & \vdots \\ a_{n1} & a_{n2} & \cdots & a_{nn} \end{vmatrix} \neq 0$，则

方程组①有唯一解 $x_j = \dfrac{D_j}{D}$，$j = 1, 2, \cdots, n$，其中 D_j 是用常数项 b_1，b_2，$\cdots$，b_n 替换 D 中

第 j 列所成的行列式，即 $D_j = \begin{vmatrix} a_{11} & \cdots & a_{1j-1} & b_1 & a_{1j+1} & \cdots & a_{1n} \\ a_{21} & \cdots & a_{2j-1} & b_2 & a_{2j+1} & \cdots & a_{2n} \\ \vdots & & \vdots & \vdots & \vdots & & \vdots \\ a_{n1} & \cdots & a_{nj-1} & b_n & a_{nj+1} & \cdots & a_{nn} \end{vmatrix}.$

以二阶为例 $\begin{cases} a_1 x + b_1 y = c_1 \\ a_2 x + b_2 y = c_2 \end{cases}$，那么它的解就是 $x = \dfrac{\begin{vmatrix} c_1 & b_1 \\ c_2 & b_2 \end{vmatrix}}{\begin{vmatrix} a_1 & b_1 \\ a_2 & b_2 \end{vmatrix}}$，$y = \dfrac{\begin{vmatrix} a_1 & c_1 \\ a_2 & c_2 \end{vmatrix}}{\begin{vmatrix} a_1 & b_1 \\ a_2 & b_2 \end{vmatrix}}$

我们令 $\boldsymbol{a} = \begin{pmatrix} a_1 \\ a_2 \end{pmatrix}$，$\boldsymbol{b} = \begin{pmatrix} b_1 \\ b_2 \end{pmatrix}$，$\boldsymbol{c} = \begin{pmatrix} c_1 \\ c_2 \end{pmatrix}$，$\boldsymbol{x} = \begin{pmatrix} x \\ y \end{pmatrix}$，则方程组可以简化为 $x\boldsymbol{a}+y\boldsymbol{b}=\boldsymbol{c}$，

我们做运算 $x|\boldsymbol{a}\ \ \boldsymbol{b}| = |x\boldsymbol{a}\ \ \boldsymbol{b}| = |x\boldsymbol{a}+y\boldsymbol{b}\ \ \boldsymbol{b}| = |\boldsymbol{c}\ \ \boldsymbol{b}|$，我们看首尾得 $x = \dfrac{|\boldsymbol{c}\ \ \boldsymbol{b}|}{|\boldsymbol{a}\ \ \boldsymbol{b}|}$

同理，$y|\boldsymbol{a}\ \ \boldsymbol{b}| = |\boldsymbol{a}\ \ y\boldsymbol{b}| = |\boldsymbol{a}\ \ x\boldsymbol{a}+y\boldsymbol{b}| = |\boldsymbol{a}\ \ \boldsymbol{c}|$，得 $y = \dfrac{|\boldsymbol{a}\ \ \boldsymbol{c}|}{|\boldsymbol{a}\ \ \boldsymbol{b}|}$

这就是前面的结果，对 x 求解的几何原理.

我们可以看下图：对 y 的求解原理也是类似的，可以看作几何面积相除.

三阶的也类似，$\begin{cases} a_1x + b_1y + c_1z = d_1 \\ a_2x + b_2y + c_2z = d_2 \\ a_3x + b_3y + c_3z = d_3 \end{cases}$，

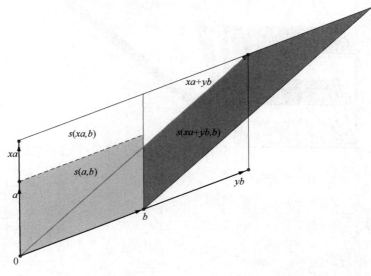

其解为：$x = \dfrac{\begin{vmatrix} d_1 & b_1 & c_1 \\ d_2 & b_2 & c_2 \\ d_3 & b_3 & c_3 \end{vmatrix}}{\begin{vmatrix} a_1 & b_1 & c_1 \\ a_2 & b_2 & c_2 \\ a_3 & b_3 & c_3 \end{vmatrix}}$，$y = \dfrac{\begin{vmatrix} a_1 & d_1 & c_1 \\ a_2 & d_2 & c_2 \\ a_3 & d_3 & c_3 \end{vmatrix}}{\begin{vmatrix} a_1 & b_1 & c_1 \\ a_2 & b_2 & c_2 \\ a_3 & b_3 & c_3 \end{vmatrix}}$，$z = \dfrac{\begin{vmatrix} a_1 & b_1 & d_1 \\ a_2 & b_2 & d_2 \\ a_3 & b_3 & d_3 \end{vmatrix}}{\begin{vmatrix} a_1 & b_1 & c_1 \\ a_2 & b_2 & c_2 \\ a_3 & b_3 & c_3 \end{vmatrix}}$

我们仍然令 $\boldsymbol{a} = \begin{pmatrix} a_1 \\ a_2 \\ a_3 \end{pmatrix}$，$\boldsymbol{b} = \begin{pmatrix} b_1 \\ b_2 \\ b_3 \end{pmatrix}$，$\boldsymbol{c} = \begin{pmatrix} c_1 \\ c_2 \\ c_3 \end{pmatrix}$，$\boldsymbol{d} = \begin{pmatrix} d_1 \\ d_2 \\ d_3 \end{pmatrix}$，$\boldsymbol{x} = \begin{pmatrix} x \\ y \\ z \end{pmatrix}$，方程变为 $x\boldsymbol{a}+y\boldsymbol{b}+z\boldsymbol{c}=\boldsymbol{d}$.

则 $x|\boldsymbol{a}\ \ \boldsymbol{b}\ \ \boldsymbol{c}| = |x\boldsymbol{a}\ \ \boldsymbol{b}\ \ \boldsymbol{c}| = |x\boldsymbol{a}+y\boldsymbol{b}\ \ \boldsymbol{b}\ \ \boldsymbol{c}| = |x\boldsymbol{a}+y\boldsymbol{b}+z\boldsymbol{c}\ \ \boldsymbol{b}\ \ \boldsymbol{c}| = |\boldsymbol{d}\ \ \boldsymbol{b}\ \ \boldsymbol{c}|$.

那么 $x = \dfrac{|\boldsymbol{d}\ \ \boldsymbol{b}\ \ \boldsymbol{c}|}{|\boldsymbol{a}\ \ \boldsymbol{b}\ \ \boldsymbol{c}|}$，其几何过程如下图. 同理，$y = \dfrac{|\boldsymbol{a}\ \ \boldsymbol{d}\ \ \boldsymbol{c}|}{|\boldsymbol{a}\ \ \boldsymbol{b}\ \ \boldsymbol{c}|}$，$z = \dfrac{|\boldsymbol{a}\ \ \boldsymbol{b}\ \ \boldsymbol{d}|}{|\boldsymbol{a}\ \ \boldsymbol{b}\ \ \boldsymbol{c}|}$.

对于 n 阶的情况，线性方程组的系数矩阵为 A，若 A 的行列式不等于零，即

$|A| = \begin{vmatrix} a_{11} & \cdots & a_{1n} \\ \vdots & & \vdots \\ a_{n1} & \cdots & a_{nn} \end{vmatrix} \neq 0$，那么该方程组有唯一解，$x_1 = \dfrac{|A_1|}{|A|}$，$x_2 = \dfrac{|A_2|}{|A|}$，$\cdots$，$x_n =$

$\dfrac{|A_n|}{|A|}$，其中 $A_j(j = 1, 2, \cdots, n)$ 是把系数矩阵 A 中第 j 列元素用方程右端的常数项代替后

所得到的 n 阶矩阵，即 $A_j = \begin{pmatrix} a_{11} & \cdots & a_{1, j-1} & b_1 & a_{1, j+1} & \cdots & a_{1n} \\ \vdots & & \vdots & \vdots & \vdots & & \vdots \\ a_{n1} & \cdots & a_{1, j-1} & b_n & a_{nj+1} & \cdots & a_{nn} \end{pmatrix}$.

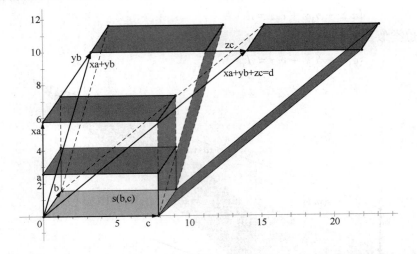

【必会经典题】

(1) 求解线性方程组 $\begin{cases} x_1 - x_2 - x_3 = 2 \\ 2x_1 - x_2 - 3x_3 = 1 \\ 3x_1 + 2x_2 - 5x_3 = 0 \end{cases}$

解：$|A| = \begin{vmatrix} 1 & -1 & -1 \\ 2 & -1 & -3 \\ 3 & 2 & -5 \end{vmatrix} = 3 \neq 0$

$x_1 = \dfrac{1}{|A|} \begin{vmatrix} 2 & -1 & -1 \\ 1 & -1 & -3 \\ 0 & 2 & -5 \end{vmatrix} \xlongequal{r_1 \leftrightarrow r_2} -\dfrac{1}{3} \begin{vmatrix} 1 & -1 & -3 \\ 2 & -1 & -1 \\ 0 & 2 & -5 \end{vmatrix} \xlongequal[r_3 - 2r_2]{r_2 - 2r_1} -\dfrac{1}{3} \begin{vmatrix} 1 & -1 & -3 \\ 0 & 1 & 5 \\ 0 & 0 & -15 \end{vmatrix} = 5;$

$x_2 = \dfrac{1}{|A|} \begin{vmatrix} 1 & 2 & -1 \\ 2 & 1 & -3 \\ 3 & 0 & -5 \end{vmatrix} \xlongequal[r_3 - 3r_1]{r_2 - 2r_1} \dfrac{1}{3} \begin{vmatrix} 1 & 2 & -1 \\ 0 & -3 & -1 \\ 0 & -6 & -2 \end{vmatrix} = 0;$

$x_3 = \dfrac{1}{|A|} \begin{vmatrix} 1 & -1 & 2 \\ 2 & -1 & 1 \\ 3 & 2 & 0 \end{vmatrix} \xlongequal[r_3 - 3r_1]{r_2 - 2r_1} \dfrac{1}{3} \begin{vmatrix} 1 & -1 & 2 \\ 0 & 1 & -3 \\ 0 & 5 & -6 \end{vmatrix} = \dfrac{1}{3} \begin{vmatrix} 1 & -3 \\ 5 & -6 \end{vmatrix} = 3.$

题型七　克莱姆法则

【例20】用克莱姆法则解下列方程组：

$\begin{cases} 5x_1 + 6x_2 = 1 \\ x_1 + 5x_2 + 6x_3 = 0 \\ x_2 + 5x_3 + 6x_4 = 0. \\ x_3 + 5x_4 + 6x_5 = 0 \\ x_4 + 5x_5 = 1 \end{cases}$

【例21】在线性方程组 $AX = \beta$ 中，$A = (a_{ij})_{n \times n}$，$A_{ij}$ 为 a_{ij} 的代数余子式，$\beta = (b_1, b_2, \cdots, b_n)^T$，又已知 $\sum\limits_{j=1}^{n} a_{2j} A_{2j} = -2$，$\sum\limits_{i=1}^{n} b_i A_{i2} = 4$，则未知量 $x_2 = \underline{\hspace{2cm}}$.

第二讲 矩 阵

大纲要求

1. 理解矩阵的概念，了解单位矩阵、数量矩阵、对角矩阵、三角矩阵、对称矩阵和反对称矩阵以及它们的性质.

2. 掌握矩阵的线性运算、乘法、转置，以及它们的运算规律，了解方阵的幂与方阵乘积的行列式的性质.

3. 理解逆矩阵的概念，掌握逆矩阵的性质以及矩阵可逆的充分必要条件，理解伴随矩阵的概念，会用伴随矩阵求逆矩阵.

4. 理解矩阵初等变换的概念，了解初等矩阵的性质和矩阵等价的概念，理解矩阵的秩的概念，掌握用初等变换求矩阵的秩和逆矩阵的方法.

5. 了解分块矩阵及其运算.

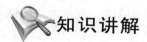知识讲解

一、矩阵的定义

1. 定义

数域 R 中 $m×n$ 个数 $a_{ij}(i=1, 2, \cdots, m; j=1, 2, \cdots, n)$ 排成 m 行 n 列，并括以圆括弧（或方括弧）的数表

$$\begin{pmatrix} a_{11} & a_{12} & \cdots & a_{1n} \\ a_{21} & a_{22} & \cdots & a_{2n} \\ \vdots & \vdots & & \vdots \\ a_{m1} & a_{m2} & \cdots & a_{mn} \end{pmatrix}$$

称为数域 R 上的 $m×n$ 矩阵，通常用大写字母记作 A 或 $A_{m×n}$，有时也记作 $A=(a_{ij})_{m×n}$ 或 $A=(a_{ij})(i=1, 2, \cdots, m; j=1, 2, \cdots, n)$，其中 a_{ij} 称为矩阵 A 的第 i 行第 j 列元素. 横排为行，竖排为列.

矩阵的几何含义：矩阵表示一个线性变换，怎么变换呢？这要先用到后面的矩阵乘法，$AX=Y$，也就是对矩阵 A 每次右乘一个列向量 X，都得到一个新列向量 Y. 这就和函数很类似，对于一元函数 $y=L(x)$，给一个输入 x，就得到一个输出 y，然后所有的输入与输出就能组成一个曲线. 那对于矩阵 A，所有的输入向量 X 组成一个空间，输出向量 Y 组成一个空间，这样矩阵 A 就能表示对空间的线性变换. 比如看下面这个矩阵：

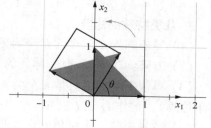

$$\begin{bmatrix} \cos\theta & \vdots & -\sin\theta \\ \sin\theta & \vdots & \cos\theta \end{bmatrix}$$

对它右乘一个列向量，得到的新向量逆时针旋转 θ 角，这样从所有向量构成的空间上看，就发生了下图这样，从左图到右图的线性变换.

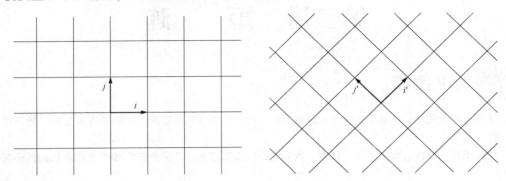

除了旋转外，常见的线性变换还有镜像、剪切、伸缩等，后面会慢慢引入，线性变换有如下特点：

①空间里的直线依然是直线.

②空间的原点保持固定.

总的来说，空间上的定位网格线平行且等距分布，如果空间发生了扭曲，就不再是线性变换，是非线性的了.

线性的严格定义：

◆可加性 $L(X_1 + X_2) = L(X_1) + L(X_2)$

◆成比例（一阶齐次）$L(cX_1) = cL(X_1)$

很多同学学了线代感觉就是用于快速求方程组的，或者隐约感觉到线代有很广泛的应用但教材故意不介绍. 线性本质上代表了一系列方便数学研究的问题共同的特点，而非线性就很难，比如我们考研有线性微分方程：

$$\frac{\mathrm{d}}{\mathrm{d}x}(e^x\sin x + x^3) = \frac{\mathrm{d}}{\mathrm{d}x}(e^x\sin x) + \frac{\mathrm{d}}{\mathrm{d}x}(x^3) \qquad \frac{\mathrm{d}}{\mathrm{d}x}(666e^x\sin x) = 666\frac{\mathrm{d}}{\mathrm{d}x}(e^x\sin x)$$

而非线性的微分方程就难多了，我们的矩阵可以和线性微分方程结合，从而大批量研究处理复杂的函数，当然矩阵也能大批量地处理数据，比如人脸识别、密码加密、搜索引擎等，所以，好好学代数，也许一不小心就颠覆了世界！这道题不是我不想算，世界因此毁灭了可不要怪我！嗯，为了宇宙，耐心地算，认真地算！

2. 同型矩阵与矩阵相等

同型矩阵：行数、列数都相同的矩阵.

矩阵相等：如果两个矩阵 $A = (a_{ij})_{m\times n}$ 和 $B = (b_{ij})_{m\times n}$ 是同型矩阵，且各对应元素也相等，即 $a_{ij} = b_{ij}(i = 1, 2, \cdots, m; j = 1, 2, \cdots, n)$，就称 A 和 B 相等，记作 $A = B$.

3. 几类特殊的矩阵

（1）零矩阵：$m\times n$ 个元素全为零的矩阵称为零矩阵，记作 O.

（2）方阵：当 $m = n$ 时，称 A 为 n 阶矩阵（或 n 阶方阵）.

（3）单位矩阵：主对角元全为1，其余元素全为零的 n 阶矩阵，称为 n 阶单位矩阵（简称单位阵），记作 I_n 或 I 或 E.

（4）数量矩阵：主对角元全为非零数 k，其余元素全为零的 n 阶矩阵，称为 n 阶数量矩阵，记作 kI_n 或 kI 或 kE.

（5）对角矩阵：非主对角元皆为零的 n 阶矩阵称为 n 阶对角矩阵（简称对角阵），记作 Λ，即 $\Lambda = \begin{pmatrix} a_1 & & & \\ & a_2 & & \\ & & \ddots & \\ & & & a_n \end{pmatrix}$，或记作 $\mathrm{diag}(\,a_1,\ a_2,\ \cdots,\ a_n\,)$.

（6）上三角矩阵：n 阶矩阵 $A = (a_{ij})_{n\times n}$，当 $i > j$ 时，$a_{ij} = 0(j = 1,\ 2,\ \cdots,\ n-1)$ 的矩阵称为上三角矩阵.

（7）下三角矩阵：当 $i < j$ 时，$a_{ij} = 0(j = 2,\ \cdots,\ n)$ 的矩阵称为下三角矩阵.

（8）正交矩阵：若 n 阶矩阵 A 满足 $AA^T = A^TA = E$，则称 A 为 n 阶正交矩阵，这里 E 是 n 阶单位矩阵.

二、矩阵的运算

1. 矩阵的线性运算

（1）加法设 $A = (a_{ij})_{m\times n}$ 和 $B = (b_{ij})_{m\times n}$，规定

$$A + B = (a_{ij} + b_{ij}) = \begin{pmatrix} a_{11} + b_{11} & a_{12} + b_{12} & \cdots & a_{1n} + b_{1n} \\ a_{21} + b_{21} & a_{22} + b_{22} & \cdots & a_{2n} + b_{2n} \\ \vdots & \vdots & \ddots & \vdots \\ a_{m1} + b_{m1} & a_{m2} + b_{m2} & \cdots & a_{mn} + b_{mn} \end{pmatrix}.$$

并称 $A+B$ 为 A 与 B 之和.

矩阵的加法满足以下运算律：

① 交换律 $A+B=B+A$；

② 结合律 $(A+B)+C=A+(B+C)$；

③ $A+O=A$，其中 O 是与 A 同型的零矩阵；

④ $A+(-A)=O$.

这里的 $-A$ 是将 A 中每个元素都乘上 -1 得到的，称为 A 的负矩阵. 进而我们可以定义矩阵的减法 $A-B=A+(-B)$.

（2）矩阵的数量乘法（简称数乘）：设 k 是数域 R 中的任意一个数，$A = (a_{ij})_{m\times n}$，规定

$$kA = (ka_{ij}) = \begin{pmatrix} ka_{11} & ka_{12} & \cdots & ka_{1n} \\ ka_{21} & ka_{22} & \cdots & ka_{2n} \\ \vdots & \vdots & \ddots & \vdots \\ ka_{m1} & ka_{m2} & \cdots & ka_{mn} \end{pmatrix}.$$

并称这个矩阵为 k 与 A 的数量乘积.

设 k，l 是数域 R 中的数，矩阵的数量乘法满足运算律：

①$(kl)A = k(lA)$；②$(k + l)A = kA + lA$；③$k(A + B) = kA + kB$

矩阵加法和数量乘法结合起来，统称为矩阵的线性运算.

2. 矩阵的乘法

定义设 A 是一个 $m\times n$ 矩阵，B 是一个 $n\times s$ 矩阵，即

$$A = \begin{pmatrix} a_{11} & a_{12} & \cdots & a_{1n} \\ a_{21} & a_{22} & \cdots & a_{2n} \\ \vdots & \vdots & & \vdots \\ a_{m1} & a_{m2} & \cdots & a_{mn} \end{pmatrix}, \quad B = \begin{pmatrix} b_{11} & b_{12} & \cdots & b_{1s} \\ b_{21} & b_{22} & \cdots & b_{2s} \\ \vdots & \vdots & & \vdots \\ b_{n1} & b_{n2} & \cdots & b_{ns} \end{pmatrix}$$

则 A 与 B 之乘积 AB（记作 $C = (c_{ij})$）是一个 $m \times s$ 矩阵，且 $c_{ij} = a_{i1}b_{1j} + a_{i2}b_{2j} + \cdots a_{in}b_{nj} = \sum_{k=1}^{n} a_{ik}b_{kj}$.

即矩阵 $C = AB$ 的第 i 行第 j 列元素 c_{ij} 是 A 的第 i 行 n 个元素与 B 的第 j 列相应的 n 个元素分别相乘的乘积之和 .

$$\begin{pmatrix} a_{11} & a_{12} & a_{13} \\ a_{21} & a_{22} & a_{23} \end{pmatrix} \begin{pmatrix} b_{11} & b_{12} \\ b_{21} & b_{22} \\ b_{31} & b_{32} \end{pmatrix} = \begin{pmatrix} a_{11}b_{11} + a_{12}b_{21} + a_{13}b_{31} & a_{11}b_{12} + a_{12}b_{22} + a_{13}b_{32} \\ a_{21}b_{11} + a_{22}b_{21} + a_{23}b_{31} & a_{21}b_{12} + a_{22}b_{22} + a_{23}b_{32} \end{pmatrix}$$

前面讲矩阵表示线性变换，那怎样从几何上直观的看一个矩阵的含义呢？比如对于一个矩阵 $\begin{pmatrix} 2 & 1 \\ 0 & 1 \end{pmatrix}$，可将其看作两个列向量 $\begin{pmatrix} 2 \\ 0 \end{pmatrix}$ 和 $\begin{pmatrix} 1 \\ 1 \end{pmatrix}$，然后我们通过简单的乘法研究下变换过程：

变换前空间上有向量 $i = \begin{pmatrix} 1 \\ 0 \end{pmatrix}$，$j = \begin{pmatrix} 0 \\ 1 \end{pmatrix}$，

$$\begin{pmatrix} 2 & 1 \\ 0 & 1 \end{pmatrix}\begin{pmatrix} 1 \\ 0 \end{pmatrix} = 1 \times \begin{pmatrix} 2 \\ 0 \end{pmatrix} + 0 \times \begin{pmatrix} 1 \\ 1 \end{pmatrix} = \begin{pmatrix} 2 \\ 0 \end{pmatrix}, \quad \begin{pmatrix} 2 & 1 \\ 0 & 1 \end{pmatrix}\begin{pmatrix} 0 \\ 1 \end{pmatrix} = 0 \times \begin{pmatrix} 2 \\ 0 \end{pmatrix} + 1 \times \begin{pmatrix} 1 \\ 1 \end{pmatrix} = \begin{pmatrix} 1 \\ 1 \end{pmatrix}$$

那么变换后的 $i' = \begin{pmatrix} 2 \\ 0 \end{pmatrix}$，$j' = \begin{pmatrix} 1 \\ 1 \end{pmatrix}$，我们看下图的几何过程：

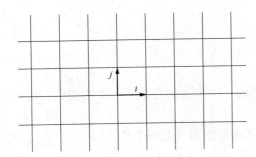 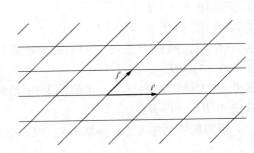

可以看到，从左图到右图是横轴放大了两倍，纵轴倾斜了 $45°$，整体是个剪切加缩放的变形 . 那如果是一般的向量 $\begin{pmatrix} x \\ y \end{pmatrix}$，由于变换后的 i'，j' 就是新的空间里的基向量，所以变换后的向量如下：$\begin{pmatrix} 2 & 1 \\ 0 & 1 \end{pmatrix}\begin{pmatrix} x \\ y \end{pmatrix} = x \times \begin{pmatrix} 2 \\ 0 \end{pmatrix} + y \times \begin{pmatrix} 1 \\ 1 \end{pmatrix} = xi' + yj'$.

从图像上看，过程如下图，变换前 $\begin{pmatrix} x \\ y \end{pmatrix}$ 是下面左图的样子，变换后就是右图啦，成为了 $xi' + yj'$.

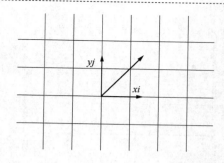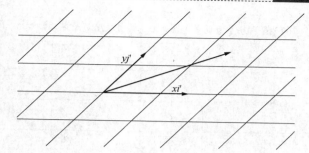

因此总结下，矩阵的第一列就是变换后的 i，第二列就是变换后的 j，如果还有其他列依此类推，如右图.

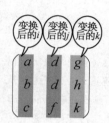

行列式与矩阵是怎样的关系呢？前面解释过行列式表示面积或体积，变换前 i，j 组成的矩形面积是 1，变换后（i' j'）组成一个矩阵，那么行列式就是 i'，j' 组成的平行四边形的面积，因此行列式表示这个线性变换在面积、体积上的缩放比例.

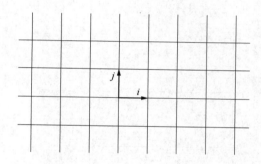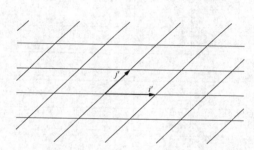

对行列式乘以一个数 λ，只是一个边长上缩放 λ 倍，而对矩阵乘以一个数 λ，是每个向量都缩放 λ 倍，因此有 $|\lambda A_n| = \lambda^n |A_n|$.

如果矩阵不是方阵呢？那就是变换后维度也变了，比如三维变为了二维.

对于矩阵与矩阵相乘，就可看作一个线性变换的多个输入，从而产生多个输出：

$$\begin{pmatrix} 2 & 1 \\ 0 & 1 \end{pmatrix}\begin{pmatrix} x_1 & x_2 \\ y_1 & y_2 \end{pmatrix} = \left(x_1\begin{pmatrix} 2 \\ 0 \end{pmatrix} + y_1\begin{pmatrix} 1 \\ 1 \end{pmatrix}, \ x_2\begin{pmatrix} 2 \\ 0 \end{pmatrix} + y_2\begin{pmatrix} 1 \\ 1 \end{pmatrix} \right).$$

矩阵乘法满足以下运算律：

（1）结合律 $(AB)C = A(BC)$；

（2）数乘结合律 $k(AB) = (kA)B = A(kB)$，其中 k 是数；

（3）左分配律 $C(A+B) = CA + CB$；

（4）右分配律 $(A+B)C = AC + BC$.

注：关于矩阵的乘法运算，有两个重要的结论.

① 矩阵的乘法不满足交换律，即一般 $AB \neq BA$，可从 3 个方面来理解：

（a）AB 可乘，BA 不一定可乘

（b）AB 和 BA 都可乘，但不一定是同型矩阵，比如 $A_{m\times n}$，$B_{n\times m}$，$m \neq n$.

（c）AB 和 BA 为同型矩阵（此时，A，B 必为同阶方阵），也不一定相等，可看下面的几何解释：

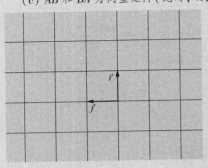 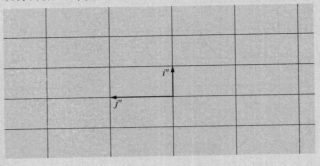

我们验证下 BA 与 AB 是否相同，A 是逆时针旋转90°的变换，B 是横轴方向放大 2 倍的变换，先对空间施加 A，再施加 B，结果如上图．

先对空间施加 B，再施加 A，结果如下图：

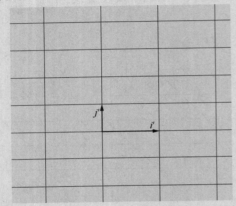 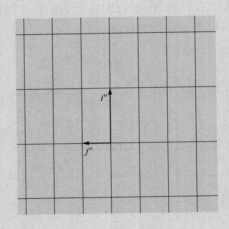

可见线性变换的施加顺序不同，结果就不同，同学们还可以举出更多类似的例子，因此矩阵乘法不满足交换律．

矩阵乘法不满足交换律，并不等于说对任意的两个矩阵 A 与 B，必有 $AB \neq BA$.

当 $AB \neq BA$ 时，称 A，B 不可交换（或 A 与 B 不可交换）．当 $AB = BA$ 时，称 AB 可交换（或 A 与 B 可交换）．

② 矩阵乘法不满足消去律，即由 $AB=0$，不能推出 $A=0$ 或 $B=0$，如 $A=\begin{pmatrix} 1 & 1 \\ 1 & 1 \end{pmatrix} \neq 0$，$B=\begin{pmatrix} -1 & -1 \\ 1 & 1 \end{pmatrix} \neq 0$，但 $AB=0$；

$A \neq 0$ 时，由 $AB=AC$，不能推出 $B=C$. 例如：

$$\begin{pmatrix} 1 & 2 \\ 3 & 6 \end{pmatrix}\begin{pmatrix} 3 & 4 \\ -1 & 2 \end{pmatrix} = \begin{pmatrix} 1 & 8 \\ 3 & 24 \end{pmatrix} = \begin{pmatrix} 1 & 2 \\ 3 & 6 \end{pmatrix}\begin{pmatrix} 1 & 2 \\ 0 & 3 \end{pmatrix}$$

$A \neq 0$ 时，不能推出 $A^k \neq 0$，如：$A=\begin{pmatrix} 0 & 1 & 1 \\ 0 & 0 & 1 \\ 0 & 0 & 0 \end{pmatrix}$，而 $A^3=0$

3. 方阵的幂

（1）定义设 A 是 n 阶矩阵，k 个 A 的连乘积称为 A 的 k 次幂，记作 A^k，即

$A^k = A \times A \times \cdots \times A$，规定 $A^0 = E$. 设 $f(x) = a_k x^k + \cdots + a_1 x + a_0$ 是 x 的 k 次多项式，A 是 n 阶矩阵，则 $f(A) = a_k A^k + \cdots + a_1 A + a_0 E$，称为矩阵 A 的 k 次多项式(注意常数项应变为 $a_0 E$).

4. 矩阵的转置、对称矩阵

（1）矩阵的转置

定义把一个 $m \times n$ 矩阵 $A = (a_{ij}) = \begin{pmatrix} a_{11} & a_{12} & \cdots & a_{1n} \\ a_{21} & a_{22} & \cdots & a_{2n} \\ \vdots & \vdots & \ddots & \vdots \\ a_{m1} & a_{m2} & \cdots & a_{mn} \end{pmatrix}$ 的行列互换得到的一个 $n \times m$ 矩

阵，称之为 A 的转置矩阵，记作 A^T 或 A'，即

$$A^T = (a_{ij}) = \begin{pmatrix} a_{11} & a_{21} & \cdots & a_{m1} \\ a_{12} & a_{22} & \cdots & a_{m2} \\ \vdots & \vdots & \ddots & \vdots \\ a_{1n} & a_{2n} & \cdots & a_{mn} \end{pmatrix}.$$

注：矩阵的转置也是一种运算，满足运算律

① $(A^T)^T = A$；　　　　　　　　② $(A + B)^T = A^T + B^T$；

③ $(kA)^T = kA^T$ (k 为任意实数)；　④ $(AB)^T = B^T A^T$.

（2）对称矩阵、反对称矩阵

定义：设 $A = \begin{bmatrix} a_{11} & a_{12} & \cdots & a_{1n} \\ a_{21} & a_{22} & \cdots & a_{2n} \\ \vdots & \vdots & \ddots & \vdots \\ a_{n1} & a_{n2} & \cdots & a_{nn} \end{bmatrix}$ 是一个 n 阶矩阵，如果 $A^T = A$，即 $a_{ij} = a_{ji}(i, j = 1,$

$2, \cdots, n)$，则称 A 为对称矩阵；

如果 $A^T = -A$，即 $a_{ji} = -a_{ij}(i, j = 1, 2, \cdots, n)$，则称 A 为反对称矩阵.

对称矩阵的特点是：它的元素以对角线为对称轴对应相等.

5. 方阵的行列式

由 n 阶方阵 A 的元素所构成的行列式(各元素的位置不变)，称为方阵 A 的行列式，记作 $|A|$ 或 $\det(A)$.

求方阵的行列式也是一种运算，满足运算律：

（1）$|A^T| = |A|$；　　（2）$|\lambda A| = \lambda^n |A|$；　　（3）$|AB| = |A||B|$.

注：① $|A^k| = |A|^k$，k 为自然数；

② $|A \pm B|$ 不一定等于 $|A| \pm |B|$；

③ 若 $A = O$，则 $|A| = 0$；若 $|A| = 0$ 不能推出 $A = O$.

6. 分块矩阵的行列式运算

$$\begin{vmatrix} A_{n \times n} & O_{n \times m} \\ O_{m \times n} & C_{m \times m} \end{vmatrix} = \begin{vmatrix} A_{n \times n} & O_{n \times m} \\ B_{m \times n} & C_{m \times m} \end{vmatrix} = \begin{vmatrix} A_{n \times n} & B_{n \times m} \\ O_{m \times n} & C_{m \times m} \end{vmatrix} = |A||C|,$$

$$\begin{vmatrix} O_{m \times n} & C_{m \times m} \\ A_{n \times n} & O_{n \times m} \end{vmatrix} = \begin{vmatrix} B_{m \times n} & C_{m \times m} \\ A_{n \times n} & O_{n \times m} \end{vmatrix} = \begin{vmatrix} O_{m \times n} & C_{m \times m} \\ A_{n \times n} & B_{n \times m} \end{vmatrix} = (-1)^{mn} |A||C|$$

题型一　矩阵的运算

【例1】设 A 为 n 阶矩阵，存在两个不相等的 n 阶矩阵 B，C，使 $AB=AC$ 的充分条件是_____．

【例2】设 $A=(1,2,3)$，$B=(1,-1,1)$，则 $(A^T B)^{2011}=$_____．

题型二　矩阵的行列式

【例3】设 A、B 都是 n 阶可逆矩阵，则 $\left| -2\begin{bmatrix} A^T & 0 \\ 0 & B^{-1} \end{bmatrix} \right|$ 等于(　　)．

(A) $(-2)^{2n}|A||B|^{-1}$　　(B) $(-2)^n|A||B|^{-1}$　　(C) $-2|A^T||B|$　　(D) $-2|A||B|^{-1}$

【例4】设 A，B 为三阶方阵，其中 $A=\begin{bmatrix} 1 & 1 & 2 \\ -1 & 2 & 1 \\ 0 & 1 & 1 \end{bmatrix}$，$B=\begin{bmatrix} 4 & -1 & 3 \\ 2 & k & 0 \\ 2 & -1 & 1 \end{bmatrix}$，且已知存在三阶方阵 X，

使得 $AX=B$，则 $k=$_____．

三、逆矩阵

1. 定义

设 A 为 n 阶矩阵，若存在 n 阶矩阵 B 使得 $AB=BA=E$ 则称矩阵 A 是可逆的．记做 $A^{-1}=B$

从几何上看如右图，$Ax=y$，$A^{-1}y=x$，也就是矩阵和逆矩阵对向量的变换过程正好是相反的，变过去再变回来．

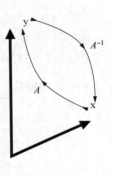

从空间上看也是类似的，下图从左到右和从右到左的变换正好互逆．

逆矩阵是唯一的：$AB=E$，$AC=E \Rightarrow B=A^{-1}$，$C=A^{-1} \Rightarrow B=C$

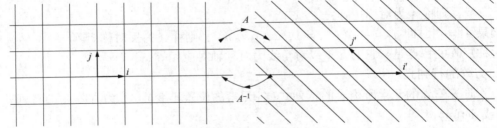

首先我们引入矩阵 A 的伴随阵 A^*．$A^*=\begin{bmatrix} A_{11} & A_{21} & \cdots & A_{n1} \\ A_{12} & A_{22} & \cdots & A_{n2} \\ \vdots & \vdots & \ddots & \vdots \\ A_{1n} & A_{2n} & \cdots & A_{nn} \end{bmatrix}=(A_{ij})^T$，称为 A 的伴随矩

阵，A^* 的第 j 列元素 A_{j1}，A_{j2}，$\cdots$，A_{jn} 是 A 的第 j 行元素 a_{j1}，a_{j2}，$\cdots$，a_{jn} 的代数余子式．

定理：n 阶矩阵 A 可逆的充要条件是 $|A| \neq 0$．

$|A|=0$ 时，A 称为奇异矩阵，这样的矩阵对应的线性变换是降维度的，比如

$\begin{pmatrix} 1 & 1 & 0 \\ 1 & 1 & 0 \\ 1 & 1 & 1 \end{pmatrix}$，是将三维变为二维，好像把一个苍蝇拍扁了，只不过我们拍扁的时候，并不是

真的二维，只是厚度很低，而二维是没有厚度．再比如 $\begin{pmatrix} 1 & 2 & 3 \\ 1 & 2 & 3 \\ 1 & 2 & 3 \end{pmatrix}$，是将三维变成一维，立

体的变成一条线，这种降维的变换是不可逆的，因为从高纬到低纬是

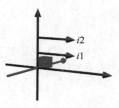

多对一，从低纬到高纬是一对多，从而使得逆矩阵结果不唯一，因此
规定不可逆．比如下图中的两个向量 $i1$，$j2$，如果将空间沿着 z 轴方
向压缩成二维空间，两个向量就都压缩到平面上的同一个向量，其实
还有更多类似的向量都被压缩到同一个向量，那么逆变换就是一个向
量对应多个结果了．

伴随阵 A^* 满足：$AA^* = A^*A = |A|E$，若 $|A| \neq 0$，则 $A\left(\dfrac{1}{|A|}A^*\right) = \left(\dfrac{1}{|A|}A^*\right)A = E$，故矩

阵 A 可逆，且 $A^{-1} = \dfrac{1}{|A|}A^*$．

推论：若 A，B 都是 n 阶矩阵，$AB = E$，则 $BA = E$，即 A，B 皆可逆，且 A，B 互为逆矩阵．

（1）抽象型矩阵求逆方法：定义法．

（2）数值型矩阵求逆的方法：

①定义；②用伴随矩阵；③初等变换；④用分块矩阵．

2. 可逆矩阵的性质

设同阶方阵 A，B 皆可逆，数 $k \neq 0$.

（1）若 A 可逆，则 A^{-1} 亦可逆，且 $(A^{-1})^{-1} = A$；

（2）若 A 可逆，数 $k \neq 0$，则 kA 亦可逆，且 $(kA)^{-1} = k^{-1}A^{-1}$（k 为非零常数）；

（3）若 A，B 为同阶矩阵且均可逆，则 AB 亦可逆，且 $(AB)^{-1} = B^{-1}A^{-1}$，

推广： $(A_1A_2\cdots A_n)^{-1} = A_n^{-1}\cdots A_1^{-1}$，$(A^n)^{-1} = (A^{-1})^n$；

（4）若 A 可逆，则 A^T，A^* 亦可逆，且 $(A^T)^{-1} = (A^{-1})^T$，$(A^*)^{-1} = (A^{-1})^* = \dfrac{1}{|A|}A$；

（5）$|A^{-1}| = |A|^{-1}$．

3. 伴随矩阵的结论

设 A 为 n 阶矩阵，则

（1）$|A^*| = |A|^{n-1}$；

（2）$(kA)^* = k^{n-1}A^*$；

（3）$(AB)^* = B^*A^*$；

（4）$(A^T)^* = (A^*)^T$．

（5）$A^{-1} = A^*/|A|$；

（6）$A^* = |A|A^{-1}$；

（7）$(A^*)^{-1} = (A^{-1})^* = A/|A|$；

（8）$A = |A|(A^*)^{-1}$；

（9）$(A^*)^* = |A|^{n-2}A$；

（10）$A = (A^*)^*/|A|^{n-2}$．

【必会经典题】

（1）求方阵 $A = \begin{pmatrix} 1 & 2 & 3 \\ 2 & 2 & 1 \\ 3 & 4 & 3 \end{pmatrix}$ 的逆矩阵．

$$M_{11} = 2, \qquad M_{12} = 3, \qquad M_{13} = 2,$$

解：求得 $|A| = 2 \neq 0$，知 A^{-1} 存在． $M_{21} = -6, \qquad M_{22} = -6, \qquad M_{23} = -2,$

$$M_{31} = -4, \qquad M_{32} = -5, \qquad M_{33} = -2,$$

$$A^* = \begin{pmatrix} M_{11} & -M_{21} & M_{31} \\ -M_{12} & M_{22} & -M_{32} \\ M_{13} & -M_{23} & M_{33} \end{pmatrix} = \begin{pmatrix} 2 & 6 & -4 \\ -3 & -6 & 5 \\ 2 & 2 & -2 \end{pmatrix},$$

$$A^{-1} = \frac{1}{|A|} A^* = \begin{pmatrix} 1 & 3 & -2 \\ -\dfrac{3}{2} & -3 & \dfrac{5}{2} \\ 1 & 1 & -1 \end{pmatrix}.$$

题型三　逆矩阵直接求解

【例5】设 $A = \begin{bmatrix} 1 & -1 & 2 \\ -2 & -1 & -2 \\ 4 & 3 & 3 \end{bmatrix}$，则 $A^{-1} = \underline{\qquad}$，$(A^*)^{-1} = \underline{\qquad}$，$[(-2A)^*]^{-1} = \underline{\qquad}$．

【例6】设 $A = \begin{bmatrix} 1 & 0 & 1 \\ 0 & 2 & 0 \\ 0 & 0 & 1 \end{bmatrix}$，则 $(A + 3E)^{-1}(A^2 - 9E) = \underline{\qquad}$．

题型四　伴随矩阵问题

【例7】设 A 为 n 阶可逆方阵 $(n \geq 2)$，则 $[(A^*)^*]^{-1} = ($　　$)$．

(A) $|A|^{n-1}E$ 　　　　(B) $|A|^{1-n}E$ 　　　　(C) $|A|^{n-1}A^*$ 　　　　(D) $|A|^{1-n}A^*$

【例8】设 A 为 n 阶可逆矩阵，则 $(-A)^*$ 等于 $($　　$)$．

(A) $-A^*$ 　　　　(B) A^* 　　　　(C) $(-1)^n A^*$ 　　　　(D) $(-1)^{n-1} A^*$

题型五　恒等变形求逆矩阵

方法一：将矩阵关系式化为矩阵与可逆矩阵的乘积．即将 $A \pm B$ 恒等变形为 $EA \pm BE$（或 $AE \pm EB$），再将单位矩阵分别化为一矩阵与另一矩阵（常为前一矩阵的逆矩阵）的乘积，然后提取公因式．常称此法为单位矩阵恒等变形法．

方法二：从数的类比运算中找出逆矩阵．A，B 为一阶矩阵，分别用数 a，b 代替，比如 $[(A - B^{-1})^{-1} - A^{-1}]^{-1}$ 变为 $\left[\left(a - \dfrac{1}{b}\right)^{-1} - \dfrac{1}{a}\right]^{-1}$，再将数字代数关系化简，得到 $(ab - 1)a$，因此我们猜想逆矩阵为 $(AB - E)A$，然后对该猜想根据逆矩阵的定义验证一下即可．

【例9】设 A，B，$A + B$，$A^{-1} + B^{-1}$ 均可逆，则 $(A^{-1} + B^{-1})^{-1} = ($　　$)$．

(A) $A + B$ 　　　　(B) $A^{-1} + B^{-1}$ 　　　　(C) $A(A+B)^{-1}B$ 　　　　(D) $(A+B)^{-1}$

【例10】[2001年1] 设矩阵 A 满足 $A^2 + A - 4E = O$，其中 E 为单位矩阵，则 $(A - E)^{-1} = \underline{\qquad}$．

【例11】设 A，B，$AB - E$ 是 n 阶可逆矩阵，则 $[(A - B^{-1})^{-1} - A^{-1}]^{-1}$ 等于 $($　　$)$．

(A) $BAB - E$ 　　　　(B) $ABA - E$ 　　　　(C) $ABA - A$ 　　　　(D) $BAB - B$

【例12】设 A 是 n 阶方阵，且有自然数 m，使 $(E + A)^m = 0$，证明：A 可逆．

【例13】[2000 年2] 设 $A = \begin{bmatrix} 1 & 0 & 0 & 0 \\ -2 & 3 & 0 & 0 \\ 0 & -4 & 5 & 0 \\ 0 & 0 & -6 & 7 \end{bmatrix}$，$E$ 为四阶单位矩阵，且 $B = (E + A)^{-1}(E - A)$，则 $(E +$

$B)^{-1} = \underline{\hspace{3cm}}$.

题型六　求解矩阵方程

求解矩阵方程时，其解法大致分两步进行：先整理化简方程，即经过移项，合并同类项，提取公因子，在方程两边或左乘或右乘同一矩阵，或同时左、右乘不同矩阵等步骤将原方程化简整理成下列形式之一：

$$AX = B \quad \text{或} \quad XA = E \quad \text{或} \quad AXB = C，$$

然后再计算．因已知条件通常是与所求的未知矩阵有某种关系的矩阵，故矩阵方程中常含多个未知矩阵．

如果矩阵方程中含多个未知矩阵，所求的未知矩阵只有一个，应对所给方程先进行适当的矩阵运算，将其恒等变形，消掉非所求的未知矩阵，再代入已知数据计算．

切忌一开始就代入已知数据计算，那样做往往使运算复杂化，费时易错．

总之，求解矩阵方程应先整理化简后代入计算．在整理化简过程中左乘、右乘要分开，运算规律及相关结果要熟练．

【例14】[2001 年2] 已知矩阵 $A = \begin{bmatrix} 1 & 0 & 0 \\ 1 & 1 & 0 \\ 1 & 1 & 1 \end{bmatrix}$，$B = \begin{bmatrix} 0 & 1 & 1 \\ 1 & 0 & 1 \\ 1 & 1 & 0 \end{bmatrix}$，且矩阵 X 满足 $AXA + BXB = AXB + BXA$

$+ E$，其中 E 是三阶单位矩阵，求 X.

【例15】[2000 年1] 设矩阵 A 的伴随矩阵 $A^* = \begin{bmatrix} 1 & 0 & 0 & 0 \\ 0 & 1 & 0 & 0 \\ 1 & 0 & 1 & 0 \\ 0 & -3 & 0 & 8 \end{bmatrix}$，且 $ABA^{-1} = BA^{-1} + 3E$，其中 E 为四阶

单位矩阵，求矩阵 B.

四、矩阵的初等变换和初等矩阵

1. 初等变换的定义

用消元法解线性方程组，其消元步骤是对增广矩阵进行 3 类行变换，推广到一般，即

（1）kr_i 或 kc_i，$(k \neq 0)$；

（2）$r_i + kr_j$ 或 $c_i + kc_j$；

（3）$r_i \leftrightarrow r_j$，$c_i \leftrightarrow c_j$.

注：用初等变换求解线性方程组时，只能用初等行变换．

2. 初等矩阵

（1）定义

将单位矩阵做一次初等变换所得到的矩阵称为初等矩阵．

初等倍乘矩阵：$E_i(c) = diag(1, \cdots, 1, c, 1, \cdots, 1)$，$E_i(c)$ 是由单位矩阵第 i 行（或列）乘 $c(c \neq 0)$ 而得到的．几何上的解释就是将空间在一个方向缩放，以二阶矩阵为例：

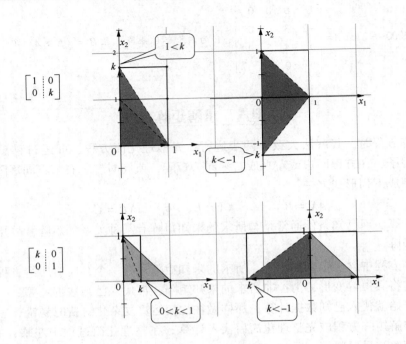

初等倍加矩阵：

$$E_{ij}(c) = \begin{pmatrix} 1 & & & & & & \\ & \ddots & & & & & \\ & & 1 & & & & \\ & & & \ddots & & & \\ & & c & & 1 & & \\ & & & & & \ddots & \\ & & & & & & 1 \end{pmatrix} \begin{matrix} \\ \\ i\,\text{行} \\ \\ j\,\text{行} \\ \\ \end{matrix}$$

$E_{ij}(c)$ 是由单位矩阵第 i 行乘 c 加到第 j 行而得到的，或由第 j 列乘 c 加到第 i 列而得到的．几何上的解释就是将空间剪切变形，就好像将一个正方形沿着边长方向搓了一下，变成一个斜的平行四边形，以二阶矩阵为例：

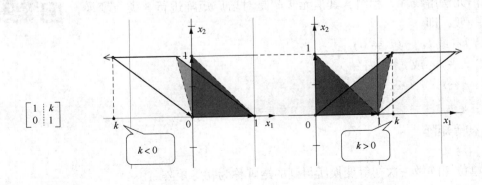

初等对换矩阵：

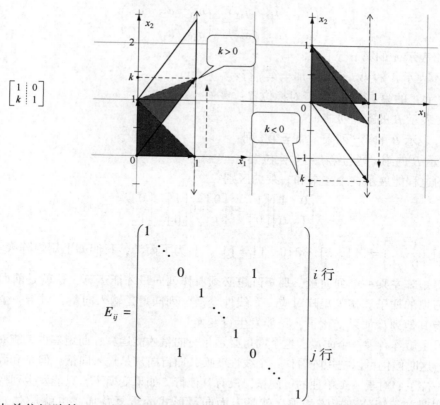

$$E_{ij} = \begin{pmatrix} 1 & & & & & & \\ & \ddots & & & & & \\ & & 0 & & 1 & & \\ & & & 1 & & & \\ & & & & \ddots & & \\ & & & & & 1 & \\ & & 1 & & 0 & & \\ & & & & & & \ddots \\ & & & & & & & 1 \end{pmatrix} \begin{matrix} \\ \\ i\,行 \\ \\ \\ \\ j\,行 \\ \\ \end{matrix}$$

E_{ij} 是由单位矩阵第 i，j 行（或列）对换而得到的．几何上的解释就是将空间的两个基向量镜像对换了一下，注意这个镜像对换不同于旋转，比如你的右手怎么旋转也不会和你的左手重合，必须像镜子一样映照过去才行，以二阶矩阵为例：

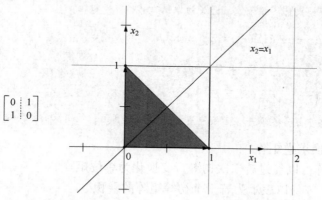

这个变换将空间中的 x_1，x_2 沿着对角线互换了一下，就像照镜子一样，镜子的位置就是 $x_1 = x_2$ 这条直线．

（2）初等矩阵的作用

对 A 实施一次初等行（列）变换，相当于左（右）乘相应的初等矩阵．

如：$\begin{pmatrix} a_{11} & a_{12} & a_{13} \\ a_{21} & a_{22} & a_{23} \end{pmatrix} \rightarrow \begin{pmatrix} a_{21} & a_{22} & a_{23} \\ a_{11} & a_{12} & a_{13} \end{pmatrix}$ 可以视作

$$E_{12} \begin{pmatrix} a_{11} & a_{12} & a_{13} \\ a_{21} & a_{22} & a_{23} \end{pmatrix} = \begin{pmatrix} a_{21} & a_{22} & a_{23} \\ a_{11} & a_{12} & a_{13} \end{pmatrix}$$

$E_i(c)A$ 表示 A 的第 i 行乘 c；

$E_{ij}(c)A$ 表示 A 的第 i 行乘 c 加至第 j 行；

$E_{ij}A$ 表示 A 的第 i 行与第 j 行对换位置；

$BE_i(c)$ 表示 B 的第 i 列乘 c；

$BE_{ij}(c)$ 表示 B 的第 j 列乘 c 加至第 i 列；

BE_{ij} 表示 B 的第 i 列与第 j 列对换位置.

下面的过程能展示这个左乘和右乘的区别：

$$\begin{bmatrix} 0 & 1 \\ 1 & 0 \end{bmatrix} \begin{bmatrix} 1 \\ 0 \end{bmatrix} = 1 \begin{bmatrix} 0 \\ 1 \end{bmatrix} + 0 \begin{bmatrix} 1 \\ 0 \end{bmatrix} = \begin{bmatrix} 0 \\ 1 \end{bmatrix}$$

$[1 \quad 0] \begin{bmatrix} 1 & k \\ 0 & 1 \end{bmatrix} = 1[1 \quad k] + 0[0 \quad 1] = [1 \quad k]$ 为了简洁，我们如上用矩阵乘一个向量，如果是初等矩阵左乘一个列向量，那矩阵也必须看作列向量才能运算，这就是前面介绍线性变换时所习惯的样子：初等矩阵对应一个线性变换，列向量是输入向量，对于一个单独的列向量，没有其他列，如果变化了，只能发生行变换.

而如果是矩阵右乘一个向量，这个向量必须是行向量才能运算，而矩阵也只能看作行向量才能运算，这时候仍可以把矩阵看作一个线性变换，而行向量是输入向量，但是和我们前面的习惯不太一样了.对于一个单独的行向量，没有其他行，如果变换了，只能发生列变换.

而如果是初等矩阵和矩阵相乘，就是上面向量形式的重复叠加，也就是对一个线性变换，多次输入，产生多个输出，依然是左乘行变换，右乘列变换.

注：初等矩阵的运算：

（a）初等矩阵的行列式都不等于零，因此初等矩阵都是可逆矩阵，且

$$E_i^{-1}(c) = E_i\left(\frac{1}{c}\right), \quad E_{ij}^{-1}(c) = E_{ij}(-c), \quad E_{ij}^{-1} = E_{ij}.$$

（b）$E_i^T(c) = E_i(c), \quad E_{ij}^T(c) = E_{ji}(c), \quad E_{ij}^T = E_{ij}.$

（c）$E_i^*(c) = cE_i\left(\frac{1}{c}\right), \quad E_{ij}^*(c) = E_{ij}(-c), \quad E_{ij}^* = -E_{ij}.$

（d）在矩阵乘法或求逆等运算中，若有初等矩阵，则要利用初等矩阵的作用与性质，而不要去计算.

3. 利用初等变换求逆矩阵

定理：可逆矩阵可以经过若干次初等行变换化为单位矩阵.

推论 1：可逆矩阵可以表示为若干个初等矩阵的乘积.

推论 2：如果对可逆矩阵 A 和同阶单位矩阵 E 做同样的初等行变换，那么当 A 变为单位矩阵时，E 就变为 A^{-1}，即 $(A, E) \xrightarrow{\text{初等行变换}} (E, A^{-1})$

我们也可用初等列变换求逆矩阵，即 $\begin{pmatrix} A \\ E \end{pmatrix} \xrightarrow{\text{初等列变换}} \begin{pmatrix} E \\ A^{-1} \end{pmatrix}$.

也可用类似方法计算形如 $A^{-1}B$（或 AB^{-1}）.如果按照常规做法：先求逆矩阵，再计算乘积，计算量较大.可用下述初等变换直接得出结果.因 $A^{-1}[A \vdots B] = [E \vdots A^{-1}B]$，（左乘初等行变换）.

故 $[A \vdots B] \xrightarrow{\text{初等行变换}} [E \vdots A^{-1}B]$

即对 $n \times 2n$ 矩阵 $[A \vdots B]$ 做初等行变换，当 A 处化为 E 时，B 处所得到的方阵即是 $A^{-1}B$.

同理，用初等行变换也可用下式求得 $[B \vdots A] \xrightarrow{\text{初等行变换}} [A^{-1}B \vdots E]$.

4. 矩阵的等价

（1）定义

若矩阵 A 经过有限次初等变换变到矩阵 B，则称 A 与 B 等价，记作 $A \cong B$.

（2）A 与 B 等价的三种等价说法

① A 经过一系列初等变换变到 B；

② 存在一些初等阵 E_1，…，E_s，F_1，…，F_t，使得 $E_s \cdots E_1 A F_1 \cdots F_t = B_t$；

③ 存在可逆阵 P，Q，使得 $PAQ = B$.

（3）矩阵等价关系的性质

① 反身性：$A \cong A$；

② 对称性：若 $A \cong B$，则 $B \cong A$；

③ 传递性：若 $A \cong B$，$B \cong C$，则 $A \cong C$.

初等变换的目标通常为如下两类：

行阶梯形矩阵 $\begin{pmatrix} 1 & 1 & -2 & 1 & 4 \\ 0 & 1 & -1 & 1 & 0 \\ 0 & 0 & 0 & 1 & -3 \\ 0 & 0 & 0 & 0 & 0 \end{pmatrix}$，这些 0 和非 0 的界限就像阶梯一样，如下图.

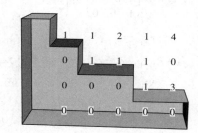

行最简形矩阵 $\begin{pmatrix} 1 & 0 & -1 & 0 & 4 \\ 0 & 1 & -1 & 0 & 3 \\ 0 & 0 & 0 & 1 & -3 \\ 0 & 0 & 0 & 0 & 0 \end{pmatrix}$

（4）矩阵等价的充要条件

同型矩阵 A 与 B 等价 $\Leftrightarrow r(A) = r(B)$.

【必会经典题】

（1）设 $A = \begin{pmatrix} 0 & -2 & 1 \\ 3 & 0 & -2 \\ -2 & 3 & 0 \end{pmatrix}$，证明 A 可逆，并求 A^{-1}.

解：$(A, E) = \begin{pmatrix} 0 & -2 & 1 & 1 & 0 & 0 \\ 3 & 0 & -2 & 0 & 1 & 0 \\ -2 & 3 & 0 & 0 & 0 & 1 \end{pmatrix}$

$\begin{matrix} r_3 \times 3 \\ r_3 + 2r_2 \\ \sim \\ r_1 \leftrightarrow r_2 \end{matrix} \begin{pmatrix} 3 & 0 & -2 & 0 & 1 & 0 \\ 0 & -2 & 1 & 1 & 0 & 0 \\ 0 & 9 & -4 & 0 & 2 & 3 \end{pmatrix} \begin{matrix} r_3 \times 2 \\ \sim \\ r_3 + 9r_2 \end{matrix} \begin{pmatrix} 3 & 0 & -2 & 0 & 1 & 0 \\ 0 & -2 & 1 & 1 & 0 & 0 \\ 0 & 0 & 1 & 9 & 4 & 6 \end{pmatrix}$

$\begin{matrix} r_1 + 2r_3 \\ \sim \\ r_2 - r_3 \end{matrix} \begin{pmatrix} 3 & 0 & 0 & 18 & 9 & 12 \\ 0 & -2 & 0 & -8 & -4 & -6 \\ 0 & 0 & 1 & 9 & 4 & 6 \end{pmatrix} \begin{matrix} r_1 \div 3 \\ \sim \\ r_2 \div (-2) \end{matrix} \begin{pmatrix} 1 & 0 & 0 & 6 & 3 & 4 \\ 0 & 1 & 0 & 4 & 2 & 3 \\ 0 & 0 & 1 & 9 & 4 & 6 \end{pmatrix}$,

因 $A \overset{r}{\sim} E$，故 A 可逆，且 $A^{-1} = \begin{pmatrix} 6 & 3 & 4 \\ 4 & 2 & 3 \\ 9 & 4 & 6 \end{pmatrix}$

矩阵初等变换的几何解释:

$$\begin{bmatrix} a_1 & a_2 \\ b_1 & b_2 \end{bmatrix} \qquad \begin{bmatrix} a_1 & a_2 \\ 0 & \dfrac{a_1 b_2 - a_2 b_1}{a_1} \end{bmatrix} \qquad \begin{bmatrix} a_1 & 0 \\ 0 & \dfrac{a_1 b_2 - a_2 b_1}{a_1} \end{bmatrix}$$

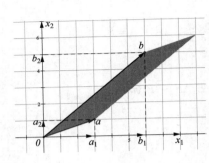 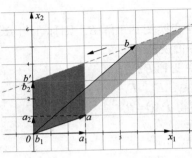 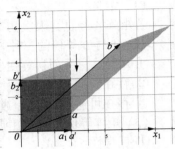

题型七　初等矩阵的运算

【例16】$\begin{pmatrix} 0 & 0 & 1 \\ 0 & 1 & 0 \\ 1 & 0 & 0 \end{pmatrix}^{2010} \begin{pmatrix} x_1 & x_2 & x_3 \\ y_1 & y_2 & y_3 \\ z_1 & z_2 & z_3 \end{pmatrix} \begin{pmatrix} 0 & 0 & 1 \\ 0 & 1 & 0 \\ 1 & 0 & 0 \end{pmatrix}^{2011} = ($　　$).$

(A) $\begin{pmatrix} x_1 & x_2 & x_3 \\ y_1 & y_2 & y_3 \\ z_1 & z_2 & z_3 \end{pmatrix}$ 　(B) $\begin{pmatrix} z_1 & z_2 & z_3 \\ y_1 & y_2 & y_3 \\ x_1 & x_2 & x_3 \end{pmatrix}$ 　(C) $\begin{pmatrix} x_3 & x_2 & x_1 \\ y_3 & y_2 & y_1 \\ z_3 & z_2 & z_1 \end{pmatrix}$ 　(D) $\begin{pmatrix} x_1 & x_3 & x_2 \\ y_1 & y_3 & y_2 \\ z_1 & z_3 & z_2 \end{pmatrix}$

【例17】设 $A = \begin{bmatrix} a_{11} & a_{12} & a_{13} \\ a_{21} & a_{22} & a_{23} \\ a_{31} & a_{32} & a_{33} \end{bmatrix}$, $B = \begin{bmatrix} a_{21} & a_{22} & a_{23} \\ a_{11} & a_{12} & a_{13} \\ a_{31}-a_{21} & a_{32}-a_{22} & a_{33}-a_{23} \end{bmatrix}$, $P_1 = \begin{bmatrix} 0 & 1 & 0 \\ 1 & 0 & 0 \\ 0 & 0 & 1 \end{bmatrix}$, 设有 $P_2 P_1 A$

$=B$, 则 $P_2 = ($　　$).$

(A) $\begin{bmatrix} 1 & 0 & 0 \\ 0 & 1 & 0 \\ 1 & 0 & 1 \end{bmatrix}$ 　(B) $\begin{bmatrix} 1 & 0 & 0 \\ 0 & 1 & 0 \\ -1 & 0 & 1 \end{bmatrix}$ 　(C) $\begin{bmatrix} 1 & 0 & 1 \\ 0 & 1 & 0 \\ 0 & 0 & 1 \end{bmatrix}$ 　(D) $\begin{bmatrix} 1 & 0 & -1 \\ 0 & 1 & 0 \\ 0 & 0 & 1 \end{bmatrix}$

【例18】设 A、B 为同阶可逆矩阵, 则($\quad$).

(A) $AB = BA$

(B) 存在可逆矩阵 P, 使 $P^{-1}AP = B$

(C) 存在可逆矩阵 C, 使 $C^T AC = B$

(D) 存在可逆矩阵 P 和 Q, 使 $PAQ = B$

五、分块矩阵

1. 定义

把一个大型矩阵分成若干小块, 构成一个分块矩阵, 这是矩阵运算中的一个重要技巧, 它可以把大型矩阵的运算化为若干小型矩阵的运算, 使运算更为简明.

把一个 5 阶矩阵 $A = \begin{pmatrix} 2 & 1 & \vdots & 1 & 0 & -1 \\ 1 & 2 & \vdots & 2 & -3 & 0 \\ \cdots & \cdots & \vdots & \cdots & \cdots & \cdots \\ 0 & 0 & \vdots & 1 & 0 & 0 \\ 0 & 0 & \vdots & 0 & 1 & 0 \\ 0 & 0 & \vdots & 0 & 0 & 1 \end{pmatrix}$ 用水平和垂直的虚线分成 4 块，如果记

$$A_1 = \begin{pmatrix} 2 & 1 \\ 1 & 2 \end{pmatrix}, \quad A_2 = \begin{pmatrix} 1 & 0 & -1 \\ 2 & -3 & 0 \end{pmatrix}, \quad O = \begin{pmatrix} 0 & 0 \\ 0 & 0 \\ 0 & 0 \end{pmatrix}, \quad E_3 = \begin{pmatrix} 1 & 0 & 0 \\ 0 & 1 & 0 \\ 0 & 0 & 1 \end{pmatrix}.$$

就可以把 A 看成由上面 4 个小矩阵所组成，写成 $A = \begin{pmatrix} A_1 & A_2 \\ O & E_3 \end{pmatrix}$，并称它是 A 的一个 2×2 分块矩阵，其中的每一个小矩阵称为 A 的一个子块.

把一个 $m \times n$ 矩阵 A，在行的方向分成 s 块，在列的方向分成 t 块，称为 A 的 $s \times t$ 分块矩阵，记作 $A = (A_{kl})_{s \times t}$，其中 $A_{kl}(k = 1, 2, \cdots, s; l = 1, 2, \cdots, t)$ 称为 A 的子块，它们可以是各种类型的小矩阵.

2. 运算

（1）分块矩阵的加法

$A = (A_{kl})_{s \times t}$，$B = (B_{kl})_{s \times t}$，则 $A + B = (A_{kl} + B_{kl})_{s \times t}$.

要求：A，B 是同型矩阵，且采用相同的分块法.

（2）分块矩阵的数量乘法

设分块矩阵 $A = (A_{kl})_{s \times t}$，$\lambda$ 是一个数，则 $\lambda A = (\lambda A_{kl})_{s \times t}$.

要求：无.

（3）分块矩阵的乘法

设 $A_{m \times n}$，$B_{n \times l}$，如果 A 分块为 $r \times s$ 分块矩阵 $A = (A_{kl})_{r \times s}$，$B$ 分块为 $s \times t$ 分块矩阵 $B = (B_{kl})_{s \times t}$，则

$$AB = \begin{pmatrix} A_{11} & \vdots & A_{12} & \vdots & \cdots & \vdots & A_{1s} \\ A_{21} & \vdots & A_{22} & \vdots & \cdots & \vdots & A_{2s} \\ \vdots & \vdots & \vdots & \vdots & & \vdots & \vdots \\ A_{r1} & \vdots & A_{r2} & \vdots & \cdots & \vdots & A_{rs} \end{pmatrix} \begin{pmatrix} B_{11} & B_{12} & \cdots & B_{1t} \\ B_{21} & B_{22} & \cdots & B_{2t} \\ \cdots & \cdots & \cdots & \cdots \\ B_{s1} & B_{s2} & \cdots & B_{st} \end{pmatrix} \begin{matrix} j_1\text{行} \\ j_2\text{行} \\ \\ j_s\text{行} \end{matrix} = C \xlongequal{\text{记作}} (C_{kl})_{r \times t}$$

j_1列　　　j_2列　　　　　j_s列

其中 C 是 $r \times t$ 分块矩阵，且 $C_{kl} = \sum\limits_{i=1}^{s} A_{ki} B_{il}(k = 1, 2, \cdots, r; l = 1, 2, \cdots, t)$.

要求：A 的列的分块法和 B 的行的分块法完全相同.

如 $\begin{bmatrix} A & B \\ C & D \end{bmatrix} \begin{bmatrix} X & Y \\ Z & W \end{bmatrix} = \begin{bmatrix} AX+BZ & AY+BW \\ CX+DZ & CY+DW \end{bmatrix}$

（4）分块矩阵的转置

分块矩阵 $A = (A_{kl})_{s \times t}$ 的转置矩阵为 $A^T = (B_{lk})_{t \times s}$，其中 $B_{lk} = A_{kl}^T$，$l = 1, 2, \cdots, t; k = 1, 2, \cdots, s$.

要求：不仅要行（块）与列（块）互换，而且每一子块也要转置.

如 $\begin{bmatrix} A & B \\ C & D \end{bmatrix}^T = \begin{bmatrix} A^T & C^T \\ B^T & D^T \end{bmatrix}$

（5）分块对角阵的行列式、n 次幂，可逆分块矩阵的逆矩阵

$$\begin{vmatrix} A_{n\times n} & O_{n\times m} \\ O_{m\times n} & C_{m\times m} \end{vmatrix} = \begin{vmatrix} A_{n\times n} & O_{n\times m} \\ B_{m\times n} & C_{m\times m} \end{vmatrix} = \begin{vmatrix} A_{n\times n} & B_{n\times m} \\ O_{m\times n} & C_{m\times m} \end{vmatrix} = |A||C|,$$

$$\begin{vmatrix} O_{m\times n} & C_{m\times m} \\ A_{n\times n} & O_{n\times m} \end{vmatrix} = \begin{vmatrix} B_{m\times n} & C_{m\times m} \\ A_{n\times n} & O_{n\times m} \end{vmatrix} = \begin{vmatrix} O_{m\times n} & C_{m\times m} \\ A_{n\times n} & B_{n\times m} \end{vmatrix} = (-1)^{mn}|A||C|.$$

分块对角阵 $A = \begin{pmatrix} A_1 & & & \\ & A_2 & & \\ & & \ddots & \\ & & & A_m \end{pmatrix}$，其中 A_i，$i = 1, 2, \cdots, m$ 为方阵，则

$|A| = |A_1||A_2|\cdots|A_m|$，$A^n = \begin{pmatrix} A_1^n & & & \\ & A_2^n & & \\ & & \ddots & \\ & & & A_m^n \end{pmatrix}$. 即有 $\begin{bmatrix} B & O \\ O & C \end{bmatrix}^n = \begin{bmatrix} B^n & O \\ O & C^n \end{bmatrix}$，因此，分

块对角阵 A 可逆的充要条件为 $|A_i| \neq 0$，$i = 1, 2, \cdots, m$，且 $A^{-1} = \begin{pmatrix} A_1^{-1} & & & \\ & A_2^{-1} & & \\ & & \ddots & \\ & & & A_m^{-1} \end{pmatrix}$，

$\begin{bmatrix} B & O \\ O & C \end{bmatrix}^{-1} = \begin{bmatrix} B^{-1} & O \\ O & C^{-1} \end{bmatrix}$，$\begin{bmatrix} O & B \\ C & O \end{bmatrix}^{-1} = \begin{bmatrix} O & C^{-1} \\ B^{-1} & O \end{bmatrix}$，

$\begin{bmatrix} A & C \\ O & B \end{bmatrix}^{-1} = \begin{bmatrix} A^{-1} & -A^{-1}CB^{-1} \\ O & B^{-1} \end{bmatrix}$，$\begin{bmatrix} A & O \\ C & B \end{bmatrix} = \begin{bmatrix} A^{-1} & O \\ -B^{-1}CA^{-1} & B^{-1} \end{bmatrix}$

（6）两种常用的分块法

B 是 $m\times n$ 矩阵，$B = \begin{bmatrix} \alpha_1 \\ \alpha_2 \\ \vdots \\ \alpha_m \end{bmatrix} = (\beta_1, \beta_2, \cdots, \beta_n)$

注：①$m\times n$ 矩阵既可看成是由 m 个 n 维行向量组成，也可看成是由 n 个 m 维列向量组成；反之亦然.
②线性方程组的向量形式：

$$A_{m\times n}x = b \Leftrightarrow (\beta_1, \beta_2, \cdots, \beta_n)\begin{bmatrix} x_1 \\ x_2 \\ \vdots \\ x_n \end{bmatrix} = b \Leftrightarrow \beta_1 x_1 + \beta_2 x_2 + \cdots + \beta_n x_n = b$$

题型八　分块矩阵的计算

【例19】判断下列矩阵 A 是否可逆，若可逆，试用分块矩阵的方法求 A^{-1}，$A = \begin{pmatrix} 1 & 2 & 1 & 0 \\ 3 & 4 & 0 & 1 \\ 0 & 0 & 3 & 2 \\ 0 & 0 & 4 & 1 \end{pmatrix}$.

第三讲　向　　量

 大纲要求

1. 理解向量的概念，掌握向量的加法和数乘运算法则.
2. 理解向量的线性组合、线性表示、向量组等价、线性相关与线性无关等概念，掌握向量线性相关、线性无关的有关性质及判别法.
3. 理解向量组的极大线性无关组和向量组的秩的概念，会求向量组的极大线性无关组及秩.
4. 理解矩阵的秩与其行(列)向量组的秩之间的关系.
5. 了解向量内积的概念，掌握线性无关向量组正交规范化的施密特方法.

 知识讲解

一、n 维向量的概念与运算

1. 定义

n 个数 a_1，a_2，$\cdots$，a_n 构成的有序数组，称为一个 n 元向量(也称 n 维向量)，记作 $\boldsymbol{\alpha} = (a_1, a_2, \cdots, a_n)$，其中 a_i 称为 $\boldsymbol{\alpha}$ 的第 i 个分量. 向量写成上述形式称为行向量，写成列

$$\boldsymbol{\alpha} = \begin{bmatrix} a_1 \\ a_2 \\ \vdots \\ a_n \end{bmatrix} = (a_1, a_2, \cdots, a_n)^T$$ 的形式，称为列向量.

2. 线性运算

$$设 \boldsymbol{\alpha} = \begin{bmatrix} a_1 \\ a_2 \\ \vdots \\ a_n \end{bmatrix}, \boldsymbol{\beta} = \begin{bmatrix} b_1 \\ b_2 \\ \vdots \\ b_n \end{bmatrix} = (b_1, b_2, \cdots, b_n)^T.$$

定义：(1)$\boldsymbol{\alpha} = \boldsymbol{\beta}$，当且仅当 $a_i = b_i (i=1, 2, \cdots, n)$；

(2)向量加法($\boldsymbol{\alpha}$ 与 $\boldsymbol{\beta}$ 之和)

$\boldsymbol{\alpha} + \boldsymbol{\beta} = (a_1 + b_1, \cdots, a_n + b_n)^T$；

如右图，$\boldsymbol{\alpha} + \boldsymbol{\beta} = \boldsymbol{\gamma}$.

(3)向量的数量乘法(简称数乘)

$k\boldsymbol{\alpha} = (ka_1, \cdots, ka_n)^T$，$k\boldsymbol{\alpha}$ 称为向量 $\boldsymbol{\alpha}$ 与数 k 的数量乘积.

零向量：分量全为零的 n 维向量 $(0, 0, \cdots, 0)^T$ 称为 n 维零向量，记作 $\boldsymbol{0}_n$，或简记为 $\boldsymbol{0}$.

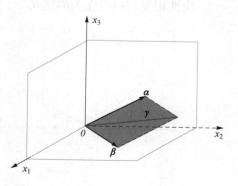

设 $\boldsymbol{\alpha}$，$\boldsymbol{\beta}$，$\boldsymbol{\gamma}$ 均为 n 维向量，k，l 是常数，满足下列运算规则：

①加法交换律 $\boldsymbol{\alpha}+\boldsymbol{\beta}=\boldsymbol{\beta}+\boldsymbol{\alpha}$；

②加法结合律 $(\boldsymbol{\alpha}+\boldsymbol{\beta})+\boldsymbol{\gamma}=\boldsymbol{\alpha}+(\boldsymbol{\beta}+\boldsymbol{\gamma})$；

③对任一个向量 $\boldsymbol{\alpha}$，有 $\boldsymbol{\alpha}+0=\boldsymbol{\alpha}$；

④对任一个向量 $\boldsymbol{\alpha}$，存在负向量 $-\boldsymbol{\alpha}$，使 $\boldsymbol{\alpha}+(-\boldsymbol{\alpha})=0$；

⑤$1\boldsymbol{\alpha}=\boldsymbol{\alpha}$；

⑥数乘结合律 $k(l\boldsymbol{\alpha})=(kl)\boldsymbol{\alpha}$；

⑦数乘分配律 $k(\boldsymbol{\alpha}+\boldsymbol{\beta})=k\boldsymbol{\alpha}+k\boldsymbol{\beta}$；

⑧数乘分配律 $(k+l)\boldsymbol{\alpha}=k\boldsymbol{\alpha}+l\boldsymbol{\alpha}$.

二、线性组合、线性表出

1. 线性组合

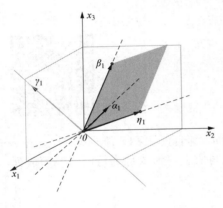

给定 $\boldsymbol{\alpha}_1$，$\boldsymbol{\alpha}_2$，$\cdots$，$\boldsymbol{\alpha}_m$，对于任何一组实数 k_1，k_2，$\cdots$，k_m，$\sum\limits_{i=1}^{m} k_i \boldsymbol{\alpha}_i = k_1\boldsymbol{\alpha}_1 + \cdots + k_m\boldsymbol{\alpha}_m$ 称为向量组 $\boldsymbol{\alpha}_1$，$\boldsymbol{\alpha}_2$，$\cdots$，$\boldsymbol{\alpha}_m$ 的一个线性组合，k_1，k_2，$\cdots$，k_m 称为这个线性组合的系数.

2. 线性表示

给定向量组 $\boldsymbol{\alpha}_1$，$\boldsymbol{\alpha}_2$，$\cdots$，$\boldsymbol{\alpha}_m$ 和向量 $\boldsymbol{\beta}$，如果存在一组数 λ_1，λ_2，$\cdots$，λ_m，使 $\boldsymbol{\beta}=\lambda_1\boldsymbol{\alpha}_1 + \cdots + \lambda_m\boldsymbol{\alpha}_m$，则向量 $\boldsymbol{\beta}$ 是向量组 $\boldsymbol{\alpha}_1$，$\boldsymbol{\alpha}_2$，$\cdots$，$\boldsymbol{\alpha}_m$ 的线性组合，称向量 $\boldsymbol{\beta}$ 能由向量组 $\boldsymbol{\alpha}_1$，$\boldsymbol{\alpha}_2$，$\cdots$，$\boldsymbol{\alpha}_m$ 线性表示. 如左图，$\boldsymbol{\eta}_1$ 能由 $\boldsymbol{\alpha}_1$、$\boldsymbol{\beta}_1$ 线性表示，但 $\boldsymbol{\gamma}_1$ 就不能由 $\boldsymbol{\alpha}_1$、$\boldsymbol{\beta}_1$ 线性表示.

3. 向量组等价

如果向量组中每一个向量可由另一个向量组线性表示，就称前一个向量组可由后一个向量组线性表示. 如果两个向量组可以相互线性表示，则称这两个向量组是等价的.

注：向量组等价具有三条性质：①反身性；②对称性；③传递性.

三、线性相关性

1. 线性相关与线性无关的定义

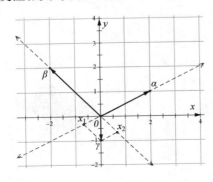

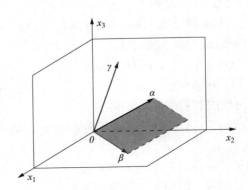

给定 m 个向量 $\boldsymbol{\alpha}_1$，$\boldsymbol{\alpha}_2$，$\cdots$，$\boldsymbol{\alpha}_m$，如果存在 m 个不全为零的数 k_1，k_2，$\cdots$，k_m，使得：

$\sum\limits_{i=1}^{m} k_i\boldsymbol{\alpha}_i = k_1\boldsymbol{\alpha}_1 + \cdots + k_m\boldsymbol{\alpha}_m = 0$ 成立，则称 $\boldsymbol{\alpha}_1$，$\boldsymbol{\alpha}_2$，$\cdots$，$\boldsymbol{\alpha}_m$ 线性相关；否则，称 $\boldsymbol{\alpha}_1$，$\boldsymbol{\alpha}_2$，$\cdots$，$\boldsymbol{\alpha}_m$ 线性无关.

如上面左图 $\boldsymbol{\alpha}$、$\boldsymbol{\beta}$、$\boldsymbol{\gamma}$ 是线性相关的，右图 $\boldsymbol{\alpha}$、$\boldsymbol{\beta}$、$\boldsymbol{\gamma}$ 是线性无关的.

2. 向量组线性相关性的基本性质

定理 1：向量组 $\boldsymbol{\alpha}_2$，$\cdots$，$\boldsymbol{\alpha}_m$，$(m \geqslant 2)$ 线性相关的充要条件是 $\boldsymbol{\alpha}_2$，$\cdots$，$\boldsymbol{\alpha}_m$ 中至少有一个向量可由其余 $m-1$ 个向量线性表示.

定理 2：$\boldsymbol{\alpha}_1 = (\alpha_{11}, \alpha_{21}, \cdots, \alpha_{r1})^T$，$\boldsymbol{\alpha}_2 = (\alpha_{12}, \alpha_{22}, \cdots, \alpha_{r2})^T$，$\cdots$，$\boldsymbol{\alpha}_n = (\alpha_{1n}, \alpha_{2n}, \cdots, \alpha_{rn})^T$，

$x = (x_1, x_2, \cdots, x_n)^T$，则向量组 $\boldsymbol{\alpha}_1$，$\boldsymbol{\alpha}_2$，$\cdots$，$\boldsymbol{\alpha}_n$ 线性相关的充要条件是齐次线性方程组 $Ax = 0$ 有非零解，其中 $A = (\boldsymbol{\alpha}_1, \boldsymbol{\alpha}_2, \cdots, \boldsymbol{\alpha}_n)$.

上述定理的等价命题是：$\boldsymbol{\alpha}_1$，$\boldsymbol{\alpha}_2$，$\cdots$，$\boldsymbol{\alpha}_n$ 线性无关的充要条件是齐次线性方程组 $Ax = 0$ 只有零解.

定理 3：若向量组 $\boldsymbol{\alpha}_1$，$\boldsymbol{\alpha}_2$，$\cdots$，$\boldsymbol{\alpha}_r$ 线性无关，而 $\boldsymbol{\beta}$，$\boldsymbol{\alpha}_1$，$\boldsymbol{\alpha}_2$，$\cdots$，$\boldsymbol{\alpha}_r$ 线性相关，则 $\boldsymbol{\beta}$ 可由 $\boldsymbol{\alpha}_1$，$\boldsymbol{\alpha}_2$，$\cdots$，$\boldsymbol{\alpha}_r$ 线性表示，且表示法唯一.

推论：n 个 n 维向量 $\boldsymbol{\alpha}_1$，$\boldsymbol{\alpha}_2$，$\cdots$，$\boldsymbol{\alpha}_n$ 线性无关，则任一 n 维向量 $\boldsymbol{\alpha}$ 可由 $\boldsymbol{\alpha}_1$，$\boldsymbol{\alpha}_2$，$\cdots$，$\boldsymbol{\alpha}_n$ 线性表示，且表示法唯一.

定理 4：如果向量组 $\boldsymbol{\alpha}_1$，$\boldsymbol{\alpha}_2$，$\cdots$，$\boldsymbol{\alpha}_m$ 中有一部分向量线性相关，则整个向量组也线性相关.（简记为：部分相关，整体相关.）

该命题的逆否命题是：如果 $\boldsymbol{\alpha}_1$，$\boldsymbol{\alpha}_2$，$\cdots$，$\boldsymbol{\alpha}_n$ 线性无关，则其任一部分向量组也线性无关.（简记为：整体无关，部分无关.）

定理 5：设 $\boldsymbol{\alpha}_1$，$\boldsymbol{\alpha}_2$，$\cdots$，$\boldsymbol{\alpha}_s$ 是 m 维向量，$\boldsymbol{\beta}_1$，$\boldsymbol{\beta}_2$，$\cdots$，$\boldsymbol{\beta}_s$ 是 n 维向量，令

$$\boldsymbol{\gamma}_1 = \begin{pmatrix} \boldsymbol{\alpha}_1 \\ \boldsymbol{\beta}_1 \end{pmatrix}，\boldsymbol{\gamma}_2 = \begin{pmatrix} \boldsymbol{\alpha}_2 \\ \boldsymbol{\beta}_2 \end{pmatrix}，\cdots，\boldsymbol{\gamma}_s = \begin{pmatrix} \boldsymbol{\alpha}_s \\ \boldsymbol{\beta}_s \end{pmatrix}$$

其中 $\boldsymbol{\gamma}_1$，$\boldsymbol{\gamma}_2$，$\cdots$，$\boldsymbol{\gamma}_s$ 是 $m+n$ 维向量. 如果 $\boldsymbol{\alpha}_1$，$\boldsymbol{\alpha}_2$，$\cdots$，$\boldsymbol{\alpha}_s$ 线性无关，则 $\boldsymbol{\gamma}_1$，$\boldsymbol{\gamma}_2$，$\cdots$，$\boldsymbol{\gamma}_s$ 线性无关；反之，若 $\boldsymbol{\gamma}_1$，$\boldsymbol{\gamma}_2$，$\cdots$，$\boldsymbol{\gamma}_s$ 线性相关，则 $\boldsymbol{\alpha}_1$，$\boldsymbol{\alpha}_2$，$\cdots$，$\boldsymbol{\alpha}_s$ 线性相关.

四、向量组的极大无关组与秩

1. 定义

设向量组 $\boldsymbol{\alpha}_1$，$\boldsymbol{\alpha}_2$，$\cdots$，$\boldsymbol{\alpha}_s$ 的部分组 $\boldsymbol{\alpha}_{i1}$，$\boldsymbol{\alpha}_{i2}$，$\cdots$，$\boldsymbol{\alpha}_{ir}$ 满足条件：

(1) $\boldsymbol{\alpha}_{i1}$，$\boldsymbol{\alpha}_{i2}$，$\cdots$，$\boldsymbol{\alpha}_{ir}$ 线性无关；

(2) $\boldsymbol{\alpha}_1$，$\boldsymbol{\alpha}_2$，$\cdots$，$\boldsymbol{\alpha}_s$ 中的任一向量均可由 $\boldsymbol{\alpha}_{i1}$，$\boldsymbol{\alpha}_{i2}$，$\cdots$，$\boldsymbol{\alpha}_{ir}$ 线性表示，则称向量组 $\boldsymbol{\alpha}_{i1}$，$\boldsymbol{\alpha}_{i2}$，$\cdots$，$\boldsymbol{\alpha}_{ir}$ 为向量组 $\boldsymbol{\alpha}_1$，$\boldsymbol{\alpha}_2$，$\cdots$，$\boldsymbol{\alpha}_s$ 的一个极大线性无关组，简称极大无关组.

向量组的极大无关组所含向量个数称为向量组的秩，记为 $r(\boldsymbol{\alpha}_1, \boldsymbol{\alpha}_2, \cdots, \boldsymbol{\alpha}_s) = r$.

　　如下面左图，$\boldsymbol{\alpha}$、$\boldsymbol{\beta}$、$\boldsymbol{\gamma}$ 组成的向量组中，$\boldsymbol{\alpha}$、$\boldsymbol{\beta}$、$\boldsymbol{\gamma}$ 是一个极大无关组，因而这个向量组的秩是 3，而右图 $\boldsymbol{\alpha}$、$\boldsymbol{\beta}$、$\boldsymbol{\gamma}$ 组成的向量组中，$\boldsymbol{\alpha}$、$\boldsymbol{\beta}$ 是一个极大无关组，因此秩是 2.

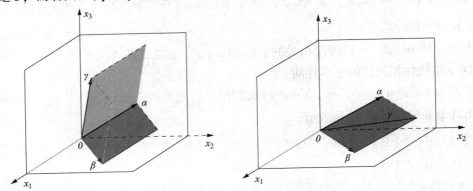

　　这两个图呢？下面左图 $\boldsymbol{\alpha}$、$\boldsymbol{\beta}$、$\boldsymbol{\gamma}$ 组成的向量组中，$\boldsymbol{\alpha}$、$\boldsymbol{\gamma}$ 是一个极大无关组，因此秩是 2，而右图 $\boldsymbol{\alpha}$、$\boldsymbol{\beta}$、$\boldsymbol{\gamma}$ 组成的向量组中，$\boldsymbol{\alpha}$ 是一个极大无关组，因此秩是 1.

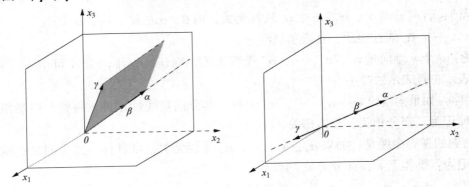

2. 向量组秩的性质

　　性质 1：$\boldsymbol{\alpha}_1$，$\boldsymbol{\alpha}_2$，$\cdots$，$\boldsymbol{\alpha}_s$ 线性无关 $\Leftrightarrow r(\boldsymbol{\alpha}_1, \boldsymbol{\alpha}_2, \cdots, \boldsymbol{\alpha}_s) = s$；

　　　　　　$\boldsymbol{\alpha}_1$，$\boldsymbol{\alpha}_2$，$\cdots$，$\boldsymbol{\alpha}_s$ 线性相关 $\Leftrightarrow r(\boldsymbol{\alpha}_1, \boldsymbol{\alpha}_2, \cdots, \boldsymbol{\alpha}_s) < s$.

　　性质 2：若向量组 $\{\boldsymbol{\beta}_1, \cdots, \boldsymbol{\beta}_k\}$ 中的每个向量可以由向量组 $\{\boldsymbol{\alpha}_1, \cdots, \boldsymbol{\alpha}_s\}$ 线性表示，则 $r\{\boldsymbol{\beta}_1, \cdots, \boldsymbol{\beta}_k\} \leqslant r\{\boldsymbol{\alpha}_1, \boldsymbol{\alpha}_2, \cdots, \boldsymbol{\alpha}_s\}$. 如下图，在 $\boldsymbol{\pi}_1$ 平面上，有两个基向量 $\boldsymbol{x}_1$，$\boldsymbol{x}_2$，一个任意向量 $\boldsymbol{\alpha}_1$，在 $\boldsymbol{\pi}_2$ 平面上，有两个基向量 $\boldsymbol{y}_1$，$\boldsymbol{y}_2$，一个任意向量 $\boldsymbol{\beta}_1$，那么 $\{\boldsymbol{x}_1, \boldsymbol{x}_2, \boldsymbol{\alpha}_1\}$ 可以由 $\{\boldsymbol{x}_1, \boldsymbol{x}_2\}$ 线性表示，也可以由 $\{\boldsymbol{x}_1, \boldsymbol{x}_2, \boldsymbol{y}_1\}$ 线性表示，$r\{\boldsymbol{x}_1, \boldsymbol{x}_2, \boldsymbol{\alpha}_1\} = 2$，$r\{\boldsymbol{x}_1, \boldsymbol{x}_2\} = 2$，$r\{\boldsymbol{x}_1, \boldsymbol{x}_2, \boldsymbol{y}_1\} = 3$，而 $\{\boldsymbol{x}_1, \boldsymbol{x}_2, \boldsymbol{\alpha}_1\}$ 不可以由 $\{\boldsymbol{y}_1, \boldsymbol{y}_2\}$ 线性表示，虽然 $r\{\boldsymbol{x}_1, \boldsymbol{x}_2, \boldsymbol{\alpha}_1\} = r\{\boldsymbol{y}_1, \boldsymbol{y}_2\} = 2$，所以该性质的逆命题不成立.

　　性质 3：若向量组 $\boldsymbol{\beta}_1$，$\cdots$，$\boldsymbol{\beta}_t$ 可由 $\boldsymbol{\alpha}_1$，$\cdots$，$\boldsymbol{\alpha}_s$ 线性表示，且 $t > s$，则 $\boldsymbol{\beta}_1$，$\cdots$，$\boldsymbol{\beta}_t$ 线性相关.（多的能由少的线性表示，则多的必线性相关.）

　　上述定理的等价命题是：若向量组 $\boldsymbol{\beta}_1$，$\cdots$，$\boldsymbol{\beta}_t$，可由 $\boldsymbol{\alpha}_1$，$\cdots$，$\boldsymbol{\alpha}_s$ 线性表示，且 $\boldsymbol{\beta}_1$，$\cdots$，$\boldsymbol{\beta}_t$ 线性无关，则 $t \leqslant s$.（无关向量组不能由比它个数少的向量组表出.）

　　若一个向量组线性无关，则该向量组的任何部分向量组都线性无关.

　　若向量组有一个部分向量组线性相关，则该向量组一定线性相关.

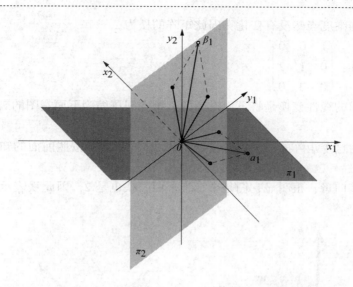

性质 4：对矩阵 A 做初等行变换化为 B，则 A 与 B 的任何对应的列向量组有相同的线性相关性，即 $A = (\boldsymbol{\alpha}_1, \boldsymbol{\alpha}_2, \cdots, \boldsymbol{\alpha}_n) \xrightarrow{\text{初等行变换}} (\boldsymbol{\xi}_1, \boldsymbol{\xi}_2, \cdots, \boldsymbol{\xi}_n) = B$，则列向量组 $\boldsymbol{\alpha}_1, \boldsymbol{\alpha}_2, \cdots,$ $\boldsymbol{\alpha}_n$ 与 $\boldsymbol{\xi}_1, \boldsymbol{\xi}_2, \cdots, \boldsymbol{\xi}_n$ 有相同的线性相关性.

五、矩阵的秩

1. k 阶子式

矩阵 $A = (a_{ij})_{m \times n}$ 的任意 k 个行和任意 k 个列的交点上的 k^2 个元素按原

顺序排成 k 阶行列式 $\begin{vmatrix} a_{i_1 j_1} & a_{i_1 j_2} & \cdots & a_{i_1 j_k} \\ a_{i_2 j_1} & a_{i_2 j_2} & \cdots & a_{i_2 j_k} \\ \cdots & \cdots & \ddots & \cdots \\ a_{i_k j_1} & a_{i_k j_2} & \cdots & a_{i_k j_k} \end{vmatrix}$，称为 A 的 k 阶子式.

2. 矩阵的秩

矩阵 A 中存在一个 r 阶子式不为零，而所有 $r+1$ 阶子式全为零（若存在），则称矩阵的秩为 r，记为 $r(A) = r$，即非零子式的最高阶数.

从几何上看，矩阵表示线性变换，而秩表示变换后的空间维度，这个维度等于其行向量组张成的空间的维度，也等于其列向量组张成的空间的维度，比如看下面这个逆时针旋转变换：

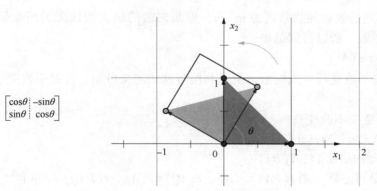

旋转后空间的维度当然没有变化，因此矩阵的秩为 2.

再看这个矩阵：$\begin{pmatrix} 1 & 0 & 0 \\ 0 & 1 & 2 \\ 0 & 0 & 0 \end{pmatrix}$

这个矩阵表示的线性变换是将下面左图的三维空间压缩为下面右图的二维空间，降维打

击．为啥呢？因为这个矩阵的三个列向量是 $\begin{pmatrix} 1 \\ 0 \\ 0 \end{pmatrix}$，$\begin{pmatrix} 0 \\ 1 \\ 0 \end{pmatrix}$，$\begin{pmatrix} 0 \\ 2 \\ 0 \end{pmatrix}$，按照前面的知识，它们三个就

是变换后的空间基向量，很明显它们是个二维平面，秩也是 2，因此秩表示了变换后的空间
维度．

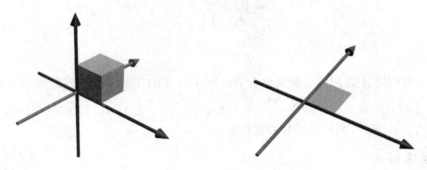

同理，矩阵 $\begin{pmatrix} 1 & 2 & 3 \\ 0 & 0 & 0 \\ 0 & 0 & 0 \end{pmatrix}$，表示的线性变换是将下面左图的三维空间压缩为下图的一维空

间，因此矩阵的秩就是空间的维度，为 1.

3. 矩阵秩的基本性质

（1）$A_{m \times n}$，$r(A_{m \times n}) \leqslant \min(m, n)$

证明：$A_{m \times n}$ 则行数和列数分别为 m，n，但是向量的极大线性无关组个数肯定不能超过
矩阵的行数和列数．所以得到结果．

（2）$r(A_{m \times n}) = r(A^T)$

证明：转置不改变行列式的值，所以利用行列式定义可知，转置不改变余子式的值．所
以得到结果．

（3）初等行变换不改变秩

（4）$r(A+B) \leqslant r(A) + r(B)$

（5）$r(AB) \leqslant \min\{r(A), r(B)\}$

（6）P，Q 是可逆阵，则 $r(PA) = r(A)$，$r(AQ) = r(A)$，$r(PAQ) = r(A)$

(7) $A_{m\times n}$，$B_{n\times s}$，而且 $AB=0$，那么 $r(A)+r(B)\leqslant n$

$(8)\ r(A^*)=\begin{cases}n & r(A)=n \\ 1 & r(A)=n-1 \\ 0 & r(A)<n-1\end{cases}$

证明：①当 $r(A)=n$ 时，由 $AA^*=|A|E$ 得 $|A|\cdot|A^*|=||A|E|=|A|^n$，因为 $|A|\neq 0$，所以 $|A^*|=|A|^{n-1}\neq 0$，故 $r(A^*)=n$；

②当 $r(A)=n-1$ 时，由 $AA^*=|A|E=0$ 得 $r(A)+r(A^*)\leqslant n$，因为 $r(A)=n-1$，所以 $r(A^*)\leqslant 1$；

又因为 $r(A)=n-1$，所以 A 至少有一个 $n-1$ 阶子式不为零，即存在 $M_{ij}\neq 0$，从而存在 $A_{ij}\neq 0$，于是 $A^*\neq 0$，$r(A^*)\geqslant 1$，故 $r(A^*)=1$；

③当 $r(A)<n-1$，则 A 的所有 $n-1$ 阶子式都为零，即所有的 $M_{ij}=0$，从而所有的 $A_{ij}=0$，于是 $A^*=0$，故 $r(A^*)=0$.

【必会经典题】

(1) 求矩阵 B 的秩　$B=\begin{pmatrix}3 & 2 & 0 & 5 & 0 \\ 3 & -2 & 3 & 6 & -1 \\ 2 & 0 & 1 & 5 & -3 \\ 1 & 6 & -4 & -1 & 4\end{pmatrix}$

解：$B=\begin{pmatrix}3 & 2 & 0 & 5 & 0 \\ 3 & -2 & 3 & 6 & -1 \\ 2 & 0 & 1 & 5 & -3 \\ 1 & 6 & -4 & -1 & 4\end{pmatrix}\begin{matrix}r_1\leftrightarrow r_4 \\ r_2-r_4 \\ \sim \\ r_3-2r_1 \\ r_4-3r_1\end{matrix}\begin{pmatrix}1 & 6 & -4 & -1 & 4 \\ 0 & -4 & 3 & 1 & -1 \\ 0 & -12 & 9 & 7 & -11 \\ 0 & -16 & 12 & 8 & -12\end{pmatrix}$

$\begin{matrix}r_3-3r_2 \\ \sim \\ r_4-4r_2\end{matrix}\begin{pmatrix}1 & 6 & -4 & -1 & 4 \\ 0 & -4 & 3 & 1 & -1 \\ 0 & 0 & 0 & 4 & -8 \\ 0 & 0 & 0 & 4 & -8\end{pmatrix}\begin{matrix}r_4-r_3 \\ \sim\end{matrix}\begin{pmatrix}1 & 6 & -4 & -1 & 4 \\ 0 & -4 & 3 & 1 & -1 \\ 0 & 0 & 0 & 4 & -8 \\ 0 & 0 & 0 & 0 & 0\end{pmatrix}$

因为行阶梯形矩阵有 3 个非零行，所以 $R(B)=3$.

(2) 证明：设 A 为 n 阶矩阵，则 $r(A)=1$ 的充分必要条件是存在非零 n 维向量 α，β，使得 $A=\alpha\beta^T$.

证明：设 $r(A)=1$，则 A 为任意两行都成比例的非零矩阵，即 $A=\begin{pmatrix}a_1b_1 & a_1b_2 & \cdots & a_1b_n \\ a_2b_1 & a_2b_2 & \cdots & a_2b_n \\ \vdots & \vdots & & \vdots \\ a_nb_1 & a_nb_2 & \cdots & a_nb_n\end{pmatrix}$，

或 $A=\begin{pmatrix}a_1 \\ a_2 \\ \vdots \\ a_n\end{pmatrix}(b_1\ \ b_2\ \ \cdots\ \ b_n)$，令 $\alpha=\begin{pmatrix}a_1 \\ a_2 \\ \vdots \\ a_n\end{pmatrix}$，$\beta=\begin{pmatrix}b_1 \\ b_2 \\ \vdots \\ b_n\end{pmatrix}$，则 $A=\alpha\beta^T$，显然 α，β 都是非零向量.

设 α，β 为 n 维非零向量且 $A=\alpha\beta^T$，

因为 α，β 为非零向量，所以 $A\neq 0$，于是 $r(A)\geqslant 1$，

又因为 $r(A)=r(\alpha\beta^T)\leqslant r(\alpha)=1$，所以 $r(A)=1$.

题型一　判断线性相关、线性无关

【例1】若向量组 α_1，α_2，α_3 线性无关，则当常数 x，y 满足＿＿＿＿＿时，向量组 $x\alpha_2-\alpha_1$，$y\alpha_3-\alpha_2$，α_1-

$\boldsymbol{\alpha}_3$ 线性无关.

【例2】[2000年1]设 n 维列向量组 $\boldsymbol{\alpha}_1$，$\boldsymbol{\alpha}_2$，…，$\boldsymbol{\alpha}_m(m<n)$ 线性无关，则 n 维列向量组 $\boldsymbol{\beta}_1$，$\boldsymbol{\beta}_2$，…，$\boldsymbol{\beta}_m$ 线性无关的充分必要条件为(　　).

(A) 向量组 $\boldsymbol{\alpha}_1$，$\boldsymbol{\alpha}_2$，…，$\boldsymbol{\alpha}_m$ 可由向量组 $\boldsymbol{\beta}_1$，$\boldsymbol{\beta}_2$，…，$\boldsymbol{\beta}_m$ 线性表示

(B) 向量组 $\boldsymbol{\beta}_1$，$\boldsymbol{\beta}_2$，…，$\boldsymbol{\beta}_m$ 可由向量组 $\boldsymbol{\alpha}_1$，$\boldsymbol{\alpha}_2$，…，$\boldsymbol{\alpha}_m$ 线性表示

(C) 向量组 $\boldsymbol{\alpha}_1$，$\boldsymbol{\alpha}_2$，…，$\boldsymbol{\alpha}_m$ 与向量组 $\boldsymbol{\beta}_1$，$\boldsymbol{\beta}_2$，…，$\boldsymbol{\beta}_m$ 等价

(D) 矩阵 $A=[\boldsymbol{\alpha}_1，\boldsymbol{\alpha}_2，…，\boldsymbol{\alpha}_m]$ 与矩阵 $B=[\boldsymbol{\beta}_1，\boldsymbol{\beta}_2，…，\boldsymbol{\beta}_m]$ 等价

【例3】设 n 维向量组 Ⅰ：$\boldsymbol{\alpha}_1$，$\boldsymbol{\alpha}_2$，…，$\boldsymbol{\alpha}_s$ 及向量组 Ⅱ：$\boldsymbol{\beta}_1$，$\boldsymbol{\beta}_2$，…，$\boldsymbol{\beta}_t$ 均线性无关，且 Ⅰ 中的每个向量都不能由 Ⅱ 线性表示，同时 Ⅱ 中的每个向量也都不能由 Ⅰ 线性表示，则向量组 Ⅲ：$\boldsymbol{\alpha}_1$，$\boldsymbol{\alpha}_2$，…，$\boldsymbol{\alpha}_s$，$\boldsymbol{\beta}_1$，$\boldsymbol{\beta}_2$，…，$\boldsymbol{\beta}_t$ 的线性关系是(　　).

(A) 线性相关　　　　　　　　　　　　　(B) 线性无关

(C) 可能线性相关，也可能线性无关　　　(D) 既不线性相关也不线性无关

【例4】设 $\boldsymbol{\alpha}_1$，$\boldsymbol{\alpha}_2$，…，$\boldsymbol{\alpha}_m(m\geq 2)$ 线性无关，$\boldsymbol{\beta}_i=\boldsymbol{\alpha}_i+\boldsymbol{\alpha}_m(i=1，2，…，m-1)$，试研究向量组 $\boldsymbol{\beta}_1$，$\boldsymbol{\beta}_2$，…，$\boldsymbol{\beta}_{m-1}$ 的线性关系.

题型二　判断能否线性表出

【例5】向量 $\boldsymbol{\beta}=(-2，3，1，5)^T$ 能否用 $\boldsymbol{\alpha}_1=(1，2，3，1)^T$，$\boldsymbol{\alpha}_2=(3，-1，2，-4)^T$，$\boldsymbol{\alpha}_3=(-1，2，1，3)^T$ 线性表出？若能，写出表达式，说明是否唯一.

【例6】(1)已知 $\boldsymbol{\alpha}_1$，$\boldsymbol{\alpha}_2$，$\boldsymbol{\beta}_1$，$\boldsymbol{\beta}_2$ 是4个三维列向量，其中 $\boldsymbol{\alpha}_1$，$\boldsymbol{\alpha}_2$ 线性无关，$\boldsymbol{\beta}_1$，$\boldsymbol{\beta}_2$ 线性无关，证明存在非零向量 $\boldsymbol{\xi}$，$\boldsymbol{\xi}$ 既可由 $\boldsymbol{\alpha}_1$，$\boldsymbol{\alpha}_2$ 线性表出，又可由 $\boldsymbol{\beta}_1$，$\boldsymbol{\beta}_2$ 线性表出.

(2)设 $\boldsymbol{\alpha}_1=\begin{pmatrix}1\\2\\2\end{pmatrix}$，$\boldsymbol{\alpha}_2=\begin{pmatrix}2\\1\\3\end{pmatrix}$，$\boldsymbol{\beta}_1=\begin{pmatrix}1\\0\\3\end{pmatrix}$，$\boldsymbol{\beta}_2=\begin{pmatrix}0\\4\\-2\end{pmatrix}$. 求(1)中的 $\boldsymbol{\xi}$.

【例7】[2003年]设有向量组

(Ⅰ)：$\boldsymbol{\alpha}_1=[1，0，2]^T$，$\boldsymbol{\alpha}_2=[1，1，3]^T$，$\boldsymbol{\alpha}_3=[1，-1，a+2]^T$ 和向量组；

(Ⅱ)：$\boldsymbol{\beta}_1=[1，2，a+3]^T$，$\boldsymbol{\beta}_2=[2，1，a+6]^T$，$\boldsymbol{\beta}_3=[2，1，a+4]^T$.

试问：当 a 为何值时，向量组(Ⅰ)与向量组(Ⅱ)等价？当 a 为何值时，向量组(Ⅰ)与向量组(Ⅱ)不等价？

【例8】下列向量组是否等价？若等价，写出线性表示关系式.

(1) $\boldsymbol{\alpha}_1=(1，0，0)$，$\boldsymbol{\alpha}_2=(0，1，0)$，$\boldsymbol{\alpha}_3=(1，1，1)$ 和 $\boldsymbol{\beta}_1=(0，1，1)$，$\boldsymbol{\beta}_2=(1，1，2)$，$\boldsymbol{\beta}_3=(1，2，3)$；

(2) $\boldsymbol{\alpha}_1=(1，-1，1)^T$，$\boldsymbol{\alpha}_2=(2，2，1)^T$ 和 $\boldsymbol{\beta}_1=(0，4，-1)^T$，$\boldsymbol{\beta}_2=(3，1，2)^T$，$\boldsymbol{\beta}_3=(4，0，3)^T$.

题型三　向量组的秩，矩阵的秩

【例9】设 $\boldsymbol{\alpha}_1$，$\boldsymbol{\alpha}_2$，…，$\boldsymbol{\alpha}_m$ 和 $\boldsymbol{\beta}_1$，$\boldsymbol{\beta}_2$，…，$\boldsymbol{\beta}_m$ 为两个 n 维向量组，且 $\begin{cases}\boldsymbol{\alpha}_1=\boldsymbol{\beta}_2+\boldsymbol{\beta}_3+\cdots+\boldsymbol{\beta}_m\\\boldsymbol{\alpha}_2=\boldsymbol{\beta}_1+\boldsymbol{\beta}_3+\cdots+\boldsymbol{\beta}_m\\\quad\vdots\\\boldsymbol{\alpha}_m=\boldsymbol{\beta}_1+\boldsymbol{\beta}_2+\cdots+\boldsymbol{\beta}_{m-1}\end{cases}$，则有(　　).

(A) $r(\boldsymbol{\alpha}_1，\boldsymbol{\alpha}_2，…，\boldsymbol{\alpha}_m)<r(\boldsymbol{\beta}_1，\boldsymbol{\beta}_2，…，\boldsymbol{\beta}_m)$　　　(B) $r(\boldsymbol{\alpha}_1，\boldsymbol{\alpha}_2，…，\boldsymbol{\alpha}_m)=r(\boldsymbol{\beta}_1，\boldsymbol{\beta}_2，…，\boldsymbol{\beta}_m)$

(C) $r(\boldsymbol{\alpha}_1，\boldsymbol{\alpha}_2，…，\boldsymbol{\alpha}_m)>r(\boldsymbol{\beta}_1，\boldsymbol{\beta}_2，…，\boldsymbol{\beta}_m)$　　　(D) 无法判断

【例10】设向量组 $\boldsymbol{\alpha}_1=(1，1，1，3)^T$，$\boldsymbol{\alpha}_2=(-1，-3，5，1)^T$，$\boldsymbol{\alpha}_3=(3，2，-1，x+2)^T$，$\boldsymbol{\alpha}_4=(-2，-6，10，x)^T$.

(1) x 为何值时，该向量组线性无关？并在此时将向量 $\boldsymbol{\beta}=(4，1，6，10)^T$ 用该向量组线性表出；

(2)x 为何值时，该向量组线性相关？并在此时求出它的秩和一个极大线性无关组.

【例11】讨论矩阵 $A = \begin{pmatrix} a & b & b & b \\ b & a & b & b \\ b & b & a & b \\ b & b & b & a \end{pmatrix}$ 的秩.

【例12】设向量组（Ⅱ）：$\boldsymbol{\beta}_1$，$\cdots$，$\boldsymbol{\beta}_r$，能由向量组（Ⅰ）：$\boldsymbol{\alpha}_1$，$\cdots$，$\boldsymbol{\alpha}_s$ 线性表示为

$$\begin{bmatrix} \boldsymbol{\beta}_1 \\ \vdots \\ \boldsymbol{\beta}_r \end{bmatrix} = K \begin{bmatrix} \boldsymbol{\alpha}_1 \\ \vdots \\ \boldsymbol{\alpha}_s \end{bmatrix},$$

其中 K 为 $r \times s$ 矩阵，且向量组（Ⅰ）线性无关.
证明：向量组（Ⅱ）线性无关的充要条件是秩 $(K) = r$.

题型四　已知秩，求待定常数

设 A 为 n 阶方阵，如其秩小于 n，常由其行列式等于 0 即 $|A| = 0$ 求出待定常数. 这时可能得到待定常数能取多个值的情况，应根据 $R(A)$ 的大小排除非所求的待定常数的取值.

【例13】[2003 年 3] 设三阶矩阵 $A = \begin{bmatrix} a & b & b \\ b & a & b \\ b & b & a \end{bmatrix}$，若 A 的伴随矩阵的秩等于 1，则必有（　　　）.

(A) $a = b$ 或 $a + 2b = 0$ 　　　　　　　　(B) $a = b$ 或 $a + 2b \neq 0$
(C) $a \neq b$ 且 $a + 2b = 0$ 　　　　　　　　(D) $a \neq b$ 且 $a + 2b \neq 0$

【例14】设 $A = \begin{bmatrix} 1 & 1 & 0 \\ 1 & 1 & 0 \\ 2 & 2 & 0 \end{bmatrix}$，$B = \begin{bmatrix} 1 & -2 & 1 \\ 2 & a & 2 \\ -1 & 2 & 3 \end{bmatrix}$，已知秩 $(AB + B) = 2$，求 a 的值.

【例15】[2000 年 2] 已知两向量组 $\boldsymbol{\beta}_1 = \begin{bmatrix} 0 \\ 1 \\ -1 \end{bmatrix}$，$\boldsymbol{\beta}_2 = \begin{bmatrix} a \\ 2 \\ 1 \end{bmatrix}$，$\boldsymbol{\beta}_3 = \begin{bmatrix} b \\ 1 \\ 0 \end{bmatrix}$ 与 $\boldsymbol{\alpha}_1 = \begin{bmatrix} 1 \\ 2 \\ -3 \end{bmatrix}$，$\boldsymbol{\alpha}_2 = \begin{bmatrix} 3 \\ 0 \\ 1 \end{bmatrix}$，$\boldsymbol{\alpha}_3 = \begin{bmatrix} 9 \\ 6 \\ -7 \end{bmatrix}$ 具

有相同的秩，且 $\boldsymbol{\beta}_3$ 可由 $\boldsymbol{\alpha}_1$，$\boldsymbol{\alpha}_2$，$\boldsymbol{\alpha}_3$ 线性表示，求 a，b 的值.

六、向量空间

1. 向量的内积

（1）内积：设有 n 维向量 $\boldsymbol{x} = (x_1, x_2, \cdots, x_n)^T$，$\boldsymbol{y} = (y_1, y_2, \cdots, y_n)^T$，则称 $(\boldsymbol{x}, \boldsymbol{y}) = x^T y = y^T x = x_1 y_1 + x_2 y_2 + \cdots + x_n y_n$ 为向量 $\boldsymbol{x}$ 与 $\boldsymbol{y}$ 的内积.
内积具有以下的运算性质：
①$(\boldsymbol{x}, \boldsymbol{y}) = (\boldsymbol{y}, \boldsymbol{x})$；
②$(\boldsymbol{x} + \boldsymbol{y}, \boldsymbol{z}) = (\boldsymbol{x}, \boldsymbol{z}) + (\boldsymbol{y}, \boldsymbol{z})$；
③$(k\boldsymbol{x}, \boldsymbol{y}) = k(\boldsymbol{x}, \boldsymbol{y})$；
④$(\boldsymbol{x}, \boldsymbol{x}) = x_1^2 + \cdots + x_n^2 \geq 0$ 等号成立，当且仅当 $\boldsymbol{x} = 0$.
（2）模、长度：向量 $\boldsymbol{x}$ 的长度 $\| \boldsymbol{x} \| = \sqrt{(\boldsymbol{x}, \boldsymbol{x})}$.
（3）正交：当 $(\boldsymbol{x}, \boldsymbol{y}) = 0$ 时，称向量 $\boldsymbol{x}$ 与 $\boldsymbol{y}$ 正交.
（4）正交矩阵：若 n 阶矩阵 A 满足 $AA^T = A^T A = E$，则称 A 为 n 阶正交矩阵，这里 E 是 n 阶单位矩阵. 正交矩阵的性质：

①若 A 为正交矩阵，则 A^{-1} 也是正交矩阵；

②若 A 是正交矩阵，则 $|A|=\pm 1$；

③若 A，B 均为正交矩阵，则 AB 也是正交矩阵；

定义：若 P 为正交矩阵，则线性变换 $y=Px$ 称为正交变换.

设 $y=Px$ 为正交变换，则有

$$\|y\|=\sqrt{y^Ty}=\sqrt{x^TP^TPx}=\sqrt{x^Tx}=\|x\|.$$

这种性质称作正交变换的保形性，保持几何形状不变，向量的长度不变，两个向量的夹角也不变，原来是什么样子，变换后"高矮胖瘦"不变. 这个性质很好，之所以有这样的性质是因为正交变换在几何上主要分两种：一种是旋转变换，一种是镜像变换. 以二阶矩阵为例：

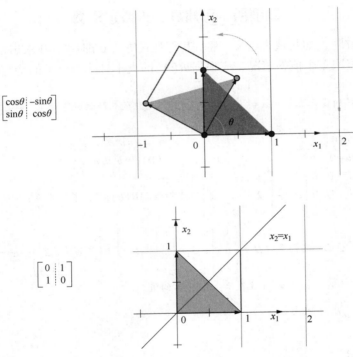

上图分别是旋转与镜像，可以看出他们都不会改变几何形状，更高阶矩阵也是类似的.

2. 施密特正交法

设 α_1，α_2，$\cdots$，α_r 是一组线性无关的向量，可用下述方法把 α_1，α_2，$\cdots$，α_r 标准正交化. 取

$$\beta_1=\alpha_1,\quad \beta_2=\alpha_2-\frac{(\alpha_2,\beta_1)}{(\beta_1,\beta_1)}\beta_1,\quad \cdots\cdots$$

$$\beta_r=\alpha_r-\frac{(\alpha_r,\beta_1)}{(\beta_1,\beta_1)}\beta_1-\frac{(\alpha_r,\beta_2)}{(\beta_2,\beta_2)}\beta_2-\cdots-\frac{(\alpha_r,\beta_{r-1})}{(\beta_{r-1},\beta_{r-1})}\beta_{r-1}$$

则 β_1，β_2，$\cdots$，β_r 线性无关，且两两正交，与 α_1，α_2，$\cdots$，α_r 等价. 可以看到这个正交化的过程就是用向量减去在前面几个向量上的投影.

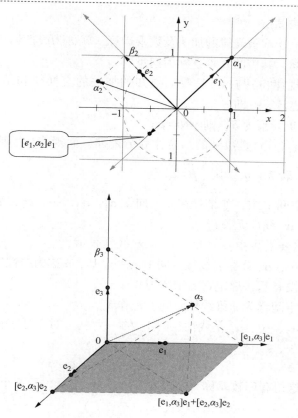

把 $\boldsymbol{\beta}_1$，$\boldsymbol{\beta}_2$，$\cdots$，$\boldsymbol{\beta}_r$ 单位化 $\boldsymbol{\gamma}_1 = \dfrac{\boldsymbol{\beta}_1}{\|\boldsymbol{\beta}_1\|}$，$\boldsymbol{\gamma}_2 = \dfrac{\boldsymbol{\beta}_2}{\|\boldsymbol{\beta}_2\|}$，$\cdots$，$\boldsymbol{\gamma}_r = \dfrac{\boldsymbol{\beta}_r}{\|\boldsymbol{\beta}_r\|}$，即得到与原向量组等价的两两正交的单位向量 $\boldsymbol{\gamma}_1$，$\boldsymbol{\gamma}_2$，$\cdots$，$\boldsymbol{\gamma}_r$，该方法称为线性无关向量组标准正交化的施密特方法.

3. 向量空间、基、坐标、过渡矩阵(仅数一)

定义 1：设 V 是一个非空集合，R 为实数域. 如果在 V 中定义了一个加法，即对于任意两个元素 $\boldsymbol{\alpha}$，$\boldsymbol{\beta} \epsilon V$，总有唯一的一个元素 $\boldsymbol{\gamma} \epsilon V$ 与之对应，称为 $\boldsymbol{\alpha}$ 与 $\boldsymbol{\beta}$ 的和，记作 $\boldsymbol{\gamma} = \boldsymbol{\alpha} + \boldsymbol{\beta}$；在 V 中又定义了一个数与元素的乘法(简称数乘)，即对于任一数 $\lambda \epsilon R$ 与任一元素 $\boldsymbol{\alpha} \epsilon V$，总有唯一的一个元素 $\boldsymbol{\delta} \epsilon V$ 与之对应，称为 λ 与 $\boldsymbol{\alpha}$ 的数量乘积，记作 $\boldsymbol{\delta} = \lambda \boldsymbol{\alpha}$，并且这两种运算满足以下八条运算规律(设 $\boldsymbol{\alpha}$、$\boldsymbol{\beta}$、$\boldsymbol{\gamma} \epsilon V$，$\lambda$、$\mu \epsilon R$)：

（ i ）$\boldsymbol{\alpha} + \boldsymbol{\beta} = \boldsymbol{\beta} + \boldsymbol{\alpha}$；

（ ii ）$(\boldsymbol{\alpha} + \boldsymbol{\beta}) + \boldsymbol{\gamma} = \boldsymbol{\alpha} + (\boldsymbol{\beta} + \boldsymbol{\gamma})$；

（iii）在 V 中存在零元素 0，对任何 $\boldsymbol{\alpha} \epsilon V$，都有 $\boldsymbol{\alpha} + 0 = \boldsymbol{\alpha}$；

（iv）对任何 $\boldsymbol{\alpha} \epsilon V$、都有 $\boldsymbol{\alpha}$ 的负元素 $\boldsymbol{\beta} \epsilon V$，使 $\boldsymbol{\alpha} + \boldsymbol{\beta} = 0$；

（ v ）$1\boldsymbol{\alpha} = \boldsymbol{\alpha}$；

（vi）$\lambda(\mu\boldsymbol{\alpha}) = (\lambda\mu)\boldsymbol{\alpha}$；

（vii）$(\lambda + \mu)\boldsymbol{\alpha} = \lambda\boldsymbol{\alpha} + \mu\boldsymbol{\alpha}$；

（viii）$\lambda(\boldsymbol{\alpha} + \boldsymbol{\beta}) = \lambda\boldsymbol{\alpha} + \lambda\boldsymbol{\beta}$.

那么，V 就称为(实数域 R 上的)向量空间(或线性空间)，V 中的元素不论其本来的性质如何，统称为(实)向量.

简言之，凡满足上述八条规律的加法及数乘运算，就称为线性运算；凡定义了线性运算的几何，就称为**向量空间**，其中的元素就称为向量.

这八条规律中，规律(i)与(ii)是我们熟知的加法的交换律和结合律，而规律(iii)和(iv)则保证了加法有逆运算，即

若 $\alpha+\beta=\gamma$，β 的负元素为 δ，则 $\gamma+\delta=\alpha$；

规律(vi)、(vii)、(viii)是数乘的结合律和分配律，而规律(v)则保证了非零数乘有逆运算，即当 $\lambda\neq0$ 时，若 $\lambda\alpha=\beta$，则 $\frac{1}{\lambda}\beta=\alpha$.

定义2：在线性空间 V 中，如果存在 n 个向量 α_1，α_2，$\cdots$，α_n，满足：

(i) α_1，α_2，$\cdots$，α_n 线性无关；

(ii) V 中任一向量 α 总可由 α_1，α_2，$\cdots$，α_n 线性表示.

那么，α_1，α_2，$\cdots$，α_n 就称为线性空间 V 的一个基，n 称为线性空间 V 的维数. 只含一个零向量的线性空间没有基，规定它的维数为 0.

维数为 n 的线性空间称为 n 维线性空间，记作 V_n.

定义3：设 α_1，α_2，$\cdots$，α_n 是线性空间 V_n 的一个基. 对于任一向量 $\alpha\in V$，总有且仅有一组有序数 x_1，x_2，$\cdots$，x_n 使

$$\alpha=x_1\alpha_1+x_2\alpha_2+\cdots+x_n\alpha_n,$$

x_1，x_2，$\cdots$，x_n 这组有序数就称为向量 α 在 α_1，α_2，$\cdots$，α_n 这个基中的坐标，并记作

$$\alpha=(x_1,\ x_2,\ \cdots,\ x_n)^T$$

设 α_1，$\cdots$，α_n 及 β_1，$\cdots$，β_n 是线性空间 V_n 中的两个基，

$$\begin{cases}\beta_1=P_{11}\alpha_1+P_{21}\alpha_2+\cdots+P_{n1}\alpha_n\\ \beta_2=P_{12}\alpha_1+P_{22}\alpha_2+\cdots+P_{n2}\alpha_n\\ \cdots\cdots\cdots\cdots\\ \beta_n=P_{1n}\alpha_1+P_{2n}\alpha_2+\cdots+P_{nn}\alpha_n\end{cases} \tag{1}$$

把 α_1，α_2，$\cdots$，α_n 这 n 个有序向量记作 $(\alpha_1,\ \alpha_2,\ \cdots,\ \alpha_n)$，记 n 阶矩阵 $P=(P_{ij})$，利用向量和矩阵的形式，式(1)可表示为

$$(\beta_1,\ \beta_2,\ \cdots,\ \beta_n)=(\alpha_1,\ \alpha_2,\ \cdots,\ \alpha_n)P \tag{2}$$

式(1)或式(2)称为基变换公式，矩阵 P 称为由基 α_1，α_2，$\cdots$，α_n 到基 β_1，β_2，$\cdots$，β_n 的**过渡矩阵**. 由于 β_1，β_2，$\cdots$，β_n 线性无关，故过渡矩阵 P 可逆.

题型五　正交矩阵

【例16】设 A，B，$A+B$ 为 n 阶正交矩阵，试证：$(A+B)^{-1}=A^{-1}+B^{-1}$.

【例17】设 α 为 n 维实列向量，且其长度为 $\|\alpha\|=1$，令 $Q=E-2\alpha\alpha^T$，证明 Q 为实对称的正交矩阵.

题型六　向量空间

【例18】化 R^3 的一个基 $\alpha_1=(1,\ 1,\ 0)^T$，$\alpha_2=(0,\ 1,\ 1)^T$，$\alpha_3=(1,\ 0,\ 1)^T$ 为规范正交基，并求 $\beta=(1,\ 2,\ 3)^T$ 在此规范正交基下的坐标.

【例19】(仅数一)[2003 年 1]从 R^2 的基 $\alpha_1=[1,\ 0]^T$，$\alpha_2=[1-1]^T$，到基 $\beta_1=[1,\ 1]^T$，$\beta_2=[1,\ 2]^T$ 的过渡矩阵为_____.

【例20】[2001 年 1]设 $\boldsymbol{\alpha}_1$，$\boldsymbol{\alpha}_2$，$\cdots$，$\boldsymbol{\alpha}_s$ 为线性方程组 $AX=0$ 的一个基础解系，

$$\boldsymbol{\beta}_1=t_1\boldsymbol{\alpha}_1+t_2\boldsymbol{\alpha}_2,\ \boldsymbol{\beta}_2=t_1\boldsymbol{\alpha}_2+t_2\boldsymbol{\alpha}_3,\ \cdots,\ \boldsymbol{\beta}_s=t_1\boldsymbol{\alpha}_s+t_2\boldsymbol{\alpha}_1,$$

其中，t_1，t_2 为实常数．试问 t_1，t_2 满足什么关系时，$\boldsymbol{\beta}_1$，$\boldsymbol{\beta}_2$，$\cdots$，$\boldsymbol{\beta}_s$ 也为 $AX=0$ 的一个基础解系．

【例21】(仅数一)已知 $\boldsymbol{\alpha}_1$，$\boldsymbol{\alpha}_2$，$\boldsymbol{\alpha}_3$ 与 $\boldsymbol{\beta}_1$，$\boldsymbol{\beta}_2$，$\boldsymbol{\beta}_3$ 是三维向量空间的两组基，若向量 γ 在这两组基下的坐标分别为 $[x_1,\ x_2,\ x_3]$ 与 $[y_1,\ y_2,\ y_3]$，且 $y_1=x_1$，$y_2=x_1+x_2$，$y_3=x_1+x_2+x_3$．求由基 $\boldsymbol{\alpha}_1$，$\boldsymbol{\alpha}_2$，$\boldsymbol{\alpha}_3$ 到基 $\boldsymbol{\beta}_1$，$\boldsymbol{\beta}_2$，$\boldsymbol{\beta}_3$ 的过渡矩阵．

又若 $\boldsymbol{\alpha}_1=[1,\ 2,\ 3]^T$，$\boldsymbol{\alpha}_2=[2,\ 3,\ 1]^T$，$\boldsymbol{\alpha}_3=[3,\ 1,\ 2]^T$，试求 $\boldsymbol{\beta}_1$，$\boldsymbol{\beta}_2$，$\boldsymbol{\beta}_3$．

【例22】(仅数一)若 $\boldsymbol{\alpha}_1=(1,\ 1,\ 0)$，$\boldsymbol{\alpha}_2=(0,\ 1,\ 1)$，$\boldsymbol{\alpha}_3=(1,\ -1,\ 2)$ 及 $\boldsymbol{\beta}_1=(1,\ 0,\ 1)$，$\boldsymbol{\beta}_2=(0,\ 1,\ 1)$，$\boldsymbol{\beta}_3=(1,\ 1,\ 4)$ 为 R^3 的两个基：

(1)求从 $\boldsymbol{\beta}_1$，$\boldsymbol{\beta}_2$，$\boldsymbol{\beta}_3$ 到 $\boldsymbol{\alpha}_1$，$\boldsymbol{\alpha}_2$，$\boldsymbol{\alpha}_3$ 的过渡矩阵 P；

(2)若 $\boldsymbol{\xi}$ 在 $\boldsymbol{\alpha}_1$，$\boldsymbol{\alpha}_2$，$\boldsymbol{\alpha}_3$ 下的坐标为 $(1,\ 2,\ 3)$，求若 $\boldsymbol{\xi}$ 在 $\boldsymbol{\beta}_1$，$\boldsymbol{\beta}_2$，$\boldsymbol{\beta}_3$ 下的坐标．

第四讲　线性方程组

 大纲要求

1. 理解齐次线性方程组有非零解的充分必要条件及非齐次线性方程组有解的充分必要条件.
2. 理解齐次线性方程组的基础解系及通解的概念，掌握齐次线性方程组的基础解系和通解的求法.
3. 理解非齐次线性方程组解的结构及通解的概念.
4. 掌握用初等行变换求解线性方程组的方法.

 知识讲解

一、线性方程组的三种表达形式、解与通解

1. 线性方程组的三种表达形式

（1）一般形式（代数形式）

$$\begin{cases} a_{11}x_1 + a_{12}x_2 + \cdots + a_{1n}x_n = b_1 \\ a_{21}x_1 + a_{22}x_2 + \cdots + a_{2n}x_n = b_2 \\ \cdots\cdots \\ a_{m1}x_1 + a_{m2}x_2 + \cdots + a_{mn}x_n = b_m \end{cases} \tag{1}$$

称为 m 个方程 n 个未知量的线性方程组，当 $b_1 = b_2 = \cdots = b_m = 0$ 时，称为齐次线性方程组，当 b_1，b_2，$\cdots$，b_m 不全为零时，称为非齐次线性方程组.

（2）矩阵形式

设 $A = \begin{bmatrix} a_{11} & a_{12} & \cdots & a_{1n} \\ a_{21} & a_{22} & \cdots & a_{2n} \\ \vdots & \vdots & \ddots & \vdots \\ a_{m1} & a_{m2} & \cdots & a_{mn} \end{bmatrix}$，$x = \begin{bmatrix} x_1 \\ x_2 \\ \vdots \\ x_n \end{bmatrix}$，$b = \begin{bmatrix} b_1 \\ b_2 \\ \vdots \\ b_m \end{bmatrix}$，则式（1）可表为 $A_{m \times n} x = b$.

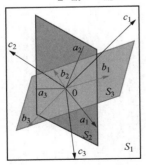

（3）向量形式

$$\alpha_1 = \begin{bmatrix} a_{11} \\ a_{21} \\ \vdots \\ a_{m1} \end{bmatrix}, \quad \alpha_2 = \begin{bmatrix} a_{12} \\ a_{22} \\ \vdots \\ a_{m2} \end{bmatrix}, \quad \cdots, \quad \alpha_n = \begin{bmatrix} a_{1n} \\ a_{2n} \\ \vdots \\ a_{mn} \end{bmatrix}.$$

则式（1）可表为 $x_1\alpha_1 + x_2\alpha_2 + \cdots + x_n\alpha_n = b$. 也就是可以看作如上图的一系列向量的线性组合.

2. 解与通解

解：若 $Ax_0 = b$，则称 x_0 为 $Ax = b$ 的一个解.

通解：当方程组有无穷多解时，则称它的全部解为该方程组的通解.

由于方程组中的每个方程可以看作直线、平面等几何体，因此方程组是否有解、有唯一解还是无穷多解，反映在几何上就是这些线、面有没有交点，如果有一个交点就是有唯一解，有一条交线、交面就是无穷多解，如右图的三个平面没有共同交点，其对应方程组就是无解的.

二、齐次线性方程组有非零解的条件及解的结构

1. 解的判定

$$\begin{cases} a_{11}x_1+a_{12}x_2+\cdots+a_{1n}x_n=0, \\ a_{21}x_1+a_{22}x_2+\cdots+a_{2n}x_n=0, \\ \cdots\cdots \\ a_{m1}x_1+a_{m2}x_2+\cdots+a_{mn}x_n=0 \end{cases}$$

定理 1：设 A 是 $m\times n$ 矩阵，则齐次线性方程组 $Ax=0$ 有非零解（只有零解）的充要条件为 $r(A)<n[r(A)=n]$.

推论：齐次线性方程组 $A_{n\times n}x=0$ 有非零解（只有零解）的充要条件为 $|A|=0(|A|\neq0)$.

我们再从线性变换角度理解下齐次方程组，我们前面讲过如果 $|A|=0$，那么矩阵对应的

变换是降维的，比如下图是从三维变为二维，对应的矩阵可以是 $A=\begin{pmatrix} 1 & 0 & 0 \\ 0 & 1 & 0 \\ 0 & 0 & 0 \end{pmatrix}$.

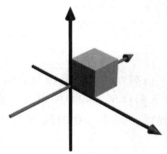 

而从几何上看，上面从左图到右图，是在 z 方向进行压缩，从而降维的，那么 z 轴上的所有向量就都被压缩到原点，也就是变为零向量，从而这些向量就是非零解，因此 $Ax=0$ 的

解是 $k\begin{pmatrix} 0 \\ 0 \\ 1 \end{pmatrix}$，$K\epsilon R$.

而如果矩阵对应的线性变换没有降维，行列式不为零，比如发生了旋转、剪切、缩放等，那只有零向量会变为零向量，其他向量都不会变为零向量，因此就只有零解.

注：（1）对于 $A_{m\times n}x=0$，若 $m<n$，则 $A_{m\times n}x=0$ 有非零解；

（2）令 $A=(\alpha_1,\alpha_2,\cdots,\alpha_n)$，$Ax=0$，即 $x_1\alpha_1+x_2\alpha_2+\cdots+x_n\alpha_n=0$ 有非零解（只有零解）

$\Leftrightarrow\alpha_1,\alpha_2,\cdots,\alpha_n$ 线性相关（无关）

$\Leftrightarrow r(A)<n[r(A)=n]$

$\Leftrightarrow A$ 的列向量线性相关（无关）

2. 解的结构

（1）解的性质

若 X_1，X_2 是 $AX=0$ 的解，则对任意常数 k_1，k_2，$k_1X_1+k_2X_2$ 也是 $AX=0$ 的解．

（2）基础解系的定义：若 X_1，X_2，$\cdots X_p$ 是 $AX=0$ 的线性无关的解，且 $AX=0$ 的任意一个解均可用它们的线性表示，则称 X_1，X_2，$\cdots$，X_p 是 $AX=0$ 的一个基础解系．

因此和基础解系等价的解向量组都是基础解系．

根据前面推导的方程解的基本结构可知

定理1：设 A 是 $m\times n$ 矩阵，若 $r(A)=r<n$，则齐次线性方程组 $Ax=0$ 存在基础解系，且基础解系含 $n-r$ 个解向量．即如下：

$$B=\begin{pmatrix} 1 & \cdots & 0 & b_{11} & \cdots & b_{1,n-r} \\ \vdots & \vdots & \vdots & \vdots & & \vdots \\ 0 & \cdots & 1 & b_{r1} & \cdots & b_{r,n-r} \\ 0 & & & \cdots & & 0 \\ \vdots & & & \vdots & & \vdots \\ 0 & & & \cdots & & 0 \end{pmatrix}, \quad \begin{pmatrix} x_1 \\ \vdots \\ x_r \\ x_{r+1} \\ x_{r+2} \\ \vdots \\ x_n \end{pmatrix} = c_1\begin{pmatrix} -b_{11} \\ \vdots \\ -b_{r1} \\ 1 \\ 0 \\ \vdots \\ 0 \end{pmatrix} + c_2\begin{pmatrix} -b_{12} \\ \vdots \\ -b_{r2} \\ 0 \\ 1 \\ \vdots \\ 0 \end{pmatrix} + \cdots + c_{n-r}\begin{pmatrix} -b_{1,n-r} \\ \vdots \\ -b_{r,n-r} \\ 0 \\ 0 \\ \vdots \\ 1 \end{pmatrix}$$

（3）通解

若 $r(A)=r<n$，则 $Ax=0$ 有非零解，设 ξ_1，ξ_2，$\cdots$，ξ_{n-r} 是 $Ax=0$ 的基础解系，则 $x=k_1\xi_1+k_2\xi_2+\cdots+k_{n-r}\xi_{n-r}$ 是 $Ax=0$ 的通解，其中 k_1，k_2，$\cdots$，k_{n-r} 是任意常数．

（4）求解齐次线性方程组 $A_{m\times n}x=0$ 的方法步骤：

①用初等行变换化系数矩阵 A 为行阶梯形；

②若 $r(A)=n$，则无基础解系，只有零解；

若 $r(A)<n$，在每个阶梯上选出一列，剩下的 $n-r(A)$ 列对应的变量就是自由变量．依次对一个自由变量赋值为1，其余自由变量赋值为0，代入阶梯形方程组中求解，得到 $n-r(A)$ 个线性无关的解，设为 ξ_1，ξ_2，$\cdots$，$\xi_{n-r(A)}$ 即为基础解系，则 $Ax=0$ 的通解为 $x=k_1\xi_1+k_2\xi_2+\cdots+k_{n-r(A)}\xi_{n-r(A)}$，其中 k_1，k_2，$\cdots$，$k_{n-r(A)}$ 是任意常数．

【必会经典题】

（1）设 $A_{m\times n}B_{n\times l}=0$，证明：$R(A)+R(B)\leqslant n$．

证：记 $B=(b_1,\ b_2,\ \cdots,\ b_l)$，则 $A(b_1,\ b_2,\ \cdots,\ b_l)=(0,\ 0,\ \cdots,\ 0)$，即 $Ab_i=0(i=1,\ 2,\ \cdots,\ l)$，表明矩阵 B 的 l 个列向量都是齐次方程 $Ax=0$ 的解．设方程组 $Ax=0$ 的解集为 S，由 $b_i\epsilon S$，知有 $R(b_1,\ b_2,\ \cdots,\ b_l)\leqslant R_S$．而由前面定理有 $R(A)+R_S=n$，故 $R(A)+R(B)\leqslant n$．

（2）设 n 元齐次线性方程组 $Ax=0$ 与 $Bx=0$ 同解，证明：$R(A=R(B)$．

证：由于方程组 $Ax=0$ 与 $Bx=0$ 有相同的解集，设为 S，则由定理有 $R(A)=n-R_s$，$R(B)=n-R_s$，因此 $R(A)=R(B)$．

本例的结论表明，当矩阵 A 与 B 的列数相等时，要证 $R(A)=R(B)$，只需证明齐次方程 $Ax=0$ 与 $Bx=0$ 同解．

（3）证明 $R(A^TA)=R(A)$．

证：齐次方程 $Ax=0$ 与 $(A^TA)x=0$ 同解：

若 x 满足 $Ax=0$，则有 $A^T(Ax)=0$，即 $(A^TA)x=0$；

若 x 满足 $(A^TA)x=0$，则 $x^T(A^TA)x=0$，即 $(Ax)^T(Ax)=0$，从而 $Ax=0$

综上可知方程组 $Ax=0$ 与 $(A^TA)x=0$ 同解，因此 $R(A^TA)=R(A)$．

(4)求齐次线性方程组 $\begin{cases} x_1+x_2-x_3-x_4=0, \\ 2x_1-5x_2+3x_3+2x_4=0, \\ 7x_1-7x_2+3x_3+x_4=0, \end{cases}$ 的基础解系与通解.

解：$A=\begin{pmatrix} 1 & 1 & -1 & -1 \\ 2 & -5 & 3 & 2 \\ 7 & -7 & 3 & 1 \end{pmatrix} \overset{r_2-2r_1}{\underset{r_3-7r_1}{\sim}} \begin{pmatrix} 1 & 1 & -1 & -1 \\ 0 & -7 & 5 & 4 \\ 0 & -14 & 10 & 8 \end{pmatrix} \overset{r_3-2r_2}{\sim} \begin{pmatrix} 1 & 1 & -1 & -1 \\ 0 & -7 & 5 & 4 \\ 0 & 0 & 0 & 0 \end{pmatrix} \overset{r_2\div(-7)}{\underset{r_1-r_2}{\sim}} \begin{pmatrix} 1 & 0 & -\dfrac{2}{7} & -\dfrac{3}{7} \\ 0 & 1 & -\dfrac{5}{7} & -\dfrac{4}{7} \\ 0 & 0 & 0 & 0 \end{pmatrix}$

$\begin{cases} x_1=\dfrac{2}{7}x_3+\dfrac{3}{7}x_4, \\ x_2=\dfrac{5}{7}x_3+\dfrac{4}{7}x_4, \end{cases}$ $\begin{pmatrix} x_1 \\ x_2 \\ x_3 \\ x_4 \end{pmatrix}=c_1\begin{pmatrix} \dfrac{2}{7} \\ \dfrac{5}{7} \\ 1 \\ 0 \end{pmatrix}+c_2\begin{pmatrix} \dfrac{3}{7} \\ \dfrac{4}{7} \\ 0 \\ 1 \end{pmatrix}$ $(c_1,\ c_2\epsilon R)$

题型一　判断齐次线性方程组解的情况

【例1】[2002年3]设 A 是 $m\times n$ 矩阵，B 是 $n\times m$ 的矩阵，则线性方程组 $(AB)X=0$ (　　).

(A)当 $n>m$ 时，仅有零解　　　　(B)当 $n>m$ 时，必有非零解

(C)当 $m>n$ 时，仅有零解　　　　(D)当 $m>n$ 时，必有非零解

【例2】设 A 为 $m\times n$，B 为 $n\times s$ 矩阵则下列命题正确的是(　　)

(A)若 $Ax=0$ 有非零解，则 $ABx=0$ 也有非零解

(B)若 $Ax=0$ 仅有零解，$ABx=0$ 也仅有零解

(C)若 $Bx=0$ 有非零解，$ABx=0$ 也有非零解

(D)若 $Bx=0$ 仅有零解，则 $ABx=0$ 也仅有零解

【例3】齐次线性方程组 $\begin{cases} x_1+kx_2+x_3=0 \\ 2x_1+x_2+x_3=0 \\ kx_2+3x_3=0 \end{cases}$ 只有零解，则 k 应满足的条件是_____.

【例4】设 A，B 为 n 阶方阵，已知齐次线性方程组 $Ax=0$ 和 $Bx=0$，分别有 l，m 个线性无关的解向量，这里 $l\geqslant 0$，$m\geqslant 0$.

(1)证明 $(AB)x=0$ 至少有 $\max\{l,\ m\}$ 个线性无关的解向量；

(2)如果 $l+m>n$，证明 $(A+B)x=0$，必有非零解.

题型二　基础解系相关讨论

【例5】设 ξ_1，ξ_2，ξ_3 是 $Ax=0$ 的基础解系，则该方程组的基础解系还可以表成(　　).

(A)ξ_1，ξ_2，ξ_3 的一个等价向量组　　　　(B)ξ_1，ξ_2，ξ_3 的一个等秩向量组

(C)ξ_1，$\xi_1+\xi_2$，$\xi_1+\xi_2+\xi_3$　　　　　　(D)$\xi_1-\xi_2$，$\xi_2-\xi_3$，$\xi_3-\xi_1$

题型三　已知解，反求方程组

【例6】方程组 $A_{3\times 3}x=0$ 以 $\eta_1=(1,\ 0,\ 2)^T$，$\eta_2=(0,\ 1,\ -1)^T$ 为其基础解系，则该方程的系数矩阵为_____.

【例7】已知两个四元方程组成的线性齐次方程组的通解为 $x=k_1(1,\ 0,\ 2,\ 3)^T+k_2(0,\ 1,\ -1,\ 1)^T$，求原线性方程组.

三、非齐次线性方程组有解的条件及解的结构

1. 解的判定

$\tilde{B}=(A, b)$经过初等行变换，变成

$$\tilde{B}=\begin{pmatrix} 1 & 0 & \cdots & 0 & b_{11} & \cdots & b_{1,n-r} & d_1 \\ 0 & 1 & \cdots & 0 & b_{21} & \cdots & b_{2,n-r} & d_2 \\ \vdots & \vdots & & \vdots & \vdots & & \vdots & \vdots \\ 0 & 0 & \cdots & 1 & b_{r1} & \cdots & b_{r,n-r} & d_r \\ 0 & 0 & \cdots & 0 & 0 & \cdots & 0 & d_{r+1} \\ 0 & 0 & \cdots & 0 & 0 & \cdots & 0 & 0 \\ \vdots & \vdots & & \vdots & \vdots & & \vdots & \vdots \\ 0 & 0 & \cdots & 0 & 0 & \cdots & 0 & 0 \end{pmatrix}.$$

定理3：$A_{m\times n}x=b$ 有解$\Leftrightarrow r(A)=r(A, b)=r$，且

$r=n\Leftrightarrow A_{m\times n}x=b$ 有唯一解；

$r<n\Leftrightarrow A_{m\times n}x=b$ 有无穷多解.

$r(A)\neq r(A, b)\Leftrightarrow r(A)+1=r(A, b)\Leftrightarrow A_{m\times n}x=b$ 无解.

行变换为阶梯形或最简形后的结果与是否有解情况可以看下图：

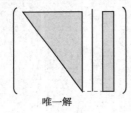  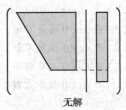

唯一解　　　　　　　　　无穷多解　　　　　　　　　无解

2. 解的结构

（1）解的性质

①设 $Ax_1=b$，$Ax_2=b$，则 $A(x_1-x_2)=0$，即 x_1-x_2 是 $Ax=0$ 的解.

②设 $Ax_1=b$，$Ax_2=0$，则 $A(x_1+x_2)=b$，即 x_1+x_2 是 $Ax=b$ 的解.

（2）非齐次线性方程组的通解

若 $Ax=b$ 有无穷多解，则其通解为 $x=k_1\xi_1+k_2\xi_2+\cdots+k_{n-r}\xi_{n-r}+\eta$，其中 ξ_1, ξ_2, $\cdots$, ξ_{n-r} 为 $Ax=0$ 的一组基础解系，η 是 $Ax=b$ 的一个特解.

（3）求解非齐次线性方程组的通解的步骤：

①用初等行变换化增广矩阵 $\bar{A}=(A, b)$ 为行阶梯形；

②若 $r(A)\neq r(A, b)$，则 $Ax=b$ 无解；

若 $r(A)=r(A, b)=n$，则方程组有唯一解，根据消元法得到方程组的唯一解；

若 $r(A)=r(A, b)<n$，则方程组有无穷多解，设 η 是 $Ax=b$ 的一个特解，则 $Ax=b$ 的通解为 $x=k_1\xi_1+k_2\xi_2+\cdots+k_{n-r}\xi_{n-r}+\eta$，其中 ξ_1, ξ_2, $\cdots$, ξ_{n-r} 为 $Ax=0$ 的一组基础解系.

设 $\boldsymbol{AB}=\boldsymbol{C}$，则 $R(\boldsymbol{C})\leqslant\min\{R(\boldsymbol{A}), R(\boldsymbol{B})\}$.

证：因 $\boldsymbol{AB}=\boldsymbol{C}$，知矩阵方程 $\boldsymbol{AX}=\boldsymbol{C}$ 有解 $\boldsymbol{X}=\boldsymbol{B}$，于是据定理有 $R(\boldsymbol{A})=R(\boldsymbol{A}, \boldsymbol{C})$.

而 $R(C) \leqslant R(A, C)$，因此 $R(C) \leqslant R(A)$.

又 $B^T A^T = C^T$，由上段证明知有 $R(C^T) \leqslant R(B^T)$，即 $R(C) \leqslant R(B)$

综合便得 $R(C) \leqslant \min\{R(A), R(B)\}$.

总结：矩阵 $A_{m \times n}$

	$AX = 0$
$r(A) = n$	方程唯一解
$r(A) < n$	方程无穷多解
$r(A) = m$	不能确定
$r(A) < m$	不能确定
A 的列向量线性无关	方程唯一解
A 的列向量线性相关	方程无穷多组解
A 的行向量线性无关	无法确定
A 的行向量线性相关	无法确定
	$AX = b$
$r(A) = n$	无法确定
$r(A) < n$	无法确定
$r(A) = m$（此时可以推出 $r(A) = r(A:b) = m$）	方程有解，如果同时 $r(A) = m = n$ 则有唯一解，如果 $r(A) = m < n$ 则方程有无穷多解
$r(A) < m$	无法确定
$r(A) = r(A:b) = n$	方程唯一解
$r(A) = r(A:b) < n$	方程有无穷多组解
A 的列向量线性无关	无法确定
A 的列向量线性相关	无法确定
A 的行向量线性无关	方程有解
A 的行向量线性相关	无法确定

【必会经典题】

(1) 求解非齐次线性方程组 $\begin{cases} x_1 + x_2 - 3x_3 - x_4 = 1, \\ 3x_1 - x_2 - 3x_3 + 4x_4 = 4, \\ x_1 + 5x_2 - 9x_3 - 8x_4 = 0. \end{cases}$

解：$B = \begin{pmatrix} 1 & 1 & -3 & -1 & 1 \\ 3 & -1 & -3 & 4 & 4 \\ 1 & 5 & -9 & -8 & 0 \end{pmatrix} \overset{r_2 - 3r_1}{\underset{r_3 - r_1}{\sim}} \begin{pmatrix} 1 & 1 & -3 & -1 & 1 \\ 0 & -4 & 6 & 7 & 1 \\ 0 & 4 & -6 & -7 & -1 \end{pmatrix} \overset{r_3 + r_2}{\underset{r_2 \div (-4)}{\sim}} \begin{pmatrix} 1 & 1 & -3 & -1 & 1 \\ 0 & 1 & -\dfrac{3}{2} & -\dfrac{7}{4} & -\dfrac{1}{4} \\ 0 & 0 & 0 & 0 & 0 \end{pmatrix}$

$\overset{r_1 - r_2}{\sim} \begin{pmatrix} 1 & 0 & -\dfrac{3}{2} & \dfrac{3}{4} & \dfrac{5}{4} \\ 0 & 1 & -\dfrac{3}{2} & -\dfrac{7}{4} & -\dfrac{1}{4} \\ 0 & 0 & 0 & 0 & 0 \end{pmatrix} \begin{cases} x_1 = \dfrac{3}{2} x_3 - \dfrac{3}{4} x_4 + \dfrac{5}{4}, \\ x_2 = \dfrac{3}{2} x_3 + \dfrac{7}{4} x_4 - \dfrac{1}{4}, \\ x_3 = x_3, \\ x_4 = x_4, \end{cases}$ $\begin{pmatrix} x_1 \\ x_2 \\ x_3 \\ x_4 \end{pmatrix} = c_1 \begin{pmatrix} \dfrac{3}{2} \\ \dfrac{3}{2} \\ 1 \\ 0 \end{pmatrix} + c_2 \begin{pmatrix} -\dfrac{3}{4} \\ \dfrac{7}{4} \\ 0 \\ 1 \end{pmatrix} + \begin{pmatrix} \dfrac{5}{4} \\ -\dfrac{1}{4} \\ 0 \\ 0 \end{pmatrix}$ $(c_1, c_2 \in R)$.

题型四　非齐次线性方程组的解的结构

【例8】如果 m 个方程 n 个未知量的非齐次线性方程组 $AX=\beta$ 对于任意 β 都有解，则（　　）.

(A) $r(A)=m$ 　　　(B) $r(A)=n$ 　　　(C) $r(A)<m$ 　　　(D) $r(A)<n$

【例9】[2000 年 3] 设 α_1，α_2，α_3 是四元非齐次线性方程组 $AX=b$ 的三个解向量，且秩 $(A)=3$，$\alpha_1=[1,2,3,4]^T$，$\alpha_2+\alpha_3=[0,1,2,3]^T$，$c$ 表示任意常数，则 $AX=b$ 的通解 X 为（　　）.

(A) $[1,2,3,4]^T+c[1,1,1,1]^T$ 　　　(B) $[1,2,3,4]^T+c[0,1,2,3]^T$

(C) $[1,2,3,4]^T+c[2,3,4,5]^T$ 　　　(D) $[1,2,3,4]^T+c[3,4,5,6]^T$

【例10】[2001 年 3] 设 A 是 n 阶矩阵，α 是 n 维列向量，若秩 $\begin{pmatrix} A & \alpha \\ \alpha^T & 0 \end{pmatrix}=$ 秩 (A)，则线性方程组（　　）.

(A) $AX=\alpha$ 必有无穷多解 　　　(B) $AX=\alpha$ 必有唯一解

(C) $\begin{bmatrix} A & \alpha \\ \alpha^T & 0 \end{bmatrix}\begin{bmatrix} x \\ y \end{bmatrix}=0$ 仅有零解 　　　(D) $\begin{bmatrix} A & \alpha \\ \alpha^T & 0 \end{bmatrix}\begin{bmatrix} x \\ y \end{bmatrix}=0$ 必有非零解

【例11】[2001 年 1] 已知方程组 $\begin{bmatrix} 1 & 2 & 1 \\ 2 & 3 & a+2 \\ 1 & a & -2 \end{bmatrix}\begin{bmatrix} x_1 \\ x_2 \\ x_3 \end{bmatrix}=\begin{bmatrix} 1 \\ 3 \\ 0 \end{bmatrix}$ 无解，则 $a=$ _____.

【例12】设 α_1，α_2，$\cdots\alpha_s$ 是非齐次线性方程组 $Ax=b$ 的解，若 $C_1\alpha_1+C_2\alpha_2+\cdots+C_s\alpha_s$ 也是 $Ax=b$ 的一个解，则 $C_1+C_2+\cdots+C_s=$ _____.

【例13】已知 η_1，η_2，η_3 是四元非齐次线性方程组 $AX=\beta$ 的三个解，且 $r(A)=3$，$\eta_1+\eta_2=(2,3,3,2)^T$，$\eta_2+\eta_3=(6,6,6,6)^T$，求该方程组的通解.

【例14】已知 $\xi_1=\begin{pmatrix} 1 \\ 2 \\ -2 \end{pmatrix}$，$\xi_2=\begin{pmatrix} 2 \\ 1 \\ -1 \end{pmatrix}$，$\xi_3=\begin{pmatrix} 1 \\ 1 \\ t \end{pmatrix}$，$t$ 为一常数，证明（Ⅰ）$t=-1$ 时，ξ_1，ξ_2，ξ_3 不可能同时

是一个三元非齐次线性方程组的解.（Ⅱ）$t\neq-1$ 时，若 ξ_1，ξ_2，ξ_3 是一个三元非齐次线性方程组 $Ax=b$ 的解，则 $r(A)=1$

题型五　非齐次线性方程组求解

【例15】设 n 阶矩阵 A 的伴随矩阵 $A^*\neq0$，若 ξ_1，ξ_2，ξ_3，ξ_4 是非齐次线性方程组 $Ax=b$ 的互不相等的解，则对应的齐次线性方程组 $Ax=0$ 的基础解系（　　）.

(A) 不存在 　　　(B) 仅含一个非零解向量

(C) 含有二个线性无关解向量 　　　(D) 含有三个线性无关解向量

【例16】[2002 年 1,2] 已知四阶方阵 $A=[\alpha_1,\alpha_2,\alpha_3,\alpha_4]$，$\alpha_1$，$\alpha_2$，$\alpha_3$，$\alpha_4$ 均为四维列向量，其中 α_2，α_3，α_4 线性无关，$\alpha_1=2\alpha_2-\alpha_3$，如果 $\beta=\alpha_1+\alpha_2+\alpha_3+\alpha_4$，求线性方程组 $AX=\beta$ 的通解.

【例17】假设 $A=\begin{bmatrix} 1 & 1 & a \\ 1 & a & 1 \\ a & 1 & 1 \end{bmatrix}$，$B=\begin{bmatrix} 4 \\ -2 \\ -2 & -2 \end{bmatrix}$. 如果矩阵方程 $AX=B$ 有解，但解不唯一，试确定参数 a.

题型六　方程组与向量结合的问题

该题型在前文第三讲向量中也有总结.

【例18】已知 $\alpha_1=(1,2,0)$，$\alpha_2=(1,a+2,-3a)$，$\alpha_3=(-1,b+2,a+2b)$ 及 $\beta=(1,3,-3)$.

(1) a，b 为何值时，β 不能表示成 α_1，α_2，α_3 的线性组合.

(2) a，b 为何值时，β 有 α_1，α_2，α_3 的唯一线性表示，并写出该表示式.

题型七 方程组公共解、同解问题

总结：（1）方程组的公共解问题

设方程组
$$Ax = b \qquad ①$$
$$Cx = d \qquad ②$$

为两个方程组，所谓两个方程组的公共解，即两个方程组解的交集，求两个方程组的公共解的常见方法有

方法一：将①、②合成一个方程组 $\begin{pmatrix} A \\ C \end{pmatrix} X = \begin{pmatrix} b \\ d \end{pmatrix}$，该方程组的解即为两个方程组的公共解；

方法二：先求出①的通解，再代入②，从而求出两个方程组的公共解；

方法三：先求出①、②的通解，令两个方程组通解相等，从而求出公共解.

（2）同解问题

设方程组
$$Ax = b \qquad ①$$
$$Cx = d \qquad ②$$

这两个方程组同解，即①的解为②的解，②的解也是①的解.

①、②同解的充要条件是 $r(A; b) = r(C; d) = r\begin{pmatrix} A; & b \\ C; & d \end{pmatrix}$.

①、②同解的充要条件是矩阵 $(A; b)$，$(C; d)$ 行等价，即存在可逆矩阵 P，使得
$$P(A; b) = (C; d)$$

【例19】[2003年1]设齐次线性方程组 $AX = 0$ 和 $BX = 0$，其中 A，B 均为 $m \times n$ 的矩阵，现有四个命题：

①若 $AX = 0$ 的解均是 $BX = 0$ 的解，则秩 $(A) \geqslant$ 秩 (B)；

②若秩 $(A) \geqslant$ 秩 (B)，则 $AX = 0$ 的解均是 $BX = 0$ 的解；

③若 $AX = 0$ 与 $BX = 0$ 同解，则秩 $(A) =$ 秩 (B)；

④若秩 $(A) =$ 秩 (B)，则 $AX = 0$ 与 $BX = 0$ 同解.

以上命题正确的是（   ）.

(A) ①②   (B) ①③   (C) ②④   (D) ③④

【例20】设四元齐次线性方程组① 为 $\begin{cases} 2x_1 + 3x_2 - x_3 = 0 \\ x_1 + 2x_2 + x_3 - x_4 = 0 \end{cases}$，又已知另一四元齐次线性方程组②的一个基础解系为 $\xi_1 = (2, -1, a+2, 1)^T$，$\xi_2 = (-1, 2, 4, a+8)^T$

（1）求方程组①的一个基础解系；

（2）当 a 为何值时，方程组①与②有非零公共解？此时，求出全部非零公共解.

【例21】求方程组 $\begin{cases} x_1 - 5x_2 + 2x_3 - 3x_4 = 11 \\ -3x_1 + x_2 - 4x_3 + 2x_4 = -5 \\ -x_1 - 9x_2 - 4x_4 = 17 \end{cases}$ 的通解，并求满足方程组及条件 $5x_1 + 3x_2 + 6x_3 - x_4 = -1$ 的全部解.

【例22】已知下列非齐次线性方程组（Ⅰ）、（Ⅱ）：

（Ⅰ）$\begin{cases} x_1 + x_2 - 2x_4 = -6 \\ 4x_1 - x_2 - x_3 - x_4 = 1 \\ 3x_1 - x_2 - x_3 = 3 \end{cases}$ （Ⅱ）$\begin{cases} x_1 + mx_2 - x_3 - x_4 = -5 \\ nx_2 - x_3 - 2x_4 = -11 \\ x_3 - 2x_4 = -t + 1 \end{cases}$

（1）求解方程组（Ⅰ），用其导出组的基础解系表示通解；

（2）当方程组（Ⅱ）中的参数 m，n，t 为何值时，方程组（Ⅰ）与（Ⅱ）同解.

【例23】已知方程组（Ⅰ），（Ⅱ）是同解方程组，试确定方程组（Ⅰ）中系数 a，b，c，其中

$$（Ⅰ）\begin{cases} -2x_1+x_2+ax_3-5x_4=1 \\ x_1+x_2+x_3+bx_4=2 \\ 3x_1+x_2+x_3+2x_4=c \end{cases} \qquad （Ⅱ）\begin{cases} x_1+x_4=1 \\ x_2-2x_4=2 \\ x_3+x_4=-1 \end{cases}$$

【例24】设 A 是 $m×n$ 矩阵，B 是 $n×l$ 矩阵，证明：方程组 $ABX=0$ 和 $BX=0$ 是同解方程组的充分必要条件是秩$(AB)=$秩(B).

第五讲 特征值、特征向量、相似对角化

 **大纲要求**

1. 理解矩阵的特征值和特征向量的概念及性质，会求矩阵的特征值和特征向量.
2. 理解相似矩阵的概念、性质，理解矩阵可相似对角化的充分必要条件，掌握将矩阵化为相似对角矩阵的方法.
3. 掌握实对称矩阵的特征值和特征向量的性质.

 知识讲解

一、方阵的特征值和特征向量

1. 定义

设 A 为 n 阶矩阵，若存在常数 λ 和非零 n 维列向量 X，使 $AX = \lambda X$，则称 λ 为 A 的特征值，X 是 A 的属于特征值 λ 的特征向量.

> 注意：特征向量 $X \neq 0$，特征值问题是对方阵而言的，所以不加说明，矩阵都是方阵.
> $AX = \lambda_0 X \Rightarrow (\lambda_0 E - A) X = 0$，由此可知，$\lambda_0$ 是使得方程 $(\lambda E - A) X = 0$ 有非零解的值.

从几何上看，特征向量是线性变换之后只发生长度变化没有方向变化的向量，并且这个长度上的伸缩比例就是特征值，以如下矩阵为例 $\begin{pmatrix} 2 & 1 \\ 0 & 1 \end{pmatrix}$，我们看下图从左到右的几何过程：

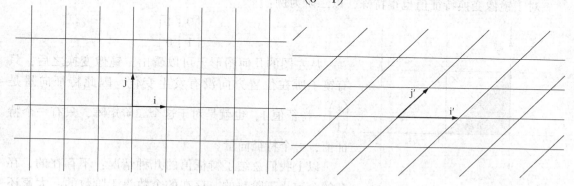

可以明显看到，i 变换到 i' 只是长度放大了 2 倍，方向没发生变化，也就是：

$$\begin{pmatrix} 2 & 1 \\ 0 & 1 \end{pmatrix} \begin{pmatrix} 1 \\ 0 \end{pmatrix} = 2 \begin{pmatrix} 1 \\ 0 \end{pmatrix}$$

此外还有一个特征向量不太明显，因为这个矩阵是个剪切加缩放的复合变换，所以也许你没有直观地发现，但真实的存在一个特征向量 $\begin{pmatrix} 1 \\ -1 \end{pmatrix}$，$\begin{pmatrix} 2 & 1 \\ 0 & 1 \end{pmatrix} \begin{pmatrix} 1 \\ -1 \end{pmatrix} = \begin{pmatrix} 1 \\ -1 \end{pmatrix}$，我们看下图：

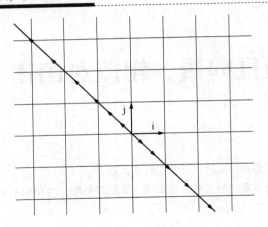 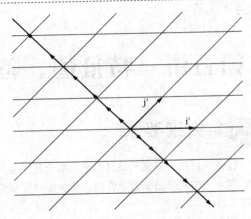

我们再看一个熟悉的逆时针旋转变换，

$$\begin{bmatrix} \cos\theta & -\sin\theta \\ \sin\theta & \cos\theta \end{bmatrix}$$

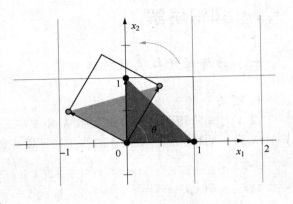

如果旋转的 $\theta \neq 2k\pi$，$k \in Z$，也就是旋转之后的基向量不和旋转前重合，那么这个线性变换就使得每个向量都发生了方向变化，没有不变的，因此这个矩阵就不存在特征值和特征向量，或者说特征值是复数，如果 $\theta = \dfrac{\pi}{2}$，矩阵就变为 $\begin{pmatrix} 0 & -1 \\ 1 & 0 \end{pmatrix}$，对于这种特征值为复数的我们考研出题会避开，认为特征值不存在．并且在考研真题中，特征值不仅是实数，还都是非常简单的整数，所以有时候求不出来蒙一个也许都能蒙对．

对于镜像变换特征值也很特殊，以二阶为例：

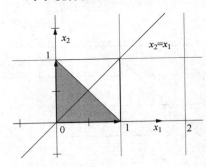

$$\begin{bmatrix} 0 & 1 \\ 1 & 0 \end{bmatrix}$$

从左图的几何图形上可以看出，镜像变换之后，只有镜子所在位置方向没有发生变化，因此特征向量是 $\begin{pmatrix} 1 \\ 1 \end{pmatrix}$，特征值 1，也就是对于这个二阶矩阵，只有一个特征值，一个特征向量．

以上我们总结了特征值的几种情况：不存在的，存在的个数小于阶数的，存在的个数等于阶数的．大家还可以将前面有几何图形解释的其他变换都研究下，从而熟悉特征值与特征向量的含义．

2. 求法

$(\lambda E - A)X = 0$ 有非零解等价于 $|\lambda E - A| = 0$，λ 为 A 的特征值，X 是 A 的属于特征值 λ 的特征向量

$\Leftrightarrow AX = \lambda X$

$\Leftrightarrow$ 齐次线性方程组 $(\lambda E - A)X = 0$ 有非零解

行列式 $f(\lambda)=|\lambda E-A|$ 称为方阵 A 的特征多项式，$|\lambda E-A|=0$ 称为方阵 A 的特征方程.

显然，n 阶矩阵 A 的特征多项式是 λ 的 n 次多项式. 特征多项式的 k 重根也称为 k 重特征值.

对于抽象矩阵，根据特征值和特征向量的定义及其性质推导出特征值和特征向量.

对于具体的数字矩阵，采用解方程法，具体步骤如下：

（1）特征值的求解方法：解特征方程 $|\lambda E-A|X=0$，得到 A 的全部特征值 λ_1，$\cdots$，λ_n.

（2）特征向量的求解方法：对每个不同的特征值 λ_i，解线性方程组 $(\lambda_i E-A)x=0$，求出它的基础解系 α_1，α_2，$\cdots$，α_s，则 $k_1\alpha_1+k_2\alpha_2+\cdots+k_s\alpha_s(k_1$，$k_2$，$\cdots$，$k_s$ 不全为零)，即为矩阵 A 的属于特征值 λ_i 的所有特征向量.

3. 特征值、特征向量的基本运算性质

性质1：设 n 阶矩阵 $A=(a_{ij})$ 的 n 个特征值为 λ_1，$\cdots$，λ_n，则

（1）$\displaystyle\sum_{i=1}^{n}\lambda_i=\sum_{i=1}^{n}a_{ii}$，其中 $\displaystyle\sum_{i=1}^{n}a_{ii}$ 是 A 的主对角元之和，称为矩阵 A 的迹，记作 $tr(A)$.

（2）$\displaystyle\prod_{i=1}^{n}\lambda_i=|A|$.

推论：$|A|\neq0$（即 A 为可逆矩阵）的充要条件是矩阵 A 的全部特征值均为非零数；

反之，$|A|=0$ 的充要条件是矩阵 A 至少有一个零特征值.

性质2：若 X_1，X_2 都是 A 的属于特征值 λ_0 的特征向量，则 $k_1X_1+k_2X_2$ 也是 A 的属于 λ_0 的特征向量，其中 $k_1X_1+k_2X_2\neq0$.

性质3：不同特征值的特征向量是线性无关的.

性质4：如果 A 是 n 阶矩阵，λ_1 是 A 的 m 重特征值，则属于 λ_1 的线性无关的特征向量的个数不超过 m.

性质5：若 λ 是矩阵 A 的特征值，α 是 A 的属于 λ 的特征向量，则

矩阵	A	KA	A^m	$f(A)=\displaystyle\sum_{i=0}^{m}a_iA^i$	A^{-1}	A^*（A 可逆）	A^T	$B=P^{-1}AP$
特征值	λ	$k\lambda$	λ^m	$f(\lambda)=\displaystyle\sum_{i=0}^{m}a_i\lambda^i$	$\dfrac{1}{\lambda}$	$\dfrac{|A|}{\lambda}$	λ	λ
特征向量	α	α	α	α	α	α	不一定是 α	$P^{-1}\alpha$

按此例类推，不难证明：若 λ 是 A 的特征值，则 λ^k 是 A^k 的特征值；$\varphi(\lambda)$ 是 $\varphi(A)$ 的特征值（其中 $\varphi(\lambda)=a_0+a_1\lambda+\cdots+a_m\lambda^m$ 是 λ 的多项式，$\varphi(A)=a_0E+a_1A+\cdots+a_mA^m$ 是矩阵 A 的多项式）. 这是特征值的一个重要性质.

特征值和特征向量对求矩阵乘法、研究线性变换、相似矩阵、二次型等都有很大帮助，后面的知识和题型中会对其反复使用.

【必会经典题】

(1) 求矩阵 $A = \begin{pmatrix} 3 & -1 \\ -1 & 3 \end{pmatrix}$ 的特征值和特征向量.

解：$|A - \lambda E| = \begin{vmatrix} 3-\lambda & -1 \\ -1 & 3-\lambda \end{vmatrix} = (3-\lambda)^2 - 1 = 8 - 6\lambda + \lambda^2 = (4-\lambda)(2-\lambda)$

所以 A 的特征值为 $\lambda_1 = 2$，$\lambda_2 = 4$.

当 $\lambda_1 = 2$ 时，对应的特征向量应满足

$$\begin{pmatrix} 3-2 & -1 \\ -1 & 3-2 \end{pmatrix} \begin{pmatrix} x_1 \\ x_2 \end{pmatrix} = \begin{pmatrix} 0 \\ 0 \end{pmatrix}, \quad P_1 = \begin{pmatrix} 1 \\ 1 \end{pmatrix}.$$

当 $\lambda_2 = 4$ 时，由 $\begin{pmatrix} 3-4 & -1 \\ -1 & 3-4 \end{pmatrix} \begin{pmatrix} x_1 \\ x_2 \end{pmatrix} = \begin{pmatrix} 0 \\ 0 \end{pmatrix}$，$P_2 = \begin{pmatrix} -1 \\ 1 \end{pmatrix}$.

(2) 设 λ 是方阵 A 的特征值，证明：

① λ^2 是 A^2 的特征值；

② 当 A 可逆时，$\dfrac{1}{\lambda}$ 是 A^{-1} 的特征值.

证：因 λ 是 A 的特征值，故有 $p \neq 0$ 使 $Ap = \lambda p$. 于是

① 因为 $A^2 p = A(Ap) = A(\lambda p) = \lambda^2 p$，所以 λ^2 是 A^2 的特征值.

② 当 A 可逆时，由 $Ap = \lambda p$ 有 $p = \lambda A^{-1} p$ 因 $p \neq 0$，知 $\lambda \neq 0$，故

$$A^{-1} p = \frac{1}{\lambda} p$$

所以 $\dfrac{1}{\lambda}$ 是 A^{-1} 的特征值.

(3) 设 3 阶矩阵 A 的特征值为 1，-1，2，求 $A^* + 3A - 2E$ 的特征值.

解：因 A 的特征值全不为 0，知 A 可逆，故 $A^* = |A| A^{-1}$，而 $|A| = \lambda_1 \lambda_2 \lambda_3 = -2$ 所以

$$A^* + 3A - 2E = -2A^{-1} + 3A - 2E$$

设把上式记作 $\varphi(A)$，有 $\varphi(\lambda) = -\dfrac{2}{\lambda} + 3\lambda - 2$.

从而可得 $\varphi(A)$ 的特征值为 $\varphi(1) = -1$，$\varphi(-1) = -3$，$\varphi(2) = 3$.

(4) $\alpha = (a_1, a_2, \cdots, a_n)^T$，$\beta = (b_1, b_2, \cdots, b_n)^T$，$A = \alpha\beta^T$，且 $(\alpha, \beta) = 3$，求 A 的特征值及重数，以及 A 的非零特征值对应的线性无关的特征向量.

解：$A^2 = \alpha\beta^T \cdot \alpha\beta^T = \alpha(\beta^T \alpha)\beta^T = 3A$.

令 $AX = \lambda X (X \neq 0)$，由 $(A^2 - 3A)X = (\lambda^2 - 3\lambda)X = 0$ 得 $\lambda^2 - 3\lambda = 0$，

从而 A 的特征值为 0 或 3

由 $A = \begin{pmatrix} a_1 \\ a_2 \\ \vdots \\ a_n \end{pmatrix} (b_1, b_2, \cdots, b_n) = \begin{pmatrix} a_1 b_1 & a_1 b_2 & \cdots & a_1 b_n \\ a_2 b_1 & a_2 b_2 & \cdots & a_2 b_n \\ \vdots & \vdots & \vdots & \vdots \\ a_n b_1 & a_n b_2 & \cdots & a_n b_n \end{pmatrix}$，得

$tr(A) = a_1 b_1 + a_2 b_2 + \cdots + a_n b_n = (\alpha, \beta) = 3$，

再由 $tr(A) = \lambda_1 + \lambda_2 + \cdots + \lambda_n = 3$，得 $\lambda_1 = \lambda_2 = \cdots = \lambda_{n-1} = 0$，$\lambda_n = 3$

$A\alpha = \alpha\beta^T \alpha = 3\alpha$，因此 3 对应的特征向量为 α.

题型一 特征值与特征向量的概念与性质

【例1】设 $\xi_i(i=1, 2, \cdots, s)$ 是矩阵 A 属于 λ 的特征向量,当线性组合 $\sum_{i=1}^{s} k_i \xi_i$( )时,则 $\sum_{i=1}^{s} k_i \xi_i$ 也是 A 属于 λ 的特征向量.

(A) 其中 k_i 不全为零　　　　(B) 其中 k_i 全不为零

(C) 是非零向量　　　　　　　(D) 是任一向量

【例2】设 λ_1,λ_2 是矩阵 A 的两个不同的特征值, ξ, η 是 A 的分别属于 λ_1, λ_2 的特征向量,则( ).

(A) 对任意 $k_1 \neq 0$, $k_2 \neq 0$, $k_1\xi + k_2\eta$ 都是 A 的特征向量.

(B) 存在常数 $k_1 \neq 0$, $k_2 \neq 0$, $k_1\xi + k_2\eta$ 是 A 的特征向量.

(C) 当 $k_1 \neq 0$, $k_2 \neq 0$ 时, $k_1\xi + k_2\eta$ 不可能是 A 的特征向量.

(D) 存在唯一的一组常数 $k_1 \neq 0$, $k_2 \neq 0$, 使 $k_1\xi + k_2\eta$ 是 A 的特征向量.

【例3】设 λ_0 是 n 阶矩阵 A 的特征值,且齐次线性方程组 $(\lambda_0 E - A)x = 0$ 的基础解系为 η_1 和 η_2,则 A 的属于 λ_0 的全部特征向量是( ).

(A) η_1 和 η_2 　　　　　　(B) η_1 或 η_2

(C) $C_1\eta_1 + C_2\eta_2(C_1$, C_2 为任意常数)　　(D) $C_1\eta_1 + C_2\eta_2(C_1$, C_2 为不全为零的任意常数)

【例4】设 $A = \begin{bmatrix} -1 & 1 & 0 \\ -4 & 3 & 0 \\ 1 & 0 & 2 \end{bmatrix}$, $B = \begin{bmatrix} -1 & -4 & 1 \\ 1 & 3 & 0 \\ 0 & 0 & 2 \end{bmatrix}$ 且 A 的特征值为 2 和 1(二重),那么 B 的特征值为 _____.

【例5】设 A 为 $m \times n$ 型矩阵,且秩 $r(A) = m < n$, B, C 均为 $n \times m$ 的矩阵,满足 $BA = CA$,证明:

(1) $B = C$;

(2) 二次型 $f = x^T A^T A x$ 的标准型为 $k_1 y_1^2 + k_2 y_2^2 + \cdots + k_m y_m^2$,其中 k_1, k_2, $\cdots$, k_m 均不为 0.

题型二 特征值与特征向量的计算

【例6】求矩阵 $A = \begin{pmatrix} a & a & a \\ a & a & a \\ a & a & a \end{pmatrix}$ $(a \neq 0)$ 的特征值和特征向量.

【例7】求 n 阶矩阵 $A = \begin{bmatrix} 0 & 1 & & & & \\ & 0 & 1 & & & \\ & & \ddots & \ddots & & \\ & & & \ddots & \ddots & \\ & & & & 0 & 1 \\ & & & & & 0 \end{bmatrix}$ 的特征值与特征向量.

【例8】设 $\lambda = 1$ 是矩阵 $A = \begin{bmatrix} -3 & -1 & 2 \\ 0 & -1 & 4 \\ t & 0 & 1 \end{bmatrix}$ 的特征值,求:①t 的值;②对应于 $\lambda = 1$ 的所有特征向量.

题型三 相关矩阵的特征值、特征向量

【例9】已知 3 阶矩阵 A 的特征值 1, 2, 3,求 $|A^3 - 5A^2 + 7A|$.

【例10】设 A 为三阶矩阵,且其特征值为 1, -2, -1,求:

(1) $|A|$;　　(2) $A^* + 3E$ 的特征值;　　(3) $(A^{-1})^2 + 2E$ 的特征值;　　(4) $|A^2 - A + E|$.

【例11】[2003年1]设矩阵 $A = \begin{bmatrix} 3 & 2 & 2 \\ 2 & 3 & 2 \\ 2 & 2 & 3 \end{bmatrix}$，$P = \begin{bmatrix} 0 & 1 & 0 \\ 1 & 0 & 1 \\ 0 & 0 & 1 \end{bmatrix}$，$B = P^{-1}A^*P$，求 $B + 2E$ 的特征值与特征向

量，其中 A^* 为 A 的伴随矩阵，E 为三阶单位矩阵.

二、相似矩阵的概念与性质、方阵对角化的条件

1. 概念

设 A，B 是 n 阶矩阵，若存在可逆矩阵 P，使 $B = P^{-1}AP$，则称矩阵 A 与 B 相似，记为 $A \sim B$，称 $P^{-1}AP$ 是对 A 作相似变换.

相似矩阵是同一个线性变换在不同坐标系的表示，所以相似. 我们看图说明：

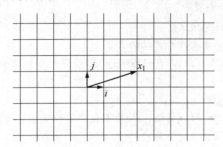 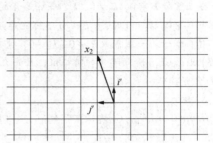

在上图的空间里有一个向量 $\boldsymbol{x}_1$，指向 2 点钟方向，现在对空间施加一个逆时针旋转 90° 的线性变换 A，$\boldsymbol{x}_1$ 就变成了 $\boldsymbol{x}_2$，指向了 11 点钟方向，也即 $\boldsymbol{x}_2 = A\boldsymbol{x}_1$.

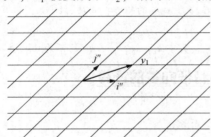 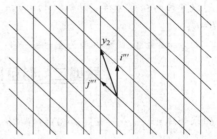

而类似的，在上面这两个空间里，也有一个向量 $\boldsymbol{y}_1$，它也指向 2 点钟方向，长度、方向和 $\boldsymbol{x}_1$ 一样，但是基向量不一样，因此坐标表示不一样. 现在也对空间施加一个逆时针旋转 90° 的线性变换 B，$\boldsymbol{y}_1$ 就变成了 $\boldsymbol{y}_2$，指向了 11 点钟方向，也即 $\boldsymbol{y}_2 = B\boldsymbol{y}_1$.

那么 A，B 都是逆时针旋转 90°，因为所在的坐标系不一样，矩阵的表示就不一样，但是相似的. 假设从下图空间到上图的线性变换为 P，也就是 $P\boldsymbol{y}_2 = \boldsymbol{x}_2$，$\boldsymbol{y}_2 = P^{-1}\boldsymbol{x}_2$，$P\boldsymbol{y}_1 = \boldsymbol{x}_1$，$\boldsymbol{y}_1 = P^{-1}\boldsymbol{x}_1$ 然后看下面的推理：

$$P^{-1}\begin{pmatrix} x_2 = A x_1 \\ y_2 = B y_1 \end{pmatrix} P$$

$$x_2 = P y_2 = P B y_1 \qquad x_2 = A x_1 = A P y_1$$

$$P B y_1 = A P y_1 \implies B y_1 = P^{-1} A P y_1$$

也就是 $P^{-1}AP=B$，两个矩阵相似. 这就好比科幻里面的平行时空，在这个宇宙里，你恋爱了，在另外一个宇宙里，你也恋爱了，这两个恋爱的行为就是相似的，只不过不同的空间、不同的坐标系具体的描述语言不一样，这两种语言上的切换就是可逆矩阵 P.

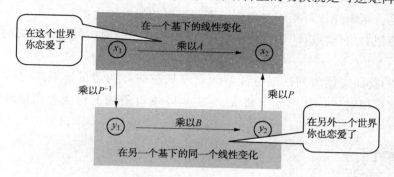

2. 性质

若矩阵 $A \sim B$，则

（1）$r(A)=r(B)$；$|A|=|B|$；$|\lambda E-A|=|\lambda E-B|$；$tr(A)=\sum\limits_{i=1}^{n}a_{ii}=\sum\limits_{i=1}^{n}b_{ii}=tr(B)$.

（2）$A^T \sim B^T$；$A^{-1} \sim B^{-1}$；$A^n \sim B^n(n \in N)$；$A^* \sim B^*(A，B 可逆)$.

3. 方阵可对角化

若矩阵 A 能与对角阵 Λ 相似，则称矩阵 A 可相似对角化，记为 $A \sim \Lambda$，称 Λ 是 A 的相似标准形.

$$P^{-1}AP=\begin{pmatrix} \lambda_1 & & & \\ & \lambda_2 & & \\ & & \ddots & \\ & & & \lambda_n \end{pmatrix} \xlongequal{\text{记作} \Lambda}$$

$\Leftrightarrow AP=P\Lambda$. [将 P 按列分块 $P=(\eta_1，\eta_2，\cdots，\eta_n)$]

$$A(\eta_1，\eta_2，\cdots，\eta_n)=(\eta_1，\eta_2，\cdots，\eta_n)\begin{pmatrix} \lambda_1 & & & \\ & \lambda_2 & & \\ & & \ddots & \\ & & & \lambda_n \end{pmatrix}$$

$\Leftrightarrow (A\eta_1，A\eta_2，\cdots，A\eta_n)=(\lambda_1\eta_1，\lambda_2\eta_2，\cdots，\lambda_n\eta_n)$

$\Leftrightarrow$ 利用矩阵相等，得到 $A\eta_i=\lambda_i\eta_i(\eta_i \neq 0，i=1，2，\cdots，n)$

定理 1：（方阵可对角化的充要条件）n 阶方阵 A 可对角化的充要条件是 A 有 n 个线性无关的特征向量.

推论：若 A 有 n 个不同的特征值，则 A 定可以相似对角化.

定理 2：n 阶矩阵 A 与对角矩阵相似的充要条件是 A 的每个特征值对应的特征向量线性无关的个数等于该特征值的重数.

三、判断矩阵 A 是否可相似对角化的解题步骤

若矩阵 A 不是实对称矩阵，则：

（1）由特征多项式求出矩阵 A 的特征值 $\lambda_1，\lambda_2，\cdots，\lambda_n$；

（2）若特征值 λ_1，λ_2，$\cdots$，λ_n 互异，则矩阵 A 可相似对角化；

（3）若有重特征值 λ_i，计算 $\lambda_i E-A$ 的秩 $r(\lambda_i E-A)$，对每个重特征值 λ_i 看其重数 k_i 是否满足 $k_i=n-r(\lambda_i E-A)$；

（4）若满足，则矩阵 A 可相似对角化，否则不可相似对角化；

（5）若可相似对角化，求 A 的特征值 λ_1，λ_2，$\cdots$，λ_n 所对应的线性无关的特征向量 X_1，X_2，$\cdots$，X_n；

（6）以 λ_i 的特征向量为列，按特征值的顺序从左往右构造可逆矩阵 $P=(X_1$，X_2，$\cdots$，$X_n)$，与特征向量相对应，从上到下将 λ_i 写在矩阵主对角线上构成对角矩阵 Λ，则 $P^{-1}AP=\Lambda$.

【必会经典题】

（1）设矩阵 $A=\begin{pmatrix} -2 & 1 & 1 \\ 0 & 2 & 0 \\ -4 & 1 & 3 \end{pmatrix}$，问 A 能否对角化？若能，则求可逆矩阵 P 和对角矩阵 Λ，使 $P^{-1}AP=\Lambda$.

解：$|A-\lambda E|=\begin{vmatrix} -2-\lambda & 1 & 1 \\ 0 & 2-\lambda & 0 \\ -4 & 1 & 3-\lambda \end{vmatrix}=(2-\lambda)\begin{vmatrix} -2-\lambda & 1 \\ -4 & 3-\lambda \end{vmatrix}=(2-\lambda)(\lambda^2-\lambda-2)=-(\lambda+1)(\lambda-2)^2$，

所以 A 的特征值为 $\lambda_1=-1$，$\lambda_2=\lambda_3=2$.

当 $\lambda_1=-1$ 时，$A+E=\begin{pmatrix} -1 & 1 & 1 \\ 0 & 3 & 0 \\ -4 & 1 & 4 \end{pmatrix}\overset{r}{\sim}\begin{pmatrix} 1 & 0 & -1 \\ 0 & 1 & 0 \\ 0 & 0 & 0 \end{pmatrix}$，得对应的特征向量 $P_1=\begin{pmatrix} 1 \\ 0 \\ 1 \end{pmatrix}$；

当 $\lambda_2=\lambda_3=2$ 时，$A-2E=\begin{pmatrix} -4 & 1 & 1 \\ 0 & 0 & 0 \\ -4 & 1 & 1 \end{pmatrix}\overset{r}{\sim}\begin{pmatrix} -4 & 1 & 1 \\ 0 & 0 & 0 \\ 0 & 0 & 0 \end{pmatrix}$

得对应的特征向量 $P_2=\begin{pmatrix} 0 \\ 1 \\ -1 \end{pmatrix}$，$P_3=\begin{pmatrix} 1 \\ 0 \\ 4 \end{pmatrix}$，

因 P_1，P_2，P_3 线性无关，则 A 可对角化；

并且若记 $P=(P_1$，P_2，$P_3)=\begin{pmatrix} 1 & 0 & 1 \\ 0 & 1 & 0 \\ 1 & -1 & 4 \end{pmatrix}$，

$P^{-1}AP=\text{diag}(-1, 2, 2)$.

题型四　判断是否可对角化

【例12】 求矩阵 $A=\begin{pmatrix} -1 & 1 & 0 \\ -4 & 3 & 0 \\ 1 & 0 & 2 \end{pmatrix}$ 的特征值和特征向量，并判断该矩阵是否可对角化？

【例13】 设 A，B 为 2 阶方阵，且 $A=\begin{pmatrix} a & b \\ c & d \end{pmatrix}$

（1）若 $|A|<0$，证明 A 相似于对角阵；

（2）若 $bc>0$，证明 A 可相似于对角阵；

（3）若 $|A|<0$，且 $AB=BA$，证明 B 可相似于对角阵.

题型五 判断两个矩阵是否相似

若 $A \sim B$，则 $|\lambda E - A| = |\lambda E - B|$ 从而 A，B 的特征值相同，反之不成立.

如 $A = \begin{pmatrix} 2 & 0 & 0 \\ 0 & 0 & 0 \\ 0 & 0 & 0 \end{pmatrix}$，$B = \begin{pmatrix} 0 & 1 & 1 \\ 0 & 0 & 1 \\ 0 & 0 & 2 \end{pmatrix}$，显然 $|\lambda E - A| = |\lambda E - B| = \lambda^2(\lambda - 2)$，但 A，B 不相似，因为秩不同.

若 A，B 特征值相同，判断 A 与 B 是否相似一般分为如下三种情形：

（1）若 A，B 都可相似对角化，则 $A \sim B$.

（2）若 A 与 B 一个可相似对角化，另一个不可相似对角化，则 A 与 B 一定不相似.

（3）若 A 与 B 都不可相似对角化，可假设存在可逆矩阵 P，并将 P 的元素设为未知数，使 $B = P^{-1}AP$，$PB = AP$，通过矩阵对应位置相等，可列方程组求解. 对于阶数 ≤ 3 的矩阵，可以判断 $A - \lambda E$ 与 $B - \lambda E$ 是否相似，若相似，则 A 与 B 相似；相不相似，则 A 与 B 不相似。

【例14】当 x，y 满足（　　）时，以下矩阵 A 与 B 相似，其中 $A = \begin{pmatrix} 1 & x & 1 \\ x & 1 & y \\ 1 & y & 1 \end{pmatrix}$，$B = \begin{pmatrix} 0 & 0 & 0 \\ 0 & 1 & 0 \\ 0 & 0 & 2 \end{pmatrix}$.

(A) $x = 0$ 且 $y = 0$ 　　(B) $x = 0$ 或 $y = 0$ 　　(C) $x = y$ 　　(D) $x \neq y$

【例15】已知矩阵 $A = \begin{bmatrix} 2 & 0 & 0 \\ 0 & 0 & 1 \\ 0 & 1 & x \end{bmatrix}$ 与 $B = \begin{bmatrix} 2 & 0 & 0 \\ 0 & y & 0 \\ 0 & 0 & -1 \end{bmatrix}$ 相似，则 $x = $ _____，$y = $ _____.

【例16】下列矩阵中，彼此相似的是（　　），其中 $A = \begin{pmatrix} -1 & -2 & 6 \\ -1 & 0 & 3 \\ -1 & -1 & 4 \end{pmatrix}$，$B = \begin{pmatrix} 0 & -1 & 0 \\ 0 & 1 & 1 \\ 0 & 0 & 1 \end{pmatrix}$，

$C = \begin{pmatrix} 3 & 2 & 0 \\ -2 & -1 & 0 \\ -1 & -1 & 1 \end{pmatrix}$.

(A) A 与 B 　　(B) A 与 C 　　(C) B 与 C 　　(D) 以上都不对

四、实对称矩阵的相似对角化

$A^T = A$，称矩阵 A 为对称矩阵.

1. 实对称矩阵特征值、特征向量的性质

性质1：实对称矩阵的特征值为实数.

性质2：实对称矩阵 A 对应于不同特征值的特征向量是相互正交的. 就如下图中的向量一样，是正交的.

性质3：n 阶实对称矩阵 A 必可相似对角化，且总存在正交矩阵 Q，使得 $Q^TAQ = \text{diag}(\lambda_1, \lambda_2, \cdots, \lambda_n)$，其中 λ_1，λ_2，$\cdots$，λ_n 是 A 的特征值.

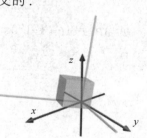

2. 实对称矩阵对角化的方法

将实对称矩阵 A 利用正交矩阵 Q，使 Q^TAQ 为对角阵的方法：

（1）由特征多项式求出矩阵 A 的特征值 λ_1，λ_2，$\cdots$，λ_n；

（2）特征向量：对每个特征值 λ_i，解 $(\lambda_i E - A)x = 0$，求出它的基础解系 α_1，α_2，$\cdots$，α_s；

（3）正交化：利用施密特正交化方法将属于同一特征值 λ_i 的特征向量正交化，得到 Y_{i1}，Y_{i2}，…，Y_{ik}；

（4）单位化：将两两正交的向量都单位化；

（5）得到正交矩阵 Q：将得到的向量按列排成 n 阶矩阵，即为所求的正交矩阵 Q；

（6）写出关系式：$Q^T A Q = \Lambda$，其中 λ_i 与 Q 中的列向量相对应.

【必会经典题】

设 $A = \begin{pmatrix} 0 & -1 & 1 \\ -1 & 0 & 1 \\ 1 & 1 & 0 \end{pmatrix}$，求一个正交矩阵 P，使 $P^{-1}AP = \Lambda$ 为对角矩阵.

解：$|A - \lambda E| = \begin{vmatrix} -\lambda & -1 & 1 \\ -1 & -\lambda & 1 \\ 1 & 1 & -\lambda \end{vmatrix} \xrightarrow{r_1 - r_2} \begin{vmatrix} 1-\lambda & \lambda-1 & 0 \\ -1 & -\lambda & 1 \\ 1 & 1 & -\lambda \end{vmatrix} \xrightarrow{c_2 + c_1} \begin{vmatrix} 1-\lambda & 0 & 0 \\ -1 & -1-\lambda & 1 \\ 1 & 2 & -\lambda \end{vmatrix}$

$= (1-\lambda)(\lambda^2 + \lambda - 2) = -(\lambda-1)^2(\lambda+2)$

求得 A 的特征值为 $\lambda_1 = -2$，$\lambda_2 = \lambda_3 = 1$.

对应 $\lambda_1 = -2$，$A + 2E = \begin{pmatrix} 2 & -1 & 1 \\ -1 & 2 & 1 \\ 1 & 1 & 2 \end{pmatrix} \overset{r}{\sim} \begin{pmatrix} 1 & 0 & 1 \\ 0 & 1 & 1 \\ 0 & 0 & 0 \end{pmatrix}$，$\xi_1 = \begin{pmatrix} -1 \\ -1 \\ 1 \end{pmatrix}$ 将 ξ_1 单位化，得 $P_1 = \frac{1}{\sqrt{3}} \begin{pmatrix} -1 \\ -1 \\ 1 \end{pmatrix}$.

对应 $\lambda_2 = \lambda_3 = 1$，$A - E = \begin{pmatrix} -1 & -1 & 1 \\ -1 & -1 & 1 \\ 1 & 1 & 1 \end{pmatrix} \overset{r}{\sim} \begin{pmatrix} 1 & 1 & -1 \\ 0 & 0 & 0 \\ 0 & 0 & 0 \end{pmatrix}$，$\xi_2 = \begin{pmatrix} -1 \\ 1 \\ 0 \end{pmatrix}$，$\xi_3 = \begin{pmatrix} 1 \\ 0 \\ 1 \end{pmatrix}$.

将 ξ_2，ξ_3 正交化：取 $\eta_2 = \xi_2$，$\eta_3 = \xi_3 - \dfrac{[\eta_2, \xi_3]}{\|\eta_2\|} \eta_2 = \begin{pmatrix} 1 \\ 0 \\ 1 \end{pmatrix} + \frac{1}{2} \begin{pmatrix} -1 \\ 1 \\ 0 \end{pmatrix} = \frac{1}{2} \begin{pmatrix} 1 \\ 1 \\ 2 \end{pmatrix}$.

再将 η_2，η_3 单位化，得 $P_2 = \frac{1}{\sqrt{2}} \begin{pmatrix} -1 \\ 1 \\ 0 \end{pmatrix}$，$P_3 = \frac{1}{\sqrt{6}} \begin{pmatrix} 1 \\ 1 \\ 2 \end{pmatrix}$.

正交矩阵 $P = (P_1, P_2, P_3) = \begin{pmatrix} -\dfrac{1}{\sqrt{3}} & \dfrac{1}{\sqrt{2}} & \dfrac{1}{\sqrt{6}} \\ -\dfrac{1}{\sqrt{3}} & \dfrac{1}{\sqrt{2}} & \dfrac{1}{\sqrt{6}} \\ \dfrac{1}{\sqrt{3}} & 0 & \dfrac{2}{\sqrt{6}} \end{pmatrix}$.

$P^{-1}AP = P^T A P = \Lambda = \begin{pmatrix} -2 & 0 & 0 \\ 0 & 1 & 0 \\ 0 & 0 & 1 \end{pmatrix}$.

题型六 　对角化的计算

【例17】已知实对称矩阵 $A = \begin{pmatrix} 1 & 1 & 1 \\ 1 & 3 & 1 \\ 1 & 1 & 1 \end{pmatrix}$

（1）求可逆矩阵 P，使 $P^{-1}AP$ 为对角阵；

（2）求正交矩阵 Q，使 Q^TAQ 为对角阵．

【例 18】 如果实对称矩阵 A 的特征值 λ 是特征方程的 k 重根，则 A 属于 λ 有_____个线性无关的特征向量．

【例 19】 假定 n 阶矩阵 A 的任意一行中，n 个元素的和都是 a，试证 $\lambda=a$ 是 A 的特征值，且 $(1, 1, \cdots, 1)^T$ 是对应于 $\lambda=a$ 的特征向量，又问此时 A^{-1} 的每行元素之和为多少？

【例 20】 设 A 是 n 阶实对称矩阵，$A^2=A$，$r(A)=r$

（1）求 A 的相似对角阵 Λ；

（2）求行列式 $|2E-A|$；

（3）若将 A 的实对称条件去掉，A 还能否对角化，为什么？

【例 21】 ［2001 年 3］设矩阵 $A=\begin{bmatrix} 1 & 1 & a \\ 1 & a & 1 \\ a & 1 & 1 \end{bmatrix}$，$\beta=\begin{bmatrix} 1 \\ 1 \\ -2 \end{bmatrix}$，已知线性方程组 $AX=\beta$ 有解但不唯一．试求：

（1）a 的值；（2）正交矩阵 Q，使 Q^TAQ 为对角矩阵．

【例 22】 设 A 为三阶方阵，ξ_1，ξ_2，ξ_3 为三维线性无关的列向量，且

$A\xi_1=2\xi_1$，$A\xi_2=3\xi_2+2\xi_3$，$A\xi_3=2\xi_2+3\xi_3$，

（1）求 $|A|$；

（2）证明 A 可对角化，若 $\xi_1=\begin{pmatrix} 1 \\ 0 \\ 0 \end{pmatrix}$，$\xi_2=\begin{pmatrix} 0 \\ 1 \\ 1 \end{pmatrix}$，$\xi_3=\begin{pmatrix} 0 \\ 1 \\ -1 \end{pmatrix}$，求可逆矩阵 P，使 $P^{-1}AP=\Lambda$．

题型七　用对角阵求高次幂

【例 23】 设 $A=\begin{pmatrix} 1 & 4 & 2 \\ 0 & -3 & 4 \\ 0 & 4 & 3 \end{pmatrix}$，求 A^{100}．

题型八　已知特征值、特征向量，反求矩阵

【例 24】 设三阶实对称矩阵 A 的特征值为 $\lambda_1=2$，$\lambda_2=\lambda_3=1$，与 λ_1 对应的特征向量为 $\xi_1=(1, 1, 1)^T$，求 A．

【例 25】 A 为三阶实对称矩阵，1，1，λ 是 A 的特征值，$|A|=2$，$\begin{pmatrix} 1 \\ 1 \\ 0 \end{pmatrix}$，$\begin{pmatrix} 0 \\ 1 \\ 1 \end{pmatrix}$ 是 A 的特征向量，求矩阵 A．

【例 26】 ［2001 年 1］已知三阶矩阵 A 与三维向量 X，使得向量组 X，AX，A^2X 线性无关，且满足 $A^3X=3AX-2A^2X$．

（1）记 $P=[X, AX, A^2X]$，求三阶矩阵 B，使 $A=PBP^{-1}$；

（2）计算行列式 $|A+E|$．

第六讲　二　次　型

大纲要求

1. 了解二次型的概念，掌握用矩阵形式表示二次型，了解合同变换和合同矩阵的概念.

2. 了解二次型秩的概念，了解二次型的标准形、规范形等概念，了解惯性定理，掌握用正交变换化二次型为标准形的方法，会用配方法化二次型为标准形的方法.

3. 理解正定二次型、正定矩阵的概念，并掌握其判别法.

知识讲解

一、二次型的定义、矩阵表示、标准形

1. 定义

n 个变量 x_1，x_2，$\cdots$，x_n 的二次齐次函数.

$$f(x_1，x_2，\cdots，x_n) = a_{11}x_1^2 + a_{22}x_2^2 + \cdots + a_{nn}x_n^2 + 2a_{12}x_1x_2 + 2a_{13}x_1x_3 + \cdots + 2a_{n-1n}x_{n-1}x_n \tag{1}$$

式(1)称为 n 元二次型，简称二次型.

如果只有两个变量，这样的二次型在几何上就表示前面比较熟悉的抛物面或者双曲抛物面，

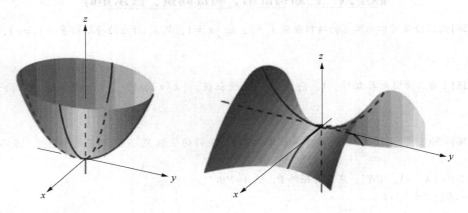

只不过可能还要将上图的图形进行平移、旋转、伸缩等变形，后文的二次型相关概念都可以用这样的几何体变形来理解、研究.

2. 二次型的矩阵表示、二次型的秩

由于 $x_ix_j = x_jx_i$，则 $2a_{ij}x_ix_j = a_{ij}x_ix_j + a_{ij}x_jx_i(i<j)$，于是式(1)可以写成

$$f(x_1，x_2，\cdots，x_n) = a_{11}x_1^2 + a_{12}x_1x_2 + \cdots + a_{1n}x_1x_n + a_{12}x_2x_1 + \cdots + a_{2n}x_2x_n + \cdots + a_{1n}x_nx_1 + \cdots + a_{nn}x_n^2$$

$$= (x_1, \ x_2, \ \cdots, \ x_n) \begin{pmatrix} a_{11} & a_{12} & \cdots & a_{1n} \\ a_{12} & a_{22} & \cdots & a_{2n} \\ \vdots & \vdots & \ddots & \vdots \\ a_{1n} & a_{2n} & \cdots & a_{nn} \end{pmatrix} \begin{pmatrix} x_1 \\ x_2 \\ \vdots \\ x_n \end{pmatrix} \qquad (2)$$

记 $x = (x_1, \ x_2, \ \cdots, \ x_n)^T$，$A = \begin{pmatrix} a_{11} & a_{12} & \cdots & a_{1n} \\ a_{12} & a_{22} & \cdots & a_{2n} \\ \vdots & \vdots & \ddots & \vdots \\ a_{1n} & a_{2n} & \cdots & a_{nn} \end{pmatrix}$，$A = A^T$，则 $f = x^T A x$，其中 A 叫做二

次型的矩阵.

任意一个二次型都是和它的实对称矩阵是一一对应的.

实对称阵 A 的秩就叫做二次型 f 的秩.

3. 二次型的标准形

只含平方项的二次型，称为二次型的标准形. 例如:

$$f(x_1, \ x_2, \ x_3) = x_1^2 + 5x_2^2 - 8x_3^2 = (x_1, \ x_2, \ x_3) \begin{pmatrix} 1 & & \\ & 5 & \\ & & -8 \end{pmatrix} \begin{pmatrix} x_1 \\ x_2 \\ x_3 \end{pmatrix}.$$

由标准形知:

(1) f 的秩: $r(A) = 3 = r$;

(2) 正惯性指数(标准形中正平方项的个数) $P = 2$;

(3) 负惯性指数(标准形中负平方项的个数) $q = 1$;

(4) $r = p + q$.

在标准形中，若平方项的系数为 1，−1，0，则称其为二次型的规范形.

题型一 二次型的定义

【例1】已知 $B = \begin{pmatrix} 1 & 4 & 7 \\ 2 & 5 & 8 \\ 3 & 6 & 9 \end{pmatrix}$，则二次型 $f = X^T B X$ 的矩阵为_____，秩为_____.

【例2】设 A，B 均为 n 阶方阵，$x = (x_1, \ x_2, \ \cdots, \ x_n)^T$，且 $x^T A x = x^T B x$，当(   )时，$A = B$.

(A) 秩$(A) = $秩$(B)$　　　(B) $A^T = A$　　　(C) $B^T = B$　　　(D) $A^T = A$ 且 $B^T = B$

二、化二次型为标准形

1. 非退化的线性变换(可逆变换)

$$\begin{cases} x_1 = c_{11}y_1 + c_{12}y_2 + c_{13}y_3 \\ x_2 = c_{21}y_1 + c_{22}y_2 + c_{23}y_3 \\ x_3 = c_{31}y_1 + c_{32}y_2 + c_{33}y_3 \end{cases}$$

写成矩阵形式为

$$\begin{pmatrix} x_1 \\ x_2 \\ x_3 \end{pmatrix} = \begin{pmatrix} c_{11} & c_{12} & c_{13} \\ c_{21} & c_{22} & c_{23} \\ c_{31} & c_{32} & c_{33} \end{pmatrix} \begin{pmatrix} y_1 \\ y_2 \\ y_3 \end{pmatrix}，记 C = \begin{pmatrix} c_{11} & c_{12} & c_{13} \\ c_{21} & c_{22} & c_{23} \\ c_{31} & c_{32} & c_{33} \end{pmatrix}$$

若 $|C| \neq 0$，则称 $x = Cy$ 为可逆线性变换（或非退化的线性变换）.

若矩阵 C 为正交矩阵，则称 $x = Cy$ 为正交变换. 此时，

$f(x) = x^T A x = (Cy)^T A (Cy) = y^T (C^T A C) y = y^T B y$，这里 $B = C^T A C$.

2. 矩阵合同

设 A，B 为 n 阶矩阵，如果存在可逆矩阵 C，使得 $B = C^T A C$，则称 A 与 B 合同，这种对 A 的运算叫做的合同变换.

判断合同的方法：设 A，B 均为 n 阶实对称矩阵，若 A 与 B 合同，则

（1）秩$(A)=$秩(B)（非充要条件）；

（2）A，B 有相同的正惯性指数和负惯性指数（充要条件）；

（3）$X^T A X$，$X^T B X$ 有相同的规范形（充要条件）.

也即矩阵 A，B 合同 $\Leftrightarrow p$，q，r 完全相同.

3. 化二次型为标准形的方法

定理：对于任意一个 n 元二次型 $f(x) = x^T A x$，存在正交变换 $x = Qy$（Q 为 n 阶正交矩阵），使得 $x^T A x = y^T (Q^T A Q) y = \lambda_1 y_1^2 + \lambda_2 y_2^2 + \cdots + \lambda_n y_n^2$.

其中 λ_1，λ_2，$\cdots$，λ_n 是实对称矩阵 A 的 n 个特征值，Q 的 n 个列向量 α_1，α_2，$\cdots$，α_n 是 A 对应于特征值 λ_1，λ_2，$\cdots$，λ_n 的标准正交特征向量.

任意一个实二次型经可逆线性变换化为标准形. 此结论也可叙述为：任一实对称矩阵都与一个对角阵合同.

（1）正交变换法

①把二次型表示为矩阵形式 $x^T A x$；

②求出 A 的全部互异特征值 λ_i，设 λ_i 是 n_i 重根；

③对每个特征值 λ_i，解齐次线性方程组 $(\lambda_i E - A) x = 0$，求得基础解系，即属于 λ_i 的线性无关的特征向量；

④将 A 的属于同一个特征值的特征向量正交化；

⑤将全部向量单位化；

⑥将正交单位化后向量为列，且按 λ_i 在对角矩阵的主对角线上的位置构成正交矩阵 Q；

⑦令 $x = Qy$，得 $x^T A x = \lambda_1 y_1^2 + \cdots + \lambda_n y_n^2$.

用正交变换化二次型成标准形，具有保持几何形状不变的优点. 如下图的旋转与镜像就是正交变换在几何上的体现.

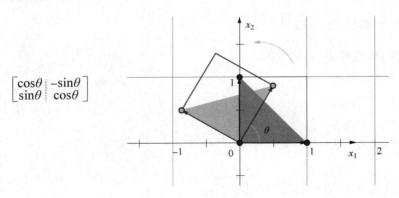

$$\begin{bmatrix} \cos\theta & -\sin\theta \\ \sin\theta & \cos\theta \end{bmatrix}$$

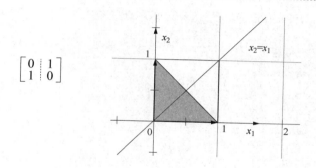

$$\begin{bmatrix} 0 & \vdots & 1 \\ 1 & \vdots & 0 \end{bmatrix}$$

（2）配方法

①如二次型中至少有一个平方项，不妨设 $a_{11} \neq 0$，则对所有含 x_1 的项配方（经配方后所余各项中不再含 x_1），如此继续配方，直至每一项都包含在各完全平方项中，引入新变量 y_1，y_2，$\cdots$，y_n. 由 $y = C^{-1}x$，得 $x^T Ax = c_1 y_1^2 + c_2 y_2^2 + \cdots + c_n y_n^2$.

②如二次型中不含平方项，只有混合项，不妨设 $a_{12} \neq 0$，则可令

$$x_1 = y_1 + y_2, \quad x_2 = y_1 - y_2, \quad x_3 = y_3, \quad \cdots, \quad x_n = y_n$$

经此坐标变换，二次型中出现 $a_{12}y_1^2 - a_{12}y_2^2$ 后，再按①实行配方法.

用什么样的合同变换化二次型为标准形，这与你应用的目的有关. 如果想知道这个几何图形是个什么样的二次曲面，知道其形状、位置、"高矮胖瘦"等几何特点，就只能进行正交变换，即通过旋转或镜像变换来保持原几何图形不变形. 如果要判断这个函数是不是在任意变量下都是正直或负值，或者求这个函数的极值，就可以使用配方法等其他方法，这些变换看起来可能会改变图形的形状，比如把一个球变成椭球，但变换后的图形该凸起的位置还是凸起，该凹陷的还是会凹. 二次型的内容就是在研究线性空间里的一个几何图形如何在不同的坐标基下的不同的矩阵表示，合同的矩阵表示的是同一个二次函数的几何图形，具有很多类似的特点，这也许是"合同"名称的由来.

【必会经典题】

（1）化二次型 $f = x_1^2 + 2x_2^2 + 5x_3^2 + 2x_1 x_2 + 2x_1 x_3 + 6x_2 x_3$ 成标准形，并求所用的变换矩阵.

解：$f = x_1^2 + 2x_1 x_2 + 2x_1 x_3 + 2x_2^2 + 5x_3^2 + 6x_2 x_3$

$\qquad = (x_1 + x_2 + x_3)^2 - x_2^2 - x_3^2 - 2x_2 x_3 + 2x_2^2 + 5x_3^2 + 6x_2 x_3$

$\qquad = (x_1 + x_2 + x_3)^2 + x_2^2 + 4x_2 x_3 + 4x_3^2$

$\qquad = (x_1 + x_2 + x_3)^2 + (x_2 + 2x_3)^2.$

令 $\begin{cases} y_1 = x_1 + x_2 + x_3 \\ y_2 = x_2 + 2x_3 \\ y_3 = x_3 \end{cases}$ 即 $\begin{cases} x_1 = y_1 - y_2 + y_3 \\ x_2 = y_2 - 2y_3 \\ x_3 = y_3 \end{cases}$

$f = y_1^2 + y_2^2$

所以变换矩阵为：$C = \begin{pmatrix} 1 & -1 & 1 \\ 0 & 1 & -2 \\ 0 & 0 & 1 \end{pmatrix}$（$|C| = 1 \neq 0$）.

（2）化二次型 $f = 2x_1 x_2 + 2x_1 x_3 - 6x_2 x_3$ 成规范形，并求所用的变换矩阵.

解：令 $\begin{cases} x_1=y_1+y_2 \\ x_2=y_1-y_2 \\ x_3=y_3 \end{cases}$ 代入可得 $f=2y_1^2-2y_2^2-4y_1y_3+8y_2y_3$，再配方，得 $f=2(y_1-y_3)^2-2(y_2-2y_3)^2+6y_3^2$.

令 $\begin{cases} z_1=\sqrt{2}(y_1-y_3) \\ z_2=\sqrt{2}(y_2-2y_3) \\ z_3=\sqrt{6}y_3 \end{cases}$ 即 $\begin{cases} y_1=\dfrac{1}{\sqrt{2}}z_1+\dfrac{1}{\sqrt{6}}z_3 \\ y_2=\dfrac{1}{\sqrt{2}}z_2+\dfrac{2}{\sqrt{6}}z_3 \\ y_3=\dfrac{1}{\sqrt{6}}z_3 \end{cases}$

就把 f 化成规范形 $f=z_1^2-z_2^2+z_3^2$

所以变换矩阵为：$C=\begin{pmatrix} 1 & 1 & 0 \\ 1 & -1 & 0 \\ 0 & 0 & 1 \end{pmatrix}\begin{pmatrix} \dfrac{1}{\sqrt{2}} & 0 & \dfrac{1}{\sqrt{6}} \\ 0 & \dfrac{1}{\sqrt{2}} & \dfrac{2}{\sqrt{6}} \\ 0 & 0 & \dfrac{1}{\sqrt{6}} \end{pmatrix}=\begin{pmatrix} \dfrac{1}{\sqrt{2}} & \dfrac{1}{\sqrt{2}} & \dfrac{3}{\sqrt{6}} \\ \dfrac{1}{\sqrt{2}} & -\dfrac{1}{\sqrt{2}} & -\dfrac{1}{\sqrt{6}} \\ 0 & 0 & \dfrac{1}{\sqrt{6}} \end{pmatrix}\left(|C|=-\dfrac{1}{\sqrt{6}}\neq 0\right)$

题型二　化二次型为标准型、规范型

【例3】用正交变换将下列实二次型化为标准形：

(1) $f(x_1,\ x_2,\ x_3)=11x_1^2+5x_2^2+2x_3^2+16x_1x_2+4x_1x_3-20x_2x_3$

(2) $f(x_1,\ x_2,\ x_3)=x_1^2+x_2^2+x_3^2+4x_1x_2+4x_1x_3+4x_2x_3$

【例4】用配方法化二次型 $f(x_1,\ x_2,\ x_3)=x_1x_2+x_2x_3+x_1x_3$ 为标准形，写出所用可逆线性变换.

【例5】[2001年3]设 A 为 n 阶实对称矩阵，秩(A)$=n$，A_{ij} 是 $A=[a_{ij}]_{n\times n}$ 中元素 $a_{ij}(i,\ j=1,\ 2,\ \cdots,\ n)$ 的代数余子式，二次型 $f(x_1,\ x_2,\ \cdots,\ x_n)=\sum\limits_{i=1}^{n}\sum\limits_{j=1}^{n}\dfrac{A_{ij}}{|A|}x_ix_j$.

(1) 记 $X=[x_1,\ x_2,\ \cdots,\ x_n]^T$，把 $f(x_1,\ x_2,\ \cdots,\ x_n)$ 写成矩阵形式，并证明二次型 $f(X)$ 的矩阵为 A^{-1}；

(2) 二次型 $g(X)=X^TAX$ 与 $f(X)$ 的规范形是否相同？说明理由.

题型三　已知标准型，确定二次型

该类题型应根据二次型的变换性质，找出变换前后二次型矩阵的关系，进而求解.

【例6】设二次型 $f(x_1,\ x_2,\ x_3)=x_1^2+x_2^2+x_3^2+2\mu x_1x_2+2\lambda x_2x_3+2x_1x_3$ 经正交变换，$X=Qy$ 化为标准形 $f=y_1^2+2y_3^2$，求常数 μ，λ 和 Q.

【例7】[2002年]已知实二次型，$f(x_1,\ x_2,\ x_3)=a(x_1^2+x_2^2+x_3^2)+4x_1x_2+4x_1x_3+4x_2x_3$，经正交变换 $X=PY$ 可化成标准形 $f=6y_1^2$，则 $a=$ _____.

【例8】已知二次曲面方程 $x^2+ay^2+z^2+2bxy+2xz+2yz=4$ 可以经过正交变换 $[x,\ y,\ z]^T=P[\xi,\ \eta,\ \zeta]^T$ 化为椭圆柱面方程 $\eta^2+4\zeta^2=4$，求 a，b 的值和所用的正交变换矩阵 P.

题型四　判断两个矩阵是否合同

【例9】设 $A=\begin{pmatrix} 3 & 1 & 2 \\ 1 & 0 & 1 \\ 2 & 1 & 1 \end{pmatrix}$，下列矩阵中哪些与 A 合同？哪些与 A 不合同？（　　）

$(1)A_1 = \text{diag}(1, 1, 1)$; $(2)A_2 = \text{diag}(1, 1, 0)$;

$(3)A_3 = \text{diag}(-1, -1, 0)$; $(4)A_4 = \text{diag}(1, -1, 0)$.

【例10】设 $A = \begin{pmatrix} 0 & 0 & 2 \\ 0 & 1 & 0 \\ 2 & 0 & 0 \end{pmatrix}$, $B = \begin{pmatrix} 1 & 0 & 0 \\ 0 & 1 & 0 \\ 0 & 0 & -1 \end{pmatrix}$, 则( ).

(A)相似但不合同.   (B)合同但不相似.   (C)既相似又合同.   (D)不相似也不合同.

三、惯性定理、正定二次型、负定二次型

在上面各种化为标准形的不同变换中，得到的结果一般是不一样的，比如正交变换时，并没有规定对角阵中对角元的顺序，配方法的每个步骤也不是唯一的，得到的对角矩阵也不是唯一的．尽管标准形不唯一，"沧海桑田"中仍有"永恒"，就是标准形中非零系数个数、正系数个数、负系数个数都是不变的，此即惯性定理．

惯性定理反映到几何上，就是经过可逆的合同变换把二次曲面方程化为标准形的过程中，曲面的类型是不会因为所作的线性变换的不同而改变的．曲面的类型在几何上就像是图形的轮廓，这些不同的轮廓与基的选择、变换无关．例如一个马鞍面怎么变都是马鞍面，抛物面怎么变都是抛物面，可能会改变大小、变陡峭或平坦、变竖着、斜着、倒着等，这些改变取决于所使用的变换矩阵．

(1)正定二次型、正定矩阵

若二次型 $f = x^T A x$ 对任何 $x \neq 0$ 都有 $f > 0$，则称 f 为正定二次型，并称对称矩阵 A 为正定矩阵．比如 $f(x_1, x_2, x_3, x_4, x_5) = x_1^2 + 2x_2^2 + 5x_3^2 + 8x_4^2 + 6x_5^2$ 就是正定的．

(2)判别二次型的正定性

一个二次型 $x^T A x$，经过可逆线性变换 $x = Cy$，化为 $y^T(C^T A C)y$，其正定性保持不变，即当 $x^T A x = y^T(C^T A C)y$，这里 C 可逆时，等式两端的二次型有相同的正定性．

一个二次型 $x^T A x$(或实对称矩阵 A)，通过坐标变换 $x = Cy$(C 可逆)，将其化为标准形(或规范形)，$x^T A x = y^T(C^T A C)y = c_1 y_1^2 + c_2 y_2^2 + \cdots + c_n y_n^2$(或将 A 合同于对角阵，即 $C^T A C = \Lambda$)，就容易判别其正定性．

正定二次型的判别法(充要条件)：

①f 的标准形的 n 个系数全为正；

②f 的正惯性指数为 n；

③f 的矩阵 A 的特征值全大于零；

④f 的矩阵 A 的各顺序主子式全大于零．

⑤存在可逆阵 P，使 $P^T A P = E$ 或 $A = P^T P$；

注：$f = x^T A x$ 正定 $\Rightarrow |A| > 0$，且 $a_{ii} > 0$，$(i = 1, 2, \cdots, n)$.

(3)负定二次型、负定矩阵、

若二次型 $f = x^T A x$ 对任何 $x \neq 0$ 都有 $f < 0$，则称 f 为负定二次型，并称对称矩阵 A 为负定矩阵．比如 $f(x_1, x_2, x_3, x_4, x_5) = -x_1^2 - 2x_2^2 - 5x_3^2 - 8x_4^2 - 6x_5^2$ 就是负定的．

(4)负定二次型的判别

类似正定的情况，有负定二次型的判别法(充要条件)：

①f 的标准形的 n 个系数全为负；

②f 的负惯性指数为 n；

③f 的矩阵 A 的特征值全小于零；

④f 的矩阵 A 的各顺序主子式中：奇数阶为负，偶数阶为正．这个有点特殊，大家可以

通过简单的例子理解下，比如 $\begin{bmatrix} -1 & & \\ & -8 & \\ & & -6 \\ & & & -3 \end{bmatrix}$，肯定是负定的，也符合这个主子式的规律．

【必会经典题】

(1)判定二次型 $f=-5x^2-6y^2-4z^2+4xy+4xz$ 的正定性．

解：f 的矩阵为 $A=\begin{pmatrix} -5 & 2 & 2 \\ 2 & -6 & 0 \\ 2 & 0 & -4 \end{pmatrix}$，

其中，$a_{11}=-5<0$，$\begin{vmatrix} a_{11} & a_{12} \\ a_{21} & a_{22} \end{vmatrix}=\begin{vmatrix} -5 & 2 \\ 2 & -6 \end{vmatrix}=26>0$，$|A|=-80<0$，

根据定理知 f 为负定．

题型五 判别或证明具体二次型的正定性

【例11】 下列矩阵为正定的是( )．

$(A)\begin{bmatrix} 1 & 2 & 0 \\ 2 & 3 & 0 \\ 0 & 0 & 2 \end{bmatrix}$ $(B)\begin{bmatrix} 1 & 2 & 0 \\ 2 & 4 & 0 \\ 0 & 0 & 2 \end{bmatrix}$ $(C)\begin{bmatrix} 1 & -2 & 0 \\ -2 & 5 & 0 \\ 0 & 0 & -2 \end{bmatrix}$ $(D)\begin{bmatrix} 2 & 0 & 0 \\ 0 & 1 & 2 \\ 0 & 2 & 5 \end{bmatrix}$

【例12】 n 阶实对称矩阵 A 正定的充要条件是( )．

$(A)r(A)=n$ $(B)A$ 的特征值非负 $(C)A^{-1}$ 正定 $(D)A$ 的主对角元素均为正数

【例13】 二次型 $f(x_1, x_2, x_3)=x_1^2+x_2^2-3x_3^2$ 的秩为_____，正惯性指数为_____，负惯性指数为

_____．

题型六 判别或证明抽象二次型的正定性

【例14】 设 A，B 均为 n 阶正定矩阵，证明 $A+B$ 也正定．

【例15】 设 A，B 均为 n 阶正定矩阵，则( )是正定矩阵．

$(A)A^*+B^*$ $(B)A^*-B^*$ $(C)A^*B^*$ $(D)k_1A^*+k_2B^*$

【例16】 设实对称矩阵 A 的特征值全大于 a，实对称矩阵 B 的特征值全大于 b，证明 $A+B$ 的特征值全大于 $a+b$．

【例17】 设 A 为 n 阶实对称矩阵，且满足 $A^3+A^2+A=3E$，证明 A 是正定矩阵．

【例18】 设 n 阶实对称矩阵 A 的特征值分别为 1，2，$\cdots$，n，则当 t_____时，$tE-A$ 是正定的．

题型七 确定参数的取值范围使其正定

【例19】 当 a，b，c 满足( )时，二次型 $f(x_1, x_2, x_3)=ax_1^2+bx_2^2+ax_3^2+2cx_1x_3$ 是正定的．

$(A)a>0$，$b+c>0$ $(B)a>0$，$b>0$ $(C)a>|c|$，$b>0$ $(D)|a|>c$，$b>0$

【例20】 当_____时，实二次型 $f(x_1, x_2, x_3)=x_1^2+x_2^2+5x_3^2+2tx_1x_2-2x_1x_3+4x_2x_3$ 是正定的．

【例21】 [2003年]设有 n 元实二次型

$$f(x_1, x_2, \cdots, x_n)=(x_1+a_1x_2)^2+(x_2+a_2x_3)^2+\cdots+(x_{n-1}+a_{n-1}x_n)^2+(x_n+a_nx_1)^2,$$

其中 $a_i(i=1, 2, \cdots, n)$ 为实数，试问当 a_1，a_2，$\cdots$，a_n 满足何种条件时，该二次型为正定二次型．

概率论与数理统计（数一、数三）

第一讲　随机事件和概率

 大纲要求

1. 了解样本空间（基本事件空间）的概念，理解随机事件的概念，掌握事件的关系及运算.

2. 理解概率、条件概率的概念，掌握概率的基本性质，会计算古典型概率和几何型概率，掌握概率的加法公式、减法公式、乘法公式、全概率公式以及贝叶斯（Bayes）公式等.

3. 理解事件的独立性的概念，掌握用事件独立性进行概率计算；理解独立重复试验的概念，掌握计算有关事件概率的方法.

 知识讲解

一、两个基本原理

（1）乘法原理：完成某事要 k 个步骤，每一步有 n_1，n_2，$\cdots$，n_k 种方法，则完成此事共 $n_1 n_2 \cdots n_k$ 种方法. 如下图，从家到学校有几种路线？

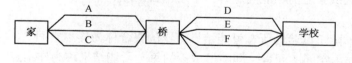

（2）加法原理：完成某事有 k 类方法，每一类分别有 n_1，n_2，$\cdots$，n_k 种，则完成此事共有 $n_1 + n_2 + \cdots + n_k$ 种方法. 如下图，从甲地到乙地有几种方式？

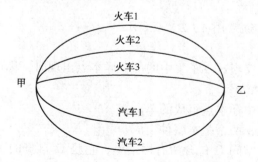

1. 排列

定义：从 n 个不同的元素中任取 r 个（$0 < r \leqslant n$），按一定顺序排成一列，则称为从 n 个元素中取出 r 个元素的一个排列，其个数记为 P_n^r 或 A_n^r，即 $P_n^r = n(n-1) \cdots (n-r+1)$. 如下图，

三位同学坐在三个座位上，有几种排列方式？而如果有四个座位呢？

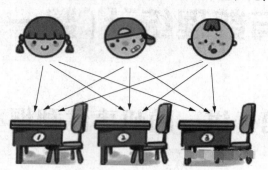

2. 组合

定义：从 n 个不同的元素种任取 r 个 $(0 < r \leqslant n)$，不计顺序拼成一组，称为从 n 个元素中取出 r 个元素的组合，记为 $C_n^r = \dfrac{n!}{(n-r)! \, r!}$. 比如我们去饭馆点菜，不考虑口味、价格、荤素搭配等因素，菜单上一共有 20 道菜品，小元老师和你一起吃，点 4 个菜，有几种可能性的选菜结果？

二、随机试验与样本空间

1. 随机试验

定义：具有以下特点的试验称为随机试验

（1）可以在相同的条件下重复地进行；

（2）每次试验的可能结果不止一个，并且能事先明确试验的所有可能结果；

（3）进行一次试验之前不能确定哪一个结果会出现.

2. 样本空间

样本空间 Ω：随机试验的所有可能结果组成的集合称为样本空间.

样本点 ω：样本空间的元素，即随机试验的每一可能结果称为样本点.

三、随机事件

1. 定义

样本空间 Ω 的子集，通常用 A，B，C 表示.

2. 事件发生

在每次试验中，当且仅当这一子集中的一个样本点出现时，称这一事件发生.

3. 分类

（1）基本事件：由一个样本点组成的单点集.

（2）复合事件：由至少两个基本事件组成.

（3）必然事件：样本空间 Ω 包含所有样本点，它是 Ω 自身的子集，在每次试验中它总是发生的，称为必然事件. 记为 Ω.

（4）不可能事件：空集 $\varnothing$ 不包含任何样本点，它也作为样本空间的子集，在每次试验中都不发生，称为不可能事件，记为 $\varnothing$.

四、事件间的关系与运算

1. 事件间的关系

（1）包含关系：$A \subset B \Leftrightarrow$ 事件 A 发生一定导致 B 发生，如下图.

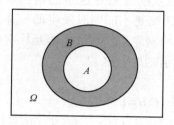

（2）事件相等：$A \subset B$ 且 $B \subset A$，则事件 $A = B$.

（3）A 和 B 的和事件：记为 $A \cup B$ 或 $A + B \Leftrightarrow A$，B 至少有一个发生时事件 $A \cup B$ 发生. 如右图，注意，两者重合的部分只能算一遍.

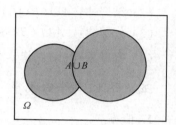

类似地，称 $\bigcup\limits_{k=1}^{n} A_k$ 为 n 个事件 A_1，A_2，$\cdots$，A_n 的和事件.

（4）A 和 B 的积事件：记为 $A \cap B$ 或 $AB \Leftrightarrow A$，B 同时发生时事件 $A \cap B$ 发生.

类似地，称 $\bigcap\limits_{k=1}^{n} A_k$ 为 n 个事件 A_1，A_2，$\cdots$，A_n 的积事件，如下图.

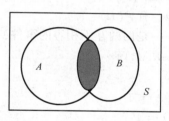

（5）A 和 B 的差事件：事件 $A - B \Leftrightarrow A$ 发生、B 不发生时事件 $A - B$ 发生. 也记为 $A\bar{B}$. 这个很重要，经常考，很多同学不熟悉，要多复习，如右图.

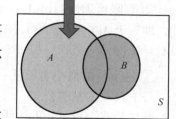

（6）互斥（互不相容）事件：$AB = \varnothing \Leftrightarrow A$，$B$ 不能同时发生，如下图. 比如你想换一个手机，注意只买一个，事件 A：选苹果手机，事件 B：选三星手机，事件 C、D、E 等：选其他各种品牌手机，那么事件 A 与 B 就是互斥事件，两者不能同时发生.

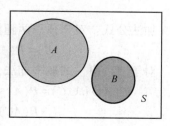

（7）对立（互逆）事件：$A \cup B = \Omega$ 且 $A \cap B = \varnothing \Leftrightarrow A$，$B$ 在一次试验中必然发生且只能发生一个．A 的对立事件记为 $\overline{A}$．如右图，比如你现在正在热恋中，但是你的真爱 TA 父母施加很大压力，不太喜欢你，同时你可能还要准备考研，或者努力升职等，那么在重重压力下，事件 A：继续坚守这份感情；事件 B：放弃这段感情．这两个事件无疑是不能同时发生的，并且必然发生其中的一个．大家可以将对立事件和上面的互斥对比一下，多结合几个例子，就能很清晰地分辨了．

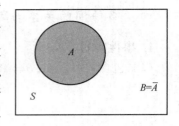

2. 事件的运算律

（1）交换律：$A \cup B = B \cup A$，$A \cap B = B \cap A$．

（2）结合律：$A \cup (B \cup C) = (A \cup B) \cup C$；$(A \cap B) \cap C = A \cap (B \cap C)$．

（3）分配律：$A \cup (B \cap C) = (A \cup B) \cap (A \cup C)$，$A \cap (B \cup C) = (A \cap B) \cup (A \cap C)$

（4）德摩根律（对偶律）：$\overline{A \cup B} = \overline{A} \cap \overline{B}$，$\overline{A \cap B} = \overline{A} \cup \overline{B}$．

五、随机事件的概率

1. 概率

（1）定义：设 E 是随机试验，Ω 是它的样本空间，对于 E 的每一个事件 A 赋予一个实数，记为 $P(A)$，称为事件 A 的概率，如果集合函数 $P(\cdot)$ 满足下列条件：

① 非负性：对于每一个事件 A，有 $P(A) \geqslant 0$．

② 规范性：对于必然事件 Ω，有 $P(\Omega) = 1$．

③ 可列可加性：设 A_1，A_2，…是两两互不相容的事件，即对于 $A_i A_j = \varnothing$，$i \neq j$，i，$j = 1$，$2 \cdots$ 则有 $P(A_1 \cup A_2 \cup \cdots) = P(A_1) + P(A_2) + \cdots$．

（2）概率的性质

① 非负性：$\forall A \subseteq \Omega$，$0 \leqslant P(A) \leqslant 1$

② 规范性：$P(\varnothing) = 0$，$P(\Omega) = 1$

③ 有限可加性：设 A_1，A_2，…，A_n 是两两互不相容的事件，即对于 $A_i A_j = \varnothing$，$i \neq j$，i，$j = 1$，$2 \cdots$，则有 $P(A_1 \cup A_2 \cup \cdots \cup A_n) = P(A_1) + P(A_2) + \cdots + P(A_n)$．

④ 逆事件的概率对于任一事件 A，有 $P(\overline{A}) = 1 - P(A)$

（3）概率的基本公式

减法公式：设 A，B 是任意两个事件，则有 $P(A-B) = P(A) - P(AB)$，如右图．

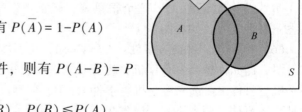

若 $B \subset A$，则有 $P(A-B) = P(A) - P(B)$，$P(B) \leqslant P(A)$．

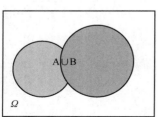

加法公式：对于任意两随机事件 A，B 有，如左图：
$$P(A \cup B) = P(A) + P(B) - P(AB)$$
对于 3 个事件的概率加法公式：
$$P(A \cup B \cup C) = P(A) + P(B) + P(C) - P(AB) - P(AC) - P(BC) + P(ABC)$$

2. 古典型概率

（1）定义：具有以下两特点的试验称为古典概型：

① 样本空间有限 $\Omega = \{e_1, e_2, \cdots, e_n\}$；

② 等可能性 $P(\{e_1\}) = P(\{e_2\}) = \cdots = P(\{e_n\})$.

（2）计算方法

$$P(A) = \frac{A \text{ 中基本事件的个数}}{\Omega \text{ 中基本事件的总数}}.$$

【必会经典题】

一个盒子中 4 个红球，4 个白球，现按照如下方式，求取到 2 个红球和 1 个白球的概率.

（1）一次性抽取 3 个球；（2）逐个抽取，取后无返回；（3）逐个抽取，取后放回.

解：（1）$P(A) = \dfrac{C_4^2 \cdot C_4^1}{C_8^3} = \dfrac{3}{7}$

（2）$P(B) = \dfrac{P_4^2 P_4^1 C_3^2}{P_8^3} = \dfrac{3}{7}$

（3）$P(C) = \dfrac{4^2 \cdot 4 \cdot C_3^1}{8^3} = \dfrac{3}{8}$

3. 几何型概率

如果试验 E 是从某一线段（或平面、空间中有界区域）Ω 上任取一点，并且所取的点位于 Ω 中任意两个长度（或面积、体积）相等的子区间（或子区域）内的可能性相同，则所取得点位于 Ω 中任意子区间（或子区域）A 内这一事件（仍记作 A）的概率为

$$P(A) = \frac{A \text{ 的长度（面积或体积）}}{\Omega \text{ 的长度（面积或体积）}}.$$

比如在一根细长的肉串上撒孜然粉，不考虑肉串的宽度、厚度的话可将其简化为一条直线，那么撒在某一长度区域的概率就可以用上面的长度公式计算. 而如果是矩形的红烧肉，在顶部肉皮上撒些香菜之类，那么撒在某一区域的概率就可以用上面的面积公式计算.

题型一 古典概型

【例1】将 15 名新生随机地平均分配到三个班级中去，这 15 名新生中有 3 名是优秀生，试求：（1）每个班级各分配到一名优秀生的概率；（2）3 名优秀生分配到同一班级的概率.

【例2】将 3 只球随机地放入 4 个杯子中去，求杯子中球的最大个数分别为 1，2，3 的概率.

【例3】从 5 双不同的鞋子中任取 4 只，试求这 4 只鞋子中至少有两只配成一双的概率.

【例4】甲、乙二人进行一种游戏，规则如下：每掷一次（均匀的）硬币，正面朝上时甲得 1 分乙得 0 分；反面朝上时甲得 0 分乙得 1 分；直到谁先得到规定的分数为赢，赢者获奖品. 当游戏进行到甲还差 2 分、乙还差 3 分就分别达到规定的分数时，因故游戏停止. 问此时如何分奖品给甲、乙才算公平.

题型二 几何概型

【例5】在区间 $(0, 1)$ 中随机地取两个数，则事件两数之和小于 $\dfrac{6}{5}$ 的概率为 _____.

【例6】在长度为 a 的线段内任取两点，将其分成三段，求它们可以构成一个三角形的概率.

【例7】设 $X \sim U(0, 2)$，$[x]$ 表示取不超过 x 的最大整数，则 $P\{X + [X] < 2\} = $ _____

题型三　事件的关系与运算律

【例8】 A、B、C 为任意三事件，是否可以推出 $(A+B)-C=A+(B-C)$？

【例9】 事件的和、差运算是否可以"去括号"或交换运算次序，如

$$B+(A-B)=B+A-B=B-B+A=\varnothing+A=A$$

【例10】 事件的运算是否可以"移项"，如由 $A+B=C \Rightarrow A=C-B$，$A-B=D \Rightarrow A=B+D$.

【例11】 判断：$P(A)=P(B)$ 的充要条件是 $A=B$

【例12】 $P(A)=0$ 的充要条件是 $A=\varnothing$，对吗？

【例13】 [2003年] 对于任意两事件 A 和 B，则下述命题正确的是(　　).

(A) 若 $AB \neq \phi$，则 A，B 一定独立　　　　(B) 若 $AB \neq \phi$，则 A，B 有可能独立

(C) 若 $AB = \phi$，则 A，B 一定独立　　　　(D) 若 $AB = \phi$，则 A，B 一定不独立

【例14】 已知 $P(A)=0.8$，$P(A-B)=0.2$，求 $P(\overline{AB})$.

【例15】 [2000年1] 设两个相互独立的事件 A 和 B 都不发生的概率为 $\dfrac{1}{9}$，A 发生 B 不发生与 A 不发生 B 发生的概率相等，求 $P(A)$.

题型四　和、差、积事件的概率

【例16】 设两事件 A，B 满足 $P(A)+P(B)=0.8$，$P(A\cup B)=0.6$，则 $P(\overline{A}B)+P(A\overline{B})=$ _____.

【例17】 设 X，Y 为两个随机变量，且 $P(X\geq 0,\ Y\geq 0)=\dfrac{3}{7}$，$P(X\geq 0)=P(Y\geq 0)=\dfrac{4}{7}$，则 $P(\max(X,Y)\geq 0)=$ _____.

【例18】 已知 $P(A)=P(B)=P(C)=\dfrac{1}{4}$，$P(AB)=0$，$P(AC)=P(BC)=\dfrac{1}{16}$，则 A，B，C 全不发生的概率为 _____.

【例19】 设 A、B 相互独立，且 $P(A-B)=P(B-A)=\dfrac{1}{4}$，则 $P(AB\mid A\cup B)=$ _____.

【例20】 从数字 1，2，$\cdots$，9 中(可重复地)任取 n 次，则所取的 n 个数的乘积能被 10 整除的概率为 _____.

【例21】 (配对问题)某人写了 n 封信给不同的 n 个人，并在 n 个信封上写好了各人的地址，现在每个信封里随意地塞进一封信，则至少有一封信放对了信封的概率为 _____.

4. 条件概率

(1) 定义：设 A，B 是两个事件，且 $P(A)>0$，称 $P(B\mid A)=\dfrac{P(AB)}{P(A)}$

为在事件 A 发生的条件下事件 B 发生的条件概率.

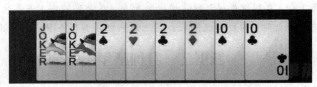

比如，在打扑克牌的时候，已经发牌得到上图的几张的条件下，此次获胜的概率，这个概率有主观感受，由多因素决定，但应该很大. 再比如，在一个人喜欢抽烟，喝酒，烫头的

条件下，他是一位考研数学老师的概率是多少呢？看看哪位数学老师有这个爱好呢？

（2）条件概率的性质

① $0 \leqslant P(B \mid A) \leqslant 1$

② $P(\Omega \mid A) = 1$

③ $P(\bar{A} \mid B) = 1 - P(A \mid B)$

④ $P((A_1 \cup A_2) \mid B) = P(A_1 \mid B) + P(A_2 \mid B) - P(A_1 A_2 \mid B)$

5. 乘法公式

若 $P(A) > 0$，则有 $P(AB) = P(B \mid A) P(A)$，我们称此公式为乘法公式．

三个事件的乘法公式：设 A，B，C 为事件，且 $P(AB) > 0$，则有

$$P(ABC) = P(C \mid AB) P(B \mid A) P(A)$$

【必会经典题】

① 设 $P(A \mid B) = P(B \mid A) = \dfrac{1}{2}$，$P(A) = \dfrac{1}{3}$，求 $P(A+B)$．

解： 由 $P(A \mid B) = P(B \mid A)$ 得 $P(A) = P(B) = \dfrac{1}{3}$，进而得 $P(AB) = \dfrac{1}{6}$，于是 $P(A+B) = P(A) + P(B) - P(AB) = \dfrac{1}{2}$．

② 设事情 A，B，C 满足 $P(AB) = P(ABC)$，且 $0 < P(C) < 1$，则（　　）

(A) $P((A+BC) \mid C) = P(A \mid C) + P(B \mid C)$

(B) $P(A+B+C) = P(A+B)$

(C) $P((A+B) \mid \bar{C}) = P(A \mid \bar{C}) + P(B \mid \bar{C})$

(D) $P((A+B) \mid \bar{C}) = P(A+B)$

解： 由 $P(AB) = P(ABC)$ 得 $P(AB) - P(ABC) = 0$，即 $P(AB\bar{C}) = 0$，从而 $P(AB \mid \bar{C}) = \dfrac{P(AB\bar{C})}{P(\bar{C})} = 0$，于是 $P((A+B) \mid \bar{C}) = P(A \mid \bar{C}) + P(B \mid \bar{C}) - P(AB \mid \bar{C}) = P(A \mid \bar{C}) + P(B \mid \bar{C})$，应选（C）．

6. 事件的独立性

（1）定义

设 A，B 是两个事件，如果满足等式 $P(AB) = P(A)P(B)$，则称事件 A，B 相互独立，简称事件 A，B 独立．

（2）独立的等价说法

若 $0 < P(A) < 1$，则事件 A，B 独立 $\Leftrightarrow P(B) = P(B \mid A) \Leftrightarrow P(B) = P(B \mid \bar{A}) \Leftrightarrow P(B \mid A) = P(B \mid \bar{A})$

也就是事件 B 发生的概率，与在 A 发生的条件下 B 发生的概率一样，也与在 A 不发生的条件下 B 发生的概率一样，也就是事件 B 的发生与 A 没有关系，事件 A 发不发生事件 B 都一样发生，同理事件 B 发不发生事件 A 都一样发生，因此可以用"关你屁事"与"关我屁事"来总结独立的特点．

（3）独立的性质

若事件 A，B 相互独立，则 A 与 $\bar{B}$，$\bar{A}$ 与 B，$\bar{A}$ 与 $\bar{B}$ 也相互独立．

三个事件的独立性：设 A，B，C 是三个事件，如果满足等式：

$$P(AB) = P(A)P(B)$$
$$P(AC) = P(A)P(C)$$
$$P(BC) = P(B)P(C)$$
$$P(ABC) = P(A)P(B)P(C)$$
$\Leftrightarrow A,B,C$ 相互独立

$$P(AB) = P(A)P(B)$$
$$P(AC) = P(A)P(C)$$
$$P(BC) = P(B)P(C)$$
$\Leftrightarrow A,B,C$ 两两独立

结论：（1）若 A,B,C 是三个相互独立的随机事件，则其中任意两个事件的和（并）、差、积（交）、逆与另一个事件或其逆事件是相互独立的．

（2）若 n 个事件相互独立，则不含相同事件的事件组经上述运算后所得的事件组相互独立．

（3）若两个随机 ξ,η 变量相互独立，f 和 g 为一元实值连续函数，则 $f(\xi)$ 和 $g(\eta)$ 也独立．特别地，ξ,η 相互独立，则 ξ^2 与 η^2 相互独立．但反过来，若 ξ^2 与 η^2 相互独立，ξ 与 η 则不一定相互独立，因为 ξ 与 η 不是 ξ^2 与 η^2 的单值函数．

三个事件 A、B、C 独立 $\neq$ 三个事件两两独立．以投硬币为例：

A：第一次正面朝上；

B：第二次正面朝上；

C：第一次和第二次结果不同．

$P(AB) = P(A)P(B)$；$P(AC) = P(A)P(C)$，$P(BC) = P(B)P(C)$，而显然 $P(ABC) = 0$，因此 $P(ABC) \neq P(A)P(B)P(C)$．

【必会经典题】

（1）设 A,B 独立，A 发生 B 不发生的概率与 A 不发生 B 发生的概率相等，且 A,B 都不发生的概率为 $\dfrac{4}{9}$，则 $P(A) = $ _____．

解： 由 $P(A\bar{B}) = P(\bar{A}B)$，得 $P(A) = P(B)$，

由 A,B 独立，且 $P(\bar{A}\bar{B}) = \dfrac{4}{9}$，得 $P(\bar{A}) = \dfrac{2}{3}$，故 $P(A) = \dfrac{1}{3}$．

（2）设 $P(A) = 0.7$，$P(B) = 0.4$，$P(A\bar{B}) = 0.5$，求 $P(B \mid (A + \bar{B}))$，判断 A,B 的独立性．

解： 由 $P(A\bar{B}) = P(A) - P(AB) = 0.5$，得 $P(AB) = 0.2$．

$$P(B \mid (A + \bar{B})) = \frac{P(B(A + \bar{B}))}{P(A + \bar{B})} = \frac{P(AB)}{P(A) + P(\bar{B}) - P(A\bar{B})} = \frac{1}{4}.$$

因为 $P(A\bar{B}) = 0.5 \neq P(A)P(\bar{B}) = 0.7 \times 0.6 = 0.42$，所以 A,B 不独立．

7. 全概率公式与贝叶斯公式（逆概公式）

完备事件组：若事件 $A_1 \cup A_2 \cup \cdots \cup A_n = \Omega$，$A_i A_j = \varnothing$，$1 \leqslant i \neq j \leqslant n$，则称事件 $A_1 \cdots, A_n$ 是一个完备事件组．

（1）全概率公式

$B_1, B_2, \cdots, B_n$ 是完备事件组，且 $P(B_i) > 0$，$i = 1, 2, \cdots, n$，则 $P(A) = \sum\limits_{i=1}^{n} P(B_i)P(A \mid B_i)$．

（2）贝叶斯公式（逆概公式）

$B_1, B_2, \cdots, B_n$ 是完备事件组，$P(A) > 0$，$P(B_i) > 0$，$i = 1, 2, \cdots, n$，则

$$P(B_j \mid A) = \frac{P(B_j)P(A \mid B_j)}{\sum\limits_{i=1}^{n} P(B_i)P(A \mid B_i)} \quad (j = 1, 2, \cdots, n)$$

该原理如右图,下面再举几个具体例子。

比如你想买一部新手机,B_1:买苹果手机,B_2:买华为手机,B_3:买其他品牌手机,那么 B_1、B_2、B_3 就是一个完备事件组. 而 A:你对新手机很满意,那么

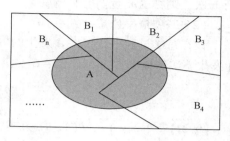

$$P(A) = \sum_{i=1}^{3} P(B_i)P(A \mid B_i)$$

而在你对手机满意的条件下,买的是一个苹果手机的概率就是:

$$P(B_1 \mid A) = \frac{P(B_1)P(A \mid B_1)}{\sum\limits_{i=1}^{3} P(B_i)P(A \mid B_i)} = \frac{P(B_1)P(A \mid B_1)}{P(A)}$$

再比如你想去旅游,B_1:去杭州旅游,B_2:去成都旅游,B_3:去其他地方旅游,那么 B_1、B_2、B_3 就是一个完备事件组. 而 A:你旅游体验很好,那么大家可以同样代入上面的全概公式和贝叶斯公式,理解一下.

【必会经典题】

(1) 某电子设备制造厂所用的元件是由三家元件制造厂提供的,根据以往的记录有以下的数据:

元件制造厂	次品率	提供元件的份额
1	0.02	0.15
2	0.01	0.80
3	0.03	0.05

设这三家工厂的产品在仓库中是均匀混合的,且无区别的标志.① 在仓库中随机的取一只元件,求它是次品的概率;② 在仓库中随机取一只元件,若已知取到的是次品,为分析此次品是出自何厂,需求出此次品由三家工厂生产的概率分别是多少,试求这些概率.

解: 设 A 表示"取到的是一只次品",B_i($i = 1, 2, 3$)表示"所取到的产品是由第 i 家工厂提供的". 易知,$B_1 B_2 B_3$ 是样本空间 S 的一个划分,且有

$$P(B_1) = 0.15, \ P(B_2) = 0.80, \ P(B_3) = 0.05,$$
$$P(A \mid B_1) = 0.02, \ P(A \mid B_2) = 0.01, \ P(A \mid B_3) = 0.03$$

由全概率公式:$P(A) = P(A \mid B_1)P(B_1) + P(A \mid B_2)P(B_2) + P(A \mid B_3)P(B_3) = 0.0125$

由贝叶斯公式:$P(B_1 \mid A) = \dfrac{P(A \mid B_1)P(B_1)}{P(A)} = \dfrac{0.02 \times 0.15}{0.0125} = 0.24.$

$$P(B_2 \mid A) = 0.64, \ P(B_3 \mid A) = 0.12.$$

(2) 设 $X \sim \pi(\lambda)$($\lambda > 0$),Y 在 $0 \sim X$ 中等可能任取一个数,求 $P\{Y = 2\}$.

解: X 的分布律为 $P\{X = k\} = \dfrac{\lambda^k}{k!}e^{-\lambda}$($k = 0, 1, 2, \cdots$),

令 $A_k = \{X = k\}$($k = 0, 1, 2, \cdots$),$B = \{Y = 2\}$,

$p(B \mid A_0) = 0$,$P(B \mid A_1) = 0$,$P(B \mid A_2) = \dfrac{1}{3}$,$P(B \mid A_3) = \dfrac{1}{4}$,$\cdots$ 则

$$P(B) = \sum_{k=2}^{\infty} P(A_k)P(B \mid A_k) = \sum_{k=2}^{\infty} \frac{\lambda^k}{(k+1)!}e^{-\lambda} = \frac{e^{-\lambda}}{\lambda} \sum_{k=3}^{\infty} \frac{\lambda^k}{k!}$$

$$= \frac{e^{-\lambda}}{\lambda}\left(\sum_{k=0}^{\infty} \frac{\lambda^k}{k!} - 1 - \lambda - \frac{\lambda^2}{2!}\right) = \frac{e^{-\lambda}}{\lambda}\left(e^{\lambda} - 1 - \lambda - \frac{\lambda^2}{2}\right).$$

8. n 重伯努利概型及其概率计算

（1）定义：只有两个结果 A 和 $\bar{A}$ 的试验称为伯努利试验，若将伯努利试验独立重复地进行 n 次，则称为 n 重伯努利概型.

（2）二项概率公式

设在每次试验中，事件 A 发生的概率 $P(A)=p\,(0<p<1)$，则在 n 重伯努利试验中，事件 A 发生 k 次的概率为 $B_k(n,\ p)=C_n^k p^k(1-p)^{n-k}\,(k=0,\ 1,\ 2,\ \cdots,\ n)$.

题型五　条件概率

【例22】设 $P(A)=0.6$，$P(A\cup B)=0.84$，$P(\bar{B}\mid A)=0.4$，则 $P(B)=($　　$)$.

(A) 0.60　　　　　　(B) 0.36　　　　　　(C) 0.24　　　　　　(D) 0.48

题型六　全概率公式与贝叶斯公式

【例23】某工厂的一、二、三车间生产同一种产品，产量分别为 25%、35%、40%，已知一、三车间的次品率分别为 4% 和 5%，全厂的次品率为 3.7%，则二车间的次品率为 _____；从该厂生产的产品中任取一件发现是次品，它是二车间生产的概率为 _____.

题型七　事件的独立性

【例24】设 $P(A)\neq 0$，$P(B)\neq 0$，因为有：

(1) 若 A、B 互不相容，则 A、B 一定不独立.

(2) 若 A、B 独立，则 A、B 一定不互不相容.

故既不互不相容又不独立的事件是不存在的. 上述结论是否正确？

【例25】设随机变量 $(X,\ Y)$ 在区域 D：$-1\leqslant x\leqslant 1$，$-1\leqslant y\leqslant 1$ 上服从均匀分布，记 $A_1=\{X\geqslant 0\}$，$A_2=\{Y\geqslant 0\}$，$A_3=\{XY\geqslant 0\}$，$A_4=\{Y\geqslant X\}$，则下列事件组中，两两独立的是（　　）.

(A) A_1，A_2，A_3　　　(B) A_1，A_2，A_4　　　(C) A_1，A_3，A_4　　　(D) A_2，A_3，A_4

【例26】[2003年3] 将一枚硬币独立地掷两次，引进事件：$A_1=\{$掷第一次出现正面$\}$，$A_2=\{$掷第二次出现正面$\}$，$A_3=\{$正、反面各出现一次$\}$，$A_4=\{$正面出现两次$\}$，则事件（　　）.

(A) A_1，A_2，A_3 相互独立　　　　　　(B) A_2，A_3，A_4 相互独立

(C) A_1，A_2，A_3 两两独立　　　　　　(D) A_2，A_3，A_4 两两独立

【例27】设 A，B，C 是三个相互独立的随机事件，且 $0<P(C)<1$，则在下列给定的四对事件中不相互独立的是（　　）.

(A) $\overline{A+B}$ 与 C　　　(B) $\overline{AC}$ 与 $\bar{C}$　　　(C) $\overline{A-B}$ 与 $\bar{C}$　　　(D) $\overline{AB}$ 与 $\bar{C}$

第二讲 一维随机变量及其分布

 大纲要求

1. 理解随机变量的概念，理解分布函数 $F(x)=P(X\leqslant x)$ $(-\infty <x<+\infty)$ 的概念及性质，会计算与随机变量相联系的事件的概率.

2. 理解离散型随机变量及其概率分布的概念，掌握 0-1 分布、二项分布 $B(n,p)$、几何分布、超几何分布、泊松(Poisson)分布 $P(\lambda)$ 及其应用.

3. 掌握泊松定理的结论和应用条件，会用泊松分布近似表示二项分布.

4. 理解连续型随机变量及其概率密度的概念，掌握均匀分布 $U(a,b)$、正态分布 $N(\mu,\sigma^2)$、指数分布及其应用，其中参数为 $\lambda(\lambda>0)$ 的指数分布 $E(\lambda)$ 的概率密度为：

$$f(x)=\begin{cases} \lambda e^{-\lambda x} & x>0 \\ 0 & x\leqslant 0 \end{cases}.$$

5. 会求随机变量函数的分布.

 知识讲解

一、随机变量

1. 随机变量的定义

定义在样本空间 Ω 上的实值函数 $X=X(e)$，$e\in\Omega$，则该变量 $X(e)$ 称为随机变量. 随机变量常用大写字母 X，Y，Z 等表示，即 $\forall e\in\Omega \to X=X(e)$，其取值用小写字母 x，y，z 等表示.

2. 随机变量的分类

（1）离散型随机变量：X 的取值为有限个或可列无限个.

（2）连续型随机变量：X 的取值为某区间上的所有值.

（3）非离散型也非连续型.

二、离散型随机变量及其分布

1. 离散型随机变量的概率分布

定义：设 X 为离散型随机变量，其可能取值为 x_1，x_2，$\cdots$，x_k，$\cdots$，X 取各个值 x_k 的概率为 $P(X=x_k)=p_k(k=1,2,\cdots)$，其中 $(1)p_k\geqslant 0$，$(k=1,2,\cdots)$；$(2)\sum_{k=1}^{\infty}p_k=1$，则称 $P(X=x_k)=p_k(k=1,2,\cdots)$ 为随机变量 X 的概率分布或分布律，也可记为

X	x_1	x_2	x_3	$\cdots$	x_k	$\cdots$
P	p_1	p_2	p_3	$\cdots$	p_k	$\cdots$

2. 常用的离散型随机变量

（1）0-1 分布

若随机变量 X 只有两个可能的取值 0 和 1，其概率分布为

$$P(X=x_i)=p^{x_i}(1-p)^{1-x_i}, \quad x_i=0, 1$$

则称 X 服从 0-1 分布.

结果只有两种的都可以认为是 0-1 分布，这两种结果的发生是对立事件.

（2）二项分布 $B(n, p)$

设事件 A 在任意一次实验中出现的概率都是 $p(0<p<1)$. X 表示 n 重伯努利试验中事件 A 发生的次数，则 X 所有可能的取值为 $0, 1, 2, \cdots, n$，且相应的概率为 $P(X=k)=C_n^k p^k(1-p)^{n-k}, k=0, 1, 2, \cdots, n$.

（3）几何分布

若 X 的概率分布为 $P(X=k)=(1-p)^{k-1}p, (0<p<1), k=1, 2, \cdots$则称 X 服从几何分布.

几何分布不同于前面几何型概率，表示在 n 次伯努利试验中，试验 1 次成功的概率是 p，连续试验 k 次才得到第一次成功的几率. 比如在下图的射箭过程中，射中靶心才算成功，我们认为射箭人在重复射箭的过程中准确度没有提高，一直保持命中率为 p，那么重复 k 次才第一次射中靶心的概率就为 $P(X=k)=(1-p)^{k-1}p$. 可以猜想这个重复的平均次数为 $1/p$，这也就是后面的期望.

（4）泊松分布 $P(\lambda)$

设随机变量 X 的概率分布为 $P(X=k)=\dfrac{\lambda^k e^{-\lambda}}{k!}(\lambda>0), (k=0, 1, 2, \cdots)$则称 X 服从参数为 λ 的泊松分布，记为 $X\sim P(\lambda)$.

一段时间内"顾客"到达"服务站"的人数，比如五分钟内一个淘宝店被访问的次数，一天内一个小吃店/超市/火车站的到来人次，一周内你的手机接到的电话个数，这些都符合泊

松分布．而如果在春运期间火车站人流比平时多，打广告后淘宝店会比较火，好吃的小吃店与不好吃的小吃店顾客人数也不同，那么这些不同就反映在 λ 上，这个 λ 就是均值，也就是数学期望．

（5）超几何分布 $H(N, M, n)$

设随机变量 X 的概率分布为 $P(X=k)=\dfrac{C_M^k C_{N-M}^{n-k}}{C_N^n}$，$(k=0, 1, 2, \cdots, n)$，其中 M, N, n 都是正整数，且 $n \leqslant M \leqslant N$，则称 X 服从参数为 N, M, n 的超几何分布，记为 $X \sim H(N, M, n)$．

超几何分布的模型是不放回抽样，假定在 N 件产品中有 M 件不合格品，在产品中随机抽 n 件做检查，发现 k 件不合格品的概率就为上面的结果．

三、随机变量的分布函数

1. 定义

设 X 是一个随机变量，对于任意实数 x，令 $F(x)=P(X \leqslant x)$，则称 $F(x)$ 为随机变量 X 的概率分布函数，简称分布函数．

2. 分布函数的性质

（1）非负性：$0 \leqslant F(x) \leqslant 1$；

（2）规范性：$F(-\infty)=\lim\limits_{x \to -\infty} F(x)=0$，$F(+\infty)=\lim\limits_{x \to +\infty} F(x)=1$；

（3）单调不减性：对于任意 $x_1 < x_2$，有 $F(x_1) \leqslant F(x_2)$；

（4）右连续性：$F(x)=F(x+0)$．

3. 利用分布函数求各种随机事件的概率

已知随机变量 X 的分布函数为 $F(x)$，则有：

（1）$P(X \leqslant a)=F(a)$．

（2）$P(X>a)=1-P(X \leqslant a)=1-F(a)$．

（3）$P(X<a)=F(a-0)=\lim\limits_{x \to a-} F(x)$．

（4）$P(X=a)=P(X \leqslant a)-P(X<a)=F(a)-F(a-0)$．

（5）$P(a<X \leqslant b)=P(X \leqslant b)-P(X \leqslant a)=F(b)-F(a)$．

（6）$P(a<X<b)=P(X<b)-P(X \leqslant a)=F(b-0)-F(a)$．

（7）$P(a \leqslant X \leqslant b)=P(X \leqslant b)-P(X<a)=F(b)-F(a-0)$

（8）$P(a \leqslant X<b)=P(X<b)-P(X<a)=F(b-0)-F(a-0)$

4. 离散型随机变量的分布函数

定义：已知离散型随机变量 X 的概率分布为 $P(X=x_k)=p_k(k=1, 2, \cdots, n)$．设 $x_1 < x_2 < \cdots < x_k < \cdots < x_n$，则分布函数为

$$F(x)=\begin{cases} 0 & x<x_1 \\ p_1 & x_1 \leqslant x<x_2 \\ p_1+p_2 & x_2 \leqslant x<x_3 \\ \cdots & \cdots \\ 1 & x \geqslant x_n \end{cases}$$

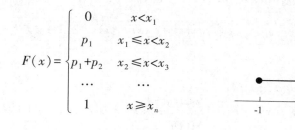

四、连续型随机变量的概率分布

1. 概率密度

若对于随机变量 X 的分布函数 $F(x)$，存在非负可积函数 $f(x) \geqslant 0(-\infty < x < +\infty)$，使得对于任意实数 x，有 $F(x) = P(X \leqslant x) = \int_{-\infty}^{x} f(t)\,dt$，则称 X 为连续型随机变量，函数 $f(x)$ 称为 X 的概率密度函数(简称概率密度).

2. 性质

（1）非负性：$f(x) \geqslant 0$.

（2）规范性：$\int_{-\infty}^{+\infty} f(x)\,dx = 1$.

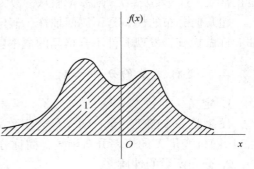

（3）连续型随机变量 X 的分布函数 $F(x)$ 是连续函数，因此在任何给定值的概率都是零，即对于任何实数 a，有 $P(X=a) = 0$.

（4）对于任意实数 a 和 $b(a<b)$，有 $P(a < X \leqslant b) = F(b) - F(a) = \int_{a}^{b} f(x)\,dx$.

（5）在 $f(x)$ 的连续点处，有 $F'(x) = f(x)$.

【必会经典题】

（1）设 $X \sim f(x) = \begin{cases} 1 - |x|, & |x| < 1 \\ 0, & 其他 \end{cases}$. 求① $F(x)$；② $P\left\{ -2 < X < \dfrac{1}{4} \right\}$.

解：① 当 $x < -1$ 时，$F(x) = 0$；当 $-1 \leqslant x < 0$ 时，$F(x) = \int_{-1}^{x} (1+t)\,dt = \dfrac{(x+1)^2}{2}$；当 $0 \leqslant x < 1$

时，$F(x) = \int_{-1}^{0} (1+t)\,dt + \int_{0}^{x} (1-t)\,dt = \dfrac{1}{2} + x - \dfrac{x^2}{2}$；当 $x \geqslant 1$ 时，$F(x) = 1$，

故 $F(x) = \begin{cases} 0, & x < -1 \\ \dfrac{(x+1)^2}{2}, & -1 \leqslant x < 0 \\ \dfrac{1}{2} + x - \dfrac{x^2}{2}, & 0 \leqslant x < 1 \\ 1, & x \geqslant 1 \end{cases}$.

② $P\left\{ -2 < X < \dfrac{1}{4} \right\} = F\left(\dfrac{1}{4}\right) - F(-2) = \dfrac{23}{32}$.

（2）设 $F_1(x)$，$F_2(x)$ 为分布函数，其对应的密度 $f_1(x)$，$f_2(x)$ 连续，下列必为密度的是(　　).

(A) $f_1(x) f_2(x)$　　　　　　　　　　　　　(B) $2F_1(x) f_2(x)$

(C) $f_1(x) F_2(x)$　　　　　　　　　　　　　(D) $f_1(x) F_2(x) + f_2(x) F_1(x)$

解：因为 $f_1(x) F_2(x) + f_2(x) F_1(x) \geqslant 0$，且 $\int_{-\infty}^{+\infty} [f_1(x) F_2(x) + f_2(x) F_1(x)]\,dx =$

$\int_{-\infty}^{+\infty} [F_1(x) F_2(x)]'\,dx = F_1(x) F_2(x) \Big|_{-\infty}^{+\infty} = 1$，所以 $f_1(x) F_2(x) + f_2(x) F_1(x)$ 为密度函数，应选(D).

3. 常用连续型随机变量

（1）均匀分布 $U(a, b)$

若连续型随机变量 x 具有概率密度 $f(x) = \begin{cases} \dfrac{1}{b-a} & a < x < b \\ 0 & 其他 \end{cases}$，则称 X 服从 (a, b) 上的均匀分

布,记为 $X \sim U(a, b)$. (U 是 uniform 的缩写)

随机变量 X 的分布函数为 $F(x) = \begin{cases} 0 & x<a \\ \dfrac{x-a}{b-a} & a \leqslant x < b \\ 1 & x \geqslant b \end{cases}$

均匀分布就是前面几何型分布的特殊情况,比如一根细长的肉串上撒孜然,将肉串放在坐标轴上,那么概率密度就是肉串长度的倒数,而撒到孜然的位置坐标平均值就是肉串的中点,$(a+b)/2$,这就是后面的期望.

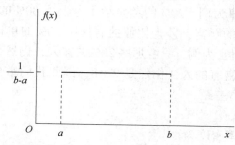
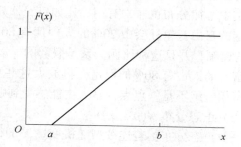

(2)指数分布 $E(\lambda)$

若连续型随机变量 X 的概率密度为 $f(x) = \begin{cases} \lambda e^{-\lambda x} & x>0 \\ 0 & x \leqslant 0 \end{cases}$,其中 $\lambda > 0$ 为参数,则称 X 服从参数为 λ 的指数分布,记为 $X \sim E(\lambda)$.

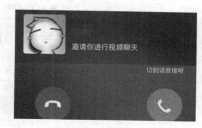

随机变量 X 的分布函数为 $F(x) = \begin{cases} 1 - e^{-\lambda x} & x>0 \\ 0 & x \leqslant 0 \end{cases}$

典型的指数分布比如动物的寿命、手机通话时间、电池的寿命等,这些时间或者寿命受很多因素"威胁",在短命区域密度较大,如下图,而不是取决于本身的自然寿命.而现今人的生存条件很好,主要是自然死亡,癌症等病因主要也是年龄太大所致,因此人的寿命就不符合指数分布,近似正态分布.比如电池在实验室理想条件下,充电时间、充放电次数等都可以达到非常高的水平,而做成小体积、批量生产、放到手机里使用,寿命就短太多了.不仅如此,如果手机厂商告诉你这个电池的平均寿命是 500 个充电周期,到你手里的手机很可能 100 个周期就坏了,也有可能 2000 个周期都没坏,这倒不是商家故意骗你,而是如下图本身的分布规律,均值越大,方差也越大,后面章节会解释.

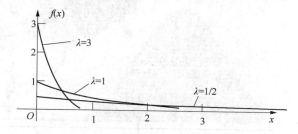

$P\{X > s + t \mid X > s\} = P\{X > t\}$,该性质称作指数分布的无记忆性.

指数分布的无记忆性也可以简单理解下,因为这些寿命主要取决于外部"威胁",比如你打电话,接到好友电话本来可以聊半天,结果突然有事,"哦"一声就挂断了,那么你一通电话超过一小时的概率，就和已经聊了半小时多的条件下再继续多聊一小时以上的概率是一样的，因为只要没有外部因素干扰，你们很可能聊半天，而外部因素是无法预测的．再比如猿猴的寿命，假设自然寿命 40 年左右，但在大自然中威胁很多，平均寿命可能就只有 20 年了，而肯定有部分猿猴刚出生就死了，也有部分猿猴有幸活到了 30+，这些威胁是复杂不可预测的，那么一只猿猴寿命超过 5 年的概率，与已知一只猿猴已经活了 3 年多的条件下再继续生存 5 年以上的概率是一样的，这就是无记忆性．

注意二八定律不是指数分布，是幂律分布，一个是指数函数，一个是幂函数，而高数反常积分那里我们学过，幂函数积分是可能不收敛的，因此大部分概率教材不怎么讲，但其实在现实中幂律分布也非常有用．比如以二八定律为例，20% 的考研学子考上了 80% 的院校，在稳定的自由竞争社会中 20% 的人中拥有 80% 的财富，莎士比亚的著作中 20% 的单词占有 80% 的篇幅，并且这种比例关系是嵌套的，以财富为例，只看那些 20% 的富人，仍然是 20% 的更富有的人占有 80% 的财富，再放大这些更富有的人，仍然是 2：8，因此我们常见首富和次富相差绝不是一点点，富人更能感受到财富差距．

（3）正态分布 $N(\mu,\ \sigma^2)$

一般正态分布：若连续型随机变量 X 的概率密度为

$$f(x)=\frac{1}{\sqrt{2\pi}\,\sigma}e^{-\frac{(x-\mu)^2}{2\sigma^2}},\ (-\infty<x<+\infty)\ ;$$

其中，μ，$\sigma(\sigma>0)$ 为常数，则称 X 服从参数为 μ，σ 的正态分布，记作 $X\sim N(\mu,\ \sigma^2)$．

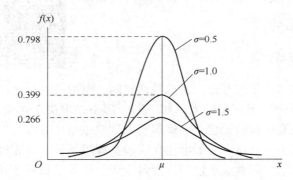

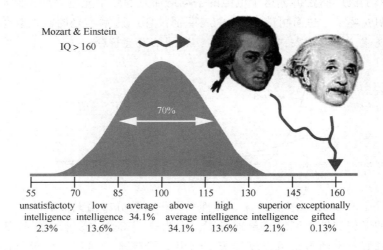

正态分布,自然界中大部分变量正常状态都符合的分布,比如人的身高、体重、智商、颜值等都近似正态分布,之所以说近似,因为这些变量现实中基本是离散的,人的身高精确到毫米,体重精确到千克或斤,而数学上正态分布变量是连续的,每个实数都要取得数值;其次这些变量取值是有典型区域的,比如身高、体重、智商有吉尼斯纪录,使得至少不会出现负的身高、几吨的体重,而真正的正态分布曲线是取得实数内每一个数值的,即使概率密度比较低.正态分布的特点是大部分变量取值都在均值附近,而两边的长尾部分取值概率很低.

以人的颜值为例,我们可以人为定义并打分(这当然有很大主观性),然后通过统计数据就可以得到颜值的正态布曲线.由于部分地区整容的平民化,据说中国人嘲笑韩国人"美的千篇一律",韩国人嘲笑中国"丑的千奇百怪",整容会使得正态分布的均值、方差发生变化,后面章节会讲,但不会使得颜值完全不符合正态分布,毕竟凤姐整容成范冰冰还是难以做到.现今中国相比30年前确实更重视脸了,这主要是由于陌生关系更多了,熟人社会越来越少了,"颜值即正义","颜值就是生产力",第一印象更重要了,但长期来看,能力当然更重要,是不同维度的重要.

标准正态分布:

① 定义:当 $\mu=0$,$\sigma=1$ 的正态分布称为标准正态分布,记作 $N(0, 1)$,其概率密度用 $\varphi(x)$ 表示,分布函数用 $\Phi(x)$ 表示.其中 $\varphi(x)=\dfrac{1}{\sqrt{2\pi}}e^{-\frac{x^2}{2}}$ $(-\infty<x<+\infty)$.

② 性质:

a. 密度函数为偶函数,即 $\varphi(x)=\varphi(-x)$,密度函数图形关于 y 轴对称.

b. 常用公式:$\Phi(-x)=1-\Phi(x)$;$\Phi(0)=\dfrac{1}{2}$;$P(|X|\leqslant a)=2\Phi(a)-1$.

标准正态分布与一般正态分布的关系:一般正态分布 $X\sim N(\mu, \sigma^2)$,可以通过线性变换 $Z=\dfrac{X-\mu}{\sigma}\sim N(0,1)$ 转化为标准正态分布.

【必会经典题】

设 $X\sim N(\mu_1, \sigma_1^2)$,$Y\sim N(\mu_2, \sigma_2^2)$,令 $P\{|X-\mu_1|<1\}>P\{|Y-\mu_2|<1\}$,则( ).

(A)$\mu_1>\mu_2$ (B)$\mu_1<\mu_2$ (C)$\sigma_1>\sigma_2$ (D)$\sigma_1<\sigma_2$

解:$P\{|X-\mu_1|<1\}=P\left\{-\dfrac{1}{\sigma_1}<\dfrac{X-\mu_1}{\sigma_1}<\dfrac{1}{\sigma_1}\right\}=2\Phi\left(\dfrac{1}{\sigma_1}\right)-1$,

$$P\{|Y-\mu_2|<1\}=P\left\{-\dfrac{1}{\sigma_2}<\dfrac{Y-\mu_2}{\sigma_2}<\dfrac{1}{\sigma_2}\right\}=2\Phi\left(\dfrac{1}{\sigma_2}\right)-1,$$

有 $2\Phi\left(\dfrac{1}{\sigma_1}\right)-1>2\Phi\left(\dfrac{1}{\sigma_2}\right)-1$ 得 $\dfrac{1}{\sigma_1}>\dfrac{1}{\sigma_2}$,即 $\sigma_1<\sigma_2$,应选(D).

题型一   一维随机变量分布函数的概念及性质

【例1】下面四个函数中可以作为随机变量分布函数的是( ).

(A) $F(x)=\begin{cases} 0, & x<-1 \\ \dfrac{1}{2}, & -1\leqslant x<0 \\ 2, & x\geqslant 0 \end{cases}$ (B) $F(x)=\begin{cases} 0, & x<0 \\ \sin x, & 0\leqslant x<\pi \\ 1, & x\geqslant\pi \end{cases}$

(C) $F(x) = \begin{cases} 0, & x < 0 \\ \sin x, & 0 \leqslant x < \dfrac{\pi}{2} \\ 1, & x \geqslant \dfrac{\pi}{2} \end{cases}$ (D) $F(x) = \begin{cases} 0, & x < 0 \\ x + \dfrac{1}{3}, & 0 \leqslant x \leqslant \dfrac{1}{2} \\ 1, & x > \dfrac{1}{2} \end{cases}$

【例2】 设随机变量的分布函数为 $F(x) = A + B\arctan x$，则常数 $A = $ _____；$B = $ _____；$P(\mid X\mid < 1) = $ _____；概率密度 $f(x) = $ _____.

【例3】 下列函数是否为分布函数，若是，判断它是哪类随机变量的分布函数.

(1) $F(x) = \begin{cases} 0, & x < -2 \\ \dfrac{1}{2}, & -2 \leqslant x < 0 \\ 1, & x \geqslant 0 \end{cases}$ (2) $F(x) = \begin{cases} 0, & x < 0 \\ \sin x, & 0 \leqslant x < \pi \\ 1, & x \geqslant \pi \end{cases}$

(3) $F(x) = \begin{cases} 0, & x < 0 \\ \sin x, & 0 \leqslant x < \pi/2 \\ 1, & x \geqslant \pi/2 \end{cases}$ (4) $F(x) = \begin{cases} 0, & x < 0 \\ x + \dfrac{1}{2}, & 0 \leqslant x < 1/2 \\ 1, & x \geqslant 1/2 \end{cases}$

【例4】[2002 年] 设 X_1 和 X_2 是两个相互独立的连续型随机变量，它们的概率密度分别为 $f_1(x)$ 和 $f_2(x)$，分布函数分别为 $F_1(x)$ 和 $F_2(x)$，则（   ）.

(A) $f_1(x) + f_2(x)$ 必为某一随机变量的概率密度

(B) $F_1(x)F_2(x)$ 必为某一随机变量的分布函数

(C) $F_1(x) + F_2(x)$ 必为某一随机变量的分布函数

(D) $f_1(x)f_2(x)$ 必为某一随机变量的概率密度

题型二　离散型随机变量分布律

【例5】 袋中装有 5 只球，编号为 1，2，3，4，5，在袋中任取 3 只，以 X 表示取出的 3 只球中的最大号码，则 X 的分布律为_____.

【例6】 甲、乙二人轮流射击，直到靶子被击中为止，二人的命中率分别为 p_1、p_2，令甲先射击. 求二人射击次数的分布律.

【例7】 已知随机变量 ξ 有分布函数：

$$F(x) = P(\xi \leqslant x) = \begin{cases} 0, & x < 0 \\ 1/2, & 0 \leqslant x < 1 \\ 3/5, & 1 \leqslant x < 2 \\ 4/5, & 2 \leqslant x < 3 \\ 9/10, & 3 \leqslant x < 3.5 \\ 1, & x \geqslant 3.5 \end{cases}$$

试求随机变量 ξ 的分布律.

题型三　连续型随机变量的概念与计算

【例8】 非离散型随机变量就一定是连续型随机变量吗？

【例9】 连续型随机变量的密度函数一定是连续函数，对吗？

【例10】 设随机变量 X 的密度函数为：

$$f(x) = \begin{cases} a\cos x, & \mid x\mid \leqslant \pi/2 \\ 0, & \mid x\mid > \pi/2 \end{cases}$$

求：(1) 常数 a；(2) $P(X \leqslant 0)$，$P(\pi/4 \leqslant x < 100)$；(3) X 的分布函数.

题型四　用常见分布计算有关事件的概率

【**例11**】设一辆汽车在一天的某段时间内经过某地段出事故的概率为0.0001，已知在某天该时段内经过该地段有1000辆汽车，求出事故的汽车数不少于2辆的概率(利用泊松分布计算).

【**例12**】设 $X \sim N(2, \sigma^2)$，且 $P(2<X<4)=0.3$，求 $P(X<0)$.

题型五　二次方程有根、无根的概率

如果 X，Y 是随机变量，那么{方程 $u^2 + Xu + Y = 0$ 有根或无根}是一个随机事件. 根据韦达定理知，这个事件与事件{ $X^2 - 4Y \geqslant 0$ }或{ $X^2 - 4Y < 0$ }是同一事件. 因而把求方程 $u^2 + Xu + Y = 0$ 有根或无根的概率通过判别式转化为求随机变量 X，Y 在某范围内取某值的概率. 为此需先求出其概率密度函数.

【**例13**】若随机变量 ξ 在 $(1, 6)$ 内服从均匀分布，则方程 $x^2 + \xi x + 1 = 0$ 有实根的概率是_____.

五、随机变量函数的分布

1. 离散型随机变量的函数分布

设 X 是离散型随机变量，概率分布为 $P(X=x_k)=p_k$，$k=1$，2，…则随机变量 X 的函数 $Y=g(X)$ 取值 $P(x_k)$ 的概率为 $P(Y=g(x_k))=p_k$，$k=1$，2，….

如果 $g(x_k)$ 中出现相同的函数值，则将它们相应的概率之和作为随机变量 $Y=g(X)$ 取该值的概率，就可以得到 $Y=g(X)$ 的概率分布.

数据表明，冰激凌销量 X 与溺亡人数 Y 呈近似线性的函数关系 $Y=g(X)$（这并不代表二者有因果联系，而是夏天到了，后面协方差还会讲），那么我们根据历史数据可以做出明天冰激凌销量的概率分布为 $P(X=x_k)=p_k$，$k=1$，2，…，从而预测明天的溺亡人数 Y 的概率分布 $P(Y=g(x_k))=p_k$，$k=1$，2，…，从而及时应对.

再比如，正常的骰子有六个面，每个点数出现的概率是 $1/6$，现在有一个高手出老千，使得每次只出现 6 点，这就可以用上面的函数关系解释.

X	1	2	3	4	5	6
P	$\frac{1}{6}$	$\frac{1}{6}$	$\frac{1}{6}$	$\frac{1}{6}$	$\frac{1}{6}$	$\frac{1}{6}$

Y	1	2	3	4	5	6
P	0	0	0	0	0	1

对于这个里面 $Y=g(X)$，所有的 X 取值都对应 $Y=6$，这时候是多对一的，其概率是 X

的相加在一起作为 Y 的概率.

2. 连续型随机变量函数的概率密度

已知连续型随机变量 X 的概率密度为 $f_X(x)$, $Y=g(X)$, 那么怎么求 $f_Y(y)$ 呢?

比如, 我们说在细长的肉串上撒孜然, 这符合均匀分布, 而现在简单地将肉串延长 10 倍, 仍然符合均匀分布, 这就是简单的函数分布问题.

方法一: 分布函数法

先求随机变量 Y 的分布函数 $F_Y(y) = P(Y \leqslant y) = P(g(X) \leqslant y) = \displaystyle\int_{g(x) \leqslant y} f_X(x)\,dx$, 然后分布函数求导得概率密度 $f_Y(y) = F_Y'(y)$.

方法二: 公式法

若 $y = \varphi(x)$ 严格单调且其反函数 $x = h(y)$ 连续可导, 则 $Y = \varphi(X)$ 的密度为 $f_Y(y) = \begin{cases} f_X[h(y)]\,|h'(y)|, & \alpha < y < \beta \\ 0, & \text{其他} \end{cases}$, 其中 (α, β) 为函数 $y = \varphi(x)$ 的值域.

公式法是前面的分布函数法导出的, 是熟练后的简便结果应用.

【必会经典题】

(1) 设随机变量 $X \sim E(1)$, 求 $Y = e^X$ 的密度函数.

解: 方法一: 定义法

X 的密度函数为

$$f_X(x) = \begin{cases} 0, & x \leqslant 0 \\ e^{-x}, & x > 0 \end{cases} \cdot F_Y(y) = P\{Y \leqslant y\} = P\{e^X \leqslant y\}.$$

当 $y < 1$ 时, $F_Y(y) = 0$;

当 $y \geqslant 1$ 时, $F_Y(y) = P\{X \leqslant \ln y\} = \displaystyle\int_0^{\ln y} e^{-x}\,dx$, 则 $f_Y(y) = \begin{cases} 0, & y \leqslant 1 \\ \dfrac{1}{y^2}, & y > 1. \end{cases}$

方法二: 公式法

因为 X 的取值范围为 $(0, +\infty)$, 所以 $Y = e^X$ 的取值范围为 $(1, +\infty)$.

$y = e^x$ 的反函数为 $x = \ln y$, 且 $x'(y) = \dfrac{1}{y} > 0$,

故 Y 的密度函数为

$$f_Y(y) = \begin{cases} f_X(\ln y) \cdot |x'(y)|, & y > 1 \\ 0, & y \leqslant 1 \end{cases} = \begin{cases} 0, & y \leqslant 1 \\ \dfrac{1}{y^2}, & y > 1. \end{cases}$$

(2) 设 $X \sim N(0, 1)$, $Y = X^2$, 求 Y 的概率密度函数.

解: $f_X(x) = \dfrac{1}{\sqrt{2\pi}} e^{-\frac{x^2}{2}}$, $-\infty < x < +\infty$; $F_Y(y) = P\{Y \leqslant y\} = P\{X^2 \leqslant y\}$.

当 $y \leqslant 0$ 时, $F_Y(y) = 0$;

当 $y > 0$ 时, $F_Y(y) = P\{-\sqrt{y} \leqslant X \leqslant \sqrt{y}\} = \dfrac{1}{\sqrt{2\pi}} \displaystyle\int_{-\sqrt{y}}^{\sqrt{y}} e^{-\frac{t^2}{2}}\,dt = \dfrac{2}{\sqrt{2\pi}} \displaystyle\int_0^{\sqrt{y}} e^{-\frac{t^2}{2}}\,dt.$

$$\Rightarrow f_Y(y) = \begin{cases} 0, & y \leqslant 0 \\ \dfrac{1}{\sqrt{2\pi y}} e^{-\frac{y}{2}}, & y > 0. \end{cases}$$

题型六 一维随机变量函数的分布

【例14】设随机变量 X 的概率密度为 $f(x)=\begin{cases}\dfrac{2x}{\pi^2}, & 0<x<\pi \\ 0, & 其他\end{cases}$

求 $Y=\sin X$ 的密度函数.

【例15】[2002年3]假设一设备开机后无故障工作的时间 X 服从指数分布,平均无故障工作的时间(EX)为5h,设备定时开机,出现故障时自动关机,而在无故障的情况下工作2h便关机. 试求该设备开机无故障工作的时间 Y 的分布函数 $F(y)$.

结论:若连续型随机变量 X 的分布函数为 $F_X(x)$,则 X 的随机变量函数 $Y=F_X(X)$ 服从 $[0,1]$ 上的均匀分布,且与随机变量 X 服从什么分布无关.

【例16】[2003年3]设随机变量 X 的概率密度为

$$f(x)=\begin{cases}\dfrac{1}{3\sqrt[3]{x^2}}, & x\in[1,8] \\ 0, & 其他\end{cases}$$

$F_X(x)$ 是 X 的分布函数,求随机变量 $Y=F_X(X)$ 的分布函数.

【例17】设随机变量 X 的分布函数 $F(x)=\begin{cases}0, & x<0 \\ \dfrac{1}{2}x, & 0\leqslant x<1 \\ 1, & x\geqslant 1\end{cases}$

(1) 求 $Y=F(X)$ 的分布函数 $F_Y(y)$;

(2) 求 $Z=F_Y(Y)$ 的分布函数 $F_Z(z)$.

第三讲　二维随机变量及其分布

1. 理解多维随机变量的分布函数的概念和基本性质.

2. 理解二维离散型随机变量的概率分布和二维连续型随机变量的概率密度、掌握二维随机变量的边缘分布和条件分布.

3. 理解随机变量的独立性和不相关性的概念，掌握随机变量相互独立的条件，理解随机变量的不相关性与独立性的关系.

4. 掌握二维均匀分布和二维正态分布 $N(u_1, u_2; \sigma_1^2, \sigma_2^2; \rho)$，理解其中参数的概率意义.

5. 会根据两个随机变量的联合分布求其函数的分布，会根据多个相互独立随机变量的联合分布求其函数的分布.

知识讲解

一、二维随机变量及其分布函数

1. 二维随机变量

定义：设 $X = X(\omega)$，$Y = Y(\omega)$ 是定义在样本空间 $\Omega = \{\omega\}$ 上的两个随机变量，则称向量 (X, Y) 为二维随机变量(或随机向量).

比如，同学们大部分在恋爱的年纪，在恋爱中我们可以把男生 X 大致分为：责任男 X(0)，风流男 X(1)．把女生 Y 分为：谨慎女 Y(0)，风流女 Y(1)．当然现实中我们对其做数据统计有难度，但假设我们有上帝视角能精确抽样统计，那么我们就能对一个小社会结构中的恋人做出概率分布，责任男与谨慎女在一起的概率是多少、风流男与风流女在一起的概率是多少等，从而预测或者研究社会．当你失恋时也许看看这个表格能释怀些，其实大家可以想象任何的已存在过的社会结构中，风流的比例可能少但不会彻底没有．比如我们可以假设

社会中都是责任男和谨慎女，两者在这份爱情中各获得 2 分收益，而如果突然有个男人变异了想风流一下，就很容易获得 5 分收益，而谨慎女损失 2 分；或者突然有个女人想风流下，就也很容易获得 4 分收益，而责任男损失 1 分，这就打破前面的局面了，而当风流男遇到风流女，女方会损失 3 分，男方收益 1 分，这样就会使得女方回归谨慎，从而这种多方博弈开始了，如果上面的收益损失比例改变，就会形成不同的概率分布.

	责任男	风流男
谨慎女		
风流女		

2. 二维随机变量分布函数

设 (X, Y) 是二维随机变量，对于任意实数 x，y，称二元函数 $F(x, y) = P(X \leqslant x, Y \leqslant y)$，为二维随机变量 (X, Y) 的分布函数或随机变量 x 与 y 的联合分布函数，它表示随机事件 $\{X \leqslant x\}$，$\{Y \leqslant y\}$ 同时发生的概率．

3. 二维随机变量分布函数的性质

（1）非负性：对于任意实数 x，$y \in R$，$0 \leqslant F(x, y) \leqslant 1$；

（2）规范性：

$$F(-\infty, y) = \lim_{x \to -\infty} F(x, y) = 0, \qquad F(x, -\infty) = \lim_{y \to -\infty} F(x, y) = 0$$

$$F(-\infty, -\infty) = \lim_{\substack{x \to -\infty \\ y \to -\infty}} F(x, y) = 0, \qquad F(+\infty, +\infty) = \lim_{\substack{x \to +\infty \\ y \to +\infty}} F(x, y) = 1$$

（3）单调性：$F(x, y)$ 分别关于 x 和 y 单调不减；

（4）右连续性：$F(x, y)$ 分别关于 x 和 y 右连续，即

$$F(x, y) = F(x+0, y), \ F(x, y) = F(x, y+0), \ x, y \in R$$

4. 二维随机变量的边缘分布函数

设二维随机变量 (X, Y) 的分布函数为 $F(x, y)$，则称

$$F_X(x) = P\{X \leqslant x\} = P\{X \leqslant x, Y < +\infty\} = F(x, +\infty) = \lim_{y \to +\infty} F(x, y)$$

是二维随机变量 (X, Y) 关于 X 的边缘分布函数．

同理，$F_Y(y) = F(+\infty, y) = \lim\limits_{x \to +\infty} F(x, y)$ 为二维随机变量 (X, Y) 关于 Y 的边缘分布函数．

5. 二维随机变量的独立性

设二维随机变量 (X, Y) 的分布函数为 $F(x, y)$，关于 X 和关于 Y 的边缘分布函数分别为 $F_X(x)$ 和 $F_Y(y)$，如果对于任意实数 x 和 y 有 $F(x, y) = F_X(x)F_Y(y)$，则称随机变量 X 和 Y 相互独立．

二、二维离散型随机变量

1. 二维离散型随机变量定义

如果二维随机变量 (X, Y) 可能取值为有限对或无限可列多对实数，则称 (X, Y) 为二维离散型随机变量．

2. 联合分布

设二维离散型随机变量 (X, Y) 所有可能取值为 $(x_i, y_j)(i, j = 1, 2, \cdots)$，且对应的概率为 $P(X = x_i, Y = y_j) = p_{ij}(i, j = 1, 2, \cdots)$，且（1）$p_{ij} \geqslant 0$，$i, j = 1, 2, \cdots$，（2）$\sum\limits_{i=1}^{+\infty} \sum\limits_{j=1}^{+\infty} p_{ij} = 1$，则称为二维离散型随机变量 (X, Y) 的概率分布或随机变量 X 和 Y 的联合概率分布．

3. 边缘分布

对于二维离散型随机变量 (X, Y)，它的概率分布为 $P(X = x_i, Y = y_j) = p_{ij}$，$i, j = 1, 2, \cdots$

则 X 的边缘分布为：

$$P\{X = x_i\} = P\{X = x_i, Y < +\infty\} = \sum_{j=1}^{+\infty} P\{X = x_i, Y = y_i\} = \sum_{j=1}^{\infty} p_{ij} = p_i. (i = 1, 2, \cdots)$$

Y 的边缘分布为：

$$P\{Y = y_i\} = P\{X < +\infty, \ Y = y_i\} = \sum_{i=1}^{+\infty} P\{X = x_i, \ Y = y_i\} = \sum_{i=1}^{\infty} p_{ij} = p_{\cdot j}(j = 1, 2, \cdots)$$

边缘分布函数：

$$F_X(x) = P(X \leqslant x) = \sum_{x_i \leqslant x} P(X = x_i) = \sum_{x_i \leqslant x} p_i$$

$$F_Y(y) = P(Y \leqslant y) = \sum_{y_i \leqslant y} P(Y = y_i) = \sum_{y_i \leqslant y} p_i$$

4. 条件分布

设二维离散型随机变量(X, Y)的概率分布为$P(X = x_i, \ Y = y_j) = p_{ij}$, $i, j = 1, 2, \cdots$

（1）对于给定的j，如果$P(Y = y_j) > 0(j = 1, 2, \cdots)$，则称$P(X = x_i \mid Y = y_j) = \dfrac{P(X = x_i, \ Y = y_j)}{P(Y = y_j)} = \dfrac{p_{ij}}{p_j}$, $i = 1, 2, \cdots$ 为在$Y = y_j$条件下随机变量x的条件概率分布.

（2）对于给定的i，如果$P(X = x_i) > 0(i = 1, 2, \cdots)$，则称$P(Y = y_j \mid X = x_i) = \dfrac{P(X = x_i, \ Y = y_j)}{P(X = x_i)} = \dfrac{p_{ij}}{p_i}$, $j = 1, 2, \cdots$ 为在$X = x_i$条件下随机变量Y的条件概率分布.

5. 离散型随机变量 X 与 Y 的独立性

如果(X, Y)是二维离散型随机变量，则随机变量X和Y相互独立的充分必要条件是$P(Y = y_j, X = x_i) = P(X = x_i)P(Y = y_j) = p_{ij}$, $i, j = 1, 2, \cdots$，即

$$p_{ij} = p_i p_j, \ i, j = 1, 2, \cdots.$$

【必会经典题】

（1）设二维离散型随机变量(x, y)的联合概率分布为

X \ Y	1	2	3	4
1	$\frac{1}{4}$	0	0	0
2	$\frac{1}{8}$	$\frac{1}{8}$	0	0
3	$\frac{1}{12}$	$\frac{1}{12}$	$\frac{1}{12}$	0
4	$\frac{1}{16}$	$\frac{1}{16}$	$\frac{1}{16}$	$\frac{1}{16}$

求X与Y的边缘分布律，判断X与Y是否独立.

解：$P_{1\cdot} = P_{2\cdot} = P_{3\cdot} = P_{4\cdot} = \dfrac{1}{4}$； $P_{\cdot 1} = \dfrac{1}{4} + \dfrac{1}{8} + \dfrac{1}{12} + \dfrac{1}{16} = \dfrac{25}{48}$； $P_{\cdot 2} = \dfrac{1}{8} + \dfrac{1}{12} + \dfrac{1}{16} = \dfrac{13}{48}$；

$P_{\cdot 3} = \dfrac{1}{12} + \dfrac{1}{16} = \dfrac{7}{48}$； $P_{\cdot 4} = \dfrac{1}{16}$； X与Y不相互独立

（2）设 A，B 为两个随机事件，且$P(A) = \dfrac{1}{4}$，$P(B \mid A) = P(A \mid B) = \dfrac{1}{2}$，令$U = \begin{cases} 1, & A \text{ 发生} \\ 0, & A \text{ 不发生} \end{cases}$，

$V = \begin{cases} 1, & B \text{ 发生} \\ 0, & B \text{ 不发生} \end{cases}$，求$(U, V)$的联合分布.

解：由$P(A) = \dfrac{1}{4}$，$P(B \mid A) = P(A \mid B) = \dfrac{1}{2}$，得$P(A) = P(B) = \dfrac{1}{4}$，$P(AB) = \dfrac{1}{8}$，$(U, V)$的可能取值为$(0, 0)$，$(0, 1)$，$(1, 0)$，$(1, 1)$，

$$P\{U = 0, V = 0\} = P(\overline{A + B}) = 1 - P(A + B) = 1 - P(A) - P(B) + P(AB) = \frac{5}{8},$$

$$P\{U = 0, V = 1\} = P(A\overline{B}) = P(A) - P(AB) = \frac{1}{8},$$

$$P\{U = 1, V = 0\} = P(\overline{A}B) = P(B) - P(AB) = \frac{1}{8},$$

$$P\{U = 1, V = 1\} = P(AB) = \frac{1}{8}.$$

题型一 二维离散型随机变量的分布律

【例1】设 X, Y 相互独立且都服从0-1分布: $\begin{array}{c|cc} X & 0 & 1 \\ \hline P & 0.5 & 0.5 \end{array}$, $\begin{array}{c|cc} Y & 0 & 1 \\ \hline P & 0.5 & 0.5 \end{array}$, 则下列结论正确的是(　　).

(A) $X = Y$　　　　(B) $P(X = Y) = 0$　　　　(C) $P(X = Y) = 0.5$　　　　(D) $P(X = Y) = 1$

【例2】一射手进行射击,击中目标的概率为 $p(0<p<1)$,射击到击中目标两次为止.设以 X 表示首次击中目标所进行的射击次数,以 Y 表示总共进行的射击次数,试求 X 和 Y 的联合分布律及条件分布律.

【例3】设随机变量 X 在1,2,3,4四个整数中等可能地取一个值,另一个随机变量 Y 在1,2,…,X 中等可能的取一个值,则 (X, Y) 的联合分布律为_____.

【例4】设 (X, Y) 的联合分布律为

$X \backslash Y$	1	2
1	$\frac{1}{8}$	b
2	a	$\frac{1}{4}$
3	$\frac{1}{24}$	$\frac{1}{8}$

求:(1) a, b 满足的条件;(2) 若 X 与 Y 相互独立,求 a, b.

【例5】[2001年1]设某班车起点站上车人数 X 服从参数为 $\lambda(\lambda > 0)$ 的泊松分布,每位乘客在途中下车的概率为 $p(0 < p < 1)$,且中途下车与否相互独立,以 Y 表示在中途下车的人数,求:

(1) 在发车时有 n 个乘客的条件下,中途有 m 个人下车的概率;

(2) 二维随机变量 (X, Y) 的概率分布.

三、二维连续型随机变量

1. 定义

设二维随机变量 (X, Y) 的分布函数为 $F(x, y)$,如果存在非负可积的二元函数 $f(x, y)$,使得对任意实数 x, y,有 $F(x, y) = \int_{-\infty}^{y} \int_{-\infty}^{x} f(u, v) \mathrm{d}u \mathrm{d}v$,则称 (X, Y) 为二维连续型随机变量,称函数 $f(x, y)$ 为二维随机变量 (X, Y) 的概率密度函数或随机变量 X 和 Y 的联合概率密度.

比如我们说颜值 X 和身高 Y 都是近似正态分布的,那么他们组合在一起 (X, Y) 就能描述一个人的大致外在形象.

而 $F(x, y) = \int_{-\infty}^{x} \int_{-\infty}^{y} f(u, v) \mathrm{d}u \mathrm{d}v$,就是其分布函数.

2. 性质

（1）$f(x, y) \geqslant 0$；

（2）$\int_{-\infty}^{+\infty} \int_{-\infty}^{+\infty} f(x, y) \mathrm{d}x\mathrm{d}y = 1$；

（3）若 $f(x, y)$ 在点 (x, y) 处连续，则有 $f(x, y)$
$= \dfrac{\partial^2 F(x, y)}{\partial x \partial y}$；

（4）设 D 是 xOy 平面上任一区域，则点 (x, y) 落在 D
内的概率为：$P((X, Y) \in D) = \iint\limits_{D} f(x, y) \mathrm{d}x\mathrm{d}y.$

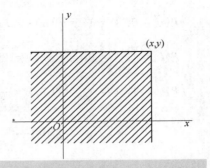

【必会经典题】

① 设二维随机变量 (X, Y) 具有概率密度

$$f(x, y) = \begin{cases} 2\mathrm{e}^{-(2x+y)}, & x > 0, y > 0 \\ 0, & \text{其他}. \end{cases}$$

（1）求分布函数 $F(x, y)$；（2）求概率 $P\{Y \leqslant X\}$.

解：（1）$F(x, y) = \int_{-\infty}^{y} \int_{-\infty}^{x} f(x, y) \mathrm{d}x\mathrm{d}y = \begin{cases} \int_0^y \int_0^x 2\mathrm{e}^{-(2x+y)} \mathrm{d}x\mathrm{d}y, & x > 0, y > 0, \\ 0, & \text{其他}. \end{cases}$

即有 $F(x, y) = \begin{cases} (1 - \mathrm{e}^{-2x})(1 - \mathrm{e}^{-y}), & x > 0, y > 0, \\ 0, & \text{其他}. \end{cases}$

（2）将 (X, Y) 看作是平面上随机点的坐标. 即有

$$\{Y \leqslant X\} = \{(X, Y) \in G\},$$

其中，G 为 xOy 平面上直线 $y = x$ 及其下方的部分，如右图.

于是，$P\{Y \leqslant X\} = P\{(X, Y) \in G\} = \iint\limits_{G} f(x, y) \mathrm{d}x\mathrm{d}y =$

$\int_0^{+\infty} \int_y^{+\infty} 2\mathrm{e}^{-(2x+y)} \mathrm{d}x\mathrm{d}y = \dfrac{1}{3}.$

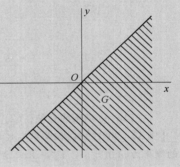

3. 边缘概率密度

定义：设 (X, Y) 为连续型随机变量，它的概率密度函数为 $f(x, y)$.

X 的边缘概率密度为 $f_x(x) = \int_{-\infty}^{+\infty} f(x, y) \mathrm{d}y$

Y 的边缘概率密度为 $f_y(y) = \int_{-\infty}^{+\infty} f(x, y) \mathrm{d}x$

通常分别称 $f_X(x)$ 和 $f_Y(y)$ 为二维随机变量 (X, Y) 关于 X 和 Y 的边缘概率密度.

4. 二维连续型随机变量的条件概率密度

设二维随机变量 (X, Y) 的概率密度为 $f(x, y)$，则：

（1）对于给定的实数 y，边缘概率密度 $f_Y(y) > 0$，则称 $f_{X|Y}(x \mid y) = \dfrac{f(x, y)}{f_Y(y)}$ 为在条件
$Y = y$ 下 X 的条件概率密度.

（2）对于给定的实数 x，边缘概率密度 $f_X(x) > 0$，则称 $f_{Y|X}(y \mid x) = \dfrac{f(x, y)}{f_X(x)}$ 为在条件
$X = x$ 下 Y 的条件概率密度.

5. 二维连续型随机变量的独立性

如果二维随机变量(X, Y)的概率密度为$f(x, y)$，边缘概率密度分别为$f_X(x)$和$f_Y(y)$，则随机变量X和Y相互独立的充要条件是$f(x, y) = f_X(x)f_Y(y)$，对任意的$x, y \in R$. 比如大家可以看下面典型的红烧肉的例子.

6. 两个常见的二维连续型随机变量的分布

（1）二维均匀分布

定义：设G是平面上有界可求面积的区域，其面积为S_G，若二维随机变量(X, Y)的概率密度$f(x, y) = \begin{cases} \dfrac{1}{S_G} & (x, y) \in G \\ 0 & (x, y) \notin G \end{cases}$ 则称(X, Y)服从区域G上的二维均匀分布.

性质：若在各边平行于坐标轴的矩形区域$D = \{(x, y) \mid a \leqslant x \leqslant b, \ c \leqslant y \leqslant d\}$上服从均匀分布的随机变量$(X, Y)$，则它的两个分量$X$和$Y$是独立的，并且分别服从区间$[a, b]$，$[c, d]$上的一维均匀分布.

比如在一块红烧肉顶部上撒点佐料，那么撒在某一区域的概率就是二维均匀分布，如果红烧肉顶部是完美的矩形并且放在二维坐标系中，让各边平行于坐标轴，那么两个分量就是独立的并且分别服从一维均匀分布，而如果这块肉是矩形但是放到坐标轴里斜着，各边不平行于坐标轴，或者形状是菱形等非矩形，那么两个分量就不是独立的.

【必会经典题】

（1）设$(X, Y) \sim U(D)$，其中$D = \{(x, y) \mid 0 < x < 1, \ |y| < x\}$，求：
①$f_X(x)$，$f_Y(y)$；　　　　　　　②$f_{Y|X}(y \mid x)$，$f_{X|Y}(x \mid y)$.

解：(X, Y)的联合密度函数为$f(x, y) = \begin{cases} 0, & (x, y) \notin D \\ 1, & (x, y) \in D \end{cases}$

①$f_X(x) = \displaystyle\int_{-\infty}^{+\infty} f(x, y) \, dy$，当$x \leqslant 0$或$x \geqslant 1$时，$f_X(x) = 0$；

当$0 < x < 1$时，$f_X(x) = \displaystyle\int_{-x}^{x} dy = 2x$，故$f_X(x) = \begin{cases} 2x, & 0 < x < 1 \\ 0, & 其他 \end{cases}$.

$f_Y(y) = \displaystyle\int_{-\infty}^{+\infty} f(x, y) \, dx$，当$y \leqslant -1$或$y \geqslant 1$时，$f_Y(y) = 0$；

当$-1 < y < 0$时，$f_Y(y) = \displaystyle\int_{-y}^{1} dx = 1 + y$；

当$0 \leqslant y < 1$时，$f_Y(y) = \displaystyle\int_{y}^{1} dx = 1 - y$，故$f_Y(y) = \begin{cases} 1 + y, & -1 < y < 0 \\ 1 - y, & 0 \leqslant y < 1 \\ 0, & 其他 \end{cases}$

②在$X = x (0 < x < 1)$下，Y对X的条件密度为$f_{Y|X}(y \mid x) = \begin{cases} \dfrac{1}{2x}, & |y| < x \\ 0, & 其他 \end{cases}$.

在$Y = y (|y| < 1)$下，X对Y的条件密度为$f_{X|Y}(x \mid y) = \begin{cases} \dfrac{1}{1 - |y|}, & |y| < x < 1 \\ 0, & 其他 \end{cases}$.

（2）设随机变量$X \sim U(0, 1)$，在$X = x (0 < x < 1)$的条件下，随机变量$Y \sim U(0, x)$，求：①(X, Y)的联合概率密度函数$f(x, y)$；　②求(X, Y)关于Y的边缘密度函数；
③求概率$P\{X + Y > 1\}$；　　　　　　④求$P\{X^2 + Y^2 \leqslant 1\}$

解: ① $f_X(x) = \begin{cases} 1, & 0 < x < 1 \\ 0, & 其他 \end{cases}$, $f_{Y|X}(y \mid x) = \begin{cases} \dfrac{1}{x}, & 0 < y < x \\ 0, & 其他 \end{cases}$.

$$\Rightarrow f(x, y) = f_X(x) f_{Y|X}(y \mid x) = \begin{cases} \dfrac{1}{x}, & 0 < y < x < 1 \\ 0, & 其他 \end{cases}$$

② $f_Y(y) = \displaystyle\int_{-\infty}^{+\infty} f(x, y)\,\mathrm{d}x$ 当 $0 < y < 1$ 时, $f_Y(y) = \displaystyle\int_y^1 \frac{1}{x}\,\mathrm{d}x = \ln\frac{1}{y}$;

当 $y \leqslant 0$ 或 $y \geqslant 1$ 时, $f_Y(y) = 0.$ $\Rightarrow f_Y(y) = \begin{cases} \ln\dfrac{1}{y}, & 0 < y < 1 \\ 0, & 其他 \end{cases}.$

③ $P\{X + Y > 1\} = \displaystyle\iint_{x+y>1} f(x, y)\,\mathrm{d}x\mathrm{d}y = \int_{\frac{1}{2}}^1 \mathrm{d}x \int_{\frac{1}{2}}^x \frac{1}{x}\,\mathrm{d}y = 1 - \ln 2.$

④ $P\{X^2 + Y^2 \leqslant 1\} = \displaystyle\iint_{x^2+y^2 \leqslant 1} f(x, y)\,\mathrm{d}x\mathrm{d}y = \int_0^{\frac{\pi}{4}} \mathrm{d}\theta \int_0^1 \sec\theta\,\mathrm{d}r$

$$= \int_0^{\frac{\pi}{4}} \sec\theta\,\mathrm{d}\theta = \ln|\sec\theta + \tan\theta|\,\big|_0^{\frac{\pi}{4}} = \ln\left(1 + \sqrt{2}\right).$$

（2）二维正态分布

如果二维连续型随机变量 (X, Y) 的概率密度为

$$f(x, y) = \frac{1}{2\pi\sigma_1\sigma_2\sqrt{1-\rho^2}}\exp\left\{\frac{-1}{2(1-\rho^2)}\left[\frac{(x-\mu_1)^2}{\sigma_1^2} - \frac{2\rho(x-\mu_1)(y-\mu_2)}{\sigma_1\sigma_2} + \frac{(y-\mu_2)^2}{\sigma_2^2}\right]\right\}, \quad x, y \in R$$

其中 μ_1, μ_2, $\sigma_1 > 0$, $\sigma_2 > 0$, $-1 < \rho < 1$ 均为常数, 则称 (X, Y) 服从参数为 μ_1, μ_2, σ_1, σ_2 和 ρ 的二维正态分布, 记作 $(X, Y) \sim N(\mu_1, \mu_2, \sigma_1^2, \sigma_2^2, \rho)$, 也称 (X, Y) 为二维正态随机变量. 比如颜值与身高放在一起就是二维正态分布.

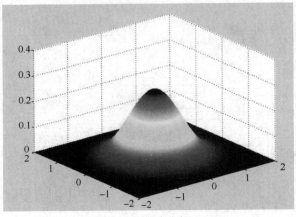

二维正态分布

若 $(X, Y) \sim N(\mu_1, \mu_2, \sigma_1^2, \sigma_2^2, \rho)$, 则有以下重要性质:

① 边缘分布都是服从一维正态分布, 即 $X \sim N(\mu_1, \sigma_1^2)$, $Y \sim N(\mu_2, \sigma_2^2)$.

② X 和 Y 任意的非零线性组合 $aX + bY$ 服从一维正态分布. 比如我们说身高和颜值是符合正态分布的, 而财富是幂率分布, 那么先不管财富, 将身高 X 与颜值 Y 组合, $aX + bY$ 就可以是准男朋友指数, 这里的系数按照个人偏好调整比例即可, 这样的准男朋友依然是正态分

布的，希望你能找到那个正态曲线右侧长尾部分的又高又帅的真爱.

其实除了线性组合之外，两个正态分布密度的乘积、卷积还是正态分布，这反映了正态分布的稳定性，后面章节中心极限定理还会揭示更多类似的稳定性，就像蚯蚓一样具有再生的性质，你把它一刀两断，它生成两个正态分布；或者说正态分布极其纯粹，它的组成成分中只能包含正态分布，而不可能含有其他杂质.

③ X 和 Y 相互独立的充要条件是相关系数 $\rho=0$. 相关系数我们后面会讲，它反映了两个变量的线性关系，如果两个变量不存在线性关系，存在非线性关系，比如 $Y=X^2$，相关系数还是 $\rho=0$. 而独立就是没有函数关系，那么本结论可以看出，对于服从二维正态分布的两个变量，要么有一定程度的线性关系，要么没有关系，不会存在非线性关系.

注意：若 X，Y 分别为服从正态分布的话，$(X，Y)$ 是不一定服从二维正态分布的.

因此，我们总结两点：① 两个相互独立的正态分布，其线性组合为正态分布；② 如果两个正态分布的联合服从二维正态分布，那么其线性组合也服从正态分布，且不相关与独立等价.

题型二　二维连续型随机变量概率密度

【例6】设 $(X，Y)$ 的联合概率密度为 $f(x，y)=\begin{cases}x+y, & 0<x<1, \ 0<y<1 \\ 0, & \text{其他}\end{cases}$，则 $P(0<X<0.5, \ 0<Y<0.5)=(\quad)$.

(A) $\dfrac{1}{2}$　　　　　(B) $\dfrac{1}{4}$　　　　　(C) $\dfrac{1}{8}$　　　　　(D) $\dfrac{1}{16}$

【例7】设二维随机变量 $(X，Y)$ 的联合概率密度为 $f(x，y)=ae^{\frac{x^2+y^2}{6}}$，则 $a=(\quad)$.

(A) $\dfrac{1}{2\pi}$　　　　　(B) $\dfrac{1}{12\pi}$　　　　　(C) $\dfrac{1}{24\pi}$　　　　　(D) $\dfrac{1}{6\pi}$

【例8】设随机变量 $(X，Y)$ 的联合概率密度为 $f(x，y)=\begin{cases}C(x^2+xy), & 0<x<1, \ 0<y<x \\ 0, & \text{其他}\end{cases}$，则常数 $C=$

_____；边缘概率密度 $f_X(x)=$ _____；边缘概率密度 $f_Y(y)=$ _____.

【例9】设随机变量 $(X，Y)$ 的联合分布函数为 $F(x，y)=\dfrac{1}{\pi^2}\left(\dfrac{\pi}{2}+\arctan\dfrac{x}{3}\right)\left(\dfrac{\pi}{2}+\arctan\dfrac{y}{2}\right)$，则 $(X，Y)$ 的联合概率密度为 _____.

【例10】[2003年1]设二维随机变量 $(X，Y)$ 的概率密度为 $f(x，y)=\begin{cases}6x, & 0\leqslant x\leqslant y\leqslant 1 \\ 0, & \text{其他}\end{cases}$，则 $P(X+Y\leqslant 1)=$ _____.

题型三　二维连续型随机变量分布函数

【例11】设随机变量 $(X，Y)$ 的联合分布函数为 $F(x，y)=\begin{cases}1-e^{-x}-e^{-y}+e^{-x-y}, & x>0, \ y>0 \\ 0, & \text{其他}\end{cases}$，则边缘分布函数 $F_X(x)=$ _____ $F_Y(y)=$ _____.

【例12】设二维随机变量 $(X，Y)$ 的联合概率密度为 $f(x，y)=\begin{cases}Ke^{-(2x+y)}, & x>0, \ y>0 \\ 0, & \text{其他}\end{cases}$，则常数 $K=$

_____；联合分布函数 $F(x，y)=$ _____ $P(Y\leqslant X)=$ _____.

题型四　条件概率密度

【例13】设二维随机变量 $(X，Y)$ 服从单位圆盘上的均匀分布.

(1) 求 $f_{X|Y}(x|y)$, $f_{Y|X}(y|x)$;

(2) $P(0 \leqslant X \leqslant 1 | 0 \leqslant Y \leqslant 1)$.

【例14】设随机变量 X 在区间 $(0,1)$ 上服从均匀分布, 在 $X=x(0<x<1)$ 的条件下, 随机变量 Y 在区间 $(0,x)$ 上服从均匀分布, 求:

(1) 随机变量 X 和 Y 的联合概率密度;

(2) Y 的概率密度;

(3) 概率 $P\{X+Y>1\}$.

【例15】设 (X,Y) 的密度为 $f(x,y)=\begin{cases} 8xy, & 0<y<x<1, \\ 0, & \text{其他}. \end{cases}$, 计算 $P\{Y<EY|X=EX\}$.

四、二维随机变量函数的分布

1. 两个离散型随机变量函数的概率分布

已知 (X,Y) 的概率分布为 $P(X=x_i, Y=y_j)=p_{ij}$, $i,j=1,2,\cdots$, 则 $Z=g(X,Y)$ 的概率分布为

$Z=g(X,Y)$	$g(x_1,y_1)$	$\cdots\cdots$	$g(x_i,y_j)$	$\cdots\cdots$
P	p_{11}	$\cdots\cdots$	p_{ij}	$\cdots\cdots$

比如对我们前面讨论的恋爱分布, 可以做一个函数 $Z=g(X,Y)$ 衡量恋爱的幸福水平, 或者痛苦水平.

	责任男	风流男
谨慎女		
风流女		

【必会经典题】

① 设随机变量 X, Y, Z 相互独立且服从同一贝努利分布 $B(1,p)$. 试证明随机变量 $X+Y$ 与 Z 相互独立.

X	0	1
P	q	p

$X+Y$	0	1	2
P	q^2	$2qp$	p^2

$$P(X+Y=0, Z=0)=q^3=P(X+Y=0)P(Z=0);$$
$$P(X+Y=0, Z=1)=pq^2=P(X+Y=0)P(Z=1);$$
$$p(X+Y=1, Z=0)=2pq^2=P(X+Y=1)P(Z=0);$$
$$P(X+Y=1, Z=1)=2pq^2=P(X+Y=1)P(Z=1);$$
$$P(X+Y=2, Z=0)=pq^2=P(X+Y=2)P(Z=0);$$
$$P(X+Y=2, Z=1)=p^3=P(X+Y=2)P(Z=1).$$

所以 $X+Y$ 与 Z 相互独立.

2. 两个连续型随机变量连续函数的分布

已知二维连续型随机变量 (X,Y) 的概率密度为 $f(x,y)$, 求随机变量函数 $Z=g(X,Y)$

的概率密度 $f_Z(z)$.

采用分布函数法：先求出 Z 的分布函数 $F_Z(z)$，然后求导得到概率密度 $f_Z(z) = F_Z'(z)$.

设 $Z = g(X, Y)$ 的分布函数为 $F_Z(z)$，则

$$F_Z(z) = P(Z \leqslant z) = P(g(X, Y) \leqslant z) = \iint\limits_{g(x, y) \leqslant z} f(x, y)\,\mathrm{d}x\mathrm{d}y$$

常见的函数分布：

（1）若 $Z = X+Y$，则 Z 的概率密度为 $f_Z(z) = \int_{-\infty}^{+\infty} f(x, z-x)\,\mathrm{d}x$ 或 $f_Z(z) = \int_{-\infty}^{+\infty} f(z-y, y)\,\mathrm{d}y$.

若 X 与 Y 独立，则 $f_Z(z) = \int_{-\infty}^{+\infty} f_X(x)f_Y(z-x)\,\mathrm{d}x$ 或 $f_Z(z) = \int_{-\infty}^{+\infty} f_X(z-y)f_Y(y)\,\mathrm{d}y$，这个公式称为独立和卷积公式.

为啥叫"卷积"？这是由于在 X，Y 有一定取值范围时，$Z = X+Y$ 在 Z 取不同的值就形成不同的直线，这些直线如下图，它们的变化过程就像将区域卷起来一样，和下图的卷手卷、卷饼是类似的，因此这个积分称为"卷"积.

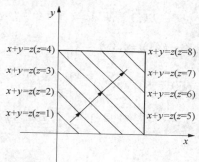

上面 Z 的概率密度是针对 $Z = X+Y$ 这个最简单的形式的，如果变为 $Z = 2X + 3Y$ 就不行了，需要改变，因此我们要掌握一个引申的公式：

已经 $z = g(x, y)$，解出 $y = h(x, z)$，$f_Z(z) = \int_{-\infty}^{+\infty} f(x, h(x, z)) \left| \dfrac{\partial h}{\partial z} \right| \mathrm{d}x$

该公式和一元随机变量函数的分布中的公式法求概率密度是类似的.

有了上面的结果，$Z = \dfrac{Y}{X}$ 的分布、$Z = XY$ 的分布 就好记忆了：

$$f_{Y/X}(Z) = \int_{-\infty}^{\infty} |x| f(x, xz)\,\mathrm{d}x, \qquad f_{XY}(Z) = \int_{-\infty}^{\infty} \frac{1}{|x|} f\left(x, \frac{z}{x}\right)\mathrm{d}x.$$

【小结论】对于 $U = X+Y$

$X \sim B(m, p)$，$Y \sim B(n, p)$，且 X，Y 独立，则 $U \sim B(m+n, p)$；

$X \sim P(\lambda_1)$，$Y \sim P(\lambda_2)$，且 X，Y 相互独立，则 $U \sim P(\lambda_1 + \lambda_2)$；

若随机变量 X，Y 相互独立，且 $X \sim N(\mu_1,\ \sigma_1^2)$，$Y \sim N(\mu_2,\ \sigma_2^2)$，则随机变量 $Z = aX + bY$（其中 a，b 为常数）仍然服从正态分布，且 $Z \sim N(a\mu_1 + b\mu_2,\ a^2\sigma_1^2 + b^2\sigma_2^2)$.

（2）$U = \min\{X,\ Y\}$，$V = \max\{X,\ Y\}$

最大、最小无非就是排序，比如游戏排名，这是很常见的，但其分布函数却不这么简单，请看下面的具体分析.

设 X，Y 相互独立，且分布函数分别为，$F_X(x)$，$F_Y(y)$，则

$$F_U(u) = P\{U \leqslant u\} = P\{\min\{X,\ Y\} \leqslant u\} = 1 - P\{\min\{X,\ Y\} > u\}$$
$$= 1 - P\{X > u,\ Y > u\}$$
$$= 1 - P\{X > u\}P\{Y > u\} = 1 - [1 - P\{X \leqslant u\}] \cdot [1 - P\{Y \leqslant u\}]$$
$$= 1 - [1 - F_X(u)] \cdot [1 - F_Y(u)]$$
$$F_V(\nu) = P\{V \leqslant \nu\} = P\{\max\{X,\ Y\} \leqslant \nu\} = P\{X \leqslant \nu,\ Y \leqslant \nu\}$$
$$= P\{X \leqslant \nu\}P\{Y \leqslant \nu\} = F_X(\nu)F_Y(\nu)$$

【必会经典题】

（1）设随机变量 $X \sim U(0,\ 1)$，$Y \sim E(1)$，且 X，Y 相互独立，求 $Z = 2X + Y$ 的概率密度.

解：方法一：$X \sim U(0,\ 1)$，$Y \sim E(1) \Rightarrow f_X(x) = \begin{cases} 1, & 0 < x < 1 \\ 0, & \text{其他} \end{cases}$，$f_Y(y) = \begin{cases} e^{-y}, & y > 0 \\ 0, & y \leqslant 0 \end{cases}$.

因为 X，Y 相互独立，所以 $f(x,\ y) = f_X(x)f_Y(y) = \begin{cases} e^{-y}, & 0 < x < 1,\ y > 0 \\ 0, & \text{其他} \end{cases}$.

$$\Rightarrow F_Z(z) = P\{2X + Y \leqslant z\} = \iint\limits_{2x+y \leqslant z} f(x,\ y)\,\mathrm{d}x\mathrm{d}y.$$

当 $z < 0$ 时，$F_Z(z) = 0$；

当 $0 \leqslant z < 2$ 时，$F_Z(z) = \int_0^{\frac{z}{2}}\mathrm{d}x\int_0^{z-2x} e^{-y}\mathrm{d}y = \frac{1}{2}(z - 1 + e^{-z})$；

当 $z \geqslant 2$ 时，$F_Z(z) = \int_0^1\mathrm{d}x\int_0^{z-2x} e^{-y}\mathrm{d}y = 1 - \dfrac{e^2 - 1}{2}e^{-z}$.

$$\Rightarrow F_Z(z) = \begin{cases} 0, & z < 0 \\ \dfrac{1}{2}(z - 1 + e^{-z}), & 0 \leqslant z < 2 \\ 1 - \dfrac{e^2 - 1}{2}e^{-z}, & z \geqslant 2 \end{cases}$$

$$\therefore f_Z(z) = F_Z'(z) = \begin{cases} \dfrac{1}{2} - \dfrac{1}{2}e^{-z}, & 0 \leqslant z < 2, \\ \dfrac{e^2 - 1}{2}e^{-z}, & z \geqslant 2 \end{cases}$$

方法二（卷积公式）：根据题意得 $f(x,\ y) = f_X(x)f_Y(y) = \begin{cases} e^{-y}, & 0 < x < 1,\ y > 0 \\ 0, & \text{其他} \end{cases}$

$$Z = 2X + Y \Rightarrow X = \frac{1}{2}(Z - Y).$$

$\because 0 < X < 1$，$\therefore 0 < \dfrac{1}{2}(Z - Y) < 1 \Rightarrow Z - 2 < Y < Z$，并且根据题设，$Y > 0$

$\begin{cases} Z - 2 < Y < Z \\ Y > 0 \end{cases} \Rightarrow \begin{cases} 0 \leqslant Z < 2 \text{ 时，} 0 < Y < Z \\ Z \geqslant 2 \text{ 时，} Z - 2 < Y < Z \end{cases}$

根据卷积公式有 $f_Z(z) = \int_{-\infty}^{+\infty} \frac{1}{2} f(\frac{1}{2}(z-y), y) \mathrm{d}y = \int_{-\infty}^{+\infty} \frac{1}{2} e^{-y} \mathrm{d}y$

$$= \begin{cases} \int_0^z \frac{1}{2} e^{-y} \mathrm{d}y = \frac{1}{2} - \frac{1}{2} e^{-z}, & 0 \leq z < 2, \\ \int_{z-2}^z \frac{1}{2} e^{-y} \mathrm{d}y = \frac{e^2 - 1}{2} e^{-z}, & z \geq 2, \end{cases}$$

(2) 设随机变量(X, Y)的联合密度函数为 $f(x, y) = \begin{cases} 2 - x - y, & 0 < x, y < 1 \\ 0, & \text{其他} \end{cases}$

① 求 $P\{X > 2Y\}$;② 设 $Z = X + Y$,求 Z 的概率密度函数.

解:① $P\{X > 2Y\} = \iint\limits_{x > 2y} f(x, y) \mathrm{d}x\mathrm{d}y = \int_0^{\frac{1}{2}} \mathrm{d}y \int_{2y}^1 (2 - x - y) \mathrm{d}x = \frac{7}{24}.$

② $F_Z(z) = P\{Z \leq z\} = P\{X + Y \leq z\} = \iint\limits_{x+y \leq z} f(x, y) \mathrm{d}x\mathrm{d}y.$

当 $z < 0$ 时,$F_Z(z) = 0$;

当 $0 \leq z < 1$ 时,$F_Z(z) = \int_0^z \mathrm{d}y \int_0^{z-y} (2 - x - y) \mathrm{d}x = z^2 - \frac{z^3}{3}$;

当 $1 \leq z < 2$ 时,$F_Z(z) = 1 - \int_{z-1}^1 \mathrm{d}y \int_{z-y}^1 (2 - x - y) \mathrm{d}x = 1 - \frac{(2-z)^3}{3}$;

当 $z \geq 2$ 时,$F_Z(z) = 1.$

$$\Rightarrow f_Z(z) = \begin{cases} 2z - z^2, & 0 < z < 1 \\ (2-z)^2, & 1 \leq z < 2. \\ 0, & \text{其他} \end{cases}$$

题型五 两个连续型随机变量函数的分布

【例16】设 X,Y 相互独立且都服从参数为1的指数分布,令 $Z = X + Y$,则 $P(1 < Z \leq 2) = ($).
(A) $2e^{-1} - 3e^{-2}$ (B) $3e^{-1} - 2e^{-2}$ (C) $e^{-1} - 2e^{-2}$ (D) $2e^{-1} - e^{-2}$

【例17】设(X, Y)的联合密度为 $f(x, y) = \begin{cases} Cxe^{-y}, & 0 < x < y < +\infty \\ 0, & \text{其他} \end{cases}$

(1) 求 C;

(2) 求关于 X 和关于 Y 的边缘密度;

(3) 求 $Z = X + Y$ 的密度函数.

【例18】设二维随机变量(X, Y)在矩形 $G = \{(x, y) \mid 0 \leq x \leq 2, 0 \leq y \leq 1\}$ 上服从均匀分布,试求边长为 X 和 Y 的矩形面积 S 的概率密度 $f(s)$.

【例19】设(X, Y)的联合概率密度为 $f(x, y) = \begin{cases} x + y, & 0 < x < 1, 0 < y < 1 \\ 0, & \text{其他} \end{cases}$ 求:

(1) $Z = X + Y$ 的概率密度;

(2) $Z = XY$ 的概率密度.

【例20】在区间$[0, 1]$上随机取两个数 X 与 Y,记 $U = \min\{X, Y\}$,$V = \max\{X, Y\}$.

(1) 求 (U, V) 的密度函数 $f_{UV}(u, v)$;

(2) 问 U 与 $W = V - U$ 是否同分布?

题型六 卷积公式的运用

总结:该类型主要需要注意的是积分范围的求解与讨论.

【例21】设 X，Y 相互独立且都服从区间$(0，1)$上的均匀分布，求 $Z=X+Y$ 的概率密度$f_Z(z)$.

题型七　离散型与连续型函数的分布

总结：该题型主要结合全概公式，对离散型随机变量当作完备事件组讨论.

【例22】设随机变量 X 与 Y 相互独立，且 X 服从区间$(0，1)$上的均匀分布，Y 的概率分布为 $P(Y=0)=P(Y=1)=P(Y=2)=\dfrac{1}{3}$，记 $F_Z(z)$ 为 $Z=Y/X$ 的分布函数，则函数 $F_Z(z)$ 的间断点的个数为（　　　）.

(A) 0　　　　　　　(B) 1　　　　　　　(C) 2　　　　　　　(D) 3

【例23】设随机变量 X，Y 相互独立，X 的概率分布为 $P\{X=i\}=\dfrac{1}{3}$，$i=-1，0，1$，Y 的概率密度为

$$f_Y(y)=\begin{cases}1，& 0\leqslant y<1\\0，& \text{其他}\end{cases}，\ 记\ Z=X+Y$$

(1) 求 $P\left\{Z\leqslant\dfrac{1}{2}\,\middle|\,X=0\right\}$；(2) 求 Z 的概率密度.

第四讲　随机变量的数字特征

 大纲要求

1. 理解随机变量数字特征(数学期望、方差、标准差、矩、协方差、相关系数)的概念，会运用数字特征的基本性质，并掌握常用分布的数字特征.

2. 会求随机变量函数的数学期望.

 知识讲解

一、随机变量的数学期望

1. 离散型随机变量的数学期望

（1）一维离散型随机变量的数学期望

设随机变量 X 的概率分布为 $P\{X=x_i\}=p_i(i=1,2,\cdots)$，若级数 $\sum_{i=1}^{\infty}x_ip_i$ 绝对收敛，则称 $\sum_{i=1}^{\infty}x_ip_i$ 为随机变量 X 的数学期望，记作 $E(X)$，即 $E(X)=\sum_{i=1}^{\infty}x_ip_i$；如果级数 $\sum_{i=1}^{\infty}|x_i|p_i$ 发散，则称 X 的数学期望不存在.

比如，右图的火中取栗，假设这个小猴子非常喜欢栗子，取到一颗获得 100 分益处($X=100$)，取不到会被烫，受到 10 分伤害($X=-10$)，假设它的技术取到概率为 1/10，那么可以计算数学期望 $100\times1/10+(-10)\times9/10=1$，也就是虽然冒险但是平均收益是正的，值得多次尝试. 也就是数学期望是对概率事件未来期许结果的平均估计，人们之所以选择做一件事，在不违法不违道德的情况下，也大部分像上面火中取栗一样权衡利弊和成功率，从而做出选择.

（2）一维离散型随机变量函数的数学期望

若 X 是离散型随机变量，其概率分布为 $P\{X=x_i\}=p_i(i=1,2,\cdots)$，$g(x)$ 为连续函数，$Y=g(X)$，若级数 $\sum_{i=1}^{\infty}g(x_i)P_i$ 绝对收敛，则 $E[g(X)]$ 存在，且

$$E[g(X)]=\sum_{i=1}^{\infty}g(x_i)p_i.$$

【必会经典题】

设试验成功的概率为 $\dfrac{3}{4}$，失败的概率为 $\dfrac{1}{4}$，独立重复试验直到成功两次为止. 求试验次数的数学期望.

解： 设实验次数为 X，则 X 的分布律为

$$P\{X = k\} = C_{k-1}^1 \left(\frac{3}{4}\right)^2 \cdot \left(\frac{1}{4}\right)^{k-2} = \frac{9}{16}(k-1)\left(\frac{1}{4}\right)^{k-2} \ (k = 2, 3, \cdots)，则$$

$$EX = \frac{9}{16}\sum_{n=2}^{\infty} n \cdot (n-1)\left(\frac{1}{4}\right)^{n-2} = \frac{9}{16}\left(\sum_{n=2}^{\infty} x^n\right)'' \Big|_{x=\frac{1}{4}} = \frac{9}{16}\left(\frac{x^2}{1-x}\right)'' \Big|_{x=\frac{1}{4}} = \frac{8}{3}.$$

（3）二维离散型随机变量函数的数学期望

若 (X, Y) 是二维离散型随机变量，其概率分布为

$P\{X=x_i, Y=y_j\} = p_{ij}, i, j = 1, 2, \cdots, g(x, y)$ 为二元连续函数，$Z = g(X, Y)$，当 $\sum\limits_{i=1}^{+\infty}\sum\limits_{j=1}^{+\infty} g(x_i, y_j)p_{ij}$ 绝对收敛时 $E[g(X, Y)]$ 存在，且

$$E(Z) = E[g(X, Y)] = \sum_{i=1}^{+\infty}\sum_{j=1}^{+\infty} g(x_i, y_j)p_{ij}.$$

2. 连续型随机变量的数学期望

（1）一维连续型随机变量的数学期望

设连续型随机变量 X 的概率密度为 $f(x)$，若积分 $\int_{-\infty}^{+\infty} xf(x)\mathrm{d}x$ 绝对收敛，则称积分 $\int_{-\infty}^{+\infty} xf(x)\mathrm{d}x$ 为 X 的数学期望，记 $E(X)$，即 $E(X) = \int_{-\infty}^{+\infty} xf(x)\mathrm{d}x$；若积分 $\int_{-\infty}^{+\infty} |x| f(x)\mathrm{d}x$ 发散，则称 X 的数学期望不存在.

（2）一维连续型随机变量函数的数学期望

若 X 是连续型随机变量，其密度函数为 $f_X(x)$，$g(x)$ 为连续函数，$Y = g(X)$，若积分 $\int_{-\infty}^{+\infty} g(x)f_X(x)\mathrm{d}x$ 绝对收敛，则 $E[g(X)]$ 存在，且

$$E(Y) = E[g(X)] = \int_{-\infty}^{+\infty} g(x)f_X(x)\mathrm{d}x$$

（3）二维连续型随机变量函数的数学期望

若 (X, Y) 是二维连续型随机变量，其密度函数为 $f(x, y)$，$Z = g(X, Y)$ 则当广义积分 $\int_{-\infty}^{+\infty}\int_{-\infty}^{+\infty} g(x, y)f(x, y)\mathrm{d}x\mathrm{d}y$ 绝对收敛时，$E[g(X, Y)]$ 存在，且

$$E(Z) = E[g(X, Y)] = \int_{-\infty}^{+\infty}\int_{-\infty}^{+\infty} g(x, y)f(x, y)\mathrm{d}x\mathrm{d}y$$

【必会经典题】

设随机变量 X 的分布函数为 $F(x) = 0.3\Phi(x) + 0.7\Phi\left(\frac{x-1}{2}\right)$，求 EX.

解： X 的密度函数为 $f(x) = 0.3\varphi(x) + 0.35\varphi\left(\frac{x-1}{2}\right)$，

于是 $EX = \int_{-\infty}^{+\infty} xf(x)\mathrm{d}x = \int_{-\infty}^{+\infty} x\left[0.3\varphi(x) + 0.35\varphi\left(\frac{x-1}{2}\right)\right]\mathrm{d}x$

$= 0.7\int_{-\infty}^{+\infty} \frac{(x-1)+1}{2}\varphi\left(\frac{x-1}{2}\right)\mathrm{d}x = 0.7\int_{-\infty}^{+\infty} \varphi\left(\frac{x-1}{2}\right)\mathrm{d}\left(\frac{x-1}{2}\right) = 0.7.$

3. 随机变量数学期望的性质

（1）设 c 为常数，则有 $E(c)=c$.

（2）设 X 为一随机变量，且 $E(X)$ 存在，c 为常数，则有 $E(cX)=cE(X)$.

（3）设 X 与 Y 是两个随机变量，则有 $E(X+Y)=E(X)+E(Y)$，注意这是无条件的.

（4）设 X 与 Y 相互独立，则有 $E(XY)=[E(X)][E(Y)]$.

二、随机变量的方差

1. 随机变量方差的定义

设 X 是一个随机变量，如果 $E\{[X-E(X)]^2\}$ 存在，则称 $E\{[X-E(X)]^2\}$ 为 X 的方差，记作 $D(X)$，即 $D(X)=E\{[X-E(X)]^2\}$，称 $\sqrt{D(X)}$ 为标准差或均方差.

方差表示偏离均值的程度，比如我们说一天内火车站人流量符合泊松分布，而春运期间流量最大，假设某车站春运期间一天的均值 100 万人次，那波动 10% 就有 10 万，那么计算方差就比较大，而如果是淡季假设均值是 1000 人次，那波动 10% 就只有 100，方差就很小. 所以后面泊松分布的均值和方差都是 λ，也就是均值越大，方差越大，这也是很多分布的特点，大方差给超市、网站、人工客服等的服务预测带来麻烦，即使是大数据解决的也不够好.

2. 方差的计算

（1）定义法

离散情形：若 X 是离散型随机变量，其概率分布为 $P\{X=x_i\}=p_i$，$i=1$，2，…

$$D(X)=E\{[X-E(X)]^2\}=\sum_i [x_i-E(X)]^2 p_i$$

连续情形：设连续型随机变量 X 的概率密度为 $f(x)$，则

$$D(X)=E[X-EX]^2=\int_{-\infty}^{+\infty}[x-EX]^2 f(x)dx$$

比如前面讲过颜值符合正态分布，而韩国因为整容"美的千篇一律"，或者某些国家（南欧、中亚部分国家）、地区（哈尔滨、成都等）普遍颜值非常高，那么我们可以做个极端假设，有个天堂一样的地区每个人都被我们颜值评分为 90，那么均值当然 90，而按照上面方差的公式，算的结果就是 0. 而如果某些地区，颜值高的很多，低的也很多，那方差就非常大. 总之，方差还是反映偏离均值的程度.

（2）公式法

$$D(X)=E(X^2)-[E(X)]^2.$$

3. 方差的性质

（1）设 c 为常数，则 $D(c)=0$.

（2）如果 X 为随机变量，c 为常数，则 $D(cX)=c^2 D(X)$.

（3）如果 X 为随机变量，c 为常数，则有 $D(X+c)=D(X)$.

由性质（2）（3）可得 $D(aX+b) = a^2D(X)$（a，b 为任意常数）.

（4）$D(X \pm Y) = D(X) + D(Y) \pm 2E\{[X - E(X)][Y - E(Y)]\}$.

4. 常用随机变量的数学期望和方差

分布名称	分布记号	期望	方差
0-1分布	$X \sim B(1, p)$	p	$p(1-p)$
二项分布	$X \sim B(n, p)$	np	$np(1-p)$
泊松分布	$X \sim P(\lambda)$	λ	λ
几何分布	$X \sim G(p)$	$\dfrac{1}{p}$	$\dfrac{1-p}{p^2}$
均匀分布	$X \sim U(a, b)$	$\dfrac{a+b}{2}$	$\dfrac{(b-a)^2}{12}$
指数分布	$X \sim E(\lambda)$	$\dfrac{1}{\lambda}$	$\dfrac{1}{\lambda^2}$
正态分布	$X \sim N(\mu, \sigma^2)$	μ	σ^2

这几种分布前面都介绍过了，其期望、方差也都顺便解释了，我们重点再谈谈泊松分布与指数分布的联系，它们都含有参数 λ，其实它们的 λ 是同一个，比如我们说一天内接到电话的次数符合泊松分布，而通话时间符合指数分布，其实还有来电的间隔时间或者称为等待时间也符合指数分布，如果平均一天接到 3 个电话，那么等待时间就是平均 1/3 天，两者互为倒数，因此泊松分布的均值为 λ，指数分布的均值就是 $\dfrac{1}{\lambda}$，两个参数是同一个含义.

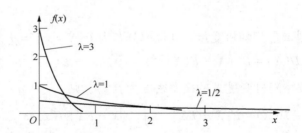

【必会经典题】

（1）设连续型随机变量 X 的分布函数为 $F(x) = \begin{cases} 0, & x < -1 \\ a + b\arcsin x, & -1 \leqslant x < 1 \\ 1, & x \geqslant 1 \end{cases}$，求 DX.

解：显然 $F(x)$ 为连续函数，

由 $F(-1-0) = F(-1+0)$ 及 $F(1-0) = F(1) = F(1+0)$，

得 $a - \dfrac{\pi}{2}b = 0$，$a + \dfrac{\pi}{2}b = 1$，解得 $a = \dfrac{1}{2}$，$b = \dfrac{1}{\pi}$，

于是 $f(x) = \begin{cases} \dfrac{1}{\pi \sqrt{1-x^2}}, & -1 < x < 1. \\ 0, & \text{其他} \end{cases}$

由 $EX = \displaystyle\int_{-1}^{1} \dfrac{x}{\pi \sqrt{1-x^2}} dx = 0$，

得 $DX = \int_{-1}^{1} \frac{x^2}{\pi} \frac{1}{\sqrt{1-x^2}} \mathrm{d}x = \frac{2}{\pi} \int_0^1 \frac{x^2}{\sqrt{1-x^2}} \mathrm{d}x$

$$= \frac{2}{\pi} \left(\int_0^1 \frac{1}{\sqrt{1-x^2}} \mathrm{d}x - \int_0^1 \sqrt{1-x^2} \mathrm{d}x \right) = \frac{2}{\pi} \left(\frac{\pi}{2} - \frac{\pi}{4} \right) = \frac{1}{2}.$$

（2）设 $X \sim f(x) = \begin{cases} \frac{1}{2}\cos\frac{x}{2}, & 0 \leqslant x \leqslant \pi \\ 0, & \text{其他} \end{cases}$，对 X 进行独立重复观察 4 次，用 Y 表示观察值大于 $\frac{\pi}{3}$，求 EY^2.

解： 显然 $Y \sim B(4, p)$，其中 $p = P\{X > \frac{\pi}{3}\} = \int_{\frac{\pi}{3}}^{\pi} \frac{1}{2}\cos\frac{x}{2} \mathrm{d}x = \frac{1}{2}$，

则 $EY = np = 2$，$DY = npq = 1$，故 $EY^2 = DY + (EY)^2 = 5$.

（3）设随机变量 X, Y 相互独立，且 $X \sim N(0, \frac{1}{2})$，$Y \sim N(0, \frac{1}{2})$，$Z = |X - Y|$，求 EZ, DZ.

解： 令 $U = X - Y$，因为 $X \sim N(0, \frac{1}{2})$，$Y \sim N(0, \frac{1}{2})$，$Z = |X - Y|$ 且 X, Y 独立，

所以 $U \sim N(0, 1)$.

$$EZ = E|U| = \int_{-\infty}^{+\infty} |u| \cdot \frac{1}{\sqrt{2\pi}} e^{-\frac{u^2}{2}} \mathrm{d}u = \sqrt{\frac{2}{\pi}} \int_0^{+\infty} u e^{-\frac{u^2}{2}} \mathrm{d}u = \sqrt{\frac{2}{\pi}} \int_0^{+\infty} e^{-\frac{u^2}{2}} \mathrm{d}\left(\frac{u^2}{2}\right) = \sqrt{\frac{2}{\pi}};$$

$$DZ = EZ^2 - (E|U|)^2 = 1 - \frac{2}{\pi}.$$

题型一　期望与方差的计算

【例1】 设随机变量 X 的概率密度 $f(x) = \begin{cases} x, & 0 < x < 1 \\ 2-x, & 1 \leqslant x \leqslant 2 \\ 0, & \text{其他} \end{cases}$，求数学期望 $E(X)$ 和方差 $D(X)$.

【例2】 设随机变量 $X \sim U[-1, 2]$，$Y = \begin{cases} \sqrt{2X - X^2}, & X > 0 \\ 1, & X \leqslant 0 \end{cases}$，则 $E(XY) = $ _____.

【例3】 民航送客车载有 20 位旅客自机场开出，旅客有 10 个车站可以下车，如到达一个车站没有旅客下车就不停车，以 X 表示停车的次数，求 $E(X)$（设每位旅客在各个车站下车是等可能的，并设每个旅客是否下车相互独立）.

【例4】 设 X 的概率密度为 $f(x) = \begin{cases} 2x, & 0 < x < 1 \\ 0, & \text{其他} \end{cases}$，则 $P(|X - EX| \geqslant 2\sqrt{DX}) = $（　　）.

(A) $\dfrac{9 - 8\sqrt{2}}{9}$ 　　　　 (B) $\dfrac{6 + 4\sqrt{2}}{9}$ 　　　　 (C) $\dfrac{6 - 4\sqrt{2}}{9}$ 　　　　 (D) $\dfrac{9 + 8\sqrt{2}}{9}$

【例5】 已知随机变量 X 的分布函数为 $F(x) = \begin{cases} 0, & x \leqslant -1 \\ a + b \arcsin x, & -1 < x \leqslant 1 \\ 1, & x > 1 \end{cases}$，求 $EX, DX = $（　　）.

(A) $0, \dfrac{1}{2}$ 　　　　 (B) $0, 1$ 　　　　 (C) $\dfrac{1}{2}, 0$ 　　　　 (D) $1, 0$

题型二　随机变量函数的期望与方差

【例6】 设随机变量 X 的概率密度为 $f(x) = \begin{cases} \dfrac{2}{\pi(1+x^2)}, & |x| < 1 \\ 0, & |x| \geqslant 1 \end{cases}$，则 $E(\sin X) = $ _____；$DX = $ _____.

【例7】［2000 年 4］假设随机变量 X 在区间 $[-1, 2]$ 上服从均匀分布，随机变量 $Y = \begin{cases} 1, & X > 0, \\ 0, & X = 0, \\ -1, & X < 0, \end{cases}$ 则方程 $D(Y) = $ _____.

【例8】［2002 年 1］设随机变量 X 的概率密度为 $f(x) = \begin{cases} \dfrac{1}{2}\cos\dfrac{x}{2}, & 0 \leq x \leq \pi, \\ 0, & 其他. \end{cases}$

对 X 独立重复观察 4 次，用 Y 表示观察值大于 $\dfrac{\pi}{3}$ 的次数，求 Y^2 的数学期望.

【例9】设 X, Y, Z 是随机变量，$EX = EY = 1$, $EZ = -1$, $DX = DY = DZ = 1$, $\rho_{XY} = 0$, $\rho_{XZ} = \dfrac{1}{2}$, $\rho_{YZ} = -\dfrac{1}{2}$, 令 $W = X + Y + Z$, 求 EW, DW.

【例10】设随机变量 $X \sim P(1)$, $Y \sim E(1)$, X 与 Y 相互独立，则 $D(Y2^X) = $ _____.

【例11】设二维随机变量 $(X, Y) \sim N(-1, 2; 1, 1; 0)$, 则 $E[(X - Y)^2] = $ _____.

【例12】在长为 L 的线段上任取两点，求两点间距离的数学期望和方差.

题型三　随机变量最大、最小值的期望与方差

【例13】设随机变量 X_1, X_2, $\cdots$, X_n 相互独立都服从 $(0, 1)$ 上的均匀分布，试求：

（1）$U = max\{X_1, X_2, \cdots, X_n\}$ 的数学期望；

（2）$V = min\{X_1, X_2, \cdots, X_n\}$ 的数学期望.

【例14】设 X_1 与 X_2 相互独立，且均服从 $N(\mu, \sigma^2)$, 试求 $E[max(X_1, X_2)]$.

【例15】设随机变量 X_1, X_2, $\cdots$, X_n 相互独立同分布，概率密度均为：

$$f(x) = \begin{cases} 2e^{-2(x-\theta)}, & x > \theta \\ 0, & x \leq \theta \end{cases}$$ 其中 θ 为常数，试求 $Z = \min_{1 \leq i \leq n}\{X_i\}$ 的数学期望和方差.

题型四　已知期望，求概率

【例16】袋中有 N 只球，其中白球数为随机变量 X, 且 $E(X) = n$. 试求：从该袋中任取一球是白球的概率.

三、协方差和相关系数

1. 协方差

（1）定义：(X, Y) 是二维随机变量，设 $E(X)$ 和 $E(Y)$ 都存在，若 $E\{[X-E(X)][Y-E(Y)]\}$ 存在，则称其为随机变量 X 和 Y 的协方差，记 $\mathrm{Cov}(X, Y)$, 即 $\mathrm{Cov}(X, Y) = E\{[X-E(X)][Y-E(Y)]\}$.

（2）计算公式

对于任意两个随机变量 X 和 Y, 有：$\mathrm{Cov}(X, Y) = E(XY) - E(X)E(Y)$.

（3）性质

①$\mathrm{Cov}(X, Y) = \mathrm{Cov}(Y, X)$;

② $\mathrm{Cov}(aX, bY) = ab\mathrm{Cov}(X, Y)$, 其中 a, b 为任意常数；

③ $\mathrm{Cov}(c, X) = 0$ 其中 c 为任意常数；

④ $\mathrm{Cov}(X_1 + X_2, Y) = \mathrm{Cov}(X_1, Y) + \mathrm{Cov}(X_2, Y)$;

⑤ 如果 X 和 Y 相互独立，则 $\mathrm{Cov}(X, Y) = 0$.

2. 相关系数

（1）定义：$(X，Y)$是二维随机变量，设 X 和 Y 的方差均存在，且都不为零，则称

$$\rho_{XY}=\frac{\mathrm{Cov}(X，Y)}{\sqrt{D(X)}\sqrt{D(Y)}}$$为 X 和 Y 的（线性）相关系数.

（2）相关系数的性质

① $|\rho_{XY}|\leqslant 1$

② $|\rho_{XY}|=1$ 的充分必要条件是 X 和 Y 以概率 1 线性相关，即存在常数 a 和 b，使得 $P\{Y=aX+b\}=1$，当 $a>0$ 时，$\rho_{XY}=1$；$a<0$ 时，$\rho_{XY}=-1$.

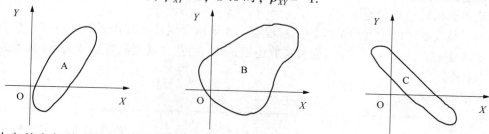

协方差和相关系数都反映变量之间的"一定程度的"线性关系，而不是严格的线性关系. 比如上图中，在区域 A，B，C 上变量 X，Y 服从均匀分布. 这三个图中 X，Y 都无严格的线性关系，但能直观看出，三个区域都在一定程度围绕一条直线分布，并且区域 A 的线性程度比区域 B 厉害，如果其相关系数分别为 ρ_1，ρ_2，ρ_3，那么 $0<\rho_2<\rho_1<1$，$-1<\rho_3<0$.

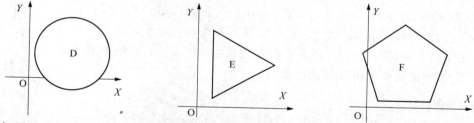

而如果是在上图 D，E，F 上服从均匀分布，区域 D 是一个圆形，有无数多条对称轴，所以无法看作围绕某条直线. 区域 E，F 对称轴是水平、竖直的，可以看作围绕着这样的对称轴呈一定程度线性关系，但其斜率都特殊，因此这三类相关系数都是 0.

相关系数反映两个变量的线性关系程度，举几个具体的例子，如：多吃一个汉堡，体重增加 1 斤，两者线性关系非常明显，相关系数就是 1. 很多相关性是不直观的，要通过数据统计才会发现，比如智商与情商正相关，也就是智商高的人大概率情商也高，情商高的人智商也高，并且这样的人通常身高也高，可见人人并不是天生"公平"，但好在社会是复杂的，笨一点、傻一点的人往往也生得很好，动物界都是"适者生存"，而不是最聪明的生存.

另外需要注意，相关关系不等于有因果关系，比如数据表明冰激凌的销售与游泳溺亡人数正相关（主要是夏天来了），草莓馅饼干销量和飓风相关，这都不存在因果关系. 概率思维不同于因果思维，一个是马哲里的可能性与现实、必然性与偶然性的范畴，一个是因果关系范畴. 思考、找寻因果关系是人的天然思维方式，比如刚会说话的小孩就会想：太阳下山是因为太阳晚上去睡觉了. 而要在有相关性的变量中找出确定的因果关系，却往往不是那么简单的. 比如中国西南省份的食道癌发病率与吃火锅概率正相关，世界卫生组织把 65 摄氏度以上的热饮列入了 2A 级致癌物，因为它直接危害食道，甲醛、紫外线也都是这个级别里

的致癌物．而中国西南吃火锅的概率非常高，并且食道癌的发病率平均是 73/10 万以上，而那些不吃滚烫食物的美国白人食道癌发病率是 6/10 万，73 比 6，差异很大，我们可以怀疑找到了西南省份食道癌的病因了？还不行，中美差异太大了，最大的差异就是老龄化比例不一样，年龄大了就会使得细胞复制过程中的随机错误一步一步地累积出现，所以是致癌重要因素，那么我们对比中国的西南地区和广东地区，根据 2015 年全国人口调查数据，65 岁人口比例四川排第一 13.33%，重庆第五 12.17%，广东省很年轻 8.48%，全国平均 10.47%，也就是老龄化比例大概差 1.5 倍，而食道癌发病率西南地区是广东的 11 倍，那么排除年龄的 1.5 倍还差 6 到 7 倍，这样基本可以得出结论了：西南地区饮食习惯确实有祸患，建议火锅里的菜夹出来晾凉点再吃．

相关系数反映了两个变量的线性关系程度，如果两个变量不存在线性关系，存在非线性关系，比如 $Y = X^2$，$X^2 + Y^2 = 1$，相关系数还是 $\rho = 0$．而独立就是没有函数关系（概率为 0 和 1 的事件除外）．

比如下面的例子：

X＼Y	−2	−1	1	2	$P\{Y = i\}$
1	0	1/4	1/4	0	1/2
4	1/4	0	0	1/4	1/2
$P\{X = i\}$	1/4	1/4	1/4	1/4	1

易知 $E(X) = 0$，$E(Y) = 5/2$，$E(XY) = 0$，于是 $\rho_{XY} = 0$，X，Y 不相关．这表示 X，Y 不存在线性关系．但，$P\{X = -2, Y = 1\} = 0 \neq P\{X = -2\}P\{Y = -1\}$，知 X，Y 不是相互独立的．事实上，X 和 Y 具有关系：$Y = X^2$，Y 的值完全可由 X 的值所确定．

独立 $\Downarrow$ $\Uparrow$ 不相关

【必会经典题】

(1) 抛 n 次硬币，正面朝上和反面朝上的次数分别为 X，Y，则 $X + Y = n$ 求 X，Y 的相关系数．

解： 因为 $P\{Y = -X + n\} = 1$，所以 $\rho_{XY} = -1$．

(2) 设随机变量 X，Y 独立同分布，且 $X \sim N(0, \sigma^2)$ 再设 $U = aX + bY$，$V = aX - bY$，其中 a，b 为不相等的常数，求 ① EU，EV，DU，DV，ρ_{UV}；② 求 a，b 的关系．

解： ① $EU = E(aX + bY) = 0$，$EV = E(aX - bY) = 0$，$DU = DV = (a^2 + b^2)\sigma^2$

$\mathrm{cov}(U, V) = \mathrm{cov}(aX + bY, aX - bY) = a^2 DX - b^2 DY = (a^2 - b^2)\sigma^2$，

$$\Rightarrow \rho_{UV} = \frac{\mathrm{cov}(U, V)}{\sqrt{DU}\sqrt{DV}} = \frac{a^2 - b^2}{a^2 + b^2}.$$

② U，V 不相关 $\Rightarrow |a| = |b|$．

(3) 设二维随机变量 (X, Y) 在区域 $D = \{(x, y) \mid 0 \leq x \leq 2, 0 \leq y \leq 1\}$ 上服从均匀分布，记

$$U = \begin{cases} 1, & X > Y \\ 0, & X \leq Y \end{cases}, \quad V = \begin{cases} 1, & X > 2Y \\ 0, & X \leq 2Y \end{cases}.$$

求： ① U，V，UV 的概率分布；② ρ_{UV}．

解： ① $(X, Y) \sim f(x, y) = \begin{cases} \dfrac{1}{2}, & 0 \leq x \leq 2, 0 \leq y \leq 1 \\ 0, & 其他 \end{cases}$

U，V 的可能取值为 0，1

$$P\{U = 0,\ V = 0\} = P\{X \leqslant Y,\ X \leqslant 2Y\} = P\{X \leqslant Y\} = \frac{1}{4},$$

$$P\{U = 0,\ V = 1\} = P\{X \leqslant Y,\ X > 2Y\} = 0,$$

$$P\{U = 1,\ V = 0\} = P\{X > Y.\ X \leqslant 2Y\} = P\{Y < X \leqslant 2Y\} = \frac{1}{4},$$

$$P\{U = 1,\ V = 1\} = \frac{1}{2},$$

则 $U \sim \begin{pmatrix} 0 & 1 \\ \dfrac{1}{4} & \dfrac{3}{4} \end{pmatrix},\ V \sim \begin{pmatrix} 0 & 1 \\ \dfrac{1}{2} & \dfrac{1}{2} \end{pmatrix},\ UV \sim \begin{pmatrix} 0 & 1 \\ \dfrac{1}{2} & \dfrac{1}{2} \end{pmatrix}.$

② $\mathrm{cov}(U,\ V) = EUV - EUEV = \dfrac{1}{2} - \dfrac{3}{4} \times \dfrac{1}{2} = \dfrac{1}{8}$, $DU = \dfrac{3}{16}$, $DV = \dfrac{1}{4} \Rightarrow \rho_{UV} = \dfrac{\mathrm{cov}(U,\ V)}{\sqrt{DU}\,\sqrt{DV}} = \dfrac{1}{\sqrt{3}}$.

(4) 设 X_1, X_2, $\cdots$, $X_n (n > 2)$ 相互独立且都服从 $N(0,\ 1)$, $Y_i = X_i - \overline{X} (i = 1,\ 2,\ \cdots n)$. 求：
① $DY_i (i = 1,\ 2,\ \cdots n)$; ② $\mathrm{cov}(Y_1,\ Y_n)$; ③ $P\{Y_1 + Y_n \leqslant 0\}$.

解： ① 显然 $\overline{X} \sim N\left(0,\ \dfrac{1}{n}\right)$, $DY_i = DY_1 = \mathrm{cov}(X_1 - \overline{X},\ X_1 - \overline{X}) = \mathrm{cov}(X_1,\ X_1) - 2\mathrm{cov}(X_1,\ \overline{X}) +$ $\mathrm{cov}(\overline{X},\ \overline{X}) = DX_1 - \dfrac{2}{n}DX_1 + D\overline{X} = 1 - \dfrac{1}{n}$.

② $\mathrm{cov}(Y_1,\ Y_n) = \mathrm{cov}(X_1 - \overline{X},\ X_n - \overline{X}) = -\mathrm{cov}(X_1,\ \overline{X}) - \mathrm{cov}(X_n,\ \overline{X}) + D\overline{X} = -\dfrac{1}{n}$.

③ $Y_1 + Y_n = \left(1 - \dfrac{2}{n}\right)X_1 - \dfrac{2}{n}X_2 - \cdots - \dfrac{2}{n}X_{n-1} + \left(1 - \dfrac{2}{n}\right)X_n$,

因为 X_1, X_2, $\cdots$, $X_n (n > 2)$ 独立且服从标准正态分布, 所以 $Y_1 + Y_n$ 服从正态分布, 又因为 $E(Y_1 + Y_n) = 0$ 所以 $P\{Y_1 + Y_n \leqslant 0\} = \dfrac{1}{2}$.

(5) 设二维随机变量 $(X,\ Y)$ 服从二维正态分布, 且 $X \sim N(1,\ 3^2)$, $Y \sim N(0,\ 4^2)$, 且 $(X,\ Y)$ 的相关系数为 $-\dfrac{1}{2}$, 又设 $Z = \dfrac{X}{3} + \dfrac{Y}{2}$.

① 求 EZ, DZ; ② ρ_{XZ}; ③ X, Z 是否相互独立？ 为什么？

解： ① $EZ = \dfrac{1}{3}EX + \dfrac{1}{2}EY = \dfrac{1}{3}$.

$$DZ = \dfrac{1}{9}DX + \dfrac{1}{4}DY + \dfrac{1}{3}\mathrm{cov}(X,\ Y) = 5 + \dfrac{1}{3} \times \left(-\dfrac{1}{2}\right)\sqrt{DX}\,\sqrt{DY} = 3.$$

② $\mathrm{cov}(X,\ Z) = \dfrac{1}{3}DX + \dfrac{1}{2}\mathrm{cov}(X,\ Y) = 3 + \dfrac{1}{2} \times \left(-\dfrac{1}{2}\right) \times 12 = 0 \Rightarrow \rho_{XZ} = 0.$

③ 因为 $(X,\ Y)$ 服从二维正态分布, 所以 Z 服从正态分布, 同时 X 也服从正态分布, 又 X, Z 不相关, 所以 X, Z 相互独立.

(3) 不相关与独立的关系
① 独立 $\Rightarrow$ 不相关(相关 $\Rightarrow$ 不独立).
② 若 $(X,\ Y) \sim N(\mu_1,\ \mu_2;\ \sigma_1^2,\ \sigma_2^2,\ \rho)$, 则 X 和 Y 独立 $\Leftrightarrow \rho_{XY} = 0$.
(4) 不相关的四个等价叙述：
① $Cov(X,\ Y) = 0$;
② $E(XY) = E(X)E(Y)$;
③ X 和 Y 不相关;
④ $D(X \pm Y) = D(X) + D(Y)$.

题型五　协方差与相关系数

【例17】设 X，Y 为随机变量，且 $D(2X+Y)=0$，则 X 与 Y 的相关系数 $\rho_{XY}=(\quad)$.

(A) -1　　　　　(B) 0　　　　　(C) $\dfrac{1}{2}$　　　　　(D) 1

【例18】[2000年1]设二维随机变量 (X,Y) 服从二维正态分布，则随机变量 $\xi=X+Y$ 与 $\eta=X-Y$ 不相关的充分必要条件为(　　).

(A) $E(X)=E(Y)$

(B) $E(X^2)-[E(X)]^2=E(Y^2)-[E(Y)]^2$

(C) $E(X^2)=E(Y^2)$

(D) $E(X^2)+[E(X)]^2=E(Y^2)+[E(Y)]^2$

【例19】设二维随机变量 (X,Y) 在区域 $G=\{(x,y)\mid x\geqslant 0,\ x+y\leqslant 1,\ x-y\leqslant 1\}$ 上服从均匀分布，则 $E(2X+Y)=$ _____；$\mathrm{cov}(X,Y)=$ _____.

【例20】设 X，Y 相互独立都服从正态分布 $N(0,\sigma^2)$，若 $U=aX+bY$，$V=aX-bY$，其中 a，b 为常数，则 $\rho_{UV}=$ _____.

【例21】设平面区域 G 是由直线 $y=x$，$y=-x$，$x=1$ 所围成，(X,Y) 在 G 上服从均匀分布，试求 ρ_{XY}.

【例22】设 $\Theta\sim U(-\pi,\pi)$，$X=\sin\Theta$，$Y=\cos\Theta$，则 $\rho_{XY}=$ _____.

【例23】设 $X\sim U\left[\dfrac{1}{2},\dfrac{5}{2}\right]$，求 X 与 $[X]$ 的相关系数 ρ，其中 $[X]$ 表示取整不超过 x 的最大整数.

题型六　不相关与独立

【例24】设 (X,Y) 服从单位圆盘上的均匀分布，问 X 与 Y 是否相关？是否独立？为什么？

【例25】设随机变量 $\Theta\sim U[0,2\pi]$，$X=\cos\Theta$，$Y=\sin\Theta$，则(　　).

(A) X 与 Y 相互独立

(B) X^2 与 Y^2 相互独立

(C) X 与 Y 不相关

(D) X^2 与 Y^2 不相关

第五讲 大数定律和中心极限定理

大纲要求

1. 了解切比雪夫大数定律、伯努利大数定律和辛钦大数定律(独立同分布随机变量序列的大数定律).

2. 了解棣莫弗—拉普拉斯中心极限定理(二项分布以正态分布为极限分布)、列维—林德伯格中心极限定理(独立同分布随机变量序列的中心极限定理),并会用相关定理近似计算有关随机事件的概率.

3. 了解切比雪夫不等式.

知识讲解

一、切比雪夫不等式

设随机变量 X 其 $E(X)=\mu$,$D(X)=\sigma^2$ 都存在,则对任意 $\varepsilon>0$ 均有:

$$P\{\mid X-E(X)\mid\geqslant\varepsilon\}\leqslant\frac{D(X)}{\varepsilon^2}\text{或}P\{\mid X-E(X)\mid<\varepsilon\}\geqslant1-\frac{D(X)}{\varepsilon^2}$$

这个不等式给出了,在随机变量 X 的分布未知的情况下事件 $\mid X-E(X)\mid<\varepsilon$ 概率的下限估计.

二、大数定律

1. 依概率收敛

设 X_1,X_2,…,X_n,… 是一个随机变量序列,a 是一个常数,如果对于任意给定的正数 ε,有 $\lim\limits_{n\to\infty}P\{\mid X_n-a\mid<\varepsilon\}=1$,则称随机变量序列 X_1,X_2,…,X_n,… 依概率收敛于 a,记作 $X_n\xrightarrow{P}a$.

举例,小元老师跟看书的你玩一个游戏,投一枚硬币,正面(有数字一面)朝上,我给你 1500 元,反面朝上,你给我 1000 元.该硬币密度均匀不作弊,假设每个面朝上的概率都是 $\frac{1}{2}$,那我们可以计算:

你的收益	+1500 元	−1000 元
概率	$\frac{1}{2}$	$\frac{1}{2}$

你收益的数学期望,按照前面的方法计算一下,就是每把赢得 250 元,不吃亏.但如果小元老师说,我们只玩一把,你还玩吗?玩一次就看运气了,这里的数学期望并不能保证在只玩一次时你能赢,只能是在玩很多次时其意义才能体现.我们就可以用辛钦大数定律(稍后有定理阐述)来解释:

玩 n 次，你的累计收益是 T_n，比如第一次幸运赢得 1500 元，第二次不幸输 1000 元，第三次赢 1500 元，那这三次的累计收益就是 $T_3 = 1500 - 1000 + 1500 = 2000$. 然后我们令：$X_n = \dfrac{T_n}{n}$，这样 X_1，X_2，$\cdots$，X_n，$\cdots$ 就是一个随机变量序列，反映的是你每把平均收益的变化情况，那么可以按照前面的输赢假设计算一下，$X_1 = 1500$，$X_2 = 250$，$X_3 = 667$，可以想象，如果你比较倒霉，某个变量可能出现负值，如果你比较幸运，某个变量也可能非常高，但多次之后，定会越来越逼近 250，对于任意给定的正数 ε，有 $\lim\limits_{n \to \infty}\{|X_n - 250| < \varepsilon\} = 1$，也就是 $X_n \xrightarrow{P} 250$，也就是我们这个玩法，久赌必赢. 玩一次有风险，一万次，无风险.

然而现实中多是"久赌必输"，因为赌博运营者可比小元老师残忍多了，不管是小赌场，还是澳门、拉斯维加斯等赌城，亦或是老虎机、捕鱼达人等赌博性质的电玩、游戏，他们的手段都可以粗略的用上述的大数定律、依概率收敛来解释：首先是有各种手段吸引你来试试，初始输赢只看运气，很刺激，但长期玩下去，数学期望就发挥作用了，必输. 这个数学期望可能会比较小，或者比较复杂，难以直观看出，那么你必须多玩、不断玩才会入坑. 怎么让你多玩呢？比如典型的手段：没有钟表，让你忘记时间；不出现纸币等，而使用筹码、虚拟币，这样能丧失对钱的感知，一个筹码比如代表一万块，可能一激动就扔了很多进去，而真实的一万块是很厚的，扔下去会有很强的损失感；此外还有舒适的环境、沉浸的氛围等. 因此理智的参与方法是：玩一两次就走. 但当你赢了一次，发现好容易，就试图继续下去的话，你会发现，不知道从第几次开始，大数定律就开始教育你了.

就算与同学、朋友公平的玩，没有运营者牟利，大家水平差不多，都是老油条，那么每个人收益期望为 0，一直玩下去也无利可图，仅当娱乐即可.

2. 切比雪夫大数定律(一般情形)

设 X_1，X_2，$\cdots$，X_n，$\cdots$ 是由两两不相关(或两两独立)的随机变量所构成的序列，分别具有数学期望 $E(X_1)$，$E(X_2)$，$\cdots$，$E(X_n)$，$\cdots$ 和方差 $D(X_1)$，$D(X_2)$，$\cdots$，$D(X_n)$，$\cdots$，并且方差有公共上界，即存在正数 M，使得 $D(X_n) \leqslant M$，$n = 1$，2，$\cdots$，则对于任意给定的正数 ε，总有 $\lim\limits_{n \to \infty} P\left\{\left|\dfrac{1}{n}\sum\limits_{k=1}^{n} X_K - \dfrac{1}{n}\sum\limits_{k=1}^{n} E X_K\right| < \varepsilon\right\} = 1$.

这里 $\dfrac{1}{n}\sum\limits_{k=1}^{n} X_k$ 比较好理解，就是算均值，而 $E(X_1)$，$E(X_2)$，$\cdots$ 是怎么取期望呢？对一个数取均值吗？注意，我们这里大写 X 都是变量，变量是有分布规律的，其期望就是天然事实存在的，因此 $E(X_1)$，$E(X_2)$，$\cdots$ 是这个分布的真实期望，而 $\dfrac{1}{n}\sum\limits_{k=1}^{n} X_k$ 是变量均值，大家可以简单类比后文的样本均值.

3. 独立同分布的切比雪夫大数定律(特殊情形)

设随机变量 X_1，X_2，$\cdots$，X_n，$\cdots$ 相互独立，服从相同的分布，具有数学期望 $E(X_n) = \mu$ 和方差 $D(X_n) = \sigma^2 (n = 1$，2，$\cdots)$ 则对于任意给定的正数 ε，总有

$$\lim\limits_{n \to \infty} P\left\{\left|\dfrac{1}{n}\sum\limits_{k=1}^{n} X_K - \mu\right| < \varepsilon\right\} = 1$$

即随机变量序列 $\overline{X_n} = \dfrac{1}{n}\sum\limits_{k=1}^{n} X_K \xrightarrow{P} \mu$.

4. 伯努利大数定律

设在每次实验中事件 A 发生的概率 $P(A)=p$，在 n 次独立重复实验中，事件 A 发生的频率为 $f_n(A)$，则对于任意正数 ε，总有 $\lim\limits_{n\to\infty}P\{|f_n(A)-p|<\varepsilon\}=1$.

也就是在 n 重伯努利实验中，事件发生的频率依概率收敛于每次发生的概率. 比如在 n 次实验中，事件 A 发生 k 次，不发生 $n-k$ 次，那么频率是 $\dfrac{k}{n}$，而这个 n 次实验结果发生的概率是 $B_k(n,p)=C_n^k p^k(1-p)^{n-k}(k=0,1,2,\cdots,n)$，大家注意区分.

我们再不厌其烦地简单说个射箭的例子，你命中的概率是 0.9，已经是高手了，然而如果只给你一次机会的话，你就有可能失手，这完全不是你的水平，那就只能多次反复实验，比如 10 次命中 8 次，100 次命中 92 次，1000 次命中 916 次，这样的结果才是接近真实的水平的，并且实验次数越多越接近.

然而生活中更多是"小数定律"，高考、考研等就是"小数定律"，因为一年考一次，任何人参与的次数都是非常有限的，这样就可能有人超常发挥，有人失手倒霉，没有体现真实的水平，有运气因素，当然这也是考试成本较高决定的. 因此伯努利大数定律告诉我们："不应该以成败论英雄"，尤其一两次的成败不应太在意.

另一方面的道理是，如果某事件成功率很低，那么我们只能努力多尝试. 比如科学家做实验可能要这样；很多动植物一次繁殖很多后代，这样即使成活率低，也保证有幸存；有的各方面很一般的男生仍然抱得美人归，也许他只是把能联系的美女都逐一尝试了，拒绝一次，缓一缓，发展下一个，再拒绝再尝试，"有枣没枣打一竿子"，虽然不够长情，有点贱，但有一点数学智慧.

5. 辛钦大数定律

设随机变量 $X_1,X_2,\cdots,X_n,\cdots$ 相互独立，服从相同的分布，具有数学期望 $E(X_n)=\mu(n=1,2,\cdots)$，则对于任意给定的正数 ε，总有 $\lim\limits_{n\to\infty}P\left\{\left|\dfrac{1}{n}\sum\limits_{k=1}^{n}X_k-\mu\right|<\varepsilon\right\}=1$.

也就是对于独立同分布的变量，变量均值 $\dfrac{1}{n}\sum\limits_{k=1}^{n}X_k$ 依概率收敛于期望，这个期望就是真实的、客观不变的、由分布决定的变量均值. 如果 $X_1,X_2,\cdots,X_n,\cdots$ 是抽样样本，就是样本均值依概率收敛于总体均值，这体现了，如果我们想通过实验、抽样等来了解某个分布，那么实验次数越多、样本越多，结果越接近真实.

最近几年科技领域很流行"大数据"，因为数据越大，往往越能反映真实的规律. 比如我们统计表明：抽烟喝酒有害健康. 然后有人举反例，毛主席怎样怎样抽烟仍长寿、某个长寿老人嗜酒如命等. 那么这些反例都可以忽略，因为前面我们的结果是通过大量统计得到的，几个反例不影响结果. 再比如前文说统计表明智商与情商正相关，然后有同学也会说某某人就只是智商高，而情商很低，且不论数据是否真实可靠，就算有一些确凿案例也还是不能够反驳大数据的结果. 还有文章通过个人的生活经验、影视故事、人物传记等试图说明一些哲理，譬如上帝喜欢笨人、贪婪者必败等，这首先只是个案，未必准确，其次对于我们生活的复杂世界也很难总结出这样简单的道理，只不过人的大脑天生容易记住故事，不擅长记忆、分析数据，所以这些简单的片面总结也常常备受追捧．希望概率论能培养大家的数据思维，这样才能获得洞见．

三、中心极限定理

1. 棣莫弗–拉普拉斯中心极限定理

设随机变量 X_n 服从参数为 n 和 p 的二项分布，即 $X_n \sim B(n, p)\,(0<p<1,\ n=1,\ 2,\ \cdots)$，则对于任意实数 x，有

$$\lim_{n \to \infty} P\left\{ \frac{X_n - np}{\sqrt{np(1-p)}} \leqslant x \right\} = \Phi(x).$$

也就是二项分布在 n 无穷大时越来越接近正态分布，如下图的高尔顿钉板实验：

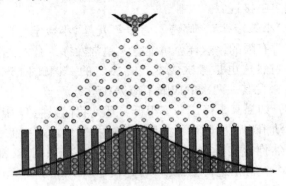

当然这个是比较简单的二项分布，法国数学家棣莫弗在 1733 年研究类似的抛硬币问题时，第一次发现了其近似正态分布的特点并发表论文，然而该发现当时被忽视，在 1812 年由法国数学家拉普拉斯拯救．

我们可以把趋近正态分布的情况总结下：

二项分布 $B(n, p)$ 在 n 很大逼近正态分布 $N(np, np(1-p))$；

泊松分布 $P(\lambda)$ 在 λ 较大时逼近正态分布 $N(\lambda, \lambda)$；

$\chi^2(n)$ 在 n 很大的时候接近正态分布 $N(n, 2n)$；

t 分布在 n 很大时接近标准正态分布 $N(0, 1)$．

其中后面两种分布后面章节会再介绍．

2. 列维–林德伯格中心极限定理

设随机变量 $X_1,\ X_2,\ \cdots,\ X_n,\ \cdots$ 相互独立，服从相同的分布，具有数学期望 $E(X_n) = \mu$ 和方差 $D(X_n) = \sigma^2 (n=1,\ 2,\ \cdots)$ 则对于任意实数 x，有 $\lim\limits_{n \to \infty} P\left\{ \dfrac{\sum\limits_{k=1}^{n} X_k - n\mu}{\sqrt{n}\,\sigma} \leqslant x \right\} = \Phi(x)$．

也就是不管 X_n 服从什么分布，$\sum\limits_{k=1}^{n} X_k$ 在 $n \to \infty$ 时，都不断趋近正态分布，而 $\dfrac{\sum\limits_{k=1}^{n} X_k - n\mu}{\sqrt{n}\,\sigma}$ 只是将其标准化而已，这就好比正态分布是一个黑洞，能吸收其他分布，其他的概率分布形式在各种操作之下都逐渐向正态分布靠拢，它解释了为什么实际生活和应用中会经常遇到正态分布．也就是统计数据会围绕着均值近似正态分布，这也称作正态分布的最大熵（体系混

乱程度的度量)性质，由于统计数据的均值、方差是比较稳定的，那么数据就会在其限定下最大混乱地分布着．

　　"中心"极限定理的"中心"可以认为是以正态分布为"中心"，因为都在谈正态分布，但事实上这个名称的历史由来是强调该定理在概率论中处于重要的中心位置．然而这个定理并不是考试的中心，出题频次稍微低些，大家注意理解，记忆关键表述即可．

【必会经典题】

　　(1) 设 $X \sim N(1, 3^2)$，$Y \sim N(1, 4^2)$ 且 X，Y 独立，用切比雪夫大数定理估计 $P\{|X - Y| < 10\}$．

　　解：因为 X，Y 独立，所以 $X - Y \sim N(0, 5^2)$，

　　于是 $P\{|X - Y| < 10\} = P\{|(X - Y) - E(X - Y)| < 10\} \geqslant 1 - \dfrac{25}{100} = \dfrac{3}{4}$．

　　(2) 设 X，Y 为两个随机变量，$EX = -2$，$DX = 1$，$EY = 2$，$DY = 4$，且 $\rho_{XY} = -\dfrac{1}{2}$，用切比雪夫不等式估计 $P\{|X + Y| \geqslant 5\}$

　　解：令 $Z = X + Y$，
$$\Rightarrow EZ = EX + EY = 0, \quad DZ = DX + DY + 2\text{cov}(X, Y) = 1 + 4 - 2 = 3$$

　　由切比雪夫不等式，$P\{|X + Y| \geqslant 5\} = P\{|Z - EZ| \geqslant 5\} \leqslant \dfrac{DZ}{5^2} = \dfrac{3}{25}$．

　　(3) 设随机变量 X_1，X_2，$\cdots$，X_n，$\cdots$ 独立同分布于参数为 λ 的指数分布，则（　　）

　　(A) $\lim\limits_{x \to \infty} p\left\{ \dfrac{\lambda \sum\limits_{i=1}^{n} X_i - n}{\sqrt{n}} \leqslant x \right\} = \Phi(x)$　　　　(B) $\lim\limits_{x \to \infty} p\left\{ \dfrac{\sum\limits_{i=1}^{n} X_i - n}{\sqrt{n}\lambda} \leqslant x \right\} = \Phi(x)$

　　(C) $\lim\limits_{n \to \infty} P\left\{ \dfrac{\sum\limits_{i=1}^{n} X_i - \lambda}{\sqrt{n}\lambda} \leqslant x \right\} = \Phi(x)$　　　　(D) $\lim\limits_{n \to \infty} P\left\{ \dfrac{\sum\limits_{i=1}^{n} X_i - \lambda}{n\lambda} \leqslant x \right\} = \Phi(x)$

　　解：因为 $\sum\limits_{i=1}^{n} X_i$ 近似服从 $N\left(\dfrac{n}{\lambda}, \dfrac{n}{\lambda^2}\right)$，所以 $\dfrac{\sum\limits_{i=1}^{n} X_i - \dfrac{n}{\lambda}}{\dfrac{\sqrt{n}}{\lambda}}$ 即 $\dfrac{\lambda \sum\limits_{i=1}^{n} X_i - n}{\sqrt{n}}$ 近似服从标准正态分布，故应

选 (A)．

题型一　用切比雪夫不等式估计事件的概率

　　【例1】 设随机变量 X 的概率密度为 $f(x) = \begin{cases} 3e^{-ax}, & x > 0 \\ 0, & x \leqslant 0 \end{cases}$，则由切比雪夫不等式有 $P\left(\left|X - \dfrac{1}{3}\right| \geqslant 3\right) \leqslant$ _____．

　　【例2】 设随机变量 X 的期望 $EX = 5$，方差 $DX = 2$，则下列不等式中正确的是（　　）．

　　(A) $P(1 < X < 9) \geqslant \dfrac{8}{9}$　　　　　　　　(B) $P(1 < X < 9) \geqslant \dfrac{7}{8}$

　　(C) $P(1 < X < 9) \leqslant \dfrac{8}{9}$　　　　　　　　(D) $P(1 < X < 9) \leqslant \dfrac{7}{8}$

　　【例3】 [2001年3] 设随机变量 X 和 Y 的数学期望分别为 -2 和 2，方差分别为 1 和 4，而相关系数为 -0.5，则根据切比雪夫不等式，$P(|X + Y| \geqslant 6) \leqslant$ _____．

　　【例4】 设随机变量 X_1，X_2，$\cdots$，X_n 独立同分布，且 $EX_i = \mu$，$DX_i = \sigma^2 \neq 0$，$i = 1, 2, \cdots\cdots$，则对任意

给定的 $\varepsilon > 0$, $\lim\limits_{n \to \infty} p\left\{\left|\sum\limits_{i=1}^{n} X_i - n\mu\right| \geqslant \varepsilon\right\}$ = _____. $\lim\limits_{n \to \infty} p\left\{\left|\dfrac{1}{n}\sum\limits_{i=1}^{n} X_i - \mu\right| \geqslant \varepsilon\right\}$ = _____.

题型二　大数定律

【例 5】[2003 年 3] 设总体 X 服从参数为 2 的指数分布, X_1, X_2, $\cdots$, X_n 为来自总体 X 的简单随机样本,

则当 $n \to \infty$ 时, $Y_n = \dfrac{1}{n}\sum\limits_{i=1}^{n} X_i^2$ 依概率收敛于 _____.

题型三　中心极限定理

【例 6】设随机变量 X_1, X_2, $\cdots$ 相互独立且都服从参数为 λ 的指数分布, 则(　　).

(A) $\lim\limits_{n \to +\infty} P\left\{\dfrac{\lambda \sum\limits_{i=1}^{n} X_i - n}{\sqrt{n}} \leqslant x\right\} = \Phi(x)$ (B) $\lim\limits_{n \to +\infty} P\left\{\dfrac{\sum\limits_{i=1}^{n} X_i - n}{\lambda \sqrt{n}} \leqslant x\right\} = \Phi(x)$

(C) $\lim\limits_{n \to +\infty} P\left\{\dfrac{\sum\limits_{i=1}^{n} X_i - \lambda}{\lambda \sqrt{n}} \leqslant x\right\} = \Phi(x)$ (D) $\lim\limits_{n \to +\infty} P\left\{\dfrac{\sum\limits_{i=1}^{n} X_i - \lambda}{\lambda n} \leqslant x\right\} = \Phi(x)$

其中 $\Phi(x) = \displaystyle\int_{-\infty}^{x} \dfrac{1}{\sqrt{2\pi}} e^{-\frac{t^2}{2}} \mathrm{d}t$

【例 7】设 $\chi^2 \sim \chi^2(200)$, 则由中心极限定理得 $P\{\chi^2 \leqslant 240\}$ 近似等于 _____.(用标准正态分布的分布函数 $\Phi(\cdot)$ 表示)

【例 8】现有一批电池共 90 节, 它们的寿命(单位: 小时)服从参数为 $\lambda = \dfrac{1}{30}$ 的指数分布, 每次使用一节, 用完后立即换上新的, 求这批电池可使用 2500 小时以上的概率 $\left(\Phi\left(\dfrac{20}{9\sqrt{10}}\right) = 0.7580\right)$.

第六讲 数理统计的基本概念

大纲要求

1. 了解总体、简单随机样本、统计量、样本均值、样本方差及样本矩的概念，其中样本方差定义为 $S^2 = \dfrac{1}{n-1}\sum\limits_{i=1}^{n}(X_i-\bar{X})^2$.

2. 了解产生 χ^2 变量、t 变量和 F 变量的典型模式；了解标准正态分布、χ^2 分布、t 分布和 F 分布的上侧 a 分位数，会查相应的数值表.

3. 掌握正态总体的样本均值，样本方差，样本矩的抽样分布.

4. 了解经验分布函数的概念和性质.

 知识讲解

一、总体和样本

1. 总体

在数理统计中所研究对象的某项数量指标 X 取值的全体称为总体. X 是一个随机变量，X 的分布函数和数字特征分别称为总体的分布函数和数字特征.

2. 个体

总体中的每个元素称为个体，每个个体是一个实数.

3. 总体容量

总体中个体的数量称为总体的容量. 容量为有限的总体称为有限总体，容量为无限的总体称为无限总体.

4. 简单随机样本

与总体 X 具有相同的分布，并且每个个体 X_1，X_2，$\cdots$，X_n 之间是相互独立的，则称 X_1，X_2，$\cdots$，X_n 为来自总体 X 的简单随机样本，简称样本，n 称为样本容量. 它们的观测值 x_1，x_2，$\cdots$，x_n 称为样本观测值，简称为样本值.

5. 样本的联合分布

（1）联合分布函数

如果总体 X 的分布函数为 $F(x)$，X_1，X_2，$\cdots$，X_n 是来自总体 X 的样本，则随机变量 X_1，X_2，$\cdots$，X_n 的联合分布函数为 $F(x_1, x_2, \cdots, x_n) = \prod\limits_{i=1}^{n}F(x_i)$.

（2）联合概率密度

如果总体 X 的概率密度函数为 $f(x)$，则 X_1，X_2，$\cdots$，X_n 的联合概率密度为

$$f(x_1, x_2, \cdots, x_n) = \prod\limits_{i=1}^{n}f(x_i).$$

6. 统计量及抽样分布

（1）统计量

设 X_1，X_2，$\cdots$，X_n 是来自总体 X 的样本，$g(t_1, t_2, \cdots, t_n)$ 是一个不含未知数的 n 元函数，则称随机变量 x_1，x_2，$\cdots$，x_n 的函数 $T = g(X_1, X_2, \cdots, X_n)$ 为一个统计量．设 x_1，x_2，$\cdots$，x_n 是相应于 X_1，X_2，$\cdots$，X_n 的样本值，则称 $g(x_1, x_2, \cdots, x_n)$ 为统计量 $T = g(X_1, X_2, \cdots, X_n)$ 的观测值．

（2）抽样分布

统计量是样本的函数，是一个随机变量，统计量的分布称为抽样分布．

二、样本矩

设 X_1，X_2，$\cdots$，X_n 是来自总体 x 的样本，x_1，x_2，$\cdots$，x_n 是相应于 X_1，X_2，$\cdots$，X_n 的样本值．若总体 X 的期望、方差都存在，即 $E(X) = \mu$，$D(x) = \sigma^2$.

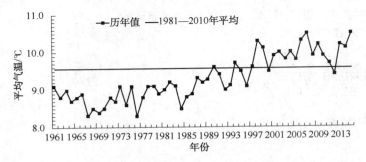

（1）样本均值 $\overline{X} = \dfrac{1}{n}\sum\limits_{i=1}^{n} X_i$，观测值 $\overline{x} = \dfrac{1}{n}\sum\limits_{i=1}^{n} x_i$.

$$E(\overline{X}) = \mu, \quad D(\overline{X}) = \frac{\sigma^2}{n}$$

（2）样本方差 $S^2 = \dfrac{1}{n-1}\sum\limits_{i=1}^{n}(X_i - \overline{X})^2 = \dfrac{1}{n-1}\left(\sum\limits_{i=1}^{n} X_i^2 - n\overline{X}^2\right)$.

样本标准差 $S = \sqrt{\dfrac{1}{n-1}\sum\limits_{i=1}^{n}(X_i - \overline{X})^2}$，观测值为 $s = \sqrt{\dfrac{1}{n-1}\left(\sum\limits_{i=1}^{n} x_i - \overline{x}\right)^2}$.

$$E(S^2) = E\left[\frac{1}{n-1}\sum_{i=1}^{n}(X_i - \overline{X})^2\right] = \frac{1}{n-1}\left[\sum_{i=1}^{n} E(X_i^2) - nE(\overline{x}^2)\right] = \sigma^2.$$

样本方差和方差类似，反映样本偏离均值的程度，比如对你所在的班级可以计算每个人同学的身高，算出身高的平均值之后，进而就可以利用上述式子计算身高的方差．同样的，对于国家国旗护卫队，也可以计算其身高的方差．但由于国旗护卫队的身高基本都集中在 185cm 左右，所以这个样本方差就非常小．如果每个人身高都固定为 185cm，方差就是 0. 而你所在的班级，身高方差就要大一些.

（3）样本 k 阶原点矩 $A_k = \dfrac{1}{n}\sum\limits_{i=1}^{n} X_i^k$，观测值为 $a_k = \dfrac{1}{n}\sum\limits_{i=1}^{n} X_i^k$，（$k = 1, 2, \cdots$）.

（4）样本 k 阶中心矩 $B_k = \dfrac{1}{n} \sum\limits_{i=1}^{n} (X_i - \overline{X})^k$，观测值为 $b_k = \dfrac{1}{n} \sum\limits_{i=1}^{n} (x_i - \overline{x})^k$，$(k = 1,\ 2,\ \cdots)$.

（5）顺序统计量 $X_{(n)} = \max(X_1,\ X_2,\ \cdots,\ X_n)$ 和 $X_{(l)} = \min(X_1,\ X_2,\ \cdots,\ X_n)$.

设总体 X 的分布函数为 $F(x)$，$X_1,\ X_2,\ \cdots,\ X_n$ 是来自总体 x 的样本，则统计量：

$X_{(n)} = \max(X_1,\ X_2,\ \cdots,\ X_n)$ 的分布函数为：

$$F_{\max}(x) = P\{X_{(n)} = \max(X_1,\ X_2,\ \cdots,\ X_n) \leqslant x\} = [F(x)]^n$$

$X_{(l)} = \min(X_1,\ X_2,\ \cdots,\ X_n)$ 的分布函数为：

$$F_{\min}(x) = P\{X_{(l)} = \min(X_1,\ X_2,\ \cdots,\ X_n) \leqslant x\} = 1 - [1 - F(x)]^n$$

【引申阅读】 为什么样本方差的分母是 $n-1$？

首先，我们假定随机变量 X 的数学期望 μ 是已知的，然而方差 σ^2 未知. 在这个条件下，根据方差的定义我们有 $E[(X_i - \mu)^2] = \sigma^2$，$\forall i = 1,\ \cdots,\ n$，由此可得 $E\left[\dfrac{1}{n} \sum\limits_{i=1}^{n} (X_i - \mu)^2\right] = \sigma^2$.

因此 $\dfrac{1}{n} \sum\limits_{i=1}^{n} (X_i - \mu)^2$ 是方差 σ^2 的一个无偏估计，注意式中的分母不偏不倚正好是 n，这个结果符合直觉并且在数学上也是显而易见的.

现在，我们考虑随机变量 X 的数学期望 μ 是未知的情形. 这时，我们会倾向于无脑直接用样本均值 $\overline{X}$ 替换掉上面式子中的 μ. 这样做有什么后果呢？

后果就是，如果直接使用 $\dfrac{1}{n} \sum\limits_{i=1}^{n} (X_i - \overline{X})^2$ 作为估计，那么你很可能会低估方差.

这是因为：

$$
\begin{aligned}
\frac{1}{n} \sum_{i=1}^{n} (X_i - \overline{X})^2 &= \frac{1}{n} \sum_{i=1}^{n} [(X_i - \mu) + (\mu - \overline{X})]^2 \\
&= \frac{1}{n} \sum_{i=1}^{n} (X_i - \mu)^2 + \frac{2}{n} \sum_{i=1}^{n} (X_i - \mu)(\mu - \overline{X}) + \frac{1}{n} \sum_{i=1}^{n} (\mu - \overline{X})^2 \\
&= \frac{1}{n} \sum_{i=1}^{n} (X_i - \mu)^2 + 2(\overline{X} - \mu)(\mu - \overline{X}) + (\mu - \overline{X})^2 \\
&= \frac{1}{n} \sum_{i=1}^{n} (X_i - \mu)^2 - (\mu - \overline{X})^2
\end{aligned}
$$

换言之，除非正好 $\overline{X} = \mu$，否则我们一定有 $\dfrac{1}{n} \sum\limits_{i=1}^{n} (X_i - \overline{X})^2 < \dfrac{1}{n} \sum\limits_{i=1}^{n} (X_i - \mu)^2$，而不等式右边的那位才是对方差的正确估计.

那么，在不知道随机变量真实数学期望的前提下，如何"正确"的估计方差呢？答案是把上式中的分母 n 换成 $n-1$，通过这种方法把原来的偏小的估计"放大"一点点，我们就能获对方差的正确估计了：

$$E\left[\frac{1}{n-1} \sum_{i=1}^{n} (X_i - \overline{X})^2\right] = E\left[\frac{1}{n} \sum_{i=1}^{n} (X_i - \mu)^2\right] = \sigma^2.$$

至于为什么分母是 $n-1$ 而不是 $n-2$ 或者别的什么数，做好还是去看真正的数学证明：$E(S^2)$

$$= E\left(\frac{1}{n-1} \sum_{i=1}^{n} (x_i - \overline{X})^2\right) = E\left(\frac{1}{n-1} \sum_{i=1}^{n} ((x_i - \mu) - (\overline{X} - \mu))^2\right)$$

$$= E\left(\frac{1}{n-1}\sum_{i=1}^{n}\left((x_i-\mu)^2-2(x_i-\mu)(\overline{X}-\mu)+(\overline{X}-\mu)^2\right)\right)$$

$$= E\left(\frac{1}{n-1}\sum_{i=1}^{n}(x_i-\mu)^2-\frac{2n}{n-1}(\overline{X}-\mu)(\overline{X}-\mu)+\frac{n}{n-1}(\overline{X}-\mu)^2\right)$$

$$= \frac{1}{n-1}E\left(\sum_{i=1}^{n}(x_i-\mu)^2\right)-\frac{n}{n-1}E((\overline{X}-\mu)^2) = \frac{n}{n-1}\sigma^2-\frac{n}{n-1}\times\frac{\sigma^2}{n}=\sigma^2$$

三、常用统计量的抽样分布

1. χ^2 分布

（1）典型模式

设随机变量 X_1，X_2，$\cdots$，X_n 相互独立，都服从标准正态分布 $N(0,1)$，则随机变量 $\chi^2 = X_1^2+X_2^2+\cdots+X_n^2$ 服从自由度为 n 的 χ^2 分布，记作 $\chi^2 \sim \chi^2(n)$.

$\chi^2(n)$ 分布的概率密度为 $f(x) = \begin{cases} \dfrac{1}{2^{\frac{n}{2}}\Gamma\left(\dfrac{n}{2}\right)}x^{\frac{n}{2}-1}e^{-\frac{x}{2}} & x > 0 \\ \\ 0 & x \leqslant 0 \end{cases}$

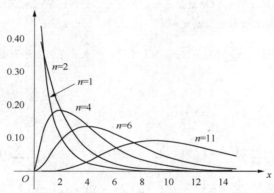

（2）χ^2 分布的性质

① 设 $\chi_1^2 \sim \chi_1^2(n_1)$，$\chi_2^2 \sim \chi_2^2(n_2)$，并且 χ_1^2 和 χ_2^2 相互独立，则 $\chi_1^2+\chi_2^2 \sim \chi^2(n_1+n_2)$.

② 如果 $\chi^2 \sim \chi^2(n)$，则有 $E(\chi^2)=n$，$D(\chi^2)=2n$.

2. t 分布

（1）典型模式

设随机变量 X，Y 相互独立，且 $X \sim N(0,1)$，$Y \sim \chi^2(n)$，则随机变量 $t = \dfrac{X}{\sqrt{Y/n}}$ 服从自由度为 n 的 t 分布，记作 $t \sim t(n)$.

$t(n)$ 分布的概率密度为 $f(x) = \dfrac{\Gamma\left(\dfrac{n+1}{2}\right)}{\sqrt{n\pi}\,\Gamma\left(\dfrac{n}{2}\right)}\left(1+\dfrac{x^2}{n}\right)^{-\frac{n+1}{2}}$，$-\infty < x < +\infty$.

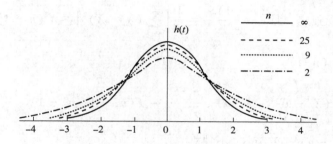

（2）性质

$t(n)$ 分布的概率密度 $f(x)$ 是偶函数且有 $\lim\limits_{n\to\infty}f(x)=\dfrac{1}{\sqrt{2\pi}}\mathrm{e}^{-\frac{x^2}{2}}$，即当 n 充分大时，$t(n)$ 分布近似 $N(0,1)$ 分布．

3. F 分布

（1）典型模式

设随机变量 X，Y 相互独立，且 $X\sim\chi^2(m)$，$Y\sim\chi^2(n)$，则随机变量 $F=\dfrac{X/m}{Y/n}$ 服从自由度为 (m,n) 的 F 分布，记作 $F\sim F(m,n)$，其概率密度为

$$f(x)=\begin{cases}\dfrac{\Gamma\left(\dfrac{n+m}{2}\right)}{\Gamma\left(\dfrac{m}{2}\right)\Gamma\left(\dfrac{n}{2}\right)}\left(\dfrac{m}{n}\right)\left(\dfrac{m}{n}x\right)^{\frac{m}{2}-1}\left(1+\dfrac{m}{n}x\right)^{-\frac{m+n}{2}} & x\geqslant 0\\[4mm] 0 & x<0\end{cases}$$

F 分布曲线如下图：

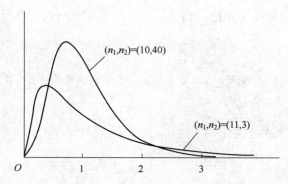

（2）性质

设 $F\sim F(m,n)$，则 $\dfrac{1}{F}\sim F(n,m)$．

四、正态总体的抽样分布

1. 一个正态总体

设 X_1，X_2，$\cdots$，X_n 是来自正态总体 $X\sim N(\mu,\sigma^2)$ 的样本，样本均值为 $\overline{X}$，样本方差为 S^2，则有：

（1）$\overline{X}\sim N\left(\mu,\dfrac{\sigma^2}{n}\right)$，$U=\dfrac{\overline{X}-\mu}{\sigma/\sqrt{n}}\sim N(0,1)$．

(2) $\overline{X}$ 与 S 相互独立，且 $\dfrac{(n-1)S^2}{\sigma^2} = \dfrac{1}{\sigma^2}\left[\sum_{i=1}^{n}(X_i - \overline{X})^2\right] \sim \chi^2(n-1)$.

(3) $T = \dfrac{\overline{X} - \mu}{S/\sqrt{n}} \sim t(n-1)$

(4) $\chi^2 = \dfrac{1}{\sigma^2}\sum_{i=1}^{n}(X_i - \mu)^2 \sim \chi^2(n)$，$\dfrac{S_1^2/S_2^2}{\sigma_1^2/\sigma_2^2} \sim F(n_1 - 1, n_2 - 1)$

$S_*^2 = \dfrac{1}{n}\sum_{i=1}^{n}(X_i - u)^2$，$\overline{X}$ 与 S_* 不独立.

2. 两个正态总体

设 $X \sim N(\mu_1, \sigma_1^2)$，$Y \sim N(\mu_2, \sigma_2^2)$，$X_1, X_2, \cdots, X_n$ 和 $Y_1, Y_2, \cdots, Y_n$ 分别来自总体 X 和 Y 的样本，且两个总体相互独立，则有

(1) $\overline{X} - \overline{Y} \sim N\left(\mu_1 - \mu_2, \dfrac{\sigma_1^2}{n_1} + \dfrac{\sigma_2^2}{n_2}\right)$，$U = \dfrac{(\overline{X} - \overline{Y}) - (\mu_1 - \mu_2)}{\sqrt{\dfrac{\sigma_1^2}{n_1} + \dfrac{\sigma_2^2}{n_2}}} \sim N(0, 1)$.

(2) 如果 $\sigma_1^2 = \sigma_2^2$ 则 $T = \dfrac{(\overline{X} - \overline{Y}) - (\mu_1 - \mu_2)}{S_w\sqrt{\dfrac{1}{n_1} + \dfrac{1}{n_2}}} \sim t(n_1 + n_2 - 2)$，其中 $S_w^2 = \dfrac{(n_1 - 1)S_1^2 + (n_2 - 1)S_2^2}{n_1 + n_2 - 2}$.

(3) $F = \dfrac{n_2\sigma_2^2\sum\limits_{i=1}^{n_1}(X_i - \mu_1)^2}{n_1\sigma_1^2\sum\limits_{i=1}^{n_2}(Y_i - \mu_2)^2} \sim F(n_1, n_2)$

(4) $F = \dfrac{\sigma_2^2}{\sigma_1^2}\dfrac{S_1^2}{S_2^2} \sim F(n_1 - 1, n_2 - 1)$

【必会经典题】

设 $X_1, X_2, \cdots, X_n (n \geq 2)$ 为来自正态总体 $N(\mu, 1)$ 的简单随机样本，若 $\overline{X} = \dfrac{1}{n}\sum_{i=1}^{n}X_i$，则下列结论中不正确的是（　　）.

(A) $\sum_{i=1}^{n}(X_i - \mu)^2$ 服从 χ^2 分布 　　　　(B) $2(X_n - X_1)^2$ 服从 χ^2 分布

(C) $\sum_{i=1}^{n}(X_i - \overline{X})^2$ 服从 χ^2 分布 　　(D) $n(\overline{X} - \mu)^2$ 服从 χ^2 分布

解： (1) 显然 $(X_i - \mu) \sim N(0, 1) \Rightarrow (X_i - \mu)^2 \sim \chi^2(1)$，$i = 1, 2, \cdots n$ 且相互独立，

所以 $\sum_{i=1}^{n}(X_i - \mu)^2$ 服从 $\chi^2(n)$ 分布，也就是说 (A) 结论是正确的；

(2) $\sum_{i=1}^{n}(X_i - \overline{X})^2 = (n-1)S^2 = \dfrac{(n-1)S^2}{\sigma^2} \sim \chi^2(n-1)$ 所以 (C) 结论也是正确的；

(3) 注意 $\overline{X} \sim N\left(\mu, \dfrac{1}{n}\right) \Rightarrow \sqrt{n}(\overline{X} - \mu) \sim N(0, 1) \Rightarrow n(\overline{X} - \mu)^2 \sim \chi^2(1)$，

所以 (D) 结论也是正确的；

(4) 对于选项 (B)：$(X_n - X_1) \sim N(0, 2) \Rightarrow \dfrac{X_n - X_1}{\sqrt{2}} \sim N(0, 1) \Rightarrow \dfrac{1}{2}(X_n - X_1)^2 \sim \chi^2(1)$ 所以 (B)

错误的，应该选择 (B)

题型一 求统计量分布有关的基本概念问题

【例1】设总体 $X \sim N(\mu, \sigma^2)$，X_1，X_2，$\cdots$，X_n 为取自 X 的样本，记 $\overline{X} = \dfrac{1}{n} \sum\limits_{i=1}^{n} X_i$，$S^2 = \dfrac{1}{n-1} \sum\limits_{i=1}^{n} (X_i - \overline{X})^2$，则 $E(S^4) = $ _____．

【例2】设总体 X 服从泊松分布 $P(\lambda)$，$(X_1, X_2, \cdots, X_n)$ 是 X 的样本．

（1）写出 $(X_1, X_2, \cdots, X_n)$ 的概率分布；

（2）求 $E(\overline{X})$，$D(\overline{X})$ 和 $E(S^2)$；

（3）设总体 X 的容量为 10 的一组样本观察值（1，2，4，3，3，4，5，6，4，8），试计算样本均值、样本方差．

【例3】设总体 X 服从参数为 λ 的指数分别，即 $X \sim e(\lambda)$．X_1，X_2，$\cdots$，X_n 为来自 X 的样本．

（1）求 $(X_1, X_2, \cdots, X_n)$ 的概率密度函数；

（2）当 λ 未知时，$\overline{X} + 2\lambda$，$\max\{X_1, X_2, \cdots, X_n\}$ 哪个是统计量？

题型二 求统计量的分布及其分布参数

【例4】设 X_1，X_2，$\cdots$，X_{10} 和 Y_1，Y_2，$\cdots$，Y_{15} 是来自于正态总体 $N(20, 6)$ 的两个独立样本，$\overline{X}$，$\overline{Y}$ 分别为两个样本的样本均值，则 $\overline{X} - \overline{Y} \sim$ _____．

【例5】[2003 年1] 设随机变量 $X \sim t(n)(n > 1)$，$Y = 1/X^2$，则（　　）．

（A）$Y \sim \chi^2(n)$ 　　（B）$Y \sim \chi^2(n-1)$ 　　（C）$Y \sim F(n, 1)$ 　　（D）$Y \sim F(1, n)$

【例6】[2002 年3] 设随机变量 X 和 Y 都服从标准正态分布，则（　　）．

（A）$X + Y$ 服从正态分布 　　　　　　　　（B）$X^2 + Y^2$ 服从 χ^2 分布

（C）X^2 和 Y^2 都服从 χ^2 分布 　　　　　（D）X^2/Y^2 服从 F 分布

【例7】[2001 年3] 设总体服从正态分布 $N(0, 2^2)$，而 X_1，X_2，$\cdots$，X_{15} 是来自总体 X 的简单随机样本，则随机变量 $Y = \dfrac{X_1^2 + X_2^2 + \cdots + X_{10}^2}{2(X_{11}^2 + X_{12}^2 + \cdots + X_{15}^2)}$ 服从 _____ 分布，参数为 _____．

【例8】记总体 $X \sim N(\mu, \sigma^2)(\sigma > 0)$，$X_1$，$X_2$，$\cdots$，$X_n$ 是来自 X 的简单随机样本，$\overline{X}$ 是样本均值，记：

$S_1^2 = \dfrac{1}{n} \sum\limits_{i=1}^{n} (X_i - \mu)^2$，$S_2^2 = \dfrac{1}{n} \sum\limits_{i=1}^{n} (X_i - \overline{X})^2$，$S_3^2 = \dfrac{1}{n-1} \sum\limits_{i=1}^{n} (X_i - \mu)^2$，$S_4^2 = \dfrac{1}{n-1} \sum\limits_{i=1}^{n} (X_i - \overline{X})^2$．

则服从自由度 $n-1$ 的 t 分布的随机变量是（　　）．

（A）$T = \dfrac{\overline{X} - \mu}{S_1 / \sqrt{n-1}}$ 　　　　　　　　（B）$T = \dfrac{\overline{X} - \mu}{S_2 / \sqrt{n-1}}$

（C）$T = \dfrac{\overline{X} - \mu}{S_3 / \sqrt{n-1}}$ 　　　　　　　　（D）$T = \dfrac{\overline{X} - \mu}{S_4 / \sqrt{n-1}}$

【例9】设 X_1，X_2，$\cdots$，X_{25} 是正态总体 $X \sim N(5, 3^2)$ 的样本，$\overline{X}_1 = \dfrac{1}{9} \sum\limits_{i=1}^{9} X_i$，$\overline{X}_2 = \dfrac{1}{16} \sum\limits_{i=10}^{25} X_i$，$A_1 = \sum\limits_{i=1}^{9} (X_i - \overline{X}_1)^2$，$A_2 = \sum\limits_{i=10}^{25} (X_i - \overline{X}_2)^2$，要使统计量 $\dfrac{a(\overline{X}_1 - 5)}{\sqrt{A_1}} \sim t(n)$，则 $a = $ _____；$n = $ _____；要使统计量 $\dfrac{bA_1}{A_2} \sim F(n_1, n_2)$，则 $b = $ _____；$(n_1, n_2) = $ _____．

【例10】设 $(X_1, X_2, X_3, X_4, X_5)$ 为来自总体 $X \sim N(0, \sigma^2)$ 的简单随机样本．

（1）记 S 为 (X_3, X_4, X_5) 的样本标准差，问 $Y = \dfrac{X_1 + X_2}{\sqrt{2} S}$ 服从何分布？

(2) 求常数 a ，使得 $Z = a\dfrac{X_1^2 + X_2^2}{X_3^2 + X_4^2 + X_5^2}$ 服从 F 分布，并指出其自由度.

题型三　求统计量取值的概率

【例11】设随机变量 $X \sim N(0, 1)$ ，$\chi^2 \sim \chi^2(1)$ ，给定 $\alpha(0 < \alpha < 1)$ ，数 U_α 满足 $P\{X > U_\alpha\} = \alpha$ ，数 $\chi_\alpha^2(1)$ 满足 $P\{\chi^2 > \chi_\alpha^2(1)\} = \alpha$ ，如果已知 $U_{0.025} = 1.96$ ，则 $\chi_{0.05}^2(1) = $ _____.

【例12】设 X_1 ，X_2 ，$\cdots$ ，X_{14} 是正态总体 $X \sim N(90, \sigma^2)$ 的样本，$\overline{X}$ 为样本均值.

(1) 若已知 $\sigma^2 = 100$ ，求 $P\Big[\sum\limits_{i=1}^{14}(X_i - \overline{X})^2 \leqslant 500\Big]$ （已知 $\chi_{0.975}^2(13) = 5$）；

(2) 若 σ^2 未知但已知样本方差 $s^2 = 121$ ，且 $P(\mid \overline{X}-90 \mid \leqslant k) = 0.9$ ，求 k （已知 $t_{0.05}(13) = 1.7705$）.

第七讲 参数估计与假设检验

 大纲要求

1. 理解参数的点估计、估计量与估计值的概念.

2. 掌握矩估计法(一阶矩、二阶矩)和最大似然估计法.

3. 了解估计量的无偏性、有效性(最小方差性)和一致性(相合性)的概念，并会验证估计量的无偏性. (仅数一要求).

4. 理解区间估计的概念，会求单个正态总体的均值和方差的置信区间，会求两个正态总体的均值差和方差比的置信区间(仅数一要求).

5. 理解显著性检验的基本思想，掌握假设检验的基本步骤，了解假设检验可能产生的两类错误. (仅数一要求).

6. 掌握单个及两个正态总体的均值和方差的假设检验. (仅数一要求).

 知识讲解

一、点估计

1. 点估计的概念

设总体 X 的分布形式已知，但含有未知参数 θ；或者总体的某数字特征存在但未知.

X_1，X_2，$\cdots X_n$ 是来自总体 X 的样本，x_1，x_2，$\cdots x_n$ 是相应的样本值. 所谓的点估计就是构造一个适当的统计量 $\hat{\theta}(X_1，X_2，\cdots，X_n)$，用它估计未知参数 θ，用它的观测值 $\hat{\theta}(x_1，x_2，\cdots，x_n)$ 作为未知参数 θ 的近似值，称统计量 $\hat{\theta}(X_1，X_2，\cdots，X_n)$ 称为未知参数 θ 的估计量，$\hat{\theta}(x_1，x_2，\cdots，x_n)$ 为 θ 的一个估计值.

2. 点估计的方法

假设某地区的身高服从近似正态分布，其平均身高 u 是未知数。小元老师根据统计样本计算，该地区的平均身高是 1.7 米，这就是点估计。

(1) 矩估计法

① 矩估计法思想

矩法的基本思想是用样本的 k 阶原点矩 $A_k = \dfrac{1}{n}\sum_{i=1}^{n}X_i^k$ 作为总体的 k 阶原点矩 $\mu_k = E(X^k)$ 的估计.

令 $A_k = \mu_k$，即 $\dfrac{1}{n}\sum_{i=1}^{n}X_i^k = E(X_i^k)(k=1，2，\cdots)$. 如果用一阶原点矩，就是我们中小学习惯的样本均值，用样本均值估计总体均值，这个是很符合习惯的，二阶矩等就是其延伸.

② 矩估计法的解题思路

a. 当只有一个未知参数时，我们就用样本的一阶原点矩即样本均值来估计随机变量的

一阶原点矩即期望. 令 $\overline{X} = E(X)$ 解出未知参数, 就是其矩估计量.

b. 如果有两个未知参数, 那么除了要用一阶矩来估计外, 还要用二阶矩来估计. 因为两个未知数, 需要两个方程才能解出. 解出未知参数, 就是参数的矩估计.

【必会经典题】

设总体 X 在 $[a, b]$ 上服从均匀分布, a, b 未知. $X_1, X_2, \cdots, X_n$ 是来自 X 的样本, 试求 a, b 的矩估计量.

解:
$$\mu_1 = E(X) = (a + b)/2,$$
$$\mu_2 = E(X^2) = D(X) + [E(X)]^2$$
$$= (b - a)^2/12 + (a + b)^2/4.$$

即
$$\begin{cases} a + b = 2\mu_1, \\ b - a = \sqrt{12(\mu_2 - \mu_1^2)}. \end{cases}$$

解这一方程组得

$$a = \mu_1 - \sqrt{3(\mu_2 - \mu_1^2)}, \quad b = \mu_1 + \sqrt{3(\mu_2 - \mu_1^2)}.$$

分别以 A_1, A_2 代替 μ_1, μ_2, 得到 a, b 的矩估计量分别为 ($\frac{1}{n}\sum_{i=1}^{n} X_i^2 - \overline{X}^2 = \frac{1}{n}\sum_{i=1}^{n}(X_i - \overline{X})^2$)

$$\hat{a} = A_1 - \sqrt{3(A_2 - A_1^2)} = \overline{X} - \sqrt{\frac{3}{n}\sum_{i=1}^{n}(X_i - \overline{X})^2},$$

$$\hat{b} = A_1 + \sqrt{3(A_2 - A_1^2)} = \overline{X} + \sqrt{\frac{3}{n}\sum_{i=1}^{n}(X_i - \overline{X})^2}.$$

（2）最大似然估计法

① 离散型随机变量

设总体 X 是离散型随机变量, 概率分布为 $P\{X = t_i\} = p(t_i; \theta)$, $i = 1$, $2\cdots$, 其中 $\theta \in \Theta$ 为待估参数.

设 $X_1, X_2, \cdots, X_n$ 是来自总体 x 的样本, $x_1, x_2, \cdots, x_n$ 是样本值,

称函数 $L(\theta) = L(x_1, x_2, \cdots, x_n; \theta) = \prod_{i=1}^{n} p(x_i; \theta)$ 为样本 $x_1, x_2, \cdots, x_n$ 的似然函数. 如果 $\hat{\theta} \in \Theta$, 使得 $L(\hat{\theta}) = \max_{\theta \in \Theta} L(\theta)$, 这样的 $\hat{\theta}$ 与 $x_1, x_2, \cdots, x_n$ 有关, 记作 $\hat{\theta}(x_1, x_2, \cdots, x_n)$, 称为未知参数 θ 的最大似然估计值, 相应的统计量 $\hat{\theta}(X_1, X_2, \cdots, X_n)$ 称为 θ 的最大似然估计量.

我们以射箭为例说明它的原理, 假设你命中靶心的概率是 1/2, 这个概率是稳定的不会在实验过程中有所进步, 该命中率是上帝或者编剧偷偷告诉我们的, 现在我们要验证一下. 那么我们进行多次 n 重伯努利实验. 我们分三组, 每组射击 10 次, 可以想象, 很可能发生如下结果: 第一组命中 5 次, 第二组命中 4 次, 第三组命中 6 次. 那在这样的结果下我们想通过统计数据和最大似然估计算一下你的命中率.

这三次实验是真实的已经发生过的事件, 现在我们假装它们还没发生, 假设你的命中率是未知数 p, 让这三个事件为实验结果发生的概率达到最大. 做似然函数 $L(p) = C_{10}^4 p^4$ $(1 - p)^6 C_{10}^5 p^5 (1 - p)^5 C_{10}^6 p^6 (1 - p)^4$, 我们求 p 的取值, 使得 $L(p)$ 为最大, 那 p 为多少取最值呢? 上面的式子比较复杂我们通过下图的图像来研究. 首先二项分布是比较近似正态分

布的，那我们用曲线上的点来代替上面组合数

的计算，如果 $p = \dfrac{1}{2}$，最大似然函数的取值就

是右图曲线 $L1$ 上三个点相乘；如果 $p = \dfrac{4}{10}$，最

大似然函数的取值就是下图曲线 $L2$ 上三个点相

乘；如果 $p = \dfrac{6}{10}$，最大似然函数的取值就是下

图曲线 $L3$ 上三个点相乘．我们可以清楚地比较

出 $p = \dfrac{1}{2}$ 时，$L(p)$ 最大，这也正好是符合事实的．

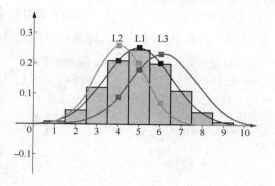

　　为什么会这样呢？原理可以大概这样解释，实验结果是真实发生过的事件，只有 p 取非常接近真实的命中率时，这样的结果才最大可能同时发生，如果 p 不符合真实的命中率，那样的实验结果就不太可能同时发生，只有真实才能符合真实．

　　好比下图的游泳用的脚蹼，就是模仿了鸭子的脚或鱼的尾巴，这样才能有相似的效果，我们的待估计参数也是，只有和真实值非常接近时，实验结果才最大可能同时发生．

　　② 连续型随机变量

　　设总体 X 的概率密度函数 $f(x; \theta)$，其中 $\theta \in$
Θ 为待估参数，设 x_1，x_2，$\cdots$，x_n 是来自总体 x
的样本 x_1，x_2，$\cdots$，x_n 是样本值，称函数 $L(\theta) =$
$L(x_1, x_2, \cdots, x_n; \theta) = \prod\limits_{i=1}^{n} f(x_i; \theta)$ 为样本 x_1，

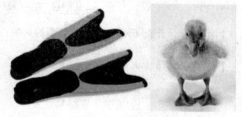

x_2，$\cdots$，x_n 的似然函数．如果 $\hat{\theta} \in \Theta$，使得 $L(\hat{\theta}) = \max\limits_{\theta \in \Theta} L(\theta)$，这样的 $\hat{\theta}$ 与 x_1，x_2，$\cdots$，x_n 有关，记作 $\hat{\theta}(x_1, x_2, \cdots, x_n)$，称为未知参数 θ 的最大似然估计值，相应的统计量 $\hat{\theta}(X_1, X_2, \cdots, X_n)$ 称为 θ 的最大似然估计量．

　　连续型的原理和离散型是类似的，前面离散型举例时就是用正态分布近似求最值的，而如果就是真正的正态分布，还是只有真实才能符合真实，被估计参数越近似真实值，实验结果才最大可能同时发生．

　　③ 最大似然估计法的步骤

　　a. 写出似然函数

$$L(\theta) = L(x_1, x_2, \cdots, x_n; \theta_1, \theta_2, \cdots, \theta_m) = \prod\limits_{i=1}^{n} p(x_i; \theta_1, \theta_2, \cdots, \theta_m) \qquad (\text{离散型})$$

$$L(\theta) = L(x_1, x_2, \cdots, x_n; \theta_1, \theta_2, \cdots, \theta_m) = \prod\limits_{i=1}^{n} f(x_i; \theta_1, \theta_2, \cdots, \theta_m) \qquad (\text{连续型})$$

　　b. 取对数 $\ln L$；

　　c. θ_1，θ_2，$\cdots$，θ_m，求偏导数 $\dfrac{\partial \ln L}{\partial \theta_i}$，$i = 1$，$2$，$\cdots$，$m$；

　　d. 判断方程组 $\dfrac{\partial \ln L}{\partial \theta_i} = 0$ 是否有解．若有解，则其解即为所求最大似然估计；若无解，则最大似然估计常在 θ_i 的边界点上达到．

极大似然估计的不变性：如果 $\hat{\theta}$ 是 θ 的极大似然估计，则对任一函数 $g(\theta)$，满足当 $\theta \in \Theta$ 时，具有单值反函数，则其极大似然估计为 $g(\hat{\theta})$.

【必会经典题】

设总体 X 的分布规律为 $P\{X=k\} = p(1-p)^{k-1}$，$k = 1, 2, \cdots$，其中 p 为未知参数，且 X_1，X_2，$\cdots$，X_n 为来自总体 X 的简单随机样本，求参数 p 的矩估量和最大似然估计量.

解：(1) $EX = \sum\limits_{k=1}^{\infty} kp(1-p)^{k-1} = p\left(\sum\limits_{k=1}^{\infty} x^k\right)' \Big|_{x=1-p} = p\left(\dfrac{x}{1-x}\right)' \Big|_{x=1-p} = \dfrac{1}{p}$.

令 $EX = \bar{X}$，$\Rightarrow \hat{p} = \dfrac{1}{\bar{X}}$；

(2) $L(x_1, x_2 \cdots, x_n; p) = P\{X=x_1\} P\{X=x_2\} \cdots P\{X=x_n\} = p^n (1-p)^{x_1+x_2+\cdots+x_n-n}$，

$\ln L = n\ln p + (x_1 + x_2 + \cdots + x_n - n)\ln(1-p)$，

$\dfrac{\mathrm{d}}{\mathrm{d}p}\ln L = \dfrac{n}{p} - \dfrac{x_1 + x_2 + \cdots + x_n - n}{1-p} = 0 \Rightarrow \hat{p} = \dfrac{1}{\bar{x}}$（最大似然估计值），

$\hat{p} = \dfrac{1}{\bar{X}}$（最大似然估计量）.

题型一 矩估计与最大似然估计

【例1】矩估计是否有唯一性？试举例说明.

【例2】设总体 X 的概率密度为 $f(x) = \begin{cases} \dfrac{1}{\theta} x^{\frac{1-\theta}{\theta}}, & 0 < x < 1 \\ 0, & \text{其他} \end{cases}$，其中 $\theta > 0$ 是未知参数，X_1，X_2，$\cdots$，X_n 是总体 X 的样本，求：

(1) θ 的矩估计量；

(2) θ 的最大似然估计量.

【例3】设总体 X 具有概率密度 $f(x) = \begin{cases} \dfrac{\beta^k}{(k-1)!} x^{k-1} e^{-\beta x}, & x > 0 \\ 0, & x \leqslant 0 \end{cases}$，其中 k 是已知的正整数，其中样本观测值为 x_1，x_2，$\cdots$，x_n，求未知参数 β 的最大似然估计值.

【例4】设总体 X 的概率密度为 $f(x) = \begin{cases} bx, & 0 \leqslant x \leqslant 1 \\ ax, & 1 \leqslant x \leqslant 2 \\ 0, & \text{其他} \end{cases}$，测得样本观察值为 0.5，0.8，1.5，1.5.

(1) 求 a 与 b 的极大似然估计值；

(2) 设 $Y = e^x$，求 $P\{Y < 2\}$ 的极大似然估计值.

【例5】[2002 年 1] 设总体 X 的概率分布为

X	0	1	2	3
P	θ^2	$2\theta(1-\theta)$	θ^2	$1-2\theta$

其中 $\theta\left(0 < \theta < \dfrac{1}{2}\right)$ 是未知参数，利用总体 X 的样本值：3，1，3，0，3，1，2，3. 求 θ 的矩估计值和最大似然估计值.

【例6】设总体 X 的分布函数 $F(x) = \begin{cases} 1 - \left(\dfrac{\alpha}{x}\right)^2, & x \geqslant \alpha \\ 0, & x < \alpha \end{cases}$，其中 $\alpha > 0, X_1, X_2, \cdots, X_n$ 为来自 X 的一

个简单随机样本，求 α 的极大似然估计量

【例7】设袋中有编号为 $1 \sim N$ 的 N 张卡片，其中 N 未知，现从中有放回地任取 n 张，所得号码为 X_1，X_2，$\cdots$，X_n，求 N 的极大似然估计量 $\hat{N}$.

（3）估计量的评选标准（数一）

① 无偏性

如果 θ 的估计量 $\hat{\theta}(X_1, X_2, \cdots, X_n)$ 的数学期望 $E(\hat{\theta})$ 存在，且对于任意 $\theta \in \Theta$，有 $E(\hat{\theta}) = \theta$. 则称是未知参数 θ 的无偏估计量.

以例子来说明，假如你想知道一所大学里学生的平均身高是多少，一个大学好几万人，全部统计有点不现实，但是你可以先随机挑选 100 个人，统计他们的身高，然后计算出他们的平均值，记为 $\overline{X_1}$. 用这个 $\overline{X_1}$ 作为整体的身高平均值，虽然有误差，但只要样本越多就越接近真实值，这就是一个无偏估计. 而如果你用 $\dfrac{2}{3}\overline{X_1}$ 或 $\dfrac{233}{666}\overline{X_1}$ 等做身高估计，不管怎么增加样本，结果都是偏离真实值的，这就不是无偏估计.

② 有效性

设 $\hat{\theta}_1(X_1, X_2, \cdots, X_n)$ 和 $\hat{\theta}_2(X_1, X_2, \cdots, X_n)$ 都是未知参数 θ 的无偏估计量，如果对于任意 $\theta \in \Theta$，有 $D(\hat{\theta}_1) \leqslant D(\hat{\theta}_2)$，且至少有一个 $\theta \in \Theta$，使上式中的不等式成立，则称 $\hat{\theta}_1(X_1, X_2, \cdots, X_n)$ 比 $\hat{\theta}_2(X_1, X_2, \cdots, X_n)$ 更有效.

方差越小，波动越小，越聚焦在某数值附近，就越有效.

③ 一致性（相合性）

设 $\hat{\theta}(X_1, X_2, \cdots, X_n)$ 为未知参数 θ 的估计量，如果对于任意 $\theta \in \Theta$，当 $n \to \infty$ 时，$\hat{\theta}(X_1, X_2, \cdots, X_n)$ 依概率收敛于 θ，则称 $\hat{\theta}(X_1, X_2, \cdots, X_n)$ 为未知参数 θ 的一致估计量或相合估计量.

一致性就是样本越多，越和真实值接近，比如还是以上面的大学生身高为例，如果用 $\dfrac{n-1}{n}\overline{X_1}$ 做身高的估计，样本比较少，n 比较小时误差就较大，而如果 $n \to \infty$，就会趋近真实的数值.

【必会经典题】

设总体 X 的概率密度为 $f(x, \theta) = \begin{cases} \dfrac{6x}{\theta^3}(\theta - x), & 0 < x < \theta \\ 0, & \text{其他} \end{cases}$，$X_1$，$X_2$，$\cdots X_n$ 为来自总体 X 的简单随机样本.

（1）求 θ 的矩估计量 $\hat{\theta}$；（2）求 $D\hat{\theta}$；（3）判断该估计量的无偏性.

解：（1）$EX = \displaystyle\int_{-\infty}^{+\infty} xf(x)\,dx = \int_0^\theta \dfrac{6x^2}{\theta^3}(\theta - x)\,dx = \dfrac{\theta}{2}$，

令 $EX = \overline{X} \Rightarrow \hat{\theta} = 2\overline{X}$.

（2）$EX^2 = \displaystyle\int_{-\infty}^{+\infty} x^2 f(x)\,dx = \int_0^\theta \dfrac{6x^3}{\theta^3}(\theta - x)\,dx = \dfrac{6\theta^2}{20} \Rightarrow DX = \dfrac{\theta^2}{20}$，

$\Rightarrow D(\hat{\theta}) = D(2\overline{X}) = 4D(\overline{X}) = \dfrac{4}{n}DX = \dfrac{\theta^2}{5n}$；

（3）因为 $E\hat{\theta} = E(2\overline{X}) = 2E\overline{X} = \theta$，所以 $\hat{\theta} = 2\overline{X}$ 是 θ 的无偏估计.

题型二　估计量的评选标准（数一）

【例8】设 X_1，X_2，X_3 是来自于正态总体 $X \sim N(\mu, \sigma^2)$ 的一组样本，$\hat{\mu}_1 = \frac{1}{3}X_1 + \frac{1}{3}X_2 + \frac{1}{3}X_3$，$\hat{\mu}_2 = \frac{2}{5}X_1 + \frac{3}{5}X_2$，$\hat{\mu}_3 = \frac{1}{2}X_1 + \frac{1}{3}X_2 + \frac{1}{6}X_3$，则（　　）.

(A) 三个不是 μ 的无偏估计量

(B) 三个都是 μ 的无偏估计量且 $\hat{\mu}_1$ 有效

(C) 三个都是 μ 的无偏估计量且 $\hat{\mu}_2$ 有效

(D) 三个都是 μ 的无偏估计量且 $\hat{\mu}_3$ 有效

【例9】设 $\hat{\theta}_1(X_1, X_2, \cdots, X_n)$ 和 $\hat{\theta}_2(X_1, X_2, \cdots, X_n)$ 是参数 θ 的两个独立的无偏估计量，并且 $\hat{\theta}_1$ 的方差是 $\hat{\theta}_2$ 的方差的 4 倍，试求出常数 k_1 和 k_2，使得 $k_1\hat{\theta}_1 + k_2\hat{\theta}_2$ 是 θ 的无偏估计量，并且在所有这样的线性估计中方差最小．

【例10】设总体 $X \sim N(0, \sigma^2)$，$(X_1, X_2, \cdots X_n)(n > 1)$ 为总体 X 的一个简单随机样本，则一列估计量中为 σ^2 的无偏估计，且方差最小的是（　　）.

(A) X_1^2　　　　(B) $\overline{X}^2$　　　　(C) $\frac{1}{n}\sum_{i=1}^{n} X_i^2$　　　　(D) S^2

【例11】设总体 X 的概率密度为 $f_X(x) = \begin{cases} \dfrac{3x^2}{\theta^3}, & 0 < x < \theta \\ 0, & \text{其他} \end{cases}$，$\theta > 0$ 是未知参数，X_1，X_2 是总体 X 的样本．

(1) 证明 $T_1 = \frac{2}{3}(X_1 + X_2)$ 和 $T_2 = \frac{7}{6}max\{X_1, X_2\}$ 都是 θ 的无偏估计量；

(2) 计算 T_1 和 T_2 的方差，并判断其有效性．

【例12】设总体 X 是区间 $(a, a+1)$ 上的均匀分布，有样本 X_1，X_2，$\cdots$，X_n，对未知参数 a，给出两个估计：$\hat{a}_1 = \frac{1}{n}\sum_{i=1}^{n} X_i - \frac{1}{2}$ 和 $\hat{a}_2 = max(X_1, X_2, \cdots, X_n) - \frac{n}{n+1}$，

(1) 证明 $\hat{a}_1$ 和 $\hat{a}_2$ 都是 a 的无偏估计；

(2) 试比较 $\hat{a}_1$ 和 $\hat{a}_2$ 的有效性；

【例13】设总体 X 的密度为 $f(x; \theta) = \frac{1}{2\theta}e^{-\frac{|x|}{\theta}}$，$-\infty < x < +\infty$，其中 $\theta > 0$ 未知．

$(X_1, X_2, \cdots X_n)$ 为来自总体 X 的一个简单随机样本．

(1) 利用原点矩求 θ 的矩估计量 $\hat{\theta}_1$，并讨论 $(\hat{\theta}_1)^2$ 是否为 θ^2 的无偏估计，$\hat{\theta}_1$ 是否为 θ 的无偏估计．

(2) 求 θ 的极大似然估计量 $\hat{\theta}_2$，并讨论 $\hat{\theta}_2$ 是否为 θ 的无偏估计．

二、区间估计（数一）

假设小元老师想统计自己头发的根数，其总数 s 是未知参数。经过统计及计算，总数以 90% 的概率落在区间 $[1$ 万，3 万$]$，这个区间就是置信区间，90% 就是置信水平。

（1）四大分布的分位数（点）.

要理解标准正态分布、χ^2 分布、t 分布和 F 分布的分位数的定义并学会确定有关分位数．

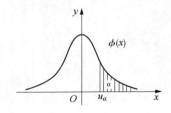
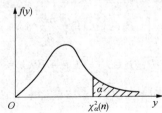

① 设 $X \sim N(0, 1)$ ，若 u_α 满足条件 $P(X > u_\alpha) = \alpha(0 < \alpha < 1)$ ，则称数(点) μ_α 为标准正态分布的上 α 分位数(点)，如上面左图所示. 由 $P(X > u_\alpha) = \alpha(0 < \alpha < 1)$ 易得到

$$1 - P(X \leq u_\alpha) = \alpha，\Phi(u_\alpha) = 1 - \alpha$$

其中 α 称为显著水平，$1 - \alpha$ 称为置信度(置信水平)，$\Phi(x)$ 为 X 的分布函数.

下面几个 $\Phi(x)$ 的数值较常用(这些数据需要知道怎么使用)，$\Phi(1.65) = 0.95$，$\Phi(1.96) = 0.975$，$\Phi(2.57) = 0.9949$.

② 对于给定的正数 $\alpha(0 < \alpha < 1)$ ，称满足条件 $P(X^2 > \chi_\alpha^2(n)) = \int_{\chi_\alpha^2(n)}^{+\infty} f(y) dy = \alpha$ 的点 $\chi_\alpha^2(n)$ 为 $\chi^2(n)$ 分布的上 α 分位数(点)，如上面右图所示，对于不同的 α，n，上 α 分位数(点)的值制成表格，可以查找使用.

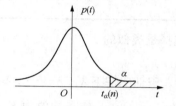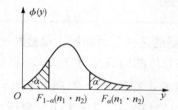

③ 对于给定的 $\alpha(0 < \alpha < 1)$ ，称满足条件 $P(t > t_\alpha(n)) = \int_{t_\alpha(n)}^{+\infty} p(t) dt = \alpha$ 的点 $t_\alpha(n)$ 为 $t(n)$ 分布的上 α 分位数(点)(如上面左图)，t 分布的上 α 分位数(点)有表可查.

由于 $t(n)$ 分布的概率密度为偶函数，有 $t_{1-\alpha}(n) = -t_\alpha(n)$.

④ 对于给定的 $\alpha(0 < \alpha < 1)$ ，称满足条件 $P(F > F_\alpha(n_1, n_2)) = \int_{F_\alpha(n_1, n_2)}^{+\infty} \psi(y) dy = \alpha$ 的点 $F_\alpha(n_1, n_2)$ 为 $F(n_1, n_2)$ 分布上 α 分位数(点)(上面右图). 当 α 较小时，F 分布的 α 分位数(点)有表可查. 当 α 较大时，接近于 1 时，$1 - \alpha$ 接近于 0，这时查表查不到 $F_\alpha(n_1, n_2)$ ，要利用公式 $F_\alpha(n_1, n_2) = \dfrac{1}{F_{1-\alpha}(n_2, n_1)}$ 求出.

(2) 置信区间

设总体 X 的分布函数 $F(x; \theta)$ 含有一个未知参数 $\theta \in \Theta(\Theta$ 是 θ 可能取值的范围)，对于给定值 $\alpha(0 < \alpha < 1)$ 若由来自 X 的样本 $X_1, X_2, \cdots, X_n$ 确定的两个统计量 $\underline{\theta} = \underline{\theta}(X_1, X_2, \cdots X_n)$ 和 $\overline{\theta} = \overline{\theta}(X_1, X_2, \cdots, X_n)$ $(\underline{\theta} < \overline{\theta})$ ，对于任意 $\theta \in \Theta$ 满足

$$P\{\underline{\theta}(X_1, X_2, \cdots X_n) < \theta < \overline{\theta}(X_1, X_2, \cdots X_n)\} \geq 1 - \alpha，$$

则称随机区间 $(\underline{\theta}, \overline{\theta})$ 是 θ 的置信水平为 $1 - \alpha$ 的置信区间，$\underline{\theta}$ 和 $\overline{\theta}$ 分别称为置信水平为 $1 - \alpha$ 的双侧置信区间的置信下限和置信上限，$1 - \alpha$ 称为置信水平.

① 设 $X \sim N(\mu, \sigma^2)$ ，$X_1, X_2, \cdots, X_n$ 是来自总体 X 的一个样本，则置信区间如下表：

待估参数	其他参数	枢轴量 W 的分布	置信区间	单侧置信限
μ	σ^2 已知	$Z = \dfrac{\overline{X} - \mu}{\sigma / \sqrt{n}} \sim N(0, 1)$	$\left(\overline{X} \pm \dfrac{\sigma}{\sqrt{n}} z_{\alpha/2}\right)$	$\overline{\mu} = \overline{X} + \dfrac{\sigma}{\sqrt{n}} z_\alpha$ $\underline{\mu} = \overline{X} - \dfrac{\sigma}{\sqrt{n}} z_\alpha$

待估参数	其他参数	枢轴量 W 的分布	置信区间	单侧置信限
μ	σ^2 未知	$t = \dfrac{\overline{X} - \mu}{S/\sqrt{n}} \sim t(n-1)$	$\left(\overline{X} \pm \dfrac{S}{\sqrt{n}} t_{\alpha/2}(n-1) \right)$	$\overline{\mu} = \overline{X} + \dfrac{S}{\sqrt{n}} t_{\alpha}(n-1)$ $\underline{\mu} = \overline{X} - \dfrac{S}{\sqrt{n}} t_{\alpha}(n-1)$
σ^2	μ 未知	$\chi^2 = \dfrac{(n-1)S^2}{\sigma^2}$ $\sim \chi^2(n-1)$	$\left(\dfrac{(n-1)S^2}{\chi^2_{\alpha/2}(n-1)}, \dfrac{(n-1)S^2}{\chi^2_{1-\alpha/2}(n-1)} \right)$	$\overline{\sigma^2} = \dfrac{(n-1)S^2}{\chi^2_{1-\alpha}(n-1)}$ $\underline{\sigma^2} = \dfrac{(n-1)S^2}{\chi^2_{\alpha}(n-1)}$

该置信区间的选择与后面假设检验的统计量选择是类似的.

② 两正态总体的均值差与方差比的置信区间

设 $X \sim N(\mu_1, \sigma_1^2)$, $Y \sim N(\mu_2, \sigma_2^2)$. 从总体 X 中抽取样本 $X_1, X_2, \cdots, X_{n_1}$, 样本均值为 $\overline{X}$, 样本方差为 S_1^2；从总体 Y 中抽取样本 $Y_1, Y_2, \cdots, Y_{n_2}$, 样本均值为 $\overline{Y}$, 样本方差为 S_2^2, 且两个样本相互独立.

（1）两个正态总体均值差 $\mu_1 - \mu_2$ 的置信区间.

（a）σ_1^2, σ_2^2 均已知, $\mu_1 - \mu_2$ 的置信度为 $1 - \alpha$ 的置信区间为

$$\left(\overline{X} - \overline{Y} - u_{\alpha/2}\sqrt{\sigma_1^2/n_1 + \sigma_2^2/n_2}, \ \overline{X} - \overline{Y} + u_{\alpha/2}\sqrt{\sigma_1^2/n_1 + \sigma_2^2/n_2} \right).$$

（b）$\sigma_1^2 = \sigma_2^2 = \sigma^2$, σ^2 未知, $\mu_1 - \mu_2$ 的置信度为 $1 - \alpha$ 的置信区间为

$$\left(\overline{X} - \overline{Y} - t_{\alpha/2}(n_1 + n_2 - 2)S_w\sqrt{1/n_1 + 1/n_2}, \ \overline{X} - \overline{Y} + t_{\alpha/2}(n_1 + n_2 - 2)S_w\sqrt{1/n_1 + 1/n_2} \right),$$

其中

$$S_w^2 = \frac{(n_1 - 1)S_1^2 + (n_2 - 1)S_2^2}{n_1 + n_2 - 2}, \ S_w = \sqrt{S_w^2}.$$

值得注意的是：当方差 σ_1^2, σ_2^2 未知, 求期望差 $\mu_1 - \mu_2$ 的置信区间时, 前提条件是 $\sigma_1^2 = \sigma_2^2$. 否则不能使用公式

（2）两个正态总体方差比 σ_1^2/σ_2^2 的置信区间为 μ_1, μ_2 为未知, σ_1^2/σ_2^2 的置信度为 $1 - \alpha$ 的置信区间为

$$\left(\frac{S_1^2}{S_2^2} \frac{1}{F_{\alpha/2}(n_1 - 1, n_2 - 1)}, \ \frac{S_1^2}{S_2^2} \frac{1}{F_{1-\alpha/2}(n_1 - 1, n_2 - 1)} \right).$$

题型三　区间估计（数一）

【例 14】[2003 年 1] 已知一批零件的长度 X（单位：cm）服从正态总体 $N(\mu, 1)$, 从中随机地抽取 16 个零件, 得到长度的平均值为 40cm, 则 μ 的置信度为 0.95 的置信区间是 _____. [注：标准正态分布函数值 $\phi(1.96) = 0.975, \phi(1.645) = 0.95$]

【例 15】某厂生产一种零件所需工时服从正态分布, 现加工一批零件 16 个, 平均用时为 2.5 小时, 标准差为 0.12 小时, 则总体均值 μ 的置信度为 95% 的置信区间；总体标准差 σ 的置信度为 95% 的置信区间为 _____.

【例 16】某车间生产滚珠, 从长期实践中知道, 滚珠直径 X 服从正态分布 $N(\mu, 0.2^2)$, 从某天生产的

产品中随机抽取 6 个,量得直径如下(单位:mm):14.7,15.0,14.9,14.8,15.2,15.1,求 μ 的 0.9 双侧置信区间和 0.99 双侧置信区间为_____。

【例17】[2000年3]假设 0.50,1.25,0.80,2.00 是来自总体 X 的简单随机样本值,已知 $Y = \ln X$ 服从正态分布 $N(\mu, 1)$.求:

(1) X 的数学期望 $E(X)$(记 $E(X)$ 为 b);

(2) μ 的置信度为 0.95 的置信区间;

(3) 利用上述结果求 b 的置信度为 0.95 的置信区间.

三、假设检验(数一)

何谓假设检验的研究思想?假设检验的理论依据是"小概率原理".如果一个事件发生的概率很小,那么在一次实验中,这个事件几乎不会发生.比如你担心吃馒头噎死吗?担心被蜜蜂蜇死吗?可以查询相关数据,它们在社会中发生的概率都在万分之一左右,这都是致死的低概率事件,因此如果一个人半年前死了,我们相信他很可能是其他方式致死,而不太可能是被馒头噎死的、蜜蜂蜇死的,至于他真正的死因由于调查难度大,不能准确知道,只是一个概率.现实中,往往由于成本较高、难度较大等各种条件限制,对一个假设只能尽力验证,而不能充分验证.科学哲学的一个重要论点:全称命题只能被否证而不能被证明.个案当然不足以证明一个全称命题,但是却可以否定全称命题.在假设检验中,根据样本值对原假设是否拒绝作出判决的具体法则称为检验法则.

我们举一例:某次集训营结束,小元老师和其他的数学老师聚会,我说:你们都没有我厉害,我的学生现在被教得非常好了,如果要是拿一套模拟卷测试一下,平均分估计能在 100 分.这样在其他数学老师的眼里就形成了一个假设:小元老师的学生做模拟卷,均值为 100 分.马克思说实践是检验认识是否具有真理性的唯一标准.现对其进行一次试验,找找这个假设的证据.

我们从集训营中随机的抽取 10 个人测试,如果上面的假设是真的、对的,那么平均分为 148 分(或 5 分)都被视为小概率事件,即在实验中不会发生.而如果测试的结果就是 148 分(或 5 分),我们就会怀疑我原来的猜想是错误的,从而拒绝原假设,接受备择假设(准备好供选择的另外备胎选项).不难理解,拒绝域就是诸如上文中的极端值(148 或 5)所构成的集合(如下图中所示).

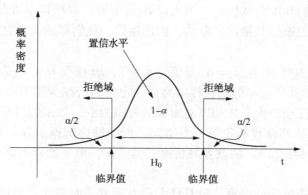

考虑另外一种情况,如果上述同学的平均分数为 90 分(跟 100 分没有显著差别),那么

我们就不能拒绝原假设.接受原假设 H_0 的全部样本点所组成的集合 C 称为接受域.（这里要注意一点：只是不能拒绝平均分为 100 分这一事实，并不是说这个平均分真的为 100 分）

我们有必要对此深化和精确化.提出两个问题：一是什么是小概率事件呢？二是由于做出判断的依据只是样本，我们是否会犯错误呢？认真思考后，不难得出以下结论.

小概率事件中的"小概率"的值没有统一规定，通常是根据实际问题的要求，规定一个界限 $\alpha(0<\alpha<1)$（显著性水平），当一个事件的概率不大于 α 时，即认为它是小概率事件，在假设检验问题中，α 称为显著性水平，通常取 $\alpha=0.1$，0.05，0.01 等.比如对于上面的数学成绩，由于假设平均 100 分，那可以设定阈值/临界值 148 分和 5 分，当然这个也可以调整，如果抽样结果在这个阈值内就接受假设，在这个阈值外就不接受，这个阈值在正态分布的密度函数曲线上就与显著性水平 α 有对应关系.如果设定为 150 分和 0 分为阈值，那 $\alpha=0$，如果设置 99 分和 101 分为阈值，α 就比较大.

再比如中国古人说十商九奸，就是评价 90% 那时候的商人都是奸商，而不会像小元老师这样做这么多公益的免费考研视频，这种评价的形成应该是农业社会普遍的重农抑商.那我们穿越到古代验证这个假设，抽样 10 个商人，我们可以设置一个阈值/临界值 3，如果 10 个里面小于等于 3 个是奸商，就拒绝这个假设，如果大于 3 个就接受假设，这个 3 就是人为设定的，表示偏离假设值 9 的程度，而在其概率分布中这个 3 就与显著性水平 α 有对应关系.可以想象，由于抽样具有偶然性，我们可能会犯错.

当假设 H_0 为真时，根据样本观测值却做出了拒绝 H_0 的判断，我们称它为犯第一类错误：弃真，假设正确，我们却没有选择它；当假设 H_0 为假时，根据样本观测值却做出了接受 H_0 的判断，我们称之为犯第二类错误：取伪，假设错误，我们却选择了它.犯两类错误的概率分别记为

$$P(拒绝\ H_0\mid H_0\ 为真)=\alpha(显著性水平)，P(接受\ H_0\mid H_0\ 为假)=\beta$$

当然我们希望 α，β 尽量小但是在样本容量一定时，若减少犯第一类错误的概率，则犯第二类错误的概率往往会增大.比如以前面数学考试为例，如果假设平均分为 100，那么阈值如果设为 99 和 101，那就容易犯第一类错误，由于抽样的偶然性，轻易地就拒绝了这个假设；如果阈值设为 149 和 1，那就容易犯第二类错误，由于抽样的偶然性，轻易地就接受了这个假设.

要同时减小犯两类错误的概率，只有增大样本容量.而往往迫于现实条件（成本、可行性、工作量等），样本不能太大，为此一般我们总是控制犯第一类错误 α 的概率，一般取

0.1，0.05，0.01 等值，尽力不犯错 α 错误，而对犯第二类错误的概率不予考虑.

为了大家更加通俗易懂地理解这个问题，给大家举一个影视剧中常见的情节：审判中，因为证据不足或证据瑕疵，疑罪从无. 为什么在刑事诉讼中，检察院对犯罪嫌疑人的犯罪事实不清，证据不确实、充分，不应当追究刑事责任（说得简单点就是疑罪从无）呢？一次不公正的审判，比十次犯罪所造成的危害还要严重. 犯罪不过偶尔弄脏了水流，而不公正的审判则败坏了水的源头. 相对于有罪被判无罪（纵容犯罪），无罪被判有罪（冤枉一个无辜者）的情况对社会的危害更大，自古有"窦娥冤"激起民愤，而几个漏网罪犯的危害可以其他方式减弱（下次找充分证据抓捕、加大警力维持治安等），但是这确实在一定程度上纵容了犯罪（如上图那位帅哥），两权相害取其轻，上述阐述可以用如下表格来概括：

α 错误	β 错误
拒绝假设 H_0	H_0 为真	接受假设 H_0	H_0 为假
被判有罪	实际无罪	被判无罪	实际有罪

明白了假设检验的基本原理之后，先给出假设检验的一般步骤：（1）提出假设检验 H_0 与备择假设 H_1；（2）确定检验统计量，并在 H_0 的条件下求出它的分布；（3）给定显著性水平 α，在 H_0 成立的条件下求出它的拒绝域与临界值；（4）由样本值计算出统计量值，若该值落入拒绝域，则拒绝 H_0，否则接受 H_0.

我们可以按照上述步骤，应用到很多假设中，比如：如何确定某个人是否喜欢你？我们不靠直觉靠数据，比如你们双方注视的时间很重要. 如果是一见钟情，据查第一眼平均注视在 8.2 秒以上，而如果第一眼注视少于 4.5 秒，很可能不会一见钟情. 这样就可以做出假设，并实验验证. 当然也可以找出其他关键数据，留供同学们发挥.

假设检验的类型：

（一）一个正态总体的情况

（1）U——检验（σ^2 已知）

① 设 $H_0: \mu = \mu_0$，$H_1: \mu \neq \mu_0$；

② 选择统计量 $Z = \dfrac{\overline{X} - \mu_0}{\sigma / \sqrt{n}} \sim N(0, 1)$；

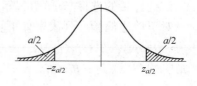

③ 接受域 $(-z_{\frac{a}{2}}, z_{\frac{a}{2}})$；

④ 计算 $\dfrac{\overline{X} - \mu_0}{\sigma / \sqrt{n}}$，若在接受域中，则 H_0 被接受，否则被拒绝.

（2）T——检验（σ^2 未知）

① 设 $H_0: \mu = \mu_0$，$H_1: \mu \neq \mu_0$；

② 选择统计量 $\dfrac{\overline{X} - \mu_0}{\dfrac{S}{\sqrt{n}}} \sim t(n-1)$；

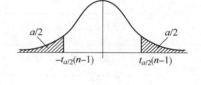

③ 接受域 $(-t_{\frac{a}{2}}(n-1), t_{\frac{a}{2}}(n-1))$；

④ $\dfrac{\overline{X} - \mu_0}{\dfrac{S}{\sqrt{n}}}$ ，若在接受域中，则 H_0 被接受，否则 H_0 被拒绝．

（3）χ^2——检验（μ 未知）

① $H_0 : \sigma^2 = \sigma_0^2$，$H_1 : \sigma^2 \neq \sigma_0^2$；

② 选择统计量 $\dfrac{(n-1)S^2}{\sigma_0^{\,2}} \sim \chi^2(n-1)$；

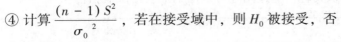

③ 接受域（$\chi_{1-\frac{a}{2}}^2(n-1)$，$\chi_{\frac{a}{2}}^2(n-1)$）；

④ 计算 $\dfrac{(n-1)S^2}{\sigma_0^{\,2}}$，若在接受域中，则 H_0 被接受，否

则 H_0 被拒绝．

（4）χ^2——检验（μ 已知）

① $H_0 : \sigma^2 = \sigma_0^2$，$H_1 : \sigma^2 \neq \sigma_0^2$；

② 选择统计量 $\dfrac{\sum\limits_{i=1}^{n}(X_i - \mu)^2}{\sigma_0^{\,2}} \sim \chi^2(n)$；

③ 接受域（$\chi_{1-\frac{a}{2}}^2(n)$，$\chi_{\frac{a}{2}}^2(n)$）；

④ 计算 $\dfrac{\sum\limits_{i=1}^{n}(X_i - \mu)^2}{\sigma_0^{\,2}}$，若在接受域中，则 H_0 被接受，否则 H_0 被拒绝．

上述都是双边检验（对应的假设是 $\mu = \mu_0$ 这样的等式关系），临界值有两个，拒绝域也有两部分，而单边检验（对应的假设是 $\mu > \mu_0$ 这样的不等式关系）临界值只有一个，拒绝域也只有一个，检验采用的统计量一样，与上面的步骤类似．

该统计量的选择与前面的置信区间是类似的．

对于单边检验，列表格如下：

编号	$H_0 \leftrightarrow H_1$	H_0 为真时， 检验统计量及其分布	H_0 的拒绝域 W
1	$\mu \leqslant \mu_0 \leftrightarrow \mu > \mu_0$	（σ^2 已知） $U = \dfrac{\overline{X} - \mu_0}{\sigma/\sqrt{n}} \sim N(0,1)$	$U \geqslant U_a$．
	$\mu \geqslant \mu_0 \leftrightarrow \mu < \mu_0$		$U \leqslant -U_a$．
2	$\mu \leqslant \mu_0 \leftrightarrow \mu > \mu_0$	（σ^2 未知） $T = \dfrac{\overline{X} - \mu_0}{S/\sqrt{n}} \sim t(n-1)$	$T \geqslant t_a(n-1)$
	$\mu \geqslant \mu_0 \leftrightarrow \mu < \mu_0$		$T \leqslant -t_a(n-1)$
3	$\sigma^2 \leqslant \sigma_0^2 \leftrightarrow \sigma^2 > \sigma_0^2$	（μ 已知） $\chi^2 = \dfrac{\sum\limits_{i=1}^{n}(X_i - \mu)^2}{\sigma_0^2} \sim \chi^2(n)$	$\chi^2 \geqslant \chi_a^2(n)$
	$\sigma^2 \geqslant \sigma_0^2 \leftrightarrow \sigma^2 < \sigma_0^2$		$\chi^2 \leqslant \chi_{1-a}^2(n)$

续表

编号	$H_0 \leftrightarrow H_1$	H_0 为真时， 检验统计量及其分布	H_0 的拒绝域 W
4	$\sigma^2 \leqslant \sigma_0^2 \leftrightarrow \sigma^2 > \sigma_0^2$	（μ 未知） $\chi^2 = \dfrac{(n-1)S^2}{\sigma_0^2} \sim \chi^2(n-1)$	$\chi^2 \geqslant \chi_a^2(n-1)$
	$\sigma^2 \geqslant \sigma_0^2 \leftrightarrow \sigma^2 < \sigma_0^2$		$\chi^2 \leqslant \chi_{1-a}^2(n-1)$

（二）两个正态总体

设（$X_1, X_2, \cdots, X_{n_1}$）为来自总体 $X \sim N(\mu_1, \sigma_1^2)$ 的一个简单随机样本，样本均值为 $\overline{X}$，样本方差为 S_1^2；（$Y_1, Y_2, \cdots, Y_{n_2}$）为来自总体 $Y \sim N(\mu_2, \sigma_2^2)$ 的一个简单随机样本，样本均值为 $\overline{Y}$，样本方差为 S_2^2，$S_w = \sqrt{\dfrac{(n_1-1)S_1^2 + (n_2-1)S_2^2}{n_1 + n_2 - 2}}$，且（$X_1, X_2, \cdots, X_{n_1}$）与（$Y_1, Y_2, \cdots, Y_{n_2}$）相互独立.

对于两个正态总体，对其均值 μ_1，μ_2 和方差 σ_1^2，σ_2^2 进行检验. 与单个正态总体相仿，将主要的结论列表如下：

编号	$H_0 \leftrightarrow H_1$	H_0 为真时， 检验统计量及其分布	H_0 的拒绝域 W
5	$\mu_1 = \mu_2 \leftrightarrow \mu_1 \neq \mu_2$	（σ_1^2，σ_2^2 均未知，但 $\sigma_1^2 = \sigma_2^2$） $T = \dfrac{\overline{X} - \overline{Y}}{S_w\sqrt{\dfrac{1}{n_1} + \dfrac{1}{n_2}}}$ $\sim t(n_1 + n_2 - 2)$	$\lvert T \rvert \geqslant t_{\frac{a}{2}}(n_1 + n_2 - 2)$.
	$\mu_1 \leqslant \mu_2 \leftrightarrow \mu_1 > \mu_2$		$T \geqslant t_a(n_1 + n_2 - 2)$
	$\mu_1 \geqslant \mu_2 \leftrightarrow \mu_1 < \mu_2$		$T \leqslant -t_a(n_1 + n_2 - 2)$.
6	$\sigma_1^2 = \sigma_2^2 \leftrightarrow \sigma_1^2 \neq \sigma_2^2$	（μ_1，μ_2 未知） $F = \dfrac{S_1^2}{S_2^2} \sim$ $F(n_1-1, n_2-1)$	$F \geqslant F_{\frac{a}{2}}(n_1-1, n_2-1)$ 或 $F \leqslant F_{1-\frac{a}{2}}(n_1-1, n_2-1)$
	$\sigma_1^2 \leqslant \sigma_2^2 \leftrightarrow \sigma_1^2 > \sigma_2^2$		$F \geqslant F_a(n_1-1, n_2-1)$
	$\sigma_1^2 \geqslant \sigma_2^2 \leftrightarrow \sigma_1^2 < \sigma_2^2$		$F \leqslant F_{1-a}(n_1-1, n_2-1)$

题型四　两类错误概率（数一）

【例18】在假设检验中显著性水平 α 表示(　　).

(A) P（接受 $H_0 \mid H_0$ 为假）　　　　　(B) P（拒绝 $H_0 \mid H_0$ 为真）

(C) 置信度为 α　　　　　　　　　　　(D) 无具体含义

【例19】在对总体参数的假设检验中，若给定显著性水平 α，则犯第一类错误的概率是(　　).

(A) $1 - \alpha$　　　　(B) α　　　　(C) $\alpha/2$　　　　(D) 不能确定

题型五　假设检验（数一）

【例20】设 $\overline{X}$ 和 S^2 是来自于正态总体 $N(\mu, \sigma^2)$ 的一个容量为 n 的样本的样本均值和样本方差，则

$|\bar{X}-\mu_0|>t_{0.05}(n-1)\dfrac{S}{\sqrt{n}}$ 为（　）.

(A) H_o：$\mu=\mu_0$ 的拒绝域 　　　　　(B) H_o：$\mu=\mu_0$ 的接受域

(C) μ 的一个置信区间 　　　　　(D) σ^2 的一个置信区间

【例21】一个矩形的宽与长之比为 0.618 会给人们一个美好的感觉. 某厂生产的矩形工艺品，其框架的宽与长之比 X 服从正态分布 $N(\mu,\sigma^2)$，μ、$\sigma^2>0$ 均未知. 现随机抽取 20 个产品测量其比值为 $(x_1,x_2,\cdots,x_{20})$，经计算得 $\sum\limits_{i=1}^{20}x_i = 13.466$，$\sum\limits_{i=1}^{20}x_i^2 = 9.267$，能否认为 X 的均值 μ 为 0.618（$\alpha=0.05$）？

【例22】某纤维的强力服从正态分布 $N(\mu,1.19^2)$，原设计的平均强力为 6g，现改进工艺后，某天测得 100 个强力数据，其样本平均为 6.35g，总体标准差假定不变，试问改进工艺后，强力是否有显著提高（$\alpha = 0.05$）？

【例23】某厂生产的灯泡寿命 X 服从方差 $\sigma^2=100^2$ 的正态分布，从某日生产的一批灯泡中随机地抽出 40 只进行寿命测试，计算得到样本方差 $s^2=15000$，在显著性水平 $a=0.05$ 下能否断定灯泡寿命的波动显著增大.

【例24】随机地挑选 20 位失眠者，平均分成两组，分别服用甲、乙二种安眠药，记录他们的睡眠延长时间（单位：h），算得 $\bar{x} = 4.04$，$s_1^{*2} = 0.001$，$\bar{y} = 4$，$s_2^{*2} = 0.004$，问：能否认为甲药的疗效显著地高于乙药？假定甲、乙二种安眠药的延长睡眠时间均服从正态分布，且方差相等，取显著水平 $\alpha = 0.05$.